建筑施工现场管理人员一本通系列丛书

材料员一本通

（第二版）

本书编委会　编

中国建材工业出版社

图书在版编目(CIP)数据

材料员一本通/《材料员一本通》编委会编. —2
版. —北京:中国建材工业出版社,2010.10(2019.5 重印)
(建筑施工现场管理人员一本通系列丛书)
ISBN 978 - 7 - 80227 - 856 - 1

Ⅰ.①材…　Ⅱ.①材…　Ⅲ.①建筑材料—基本知识
Ⅳ.①TU5

中国版本图书馆 CIP 数据核字(2010)第 189120 号

材料员一本通(第二版)
本书编委会　编

出版发行　中国建材工业出版社
地　　址:北京市海淀区三里河路 1 号
邮　　编:100044
经　　销:全国各地新华书店
印　　刷:河北鸿祥信彩印刷有限公司
开　　本:850mm×1168mm　1/32
印　　张:17
字　　数:646 千字
版　　次:2010 年 10 月第 2 版
印　　次:2019 年 5 月第 6 次
定　　价:46.00 元

本社网址:www.jccbs.com.cn
本书如出现印装质量问题,由我社市场营销部负责调换。电话:(010)88386906

内 容 提 要

　　《材料员一本通》(第二版)依据最新材料标准规范,从材料管理应用入手,详细地介绍了建筑工程材料员必须掌握的基础理论和各种专业知识。其中第一章从材料的管理方面阐述了材料的供应、计划、采购、仓储运输、核算监督以及材料员应履行的职责等内容;第二章介绍了标准计量的相关知识;第三章对工程材料的基本性质进行了说明;第四章至第十三章全面介绍了建筑工程各种常用材料的特点、技术性能与应用等内容。

　　本书内容广泛、资料翔实、应用性强,融新技术、新材料、新工艺于一体,既可供建筑施工材料管理人员使用,也可作为建筑工程材料员上岗培训的参考书或教材。

材料员一本通

编 委 会

主　编：杜翠霞

副主编：孙邦丽　万海娜

编　委：华克见　韩　轩　徐晓珍　李建钊

　　　　陈有杰　王　冰　高航海　王　燕

　　　　卻建荣　宋延涛　何晓卫　张家驹

　　　　杜爱玉　代洪卫

第二版出版说明

《建筑施工现场管理人员一本通系列丛书》自 2006 年陆续出版发行以来,受到广大读者的关注和喜爱,本系列丛书各分册已多次重印,累计已达数万册。在本系列丛书的使用过程中,丛书编者陆续收到了不少读者及专家学者对丛书内容、深浅程度及编排等方面的反馈意见,对此,丛书编者向广大读者及有关专家学者表示衷心感谢。

随着近年来我国国民经济的快速发展和科学技术水平的不断提高,建筑工程施工技术也得到了迅速发展。在快速发展的科技时代,建筑工程建设标准、功能设备、施工技术等在理论与实践方面也有了长足的发展,并日趋全面、丰富,各种建筑工程新材料、新设备、新工艺、新技术也得到了广泛的运用。为使本系列丛书更好地符合时代发展的要求,更好地满足新的需要,能够跟上工程建设飞速发展的步伐,丛书编者在保持编写风格及特点不变的基础上对本系列丛书进行了修订。本系列丛书修订后的各分册书名为:

1.《施工员一本通》　　　8.《甲方代表一本通》

2.《质量员一本通》　　　9.《项目经理一本通》

3.《机械员一本通》　　　10.《现场电工一本通》

4.《监理员一本通》　　　11.《测量员一本通》(第二版)

5.《资料员一本通》　　　12.《材料员一本通》(第二版)

6.《合同员一本通》　　　13.《造价员一本通(建筑工程)》(第二版)

7.《安全员一本通》　　　14.《造价员一本通(安装工程)》(第二版)

本系列丛书的修订主要遵循以下原则进行:

(1)遵循最新标准规范对内容进行修订。本系列丛书出版发行期间,建筑工程领域颁布实施了众多标准规范,丛书修订工作严格依据最新标准规范进行。如:以《建设工程工程量清单计价规范》(GB 50500—2008)为依据,对《造价员一本通(建筑工程)》和《造价员一本通(安装工程)》进行了修订;以《工程测量规范》(GB 50026—2007)和《建筑变形测量规范》(JGJ8—2007)为依据,对《测量员一本通》进行修订;以建筑工程最新材料标准规范为依据,对《材料员一本通》进行了修订。

(2)使用更方便。本套丛书资料丰富、内容翔实,图文并茂,编撰体例新颖,注重对建筑工程施工现场管理人员管理能力和专业技术能力的培养,力求做到文字通俗易懂,叙述内容一目了然,特别适合现场管理人员随查随用。

(3)依据广大读者及相关专家学者在丛书使用过程中提出的意见或建议,对丛书中的错误及不当之处进行了修订。

本套丛书在修订过程中,尽管编者已尽最大努力,但限于编者的水平,丛书在修订过程中难免会存在错误及疏漏,敬请广大读者及业内专家批评指正。

编 者

第一版出版说明

目前,我国建筑业发展迅速,城镇建设规模日益扩大,建筑施工队伍不断增加,建筑工地(施工现场)到处都是。工地施工现场的施工员、质量员、安全员、造价员(过去称为预算员)、资料员等是建设工程施工必需的管理人员,肩负着重要的职责。他们既是工程项目经理进行工程项目管理的执行者,也是广大建筑施工工人的领导者。他们的管理能力、技术水平的高低,直接关系到千千万万个建设项目能否有序、高效率、高质量地完成,关系到建筑施工企业的信誉、前途和发展,甚至是整个建筑业的发展。

近些年来,为了适应建筑业的发展需要,国家对建筑设计、建筑结构、施工质量验收等一系列标准规范进行了大规模的修订。同时,各种建筑施工新技术、新材料、新设备、新工艺已得到广泛的应用。在这种形势下,如何提高施工现场管理人员的管理能力和技术水平,已经成为建筑施工企业持续发展的一个重要课题。同时,这些管理人员自己也十分渴望参加培训、学习,迫切需要一些可供工作时参考用的知识性、资料性读物。

为满足施工现场管理人员对技术和管理知识的需求,我们组织有关方面的专家,在深入调查的基础上,以建筑施工现场管理人员为对象,编写了这套《建筑施工现场管理人员一本通系列丛书》。

本套丛书主要包括以下分册:

1.《质量员一本通》   6.《现场电工一本通》

2.《安全员一本通》   7.《施工员一本通》

3.《造价员一本通(建筑工程)》   8.《材料员一本通》

4.《造价员一本通(安装工程)》   9.《机械员一本通》

5.《资料员一本通》   10.《监理员一本通》

与市面上已经出版的同类图书相比,本套丛书具有如下特点:

1. 紧扣一本通。何谓"一本通",就是通过一本书能够解决施工现场管理人员所有的问题。本丛书将施工现场管理人员工作中涉及的的工作职责、专业技术知识、业务管理和质量管理实施细则以及有关的专业法规、标准和规范等知识全部融为一体,内容更加翔实,解决了管理人员工作时需要到处查阅资料的问题。

2. 应用新规范。本套丛书各分册均围绕现行《建筑工程施工质量验收统一标准》(GB 50300—2001)和与其配套使用的 14 项工程质量验收规范、《建设工程工程量清单计价规范》以及现行建筑安装工程预算定额、现行与安全生产有关的标准规范和最新的工程材料标准等进行编写,切实做到应用新规范,贯彻新规范。

3. 体现先进性。本套丛书充分吸收了在当前建筑业中广泛应用的新材料、新技术、新工艺,是一套拿来就能学、就能用的实用工具书。

4. 使用更方便。本套丛书资料丰富、内容翔实,图文并茂,编撰体例新颖,注重对建筑工程施工现场管理人员管理能力和专业技术能力的培养,力求做到文字通俗易懂,叙述内容一目了然,特别适合现场管理人员随查随用。

由于编写时间仓促,加之编者经验水平有限,丛书中错误及不当之处,敬请广大读者批评指正。

编　者

目　　录

第一章 材料管理知识

第一节 材料供应管理

一、物资、材料概述

物资有两种涵义。从广义来说,物资是物质资料的总称,包括生产资料和生活资料;从狭义来说,物资是指经过劳动加工的生产资料,主要是指建筑工程施工生产中所有的原材料、燃料、机械、电工及动力设备和交通运输工具等。原材料属于社会产品,它是原料和材料的简称,是物资的组成部分。

二、材料的分类

(1)按材料在生产中的地位和作用,一般可分为以下几类:

1)主要材料(包括原料)。构成产品主要实体的材料是主要材料,如机械制造生产中的钢铁材料,建筑工程所消耗的砖、瓦、石料、水泥、木材、钢材等。

2)辅助材料。不构成产品实体但在生产中被使用、被消耗的材料是辅助材料。其中又可分为以下三种:

①和主要材料相结合,使主要材料发生物理或者化学变化的材料,如染料、油漆、化学反应中的催化剂等。混凝土工程中掺用早强剂、减水剂,管道工程的防腐用沥青等等。

②和机械设备使用有关的材料,如润滑油脂、皮带等。

③和劳动条件有关的材料,如照明设备、取暖设备等。

3)燃料。燃料是一种特殊的辅助材料,产生直接供生产用的能量,不直接加入产品本身之内,如煤炭、汽油、柴油等。

4)周转性材料。周转性材料是指不加入产品本身,而在产品的生产过程中周转使用的材料。它的作用和工具相似,故又称"工具性材料"。如建筑工程中使用的模板、脚手架和支撑物等。

(2)按材料本身的自然属性分类,一般包括以下几类:

1)金属材料。包括建筑钢材(有的也称大五金)、铸造制品、有色金属及制品、小五金。

2)有机非金属材料。包括木材、竹材、建筑塑料、油漆涂料、防水材料。

3)无机非金属材料。包括水泥、玻璃、陶瓷、砖、瓦、石灰、砂石、珍珠岩制品、耐火材料、硅酸盐砌块、混凝土制品。

在仓库保管中一般采取如下分类方法:金属材料(还分为黑色金属,有色金属等)、木材、化工材料、电工材料、大堆材料(砖、瓦、灰、砂、石等)。

（3）按材料管理权限分类，过去长期分为统配材料、部管材料、地方材料和市场供应的材料四类。材料的申请分配等工作，要按这种方法进行。随着经济体制的改革，这种分类方法已有较大变化。

（4）按材料的使用方向分类，可分为工业生产用料、基本建设用料、维修用料等。在按用途进行材料核算和平衡时，要采用材料的这种分类方法。

三、材料供应与管理的方针、原则

（1）加强计划管理的原则。建筑工程产品中不论是工程结构繁简，建设规模大小，都是根据使用目的，预先设计，然后施工的。施工任务一般落实较迟，但一经落实就急于施工，加上施工过程中情况多变，若没有适当的材料储备，就没有应变能力。搞好材料供应，关键在于摸清施工规模，提出备料计划，在计划指导下组织好各项业务活动的衔接，保证材料满足工程需要，使施工生产顺利进行。

（2）加强核算，坚持按质论价的原则。往往同一品种材料，因各地厂家或企业生产经营条件不同和市场供求关系等原因，价格上有明显差异，在采购订货业务活动中应遵守国家物价政策，按质论价、协商定购。

（3）厉行节约的原则。这是一切经济活动都必须遵守的根本原则。材料供应管理活动中包含两方面意义：一方面是材料部门在经营管理中，精打细算，节省一切可能节约的开支，努力降低费用水平；另一方面是通过业务活动加强定额控制，促进材料耗用的节约，推动材料的合理使用。

四、材料供应与管理的作用、要求

做好材料供应与管理工作，除材料部门积极努力外，尚需各有关方面的协作配合，以达到供好、管好、用好工程材料，降低工程成本。其作用和要求主要有以下几点：

1. 落实资源，保证供应

建筑工程任务落实后，材料供应是主要保证条件之一，没有材料，企业就失去了主动权，完成任务就成为一句空话。施工企业必须按施工图预算核实材料需用量，组织材料资源。材料部门要主动与建设单位联系，属于建设单位供应的材料，要全面核实其现货、订货、在途资源及工程需用量的余缺。双方协商、明确分工并落实责任，分别组织配套供应，及时、保质、保量地满足施工生产的需求。

2. 抓好实物采购运输，加速周转、节省费用

搞好材料供应与管理，必须重视采购、运输和加工过程的数量、质量管理。根据施工生产进度要求，掌握轻、重、缓、急，结合市场调节，尽最大努力"减少在途"、"压缩库存"材料，加强调剂缩短材料的"在途、在库"时间，加速周转。与材料供应管理工作有关的各部门，都要明确经济责任，全面实行经济核算制度，降低材料成本。

3. 抓好商情信息管理

商情信息与企业的生存和发展有密切联系。材料商情信息的范围较广,要认真搜集、整理、分析和应用。材料部门要有专职人员,经常了解市场材料流通供求情况,掌握主要材料和新型建材动态(包括资源、质量、价格、运输条件等)。搜集的信息应分类整理、建立档案,为领导提供决策依据。如某建筑工程公司运用市场信息的做法是:采取普遍函调,择优重点调查和实地走访三种方式,即印好调查表向各生产厂函调,根据信息反馈择优进行重点调查或实地走访调查。通过信息整理、分析和研究,摸清材料的产量、质量和价格情况,组织定点挂钩,做到供需衔接,最后取得成效。

4. 降低材料单耗

单耗是指建筑工程产品每平方米所耗用工程材料的数量。由于建筑工程产品是固定的,施工地点分散,露天作业多,不免要受自然条件的限制,影响均衡施工,材料需用过程中品种、规格和数量的变动大,使定额供料增加了困难。为降低材料单耗水平,首先要完善设计;改革工艺;使用新材料;认真贯彻节约材料技术措施。施工中要贯彻操作规程,合理使用材料,克服施工现场浪费材料的现象;要在保证工程质量的基础上,严格执行材料定额管理。由于材料品种、规格繁多,应选定主要品种,进行核算,认真按定额控制用料,降低材料单耗水平。

五、材料供应与管理的任务

建筑企业材料供应与管理工作的基本任务是:本着管材料必须全面"管供、管用、管节约和管回收、修旧利废"的原则,把好供、管、用三个主要环节,以最低的材料成本,按质、按量、及时、配套供应施工生产所需的材料,并监督和促进材料的合理使用。材料供应与管理的具体任务是:

1. 提高计划管理质量,保证材料供应

提高计划管理质量,首先要提高核算工程用料的正确性。计划是组织指导材料业务活动的重要环节,是组织货源和供应工程用料的依据。无论是需用计划,还是材料平衡分配计划,都要以单位工程(大的工程可用分部工程)进行编制。但是,往往因设计变更、施工条件的变化,打破了原定的材料供应计划。为此,材料计划工作需要与设计、建设单位和施工部门保持密切联系。对重大设计变更,大量材料代用,材料的价差和量差等重要问题,应与有关单位协商解决好。同时材料供应员要有应变的工作水平,才能保证工程需要。

2. 提高供应管理水平,保证工程进度

材料供应与管理包括采购、运输及仓库管理业务,这是配套供应的先决条件。由于建筑工程产品的规格、式样多,每项工程都是按照工程的特定要求设计和施工的,对材料各有不同的需求,数量和质量受设计的制约,而在材料流通过程中受生产和运输条件的制约,价格上受地区预算价格的制约。因此材料部门要主动与施工部门保持密切联系,交流情况,互相配合,才能提高供应管理水平,适应施工要求。对特殊材料要采取专料专用控制,以确保工程进度。

3. 加强施工现场材料管理,坚持定额用料

建筑工程产品体积大、生产周期长,用料数量多,运量大,而且施工现场一般比较狭小,储存材料困难,在施工高峰期间土建、安装交叉作业,材料储存地点与供、需、运、管之间矛盾突出,容易造成材料浪费。因此,施工现场材料管理,首先要建立健全材料管理责任制度,材料员要参加现场施工平面总图关于材料布置的规划工作。在组织管理方面要认真发动群众,坚持专业管理与群众管理相结合的原则,建立健全施工队(组)的管理网,这是材料使用管理的基础。在施工过程中要坚持定额供料,严格领退手续,达到"工完料尽场地清",克服浪费,节约有奖。

4. 严格经济核算、降低成本,提高效益

建筑企业提高经济效益,必须立足于全面提高经营管理水平。根据有关资料,一般工程的直接费占工程造价的 77.05%,其中材料费为 66.83%,机械费为 4.7%,人工费为 5.52%。说明材料费占主要地位。材料供应管理中各业务活动,要全面实行经济核算责任制度。由于材料供应方面的经济效益较为直观、可比,目前在不同程度上已重视材料价格差异的经济效益,但仍忽视材料的使用管理,甚至以材料价差盈余掩盖企业管理的不足,这不利于提高企业管理水平,应当引起重视。

六、材料供应与管理的业务内容

材料供应与管理的主要内容是:两个领域、三个方面和八项业务。

(1)两个领域:材料流通领域和生产领域。

1)流通领域材料管理是指在企业材料计划指导下、组织货源,进行订货、采购、运输和技术保管,以及对企业多余材料向社会提供资源等活动的管理。

2)生产领域的材料管理,指在生产消费领域中,实行定额供料,采取节约措施和奖励办法,鼓励降低材料单耗,实行退料回收和修旧利废活动的管理。市政工程企业的施工队伍,是材料供、管、用的基层单位,它的材料工作重点是管和用。工作的好与坏,对管理的成效有明显作用。基层把工作做好了,不仅可以提高企业经济效益,还能为材料供应与管理打下基础。

(2)三个方面:是指材料的供、管、用。它们是紧密结合的。

(3)八项业务:是指材料计划、组织货源、运输供应、验收保管、现场材料管理、工程耗料核销、材料核算和统计分析八项业务。

第二节　　材料计划与采购

一、材料消耗定额

1. 材料消耗定额的概念

材料消耗定额是指在一定的生产技术条件下,完成单位产品或单位工作量必

须消耗材料的数量标准。

由于材料消耗定额是企业材料利用程度的考核依据,是企业经营核算的重要计划指标。因此,材料消耗定额是否先进合理,不仅反映了生产技术水平,同时也反映了生产组织管理水平。

材料消耗定额不是固定不变的,它反映了一定时期内的材料消耗水平,所以材料消耗定额在一定时期内要保持相对稳定。随着技术进步、工艺的改革、组织管理水平的提高,需要重新修订材料消耗定额。

材料消耗定额作为一个计划指标,具有严肃性和指令性,企业必须严格执行。

2. 材料消耗定额的分类

(1)按照材料消耗定额的用途分类。可分为材料消耗的概(预)算定额、材料消耗施工定额、材料消耗估算指标。

1)材料消耗概(预)算定额。材料消耗概(预)算定额是由各省市基建主管部门,在一定时期执行的标准设计或典型设计,按照建筑安装工程施工验收规范及安全操作规程,并根据当地社会劳动消耗的平均水平、合理的施工组织设计和施工条件编制的。

材料消耗概(预)算定额,是编制建筑安装施工图预算的法定依据,是进行工程材料结算、计算工程造价的依据,是计取各项费用的基本标准。

2)材料消耗施工定额。材料消耗施工定额是由建筑企业自行编制的材料消耗定额。它是结合本企业在目前条件下可能达到的水平而确定的材料消耗标准。材料消耗施工定额反映了企业管理水平、工艺水平和技术水平。材料消耗施工定额是材料消耗定额中最细的定额,具体反映了每个部位、每个分项工程中每一操作项目所需材料的品种、规格、数量。材料消耗施工定额的水平高于材料消耗概(预)算定额,即同一操作项目中,同一种材料消耗量,在施工定额中的消耗数量低于概(预)算定额中的数量标准。

材料消耗施工定额是建设项目施工中编制材料需用计划、组织定额供料的依据,是企业内部实行经济核算和进行经济活动分析的基础,是材料部门进行两算对比的内容之一,是企业内部考核和开展劳动竞赛的依据。

3)材料消耗估算指标。材料消耗估算指标是在材料消耗概(预)算定额的基础上,以扩大的结构项目形式表示的一种定额。通常它是在施工技术资料不全且有较多不确定因素的条件下,用于估算某项工程或某类工程、某个部门的建筑工程所需主要材料的数量。材料消耗估算指标是非技术性定额,因此,不能用于指导施工生产,而主要用于审核材料计划,考核材料消耗水平,同时又是编制初步概算、控制经济指标的依据,是编制年度材料计划和备料的依据,是匡算主要材料需用量的依据。

(2)按定额适用不同范围划分。可分为生产用材料消耗定额、建筑施工用材料消耗定额和经营维修用材料消耗定额。

(3)按照材料类别划分。可划分为主要材料消耗定额、周转材料消耗定额、辅助材料消耗定额。

1)主要材料消耗定额。主要材料是指直接用于建筑上能构成工程实体的各项材料。例如钢材、木材、水泥、砂、石等材料。这些材料通常属一次性消耗,其费用占材料费用较大的比重。主要材料消耗定额按品种确定,它由构成工程实体的净用量和合理损耗量组成,即:

主要材料消耗定额＝净用量＋合理损耗量

2)周转材料消耗定额。周转材料也称周转使用材料。指在施工过程中能反复多次周转使用,而又基本上保持原有形态的工具性材料。周转材料经多次使用,每次使用都会产生一定的损耗,直至失去使用价值。周转材料消耗定额与周转材料需用数量及该周转材料周转次数有关,即:

$$周转材料消耗定额=\frac{周转材料需用数量}{该周转材料周转次数}$$

3)辅助材料消耗定额。辅助材料与主要材料相比,其用量少,不直接构成工程实体,多数也可反复多次使用。辅助材料中的不同材料有不同特点,所以辅助材料消耗定额可按分部分项工程程的单位工程量计算出辅助材料消耗定额;也可按完成建筑安装工作量或建筑面积计算辅助材料货币量消耗定额;也可按操作工人每日消耗辅助材料数量计算辅助材料货币量消耗定额。

3. 材料消耗定额的作用

建筑企业的生产活动,随时都在消耗大量的材料,材料成本占工程成本的70%左右,因此,如何合理、节省、有效地使用材料,降低材料消耗,提高施工技术水平,以及搞好材料的供应与管理工作,都与材料消耗定额有着密切的关系。材料消耗定额的主要作用是:

(1)材料消耗定额是编制各项材料计划的基础。施工企业的生产经营活动都是有计划进行的,正确按照定额编制的各项材料计划,是搞好材料分配和供应的前提。施工生产合理的材料需用量,是以建筑安装实物工程量乘以该项工程量的某种材料消耗定额而得到的。材料需用量的计算公式为:

需用量＝建筑安装实物工程量×材料消耗定额

(2)材料消耗定额是确定工程造价的主要依据。对同一个工程项目投资多少,是依据概算定额对不同设计方案进行技术经济比较后确定的。而工程造价中的材料费,是根据设计规定的工程量和工程标准,并根据材料消耗定额计算各种材料数量,再按地区材料预算价格计算出材料费用。其计算公式为:

工程预算材料费用＝∑(分部分项工程实物量×
材料消耗定额×材料预算单价)

(3)材料消耗定额是推行经济责任制的重要手段。全面推行经济责任制,是企业进行经济改革的重要内容之一,是建筑企业管理经济的有效手段。材料消耗定额是科学组织材料供应并对材料消耗进行有效控制的依据。有了先进合理的材料消耗定额,可以制定出科学的责任标准和消耗指标,便于生产部门制定明确的经济责任制。如材料实行按预算包干或签订投资包干协议,以投标工程材料报价及企业内部实行的各种经济责任制。不管采用哪一种形式的经济责任制,都必须以材料消耗定额作为核算材料需用量的主要依据。

(4)材料消耗定额是搞好材料供应及企业实行经济核算和降低成本的基础。有了先进合理的材料消耗定额,便于材料部门掌握施工生产的实际材料需用量,并根据施工生产的进度,及时、均衡地按材料消耗定额确定的需用量组织材料供应,并据此对材料消耗情况进行有效控制。

材料消耗定额是监督和促进施工企业合理使用材料、实现增产节约的工具。材料消耗定额从制度上明确规定了耗用材料的数量标准。有了材料消耗定额,就有了材料消耗的标准和尺度,就能依据它来衡量材料在使用过程中是节约还是浪费;就能有效地组织限额领料;就能促进施工班组加强经济核算,杜绝浪费,降低工程成本,以低消耗获得高效益。

(5)材料消耗定额是推动企业提高生产技术和科学管理水平的重要手段。先进合理的材料消耗定额,必须以先进的实用技术和科学管理为前提,随着生产技术的进步和管理水平的提高,必须定期修订材料消耗定额,使它保持在先进合理的水平上。企业只有通过不断改进工艺技术、改善劳动组织,全面提高施工生产技术和管理水平,才能够达到新的材料消耗定额标准。

4. 材料消耗定额的应用

(1)材料消耗概(预)算定额。材料消耗概(预)算定额是由地方主管基建部门工程造价处统一组织制定的。

材料消耗概(预)算定额包含了建筑企业从事生产经营全部材料消耗内容,即包括净用量、工艺操作损耗定额和非工艺操作损耗定额。

材料消耗概(预)算定额是编制建筑安装施工图预算的法定依据,是确定工程造价、计算工程拨款及划拨主要材料指标的依据,是计算招标标底和投标报价的主要依据,也是选择设计方案、施工方案及进行企业经济分析比较的基础。材料消耗概(预)算定额还作为经济核算、工程成本的工具书,是编制工程材料分析、控制工料消耗、进行"两算"对比(施工预算和施工图预算)的依据和计算各项费用的基础。

(2)材料消耗施工定额。材料消耗施工定额是由建筑企业自行编制的材料消耗定额,是建筑工程中最细的定额,它能详细地反映材料的品种、规格、材质和消耗数量。施工定额基本上采用了概(预)算定额的分部分项方法,但施工定额是在结合本企业现有条件,可能达到的平均先进水平下制定的。材料消耗施工定额是企业管理水平的反映,是施工班组实行限额领料,进行分部分项工程核算和班组核算的依据。

二、材料计划管理

1. 材料计划管理的概念

材料计划管理，就是运用计划手段组织、指导、监督、调节材料的采购、供应、储备、使用等一系列工作的总称。

第一，应确立材料供求平衡的概念。供求平衡是材料计划管理的首要目标。宏观上的供求平衡，使基本建设投资规模，必须建立在社会资源条件允许情况下，才有材料市场的供求平衡，才可寻求企业内部的供求平衡。材料部门应积极组织资源，在供应计划上不留缺口，使企业完成施工生产任务有坚实的物质保证。

第二，应确立指令性计划、指导性计划和市场调节相结合的观念。市场的作用在材料管理中所占份额越来越大，编制计划、执行计划均应在这种观念的指导下，使计划切实可行。

第三，应确立多渠道、多层次筹措和开发资源的观念。多渠道、少环节是我国材料管理体制改革的一贯方针。企业一方面应充分利用市场、占有市场，开发资源；另一方面应狠抓企业管理、依靠技术进步、提高材料使用效能、降低材料消耗。

2. 材料计划管理的任务

(1)为实现企业经济目标做好物质准备。建筑企业的经营发展，需要材料部门提供物质保证。材料部门必须适应企业发展的规模、速度和要求，只有这样才能保证企业经营顺利进行。为此材料部门应做到经济采购，合理运输，降低消耗，加速周转，以最少的资金获得最优的经济效果。

(2)做好平衡协调工作。材料计划的平衡是施工生产各部门协调工作的基础。材料部门一方面应掌握施工任务，核实需用情况，另一方面要查清内外资源，了解供需状况，掌握市场信息，确定周转储备，搞好材料品种、规格及项目的平衡配套，保证生产顺利进行。

(3)采取措施，促进材料的合理使用。建筑工程施工露天作业，操作条件差，浪费材料的问题长期存在。因此必须加强材料的计划管理。通过计划指标、消耗定额，控制材料使用，并采取一定的手段，如检查、考核、承包等，提高材料的使用效益，从而提高供应水平。

(4)建立健全材料计划管理制度。材料计划的有效作用是建立在材料计划的高质量的基础上的。建立科学的、连续的、稳定的和严肃的计划指标体系，是保证计划制度良好运行的基础。健全计划流转程序和制度，可以保证施工正常进行。

3. 材料计划的分类

(1)材料计划按照材料的使用方向，分为生产材料计划和基本建设材料计划。

1)生产材料计划，是指施工企业所属工业企业，为完成生产计划而编制的材料需用计划。如周转材料生产和维修、建材产品生产等。其所需材料数量一般是按其生产的产品数量和该产品消耗定额进行计算确定。

2)基本建设材料计划，包括自身基建项目、承建基建项目的材料计划。其材料计划的编制,通常应根据承包协议和分工范围及供应方式而编制。

(2)按照材料计划的用途分,包括材料需用计划、申请计划、供应计划、加工订货计划和采购计划。

1)材料需用计划:这是材料需用单位根据计划生产建设任务对材料的需求编制的材料计划,是整个国民经济材料计划管理的基础。

2)临时追加材料计划:由于设计修改或任务调整,原计划品种、规格、数量的错漏,施工中采取临时技术措施,机械设备发生故障需及时修复等原因,需要采取临时措施解决的材料计划,叫临时追加用料计划。列入临时计划的一般是急用材料,要作为重点供应。如费用超支和材料超用,应查明原因,分清责任,办理签证,由责任的一方承担经济责任。

4. 材料计划的编制原则

为了使制订的材料计划能够反映客观实际,充分发挥它对物资流通经济活动的指导作用,在计划的编制过程中必须遵循一定的原则。编制材料计划必须遵循以下原则:

(1)政策性原则。所谓政策性原则,就是在材料计划的编制过程中必须坚决贯彻执行党和国家有关经济工作的方针和政策。

(2)实事求是的原则。材料计划是组织和指导材料流通经济活动的行动纲领。这就要求在物资计划的编制中始终坚持实事求是的原则。具体地说,就是要求计划指标具有先进性和可行性,指标过高或过低都不行。在实际工作中,要认真总结经验,深入基层和生产建设的第一线,进行调查研究,通过精确计算,把计划订在既积极又可靠的基础上,使计划尽可能符合客观实际情况。

(3)积极可靠,留有余地的原则。搞好材料供需平衡,是材料计划编制工作中的重要环节。在进行平衡分配时,要做到积极可靠,留有余地。所谓积极,就是说,指标要先进,应是在充分发挥主观能动性的基础上,经过认真的努力能够完成的;所谓可靠,就是说,必须经过认真的核算,有科学依据。留有余地,就是说在分配指标的安排上,要保留一定数量的储备。这样就可以随时应付执行过程中临时增加的需要量。

(4)保证重点,照顾一般的原则。没有重点,就没有政策。一般来说,重点部门、重点企业、重点建设项目是对全局有巨大而深远影响的,必须在物资上给予切实保证。但一般部门、一般企业和一般建设项目也应适当予以安排,在物资分配与供应计划中,区别重点与一般,正确地妥善安排,是一项极为细致、复杂的工作。

5. 编制材料计划的步骤

施工企业常用的材料计划,是按照计划的用途和执行时间编制的年、季、月的材料需用计划、申请计划、供应计划、加工订货计划和采购计划。在编制材料计划时,应遵循以下步骤:

(1)各建设项目及生产部门按照材料使用方向,分单位工程做工程用料分析,根据计划期内完成的生产任务量及下一步生产中需提前加工准备的材料数量,编制材料需用计划。

(2)根据项目或生产部门现有材料库存情况,结合材料需用计划,并适当考虑计划期末周转储备量,按照采购供应的分工,编制项目材料申请计划,分报各供应部门。

(3)负责某项材料供应的部门,汇总各项目及生产部门提报的申请计划,结合供应部门现有资源,全面考虑企业周转储备,进行综合平衡,确定对各项目及生产部门的供应品种、规格、数量及时间,并具体落实供应措施,编制供应计划。

(4)按照供应计划所确定的措施,如:采购、加工订货等,分别编制措施落实计划,即采购计划和加工订货计划,确保供应计划的实现。

6. 材料计划的编制程序

(1)计算需用量。确定材料需要量是编制材料计划的重要环节,是搞好材料平衡、解决供求矛盾的关键。因此在确定材料需要量时,不仅要坚持实事求是的原则,力求全面正确地来确定需要量,要注意运用正确的方法。

由于各项需要的特点不同,其确定需要量的方法也不同。通常用以下几种方法确定:

1)直接计算法:就是用直接资料计算材料需要量的方法,主要有以下两种形式。

①定额计算法,就是依据计划任务量和材料消耗定额,单机配套定额来确定材料需要量的方法。其公式是:

计划需要量＝计划任务量×材料消耗定额

在计划任务量一定的情况下,影响材料需要量的主要因素就是定额。如果定额不准,计算出的需要量就难以确定。

②万元比例法,是根据基本建设投资总额和每万元投资额平均消耗材料来计算需要量的方法。这种方法主要是在综合部分使用,它是基本建设需要量的常用方法之一。其公式如下:

计划需要量＝某项工程总投资额(万元)×万元消耗材料数量

用这种方法计算出的材料需要量误差较大,但用于概算基建用料,审查基建材料计划指标,是简便有效的。

2)间接计算法:这是运用一定的比例、系数和经验来估算材料需要量的方法。

①动态分析法,是对历史资料进行分析、研究,找出计划任务量与材料消耗量变化的规律计算材料需要量的方法。其公式如下:

计划需要量＝计划期任务量/上期预计完成任务量×上期预计所消耗材料总量×(1±材料消耗增减系数)

或

计划需要量＝计划任务量×上期预计单位任务材料消耗量×(1±材料消

增减系数)

公式中的材料消耗系数,一般是根据上期预计消耗量的增减趋势,结合计划期的可能性来决定的。

②类比计算法,是指生产某项产品时,既无消耗定额,也无历史资料参考的情况下,参照同类产品的消耗定额计算需要量的方法。其计算公式如下:

计划需要量＝计划任务量×类似产品的材料消耗量×(1±调整系数)

上式中的调整系数可根据两种产品材料消耗量不同的因素来确定。

③经验统计法,这是凭借工作经验和调查资料,经过简单计算来确定材料需要量的一种方法。经验统计法常用于确定维修、各项辅助材料及不便制订消耗定额的材料需要量。

间接计算法的计算结果往往不够准确,在执行中要加强检查分析,及时进行调整。

(2)确定实际需用量,编制材料需用计划。根据各工程项目计算的需用量,进一步核算实际需用量。核算的依据有以下几个方面:

1)对于一些通用性材料,在工程进行初期,考虑到可能出现的施工进度超期因素,一般都略加大储备,因此其实际需用量就略大计划需用量。

2)在工程竣工阶段,因考虑到工完料清场地净,防止工程竣工材料积压,一般是利用库存控制进料,这样实际需用量要略小于计划需用量。

3)对于一些特殊材料,为保证工程质量,往往是要求一批进料,所以计划需用量虽只是一部分,但在申请采购中往往是一次购进,这样实际需用量就要大大增加。实际需用量的计算公式如下:

实际需用量＝计划需用量±调整因素

(3)编制材料申请计划。需要上级供应的材料,应编制申请计划。申请量的计算公式如下:

材料申请量＝实际需用量＋计划储备量－期初库存量

(4)编制材料供应计划。供应计划是材料计划的实施计划,材料供应部门根据用料单位提报的申请计划及各种资源渠道的供货情况、储备情况,进行总需用量与总供应量的平衡,并在此基础上编制对各用料单位或项目的供应计划,并明确供应措施,如利用库存、市场采购、加工订货等。

(5)编制供应措施计划。在供应计划中所明确的供应措施,必须有相应的实施计划。如市场采购,须相应编制采购计划;加工订货,须有加工订货合同及进货安排计划,以确保供应工作的完成。

三、材料采购

1. 材料采购分类原则

目前建筑施工企业在材料采购管理体制方面有三种管理形式:一是集中采购管理,二是分散采购管理,还有一种是既集中又分散的管理形式。采取什么形式应由建筑市场、企业管理体制及所承包的工程项目的具体情况等综合考虑决定。

2. 材料采购工作内容

(1)编制材料采购计划。材料采购计划是在各工程项目材料需用量计划的基础上制订的,必须符合建筑产品生产的需要,一般是按照材料分类,确定各种材料(包括品种、名称、规格、型号、质量及技术要求)采购的数量计划。

(2)确定材料采购批量。采购批量即一次采购的数量,材料采购计划必须按生产需要以及采购资金及仓库储存的实际情况有计划分期分批的进行。采购批量直接影响费用占用和仓库占用,因此必须选择各项费用成本最低的批量为最佳批量。

(3)确定采购方式。掌握市场信息,按材料采购计划,选择、确定采购对象,尽量做到货比三家;对批量大、价格高的材料可采用招标方式,以降低采购成本。

(4)材料采购计划实施。包括材料采购人员与提供建材产品的生产企业或产品供销部门进行具体协商、谈判。直至订货成交等内容。

3. 材料采购计划实施中的几个问题

材料采购是供需双方就材料买卖而协商同意达成的一种协议,这种协议还常常以书面的形式表现——即采购合同,因此在实施材料采购计划时,必须符合有关合同管理的一般规定,并注意以下几点:

(1)谈判是企业取得经济利益的最好机会。因为谈判内容一般为供需双方对权利、义务、价格等事关双方切身利益的探讨,是影响企业利益的重要因素,因此必须抓住。

(2)在谈判的基础上签订书面协议或合同。合同内容必须准确、详细,因为协议、合同一旦签订,就必须履行。材料采购协议或合同一般包括如下内容:材料名称(牌号)标、品种、规格、型号、等级;质量标准及技术标准;数量和计量;包装标准、包装费及包装物品的使用方法;交货单位、交货方式、运输方式、到货地点、收货单位(或收货人);交货时间;验收地点、验收方法和验收工具要求;单价、总价及其他费用;结算方式以及双方协商同意的其他事项等。

(3)协议、合同的履行。协议、合同的履行过程,是完成整个协议、合同规定任务的过程,因此必须严格履行。在履行过程中如有违反就要承担经济、法律责任,同时违约行为有时往往会影响建筑产品生产。

(4)及时提出索赔。索赔是合法的正当权利要求,根据法律规定,对并非由于自己过错所造成的损失或者承担了协议、合同规定之外的工作所付的额外支出,就有权向承担责任方索回必要的损失,这也是经济管理的重要内容。

4. 材料采购遵循的原则

(1)遵守国家和地方的有关方针、政策、法令和规定,如材料管理政策、材料分配政策、经济合同法,各项财政制度以及工商行政部门的规定等。

(2)以需定购,按计划采购。必须以实际需要的材料品种、规格、数量和时间要求的材料采购计划为依据进行采购。贯彻"以需采购"的材料采购原则,同时要结合材料的生产、市场、运输和储备等因素,进行综合平衡。

(3)坚持材料质量第一:把好材料采购质量关,不符合质量要求的材料,不得进入生产车间、施工现场,要随时深入生产厂、市场,以督促生产厂提高产品质量和择优采购,采购人员必须熟悉所采购的材料质量标准,并做好验收鉴定工作,不符合质量要求的物资绝不采购。

(4)降低采购成本:材料采购中,应开展"三比一算"(比质、比价、比运距、算成本)。市场供应的材料,由于材料来自各地,因生产手段不同,产品成本不一样,质量也有差别,为此在采购时,一定要注意同样的材料比质量,同样的质量比价格,同样的价格比运距,进行综合计算以降低材料采购成本。

(5)选择材料运输畅通方便的材料生产单位:生产建设企业尤其施工企业所需用材料,数量大、地区分散,必须使用足够的运输工具,才能按时运输到现场。如果运输力量不足,即使有了资源,也无法运出,为了将所需的材料及时安全地运输到使用现场,必须选择运输力量充足,地理和运输条件良好的地区和单位的材料,以保证材料采购和供应任务完成。

5. 材料采购管理模式

材料采购业务的分工,应根据企业机构设置、业务分工及经济核算体制确定。目前,一般都按核算单位分别进行采购。在一些实行项目承包或项目经理负责制的企业,都存在着不分材料品种、不分市场情况而盲目争取采购权的问题。企业内部公司、工区(处)、施工队、施工项目以及零散维修用料、工具用料均自行采购。这种做法既有调动各部门积极性等有利的一面,也存在着影响企业发展的不利一面,其主要利弊有:

(1)分散采购的优点。

1)分散采购可以调动各级各部门积极性,有利于各部门、各项经济指标的完成。

2)可以及时满足施工需要,采购工作效率较高。

3)就某一采购部门内来说,流动资金量小,有利于部门内资金管理。

4)采购价格一般低于多级多层次采购的价格。

(2)分散采购的弊端。

1)分散采购难以形成采购批量,不易形成企业经营规模,而影响企业整体经济效益。

2)局部资金占用少,但资金分散,其总体占用额度往往高于集中采购资金占用,资金总体效益和利用率下降。

3)机构人员重叠,采购队伍素质相对较弱,不利于建筑企业材料采购供应业务水平的提高。

(3)材料采购管理模式的选择。不同的企业类型,不同的生产经营规模,甚至

承揽的工程不同,其采购管理模式均应根据具体情况而确定。我国建筑企业主要有三种类型:

1)现场型施工企业。这类企业一般是规模相对较小或相对于企业经营规模而言承揽的工程任务相对较大。企业材料采购部门与建设项目联系密切,这种情况不宜分散采购而应集中采购。一方面减少项目采购工作量,形成采购批量;另一方面有利于企业对施工项目的管理和控制,提高企业管理水平。

2)城市型施工企业。是指在某一城市或地区内经营规模较大,施工力量较强,承揽任务较多的企业。我国最初建立的国营建筑企业多属于城市型企业。这类企业机构健全,企业管理水平较高,且施工项目多在一个城市或地区内分布,企业整体经营目标一致,比较适宜采用统一领导分级管理的采购模式。主要材料、重要材料及利于综合开发的材料资源采取统一筹划,形成较强的采购能力和开发能力,适宜与大型材料生产企业协作,对稳定资源、稳定价格、保证工程用料,有较大的保障。特别是当市场供小于求时尤其显著。一般材料由基层材料部门或施工项目视情况自行安排,分散采购。这样做既调动了各部门积极性,又保证了整体经济利益;既能发挥各自优势,又能抵御市场带来的冲击。

3)区域型施工企业。这类企业一般经营规模庞大,能够承揽跨省、跨地区甚至跨国项目。也有从事某区域内专业项目建设施工任务的企业。这类企业技术力量雄厚,但施工项目和人员分散,因此其采购模式要视其所在地区承揽的项目类型和采购任务而定。往往是集中采购与分散采购配合进行,分散采购和联合采购并存,采购方式灵活多样。

由此可见,采购管理模式的确定绝非唯一的,不变的,应根据具体情况分析,以保证企业整体利益为目标而确定。

6. 材料采购批量的管理

材料采购批量是指一次采购材料的数量。其数量的确定是以施工生产需用为前提,按计划分批进行采购。采购批量直接影响着采购次数、采购费用、保管费用和资金占用、仓库占用。在某种材料总需用量中,每次采购的数量应选择各项费用综合成本最低的批量,即经济批量或最优批量。经济批量的确定受多方因素影响,按照所考虑主要因素的不同一般有以下几种方法:

(1)按照商品流通环节最少的原则选择最优批量。从商品流通环节看,向生产厂直接采购,所经过的流通环节最少,价格最低。不过生产厂的销售往往有最低销售量限制,采购批量一般要符合生产厂的最低销售批量。这样既减少了中间流通环节费用,又降低了采购价格,而且还能得到适用的材料,最终降低了采购成本。

(2)按照运输方式选择经济批量。在材料运输中有铁路运输、公路运输、水路运输等不同的运输方式。每种运输中一般又分整车(批)运输和零散(担)运输。在中、长途运输中,铁路运输和水路运输较公路运输价格低、运量大。而在铁路运输和水路运输中,又以整车运输费用较零散运输费用低。因此一般采购应尽量就近采购或达到整车托运的最低限额以降低采购费用。

(3)按照采购费用和保管费用支出最低的原则选择经济批量。材料采购批量越小,材料保管费用支出越低,但采购次数越多,采购费用越高。反之,采购批量越大,保管费用越高,但采购次数越少,采购费用越低。因此采购批量与保管费用成正比例关系,与采购费用成反比例关系(图 1-1)。

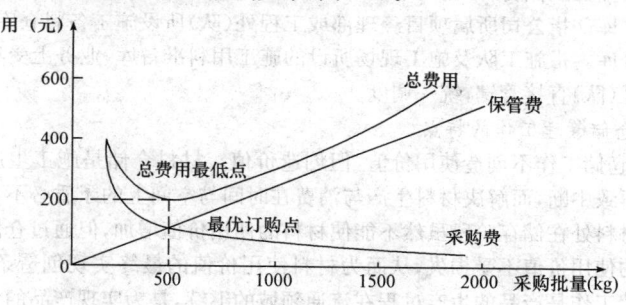

图 1-1　采购批量与费用关系图

第三节　材料的仓储与运输

一、材料的仓储

仓储管理是材料从流通领域进入企业的"监督关";是材料投入施工生产消费领域的"控制关";材料储存过程又是保质、保量、完整无缺的"监护关"。所以,仓储管理工作负有重大的经济责任。

1. 仓库的分类

(1)按储存材料的种类划分。

1)综合性仓库。仓库建有若干库房,储存各种各样的材料。如在同一仓库中储存钢材、电料、木料、五金、配件等。

2)专业性仓库。仓库只储存某一类材料。如钢材库、木料库、电料库等。

(2)按保管条件划分。

1)普通仓库。储存没有特殊要求的一般性材料。

2)特种仓库。某些材料对库房的温度、湿度、安全有特殊要求,需按不同要求设保温库、燃料库、危险品库等。水泥由于粉尘大,防潮要求高,因而水泥库也是特种仓库。

(3)按建筑结构划分。

1)封闭式仓库。指有屋顶、墙壁和门窗的仓库。

2)半封闭式仓库。指有顶无墙的料库、料棚。

3)露天料场。主要储存不易受自然条件影响的大宗材料。

(4)按管理权限划分。

1)中心仓库。指大中型企业(公司)设立的仓库。这类仓库材料吞吐量大,主要材料由公司集中储备,也叫做一级储备。除远离公司独立承担任务的工程处核定储备资金控制储备外,公司下属单位一般不设仓库,避免层层储备,分散资金。

2)总库。指公司所属项目经理部或工程处(队)所设施工备料仓库。

3)分库。指施工队及施工现场所设的施工用料准备库,业务上受项目经理部或工程处(队)直接管辖,统一调度。

2. 仓储管理工作的特点

(1)仓储工作不创造使用价值,但创造价值。材料仓储是施工生产过程中为使生产不致中断,而解决材料生产与消费在时间与空间上的矛盾必不可少的中间环节。材料处在储存阶段虽然不能使材料的使用价值增加,但通过仓储保管可以使材料的使用价值不受损失,从而为材料使用价值的最终实现创造条件。因此,材料仓储工作是产品的生产过程在流通领域的继续,是为实现产品的使用价值服务的。仓储劳动是社会的必要劳动,它同样创造价值。仓储管理工作创造价值这一特点,要求仓储管理必须提高水平,尽可能减少材料的损耗,使其使用价值得以实现;必须依靠科学,努力提高生产率,缩短社会必要劳动时间。

(2)仓储工作具有不平衡和不连续的特点。这个特点给仓储管理工作带来一定的困难,这就要求管理人员在储存保管好材料的前提下,掌握各种不同材料的性能特点、运输特点,安排好进出库计划,均衡使用人力、设备及仓位,以保证仓储管理工作的正常进行。

(3)仓储管理工作具有服务性质,直接为生产服务。仓储管理工作必须从生产出发,首先保证生产需要。同时要注意扩大服务项目,把材料的加工改制、综合利用和节约代用、组装、配套等提到管理工作的日程上来,使有限的材料发挥更大的作用。

3. 仓储管理在施工企业生产中的地位和作用

(1)仓储管理是保证施工生产顺利进行的必不可少的条件,是保证材料流通不致中断的重要环节。

施工生产的过程,就是材料不断消耗的过程,储存一定量的材料,是施工生产正常进行的物质保证。各种材料需经订货、采购、运输等环节,才能到达施工企业。为防止供需脱节,企业必须依靠合理的材料储备,来进行平衡和调剂。

(2)仓储管理是材料管理的重要组成部分。仓储管理是联系材料供应、管理、使用三方面的桥梁,仓储管理得好坏,直接影响材料供应管理工作目标的实现。

(3)仓储管理是保持材料使用价值的重要手段。材料在储存期间,从物理化学角度看,在不断地发生变化。这种变化虽然因材料本身的性质和储存条件的不同而有差异,但一般都会造成不同程度的损害。仓储中的合理保管,科学保养,是防止或减少损害、保持其使用价值的重要手段。

(4)加强仓储管理,可以加速材料的周转,减少库存,防止新的积压,减少资金占用,从而可以促进物资的合理使用和流通费用的节约。

4. 仓储管理的基本任务

仓储管理是以优质的储运劳务,管好仓库物资,为按质、按量、及时、准确地供应施工生产所需的各种材料打好基础,确保施工生产的顺利进行。其基本任务是:

(1)组织好材料的收、发、保管、保养工作。要求达到快进、快出、多储存、保管好、费用省的目的,为施工生产提供优质服务。

(2)建立和健全合理的、科学的仓库管理制度,不断提高管理水平。

(3)不断改进仓储技术,提高仓库作业的机械化、自动化水平。

(4)加强经济核算,不断提高仓库经营活动的经济效益。

(5)不断提高仓储管理人员的思想、业务水平,培养一支仓储管理的专职队伍。

5. 仓库规划

(1)材料仓库位置的选择。材料仓库的位置是否合理,直接关系到仓库的使用效果。仓库位置选择的基本要求是"方便、经济、安全"。仓库位置选择的条件是:

1)交通方便。材料的运送和装卸都要方便。材料中转仓库最好靠近公路(有条件的设专用线);以水运为主的仓库要靠近河道码头;现场仓库的位置要适中,以缩短到各施工点的距离。

2)地势较高,地形平坦,便于排水、防洪、通风、防潮。

3)环境适宜,周围无腐蚀性气体、粉尘和辐射性物质。危险品库和一般仓库要保持一定的安全距离,与民房或临时工棚也要有一定的安全距离。

4)有合理布局的水电供应设施,利于消防、作业、安全和生活之用。

(2)材料仓库的合理布局。材料仓库的合理布局,能为仓库的使用、运输、供应和管理提供方便,为仓库各项业务费用的降低提供条件。合理布局的要求是:

1)适应企业施工生产发展的需要。如按施工生产规模、材料资源供应渠道、供应范围、运输和进料间隔等因素,考虑仓库规模。

2)纳入企业环境的整体规划。按企业的类型来考虑,如按城市型企业、区域性企业、现场型企业不同的环境情况和施工点的分布及规模大小来合理布局。

3)企业所属各级各类仓库应合理分工。根据供应范围、管理权限的划分情况来进行仓库的合理布局。

4)根据企业耗用材料的性质、结构、特点和供应条件,并结合新材料、新工艺的发展趋势,按材料品种及保管、运输、装卸条件等进行布局。

(3)仓库面积的确定。仓库和料场面积的确定,是规划和布局时需要首先解决的问题。可根据各种材料的最高储存数量、堆放定额和仓库面积利用系数进行计算。

1)仓库有效面积的确定。有效面积是实际堆放材料的面积或摆放货架货柜所占的面积,不包括仓库内的通道、材料架与架之间的空地面积。计算公式为:

$$F = \frac{P}{V} \tag{1-1}$$

式中　F——仓库有效面积(m^2);

　　　P——仓库最高储存材料的数量(t、m^3);

　　　V——每平方米面积定额堆放数量,见表1-1。

表 1-1　　　　　　　　　　　　材料堆放面积定额(参考)

材料名称	单位	每平方米储存量	堆放高度(m)	储存方法	备　注
钢　筋	t	2～3	0.8～1	棚库	
角　钢	t	1.5～2	0.5～0.8	棚库	
工字钢	t	1～1.5	0.5	露天	
大径铁管	t	0.5～0.8	0.8～1	露天	
小径铁管	t	0.8～1	0.8～1	棚库	
铸铁管	t	0.3～1.1	0.8～1	露天	
盘　条	t	1.5～2	1	棚库	
原　木	m³	1.6～2.2	2	露天	
成　材	m³	1.6～2.2	2	露天	
层　板	张	200～300	1.5～2	棚库	
门　扇	扇	12～15	1.5～1.8	棚库	
窗　扇	扇	60～70	1.5～1.8	棚库	
门　框	樘	12	1.5	棚库	
窗　框	樘	12	1.5	棚库	
模　板	m³	1～1.2	1.5	露天	
刨花板	张	40～50	1～1.5	棚库	
水　泥	t	2～2.8	1.5～1.6	仓库	
水泥瓦	张	130～200	1	露天	
石棉瓦	张	大25、小17	0.5	棚库	

（续）

材料名称	单位	每平方米储存量	堆放高度(m)	储存方法	备　注
砖	块	700	1.5	露天	
砂、砾石	m³	1.5～2	1.6～2	露天	人工堆放
砂、砾石	m³	3～4	5～6	露天	机械堆放
毛　石	m³	1	1	露天	
石　灰	t	1.6	1.5	露天	
玻　璃	箱	6～10	0.8～1.5	仓库	
油　毡	卷	15～30	1～2	仓库	
沥　青	t	1.2	—	露天	
金属结构	t	0.2	—	露天	
小五金	t	1.2～1.5	1.8	仓库	
暖气片	片	100	0.7	棚库	
油　漆	桶/t	$\dfrac{50\sim100}{0.3\sim0.6}$	1.5	仓库	
小型构件	m³	0.5～0.6	0.5～0.7	露天	
电　线	t	0.9	2.2	仓库	
电　缆	t	0.4	1.4	棚库	
……					

2)仓库总面积计算。仓库总面积为包括有效面积、通道及材料架与架之间的空地面积在内的全部面积。计算公式为:

$$S=\frac{F}{\alpha}\tag{1-2}$$

式中　S——仓库总面积(m²);

　　　F——有效面积(m²);

　　　α——仓库面积利用系数,见表1-2。

表 1-2　　　　　　　　　　　仓库面积利用系数

项　次	仓　库　类　型	系数α值
1	密封通用仓库(内装货架,每两排货架之间留1m通道,主通道宽为2.5～3.5m)	0.35～0.4

(续)

项　次	仓　库　类　型	系数 α 值
2	罐式密封仓库	0.6~0.9
3	堆置桶装或袋装的密封仓库	0.45~0.6
4	堆置木材的露天仓库	0.4~0.5
5	堆置钢材棚库	0.5~0.6
6	堆置砂、石料露天库	0.6~0.7

（4）仓储规划。材料仓库的储存规划是在仓库合理布局的基础上，对应储存的材料作全面、合理的具体安排，实行分区分类，货位编号，定位存放，定位管理。储存规划的原则是：布局紧凑，用地节省，保管合理，作业方便，符合防火、安全要求。

6. 材料账务管理

（1）记账凭证。

1）材料入库凭证：验收单、入库单、加工单等。

2）材料出库凭证：调拨单、借用单、限额领料单、新旧转账单等。

3）盘点、报废、调整凭证：盘点盈亏调整单、数量规格调整单、报损报废单等。

（2）记账程序。

1）审核凭证。审核凭证的合法性、有效性。凭证必须是合法凭证，有编号，有材料收发动态指标；能完整反映材料经济业务从发生到结束的全过程情况。临时借条均不能作为记账的合法凭证。合法凭证要按规定填写齐全。如日期、名称、规格、数量、单位、单价、印章要齐全，抬头要写清楚，否则为无效凭证，不能据此记账。

2）整理凭证。记账前先将凭证分类、分档排列，然后依次序逐项登记。

（3）账册登记。根据账页上的各项指标自左至右逐项登记。已记账的凭证，应加标记，防止重复登账。记账后，对账卡上的结存数要进行验算，即：上期结存＋本项收入－本项发出＝本项结存。

7. 仓库盘点

仓库所保管的材料，品种、规格繁多，计量、计算易发生差错，保管中发生的损耗、损坏、变质、丢失等种种因素，可能导致库存材料数量不符，质量下降。只有通过盘点，才能准确地掌握实际库存量，摸清质量状况，掌握材料保管中存在的各种问题，了解储备定额执行情况和呆滞、积压数量，以及利用、代用等挖潜措施的落实情况。

（1）盘点方法。

1）定期盘点。指季末或年末对仓库保管的材料进行全面、彻底盘点。达到有物有账,账物相符,账账相符,并把材料数量、规格、质量及主要用途搞清楚。由于清点规模大,应先做好组织与准备工作,主要内容有:

①划区分块,统一安排盘点范围,防止重查或漏查。

②校正盘点用计量工具,统一印制盘点表,确定盘点截止日期和报表日期。

③安排各现场、车间,已领未用的材料办理"假退料"手续,并清理成品、半成品、在线产品。

④尚未验收的材料,具备验收条件的,抓紧验收入库。

⑤代管材料,应有特殊标志,另列报表,便于查对。

2)永续盘点。对库房内每日有变动(增加或减少)的材料,当日复查一次,即当天对有收入或发出发生的材料,核对账、卡、物是否对口。这种连续进行抽查盘点,能及时发现问题,便于清查和及时采取措施,是保证账、卡、物"三对口"的有效方法。永续盘点必须做到当天收发,当天记账和登卡。

(2)盘点中问题的处理。盘点时要对实际库存量和账面结存量进行逐项核对,并同时检查材料质量、有效期、安全消防及保管状况。编制盘点报告。

1)盘点中数量出现盈亏,若盈亏量在国家和企业规定的范围之内时,可在盘点报告中反映,不必编制盈亏报告,经业务主管审批后,据此调整账务;若盈亏量超过规定范围时,除在盘点报告中反映外,还应填写"盘点盈亏报告单"见表1-3,经领导审批后再行处理。

表 1-3　　　　　　　　　　　　　　材料盘点盈亏报告单

填报单位:　　　　　　　　年　　月　　日　　　　　　　第　号

材料名称	单位	账存数量	实存数量	盈(+)亏(-)数量及原因
部门意见				
领　导 批　示				

2)库存材料发生损坏、变质、降等级等问题时,填报"材料报损报废报告单"见表1-4,并通过有关部门鉴定损失金额,经领导审批后,根据批示意见处理。

表 1-4   **材料报损报废报告单**

填报单位：   年   月   日   编 号

名　称	规格型号	单　位	数　量	单　价	金　额
质量状况					
报损报废原因					
技术鉴定处理意见				负责人签章	
领导批示				签　章	

主管   审核   制表

3）库房被盗或遭破坏，其丢失及损坏材料数量及相应金额，应专项报告，经保卫部门认真查核后，按上级最终批示做账务处理。

4）出现品种规格混串和单价错误，在查实的基础上，经业务主管审批后按表1-5的要求进行调整。

表 1-5   **材料调整单**

仓库名称   第　号

项　目	材料名称	规格	单位	数量	单价	金额	差额（＋、－）
原列							
应列							
调整原因							
批示							

保管   记账   制表

5）库存材料一年以上没有发出，列为积压材料。

8. 库存控制规模——ABC 分类法

（1）ABC 分类法原理。ABC 分类法是一种从种类繁多、错综复杂的多项目或多因素事物中找出主要矛盾，抓住重点，照顾一般的管理方法。建筑企业所需的材料种类繁多，消耗量、占用资金及重要程度各不相同。如果对所有的材料同等看待全面抓，势必难以管理好，且经济上也不合理。只有实行重点控制，才能达到有效管理。在一个企业内部，材料的库存价值和品种数量之间存在一定比例关系，可以描述为"关键的少数，次要的多数。"大约有 5%～10% 的材料，资金占用额达 70%～75%；约有 20%～25% 的材料，资金占用额大致为 20%～25%；还有65%～70% 的大多数材料，资金占用额仅为 5%～10%。根据这一规律，将库存材料分为 ABC 三类，见表 1-6。

表 1-6　　　　　　　　　　　　　　材料 ABC 分类表

分　类	分类依据	品种数(%)	资金占用量(%)
A类	品种较少但需要量大、资金占用较高	5～10	70～75
B类	品种不多、资金占用额中等	20～25	20～25
C类	品种数量很多、资金占用比重却较少	65～70	5～10
合计		100	100

根据 ABC 三类材料的特点,可分别采用不同的库存管理方法。A 类材料是重点管理的材料,对其中有每种材料都要规定合理的经济订货批量,尽可能减少安全库存量,并对库存量随时进行严格盘点。把这类材料控制好了,对资金节省起重要作用。对 B 类材料也不能忽视,应认真管理,控制其库存。对于 C 类材料,可采用简化的方法管理,如定期检查,组织在一起订货或加大订货批量等。三类材料的管理方法比较见表 1-7 所示。

表 1-7　　　　　　　　　　　　　　ABC 分类管理方法

管理类型		材料的分类		
		A	B	C
价　值		高	一般	低
定额的综合程度		按品种或按规格	按大类品种	按该类的总金额
定额的检查方法	消耗定额	技术计算法	写真计算法	经验估算法
	库存周转金额	按库存量的不同条件下的数学模型计算	同 A	经验估算法
检　查		经常检查	一般检查	季或年度检查
统　计		详细统计	一般统计	按全额统计
控　制		严格控制	一般控制	金额总量控制
安全库存量		较低	较大	允许较高

(2)ABC 分类法工作步骤。

1)计算每一种材料年累计需用量。

2)计算每一种材料年使用金额和年累计使用金额,并按年使用金额大小的顺序排列。

3)计算每一种材料年需用量和年累计需用量占各种材料年需用总量的比重。

4)计算每一种材料使用金额和年累计使用金额占各种材料使用金额的比重。

5)画出帕莱特曲线图。

6)列出 ABC 分类汇总表。

7)进行分类控制。

9. 仓储管理的现代化

仓储管理现代化的内容主要包括:仓储管理人员的专业化、仓储管理方法的科学化及仓储管理手段的现代化。实现仓储管理现代化应做好如下工作:

(1)重视和加强仓储管理人员的培养、教育和提高,建成一支具有现代科学知识、管理技术、专门从事仓库建设及管理的队伍,要使仓储各级管理人员专业化。

(2)按照客观规律的要求和最新科技成果管理好仓储生产。针对仓储生产的特点,不断把先进的技术及管理方法应用于仓储管理,使仓储管理方法科学化。

(3)充分利用计算机及其他先进的信息管理手段,指挥、控制仓储业务管理、库存管理、作业自动化管理及信息处理等,使仓储管理手段日趋现代化。

二、材料的运输管理

1. 材料运输管理的意义和作用

材料运输是借助运力实现材料在空间上的转移。在市场经济条件下,物资的生产和消费,在空间上往往是不一致的,为了解决物资生产与消费在空间上的矛盾,必须借助运输使材料从产地转移到消费地区,满足生产建设的需要。所以材料运输是物资流通的一个组成部分,是材料供应管理中重要的一环。

材料运输管理是对材料运输过程,运用计划、组织、指挥和调节职能进行管理,使材料运输合理化。其重要作用,主要表现在以下三个方面:

(1)加强材料运输管理,是保证材料供应,促使施工顺利进行的先决条件。建筑工程企业所用材料的品种多、数量大,运输任务相当繁重。必须加强运输管理,使材料迅速、安全、合理地完成其空间转移,尽快实现其使用价值,保证施工生产的顺利进行。

(2)加强材料运输管理,合理地组织运输,可以缩短材料运输里程,减少在途时间,加快运输速度,提高经济效果。

2. 材料运输管理的任务

材料运输管理的基本任务是:根据客观经济规律和物资运输原则,对材料运输过程进行计划、组织、指挥、监督和调节,争取以最少的里程、最低的费用、最短的时间、最安全的措施,完成材料的转移,保证工程需要。具体任务是:

(1)贯彻"及时、准确、安全、经济"的原则组织运输。

1)及时:指用最少的时间,把材料从产地运到施工、用料地点,及时供应使用。

2)准确:指材料在整个运输过程中,防止发生各种差错事故,做到不错、不乱、不差,准确无误地完成运输任务。

3)安全:指材料在运输过程中保证质量完好,数量无缺,不发生受潮、变质、残损、丢失、爆炸和燃烧事故,保证人员、材料、车辆等安全。

4)经济:指经济合理地选用运输路线和运输工具,充分利用运输设备,降低运输费用。

"及时、准确、安全、经济"四项原则是互相关联、辩证统一的关系,在组织材料运输时,应全面考虑,不要顾此失彼。只有正确全面地贯彻这四项原则,才能完成材料运输任务。

(2)加强材料运输的计划管理。做好货源、流向、运输路线、现场道路、堆放场地等的调查和布置工作,会同有关部门编好材料运输计划,认真组织好材料的发运、接收和必要的中转业务,搞好装卸配合,使材料运输工作,在计划指导下协调进行。

(3)建立和健全以岗位责任制为中心的运输管理制度。明确运输工作人员的职责范围,加强经济核算,不断提高材料运输管理水平。

3. 运输方式

(1)基本运输方式及其特点。目前我国有六种基本运输方式,它们各有特点,采用着各种不同的运输工具,能适应不同情况的材料运输。在组织材料运输时,应根据各种运输方式的特点,结合材料的性质,运输距离的远近,供应任务的缓急及交通地理位置来选择使用。

1)铁路运输。铁路是国民经济的大动脉,铁路运输是我国主要的运输方式之一。它与水路干线和各种短途运输相衔接,形成一个完整的运输网。

铁路运输的特点:运输能力大、运行速度快;一般不受气候、季节的影响,连续性强;管理高度集中,运行比较安全准确;运输费用比公路运输低;如设置专用线,大宗材料可以直达使用区域。它是远程物资的主要运输方式。但铁路运输的始发和到达作业费用比公路运输高,材料短途运输不经济。另外铁路运输计划要求严格,托运材料必须按照铁道部的规章制度办事。

2)公路运输。公路运输基本上是地区性运输。地区公路运输网与铁路、水路干线及其他运输方式相配合,构成全国性的运输体系。

公路运输的特点:运输面广,机动灵活,快速,装卸方便。公路运输是铁路运输不可缺少的补充,是重要的运输方式之一,担负着极其广泛的中、短途运输任务。由于运费较高,不宜于长距离运输。

3)水路运输。水运在我国整个运输活动中占有重要的地位。我国河流多,海岸线长,通航潜力大,是最经济的一种运输方式。沿江、沿海的企业用水路运输建筑材料,是很有利的条件。

水路运输的特点:运载量较大,运费低廉。但受地理条件的制约,直达率较低,往往要中转换装,因而装卸作业费用高,运输损耗也较大;运输的速度较慢,材料在途时间长,还受枯水期、洪水期和结冰期的影响,准时性、均衡性较差。

4)航空运输。空运速度快,能保证急需。但飞机的装运量小、运价高、不能广泛使用。只适宜远距离运送急需的、贵重的、量小的或时间性较强的材料。

5)管道运输。管道运输是一种新型的运输方式,有很大的优越性。其特点是:运送速度快、损耗小、费用低、效率高。适用于输送各种液、气、粉、粒状的物资。我国目前主要用于运输石油和天然气。

6)民间群运。民间群运主要是指人力、畜力和木帆船等非机动车船的运输。

上述 6 种运输方式各有其优缺点和适用范围。在选择运输方式时,要根据材料的品种、数量、运距、装运条件、供应要求和运费等因素择优选用。

4. 经济合理地组织运输

经济合理地组织材料运输,是指材料运输要按照客观的经济规律,用最少的劳动消耗,最短的时间和里程,把材料从产地运到生产消费地点,满足工程需要,实现最大的经济效果。

合理组织运输的途径,主要有以下四个方面:

(1)选择合理的运输路线。根据交通运输条件,与合理流向的要求,选择里程最短的运输路线,最大限度地缩短运输的平均里程,消除各种不合理运输、如对流运输、迂回运输、重复运输、倒流运输等和违反国家规定的物资流向的运输方式。组织建筑材料运输时,要采用分析、对比的方法,结合运输方式、运输工具和费用开支进行选择。

(2)采取直达运输,"四就直拨",减少不必要的中转运输环节。直达运输就是把材料从交货地点直接运到用料单位或用料地点,减少中转环节的运输方法。"四就直拨"是指四种直拨的运输形式。在大、中城市、地区性的短途运输中采取"就厂直拨、就站(车站或码头)直拨、就库直拨、就船过载"的办法,把材料直接拨给用料单位或用料工地,可以减少中转环节,节约运转费用。

(3)选择合理的运输方式。根据材料的特点、数量、性质、需用的缓急、里程的远近和运价高低,选择合理的运输方式,以充分发挥其效用。比如大宗材料运距在 100km 以上的远程运输,应选用铁路运输。沿江沿海大宗材料的中、长距离运输宜采用水运。一般中距离材料运输以汽车为宜,条件合适也可以使用火车。

短途运输、现场转运,使用民间群运的运输工具,则比较合算。

(4)合理使用运输工具。合理使用运输工具,就是充分利用运输工具的载质量和容积,发挥运输工具的效能,做到满载、快速、安全,以提高经济效益。其方法主要有下列几种:

1)提高装载技术,保证车船满载。不论采取哪一种运输工具,都要考虑其载重能力,保证装够吨位,防止空吨运输。铁路运输,有棚车、敞车、平车等,要使车种适合货种,车吨配合货吨。

2)做好货运的组织、准备工作。做到快装、快跑、快卸,加速车船周转。事先要配备适当的装卸力量、机具,安排好材料堆放位置和夜间作业的照明设施。实行经济责任制,将装卸运输作业责任到人,以快装、快卸促满载快跑,缩短车船停留时间,提高运输效率。

3)改进材料包装,加强安全教育,保证运输安全。一方面要根据材料运输安全的要求,进行必要的包装和采取安全防护措施,另一方面对装卸运输工作加强管理,防止野蛮装卸,加强对责任事故的处理。

4)加强企业自有运输力量管理。除要做到以上三点外,还要按月下达任务指标,做好运行记时间和里程,把材料从产地运到生产消费地点,满足工程需要,实现最大的经济效果。

货源地点、运输路线、运输方式、运输工具等都是影响运输效果的主要因素,要组织合理运输,应从这几方面着手。在材料采购过程中,应该就地就近取材,组织运距最短的货源,为合理运输创造条件。

第四节 材料的现场管理

一、现场材料管理的概念

施工现场是建筑工程企业从事施工生产活动,最终形成建筑产品的场所,占建筑工程造价 60% 左右的材料费,都要通过施工现场投入消费。施工现场的材料与工具管理,属于生产领域里材料耗用过程的管理,与企业其他技术经济管理有密切的关系,是建筑工程材料管理的关键环节。

现场材料管理,是在现场施工过程中,根据工程类型、场地环境、材料保管和消耗特点,采取科学的管理办法,从材料投入到成品产出全过程进行计划、组织、协调和控制,力求保证生产需要和材料的合理使用,最大限度地降低材料消耗。

现场材料管理的好坏,是衡量建筑企业经营管理水平和实现文明施工的重要标志,也是保证工程进度和工程质量,提高劳动效率,降低工程成本的重要环节。对企业的社会声誉和投标承揽任务都有极大影响。加强现场材料管理,是提高材料管理水平、克服施工现场混乱和浪费现象、提高经济效益的重要途径之一。

二、现场材料管理的原则和任务

1. 全面规划

在开工前作出现场材料管理规划,参与施工组织设计的编制,规划材料存放场地、道路,做好材料预算,制定现场材料管理目标。全面规划是使现场材料管理全过程有序进行的前提和保证。

2. 计划进场

按施工进度计划,组织材料分期分批有秩序地入场。一方面保证施工生产需要;另一方面要防止形成大批剩余材料。计划进场是现场材料管理的重要环节和基础。

3. 严格验收

按照各种材料的品种、规格、质量、数量要求,严格对进场材料进行检查,办理收料。验收是保证进场材料品种、规格对路、质量完好、数量准确的第一道关口,是保证工程质量,降低成本的重要保证。

4. 合理存放

按照现场平面布置要求,做到合理存放,在方便施工、保证道路畅通、安全可靠的原则下,尽量减少二次搬运。合理存放是妥善保管的前提,是生产顺利进行的保证,是降低成本的有效措施。

5. 妥善保管

按照各项材料的自然属性,依据物资保管技术要求和现场客观条件,采取各种有效措施进行维护、保养,保证各项材料不降低使用价值。妥善保管是物尽其用,实现成本降低的保证条件。

6. 控制领发

按照操作者所承担的任务,依据定额及有关资料进行严格的数量控制。控制领发是控制工程消耗的重要关口,是实现节约的重要手段。

7. 监督使用

按照施工规范要求和用料要求,对已转移到操作者手中的材料,在使用过程中进行检查,督促班组合理使用,节约材料。监督使用是实现节约,防止超耗的主要手段。

8. 准确核算

用实物量形式,通过对消耗活动进行记录、计算、控制、分析、考核和比较,反映消耗水平。准确核算既是对本期管理结果的反映,又为下期提供改进的依据。

三、现场材料管理的内容

(1)收料前的准备。现场材料人员接到材料进场的预报后,要做好以下五项准备工作:

1)检查现场施工便道有无障碍及平整通畅,车辆进出、转弯、调头是否方便,还应适当考虑回车道,以保证材料顺利进场。

2)按照施工组织设计的场地平面布置图的要求,选择好堆料场地,要求平整、没有积水。

3)必须进现场临时仓库的材料,按照"轻物上架,重物近门,取用方便"的原则,准备好库位,防潮、防霉材料要事先铺好垫板,易燃易爆材料,一定要准备好危险品仓库。

4)夜间进料,要准备好照明设备,在道路两侧及堆料场地,都有足够的亮度,以保证安全生产。

5)准备好装卸设备、计量设备、遮盖设备等。

(2)材料验收的步骤。现场材料的验收主要是检验材料品种、规格、数量和质量。验收步骤如下:

1)查看送料单,是否有误送。

2)核对实物的品种、规格、数量和质量,是否和凭证一致。

3)检查原始凭证是否齐全正确。

4)做好原始记录,逐项详细填写收料日记,其中验收情况登记栏,必须将验收过程中发生的问题填写清楚。

(3)几项主要材料的验收保管方法。

1)水泥。

①质量验收。以出厂质量保证书为凭,进场时验查单据上水泥品种、强度等级与水泥袋上印的标志是否一致,不一致的应分开码放,待进一步查清;检查水泥出厂日期是否超过规定时间,超过的要另行处理;遇有两个单位同时到货的,应详细验收,分别码放,防止品种不同而混杂使用。

②数量验收。包装水泥在车上或卸入仓库后点袋计数,同时对包装水泥实行抽检,以防每袋质量不足。破袋的要灌袋计数并过秤,防止质量不足而影响混凝土和砂浆强度,产生质量事故。

罐车运送的散装水泥,可按出厂秤码单计量净重,但要注意卸车时要卸净,检查的方法是看罐车上的压力表是否为零及拆下的泵管是否有水泥。压力表为零、管口无水泥即表明卸净,对怀疑质量不足的车辆,可采取单独存放,进行检查。

③合理码放。水泥应入库保管。仓库地坪要高出室外地面 20~30cm,四周墙面要有防潮措施,码垛时一般码放 10 袋,最高不得超过 15 袋。不同品种、强度等级和日期的,要分开码放,挂牌标明。

特殊情况下,水泥需在露天临时存放时,必须有足够的遮垫措施。做到防水、防雨、防潮。

散装水泥要有固定的容器,既能用自卸汽车进料,又能人工出料。

④保管。水泥的储存时间不能太长,出厂后超过 3 个月的水泥,要及时抽样检查,经化验后按重新确定的强度使用。如有硬化的水泥,经处理后降级使用。

水泥应避免与石灰、石膏以及其他易于飞扬的粒状材料同存,以防混杂,影响质量。包装如有损坏,应及时更换以免散失。

水泥库房要经常保持清洁,落地灰及时清理、收集、灌装,并应另行收存使用。根据使用情况安排好进料和发料的衔接,严格遵守先进先发的原则,防止发生长时间不动的死角。

2)木材。

①质量验收。木材的质量验收包括材种验收和等级验收。木材的品种很多,首先要辨认材种及规格是否符合要求。对照木材质量标准,查验其腐朽、弯曲、钝棱、裂纹以及斜纹等缺陷是否与标准规定的等级相符。

②数量验收。木材的数量以材积表示,要按规定的方法进行检尺,按材积表查定材积,也可按计算式算得。

③保管。木材应按材种规格等级不同码放,要便于抽取和保持通风,板材、方

材的垛顶部要遮盖,以防日晒雨淋。经过烘干处理的木材,应放进仓库。

木材表面由于水分蒸发,常常容易干裂,应避免日光直接照射。采用狭而薄的衬条或用隐头堆积,或在端头设置遮阳板等。木材存料场地要高、通风要好,应随时清除腐木、杂草和污物,必要时用5%的漂白粉溶液喷洒。

3)钢材。

①质量验收。钢材质量验收分外观质量验收和内在化学成分、力学性能的验收。外观质量验收中,由现场材料验收人员,通过眼看、手摸,或使用简单工具,如钢刷、木棍等,检查钢材表面是否有缺陷。钢材的化学成分、力学性能均应经有关部门复试,与国家标准对照后,判定其是否合格。

②数量验收。钢材数量可通过称重、点件、检尺换算等几种方式验收。验收中应注意的是:称重验收可能产生磅差:其差量在国家标准容许范围内的,即签认送货单数量;若差量超过国家标准容许范围,则应找有关部门解决。检尺换算所得质量与称重所得质量会产生误差,特别是国产钢材的误差量可能较大,供需双方应统一验收方法。当现场数量检测确实有困难时,可到供料单位监磅发料,保证进场材料数量准确。

③保管。施工现场存放材料的场地狭小,保管设施较差。钢材中优质钢材、小规格钢材,如镀锌板、镀锌管、薄壁电线管等,最好入库入棚保管,若条件不允许,只能露天存放时,应做好苫垫。

钢材在保管中必须分清品种、规格、材质,不能混淆。保持场地干燥,地面不积水,清除污物。

4)砂、石料。

①质量验收。现场砂石料一般先目测:

砂:颗粒坚硬洁净,一般要求中粗砂,除特殊需用外,一般不用细砂。黏土、泥灰、粉末等不超过3%～5%。

石:颗粒级配应理想,粒形以近似立方块的为好。针片状颗粒不得超过25%,在强度等级大于C30的混凝土中,不得超过15%。注意鉴别有无风化石、石灰石混入。含泥量一般混凝土不得超过2%,大于C30的混凝土中,不得超过1%。

砂石含泥量的外观检查,如砂子颜色灰黑,手感发黏,抓一把能粘成团,手放开后,砂团散开,发现有粘连小块,用手指捻开小块,指上留有明显泥污的,表示含泥量过高。石子的含泥量,用手握石子摩擦后无尘土粘于手上,表示合格。

②数量验收。砂石的数量验收按运输工具不同、条件不同而采取不同方法。

量方验收:进料后先做方,即把材料作成梯形堆放在平整的地上。

过磅计量:发料单位经过地秤,每车随附秤码单送到现场时,应收下每车的秤码单、记录车号,在最后一车送到后,核对收到车数的秤码单和送货凭证是否相符。

其他:水运码头接货无地秤,堆方又无场地时,可在车船上抽查。一种方法是利用船上载重水位线表示的吨位计量;另一种方法是在运输车上快速将砂在车上拉平,量其装载高度,按照车型固定的长宽度计算体积,然后换算成质量。

③合理堆放。一般应集中堆放在混凝土搅拌机和砂浆机旁,不宜过远。堆放要成方成堆,避免成片。平时要经常清理,并督促班组清底使用。

5)砖。

①质量验收。抗压、抗折、抗冻等数据,一般以质保书为凭证。现场主要从以下几方面做外观砖的颜色:未烧透或烧过火的砖,即色淡和色黑的红砖不能使用。外形规格:按砖的等级要求进行验收。

②数量验收。定量码垛点数:在指定的地点定量码垛(一般200块为一垛)点数方便,按托板计数:用托板装运的砖,按不同砖每托板规定的装砖数,集中整齐码放,清点数量为每托板数量乘托板数。

车上点数,一般适用于车上码放整齐,现场急待使用,需要边卸边用的情况。

③合理保管。按现场平面布置图,码放于垂直运输设备附近便于起吊。不同品种规格的砖,应分开码放,基础墙、底层墙的砖可沿墙周围码放。使用中要注意清底,用一垛清一垛,断砖要充分利用。

6)成品、半成品。成品、半成品主要指工程使用的混凝土制品以及成型的钢筋等。这些成品、半成品占材料费很大,也是构成工程实体的重要材料。因此,搞好成品、半成品的现场验收和保管,对加速施工进度,保证工程质量,降低工程费用,都起着重要作用。

①混凝土构件。混凝土构件一般在工厂生产,再运到现场安装。由于混凝土构件有笨重、量大和规格型号多的特点,验收时一定要对照加工计划,分层分段配套码放,码放在吊车的悬臂回转半径范围以内。要认真核对品种、规格、型号,检验外观质量,及时登记台账,掌握配套情况。构件存放场地要平整,垫木规格一致且位置上下对齐,保持平整和受力均匀。混凝土构件一般按工程进度进场,防止过早进场,阻塞施工场地。

②成型钢筋。是指由工厂加工成型后运到现场绑扎的钢筋。一般会同生产班组按照加工计划验收规格和数量,并交班组管理使用。钢筋的存放场地要平整,没有积水,分规格码放整齐,用垫木垫起,防止水浸锈蚀。

7)现场包装品。现场材料的包装容器,一般都有利用价值,如纸袋、麻袋、布袋、木箱、铁桶等。现场必须建立回收制度,保证包装品的成套、完整,提高回收率和完好率。对开拆包装的方法要有明确的规章制度,如铁桶不开大口、盖子不离箱、线封的袋子要拆线、粘口的袋子要用刀割等。要健全领用和回收的原始记录，对回收率、完好率进行考核，用量大、易损坏的包装品例如水泥纸袋等可实行包装品的回收奖励制度。

四、周转材料管理

1. 周转材料的概念

周转材料是指能够多次应用于施工生产，有助于产品形成，但不构成产品实体的各种材料，是有助于建筑产品的形成而必不可少的劳动手段。如：浇捣混凝土所需的模板和配套件；施工中搭设的脚手架及其附件等。

从材料的价值周转方式（价值的转移方式和价值的补偿方式）来看，建筑材料的价值是一次性全部地转移到建筑物中去的。而周转材料却不同，它能在几个施工过程中多次地反复使用，并不改变其本身的实物形态，直至完全丧失其使用价值，损坏报废时为止。它的价值转移是根据其在施工过程中的损耗程度，逐渐地分别转移到产品中去，成为建筑产品价值的组成部分，并从建筑物的价值中逐渐地得到价值补偿。

在一些特殊情况下，由于受施工条件限制，有些周转材料也是一次性消耗的，其价值也就一次性转移到工程成本中去，如大体积混凝土浇捣时所使用的钢支架等在浇捣完成后无法取出，钢板桩由于施工条件限制无法拔出，个别模板无法拆除等等。也有些因工程的特殊要求而加工制作的非规格化的特殊周转材料，只能使用一次。这些情况虽然核算要求与材料性质相同，实物也作销账处理，但必须做好残值回收，以减少损耗，降低工程成本。因此，搞好周转材料的管理，对施工企业来讲是一项至关重要的工作。

2. 周转材料的分类

周转材料，是指反复使用，而又基本保持原有形态的材料。它不直接构成建筑物的实体，而是在多次反复的使用过程中逐步地磨损和消耗的材料。是构成建筑物使用价值的必要部分。

周转材料按其自然属性可分为钢制品和木制品两类；按使用对象可分为混凝土工程用周转材料、结构及装修工程用周转材料和安全防护用周转材料3类。

3. 周转材料管理的任务

(1)根据生产需要，及时、配套地提供适量和适用的各种周转材料。

(2)根据不同周转材料的特点建立相应的管理制度和办法，加速周转，以较少的投入发挥尽可能大的效能。

(3)加强维修保养，延长使用寿命，提高使用的经济效果。

4. 周转材料管理的内容

(1)使用。周转材料的使用是指为了保证施工生产正常进行或有助于产品的形成而对周转材料进行拼装、支搭以及拆除的作业过程。

(2)养护。指例行养护,包括除去灰垢、涂刷防锈剂或隔离剂,使周转材料处于随时可投入使用的状态。

(3)维修。修复损坏的周转材料;使之恢复或部分恢复原有功能。

(4)改制。对损坏且不可修复的周转材料,按照使用和配套的要求进行大改小、长改短的作业。

(5)核算。包括会计核算、统计核算和业务核算三种核算方式。会计核算主要反映周转材料投入和使用的经济效果及其摊销状况,它是资金(货币)的核算;统计核算主要反映数量规模、使用状况和使用趋势,它是数量的核算;业务核算是材料部门根据实际需要和业务特点而进行的核算,它既有资金的核算,也有数量的核算。

5. 周转材料的管理方法

(1)租赁管理。

1)租赁的概念。租赁是指在一定期限内,产权的拥有方向使用方提供材料的使用权,但不改变所有权,双方各自承担一定的义务,履行契约的一种经济关系。

实行租赁制度必须将周转材料的产权集中于企业进行统一管理,这是实行租赁制度的前提条件。

2)租赁管理的内容。首先应根据周转材料的市场价格变化及摊销额度要求测算租金标准,并使之与工程周转材料费用收入相适应。

3)租赁管理方法。

①租用。项目确定使用周转材料后,应根据使用方案制定需求计划,由专人向租赁部门签订租赁合同,并做好周转材料进入施工现场的各项准备工作,如存放及拼装场地等。租赁部门必须按合同保证配套供应并登记"周转材料租赁台账"。

②验收和赔偿。租赁部门应对退库周转材料进行外观质量验收。如有丢失损坏应由租用单位赔偿。验收及赔偿标准一般按以下原则掌握:对丢失或严重损坏(指不可修复的,如管体有死弯、板面严重扭曲)按原值的 50%赔偿;一般性损坏(指可修复的,如板面打孔、开焊等)按原值 30%赔偿;轻微损坏(指不需使用机械,仅用手工即可修复的)按原值的 10%赔偿。

租用单位退租前必须清除混凝土灰垢,为验收创造条件。

③结算。租金的结算期限一般自提运的次日起至退租之日止,租金按日历天

数逐日计取,按月结算。租用单位实际支付的租赁费用包括租金和赔偿费两项。

租赁费用(元)＝∑(租用数量×相应日租金(元)

×租用天数＋丢失损坏数量

×相应原值×相应赔偿率%)

根据结算结果由租赁部门填制《租金及赔偿结算单》。

为简化核算工作也可不设"周转材料租赁台账",而直接根据租赁合同进行结算。但要加强合同的管理,严防遗失,以免错算和漏算。

(2)周转材料的费用承包管理方法。周转材料的费用承包是适应项目管理的一种管理形式,或者说是项目管理对周转材料管理的要求。它是指以单位工程为基础,按照预定的期限和一定的方法测定一个适当的费用额度交由承包者使用,实行节奖超罚的管理。

1)承包费用的确定。

①承包费用的收入。承包费用的收入即是承包者所接受的承包额。承包额有两种确定方法,一种是扣额法,另一种是加额法。扣额法指按照单位工程周转材料的预算费用收入,扣除规定的成本降低额后的费用;加额法是指根据施工方案所确定的费用收入,结合额定周转次数和计划工期等因素所限定的实际使用费用,加上一定的系数额作为承包者的最终费用收入。所谓系数额是指一定历史时期的平均耗费系数与施工方案所确定的费用收入的乘积。公式如下:

扣额法费用收入(元)＝预算费用收入(元)×(1−成本降低率%)

加额法费用收入(元)＝施工方案确定的费用收入(元)×(1＋平均耗费系数)

②承包费用的支出。承包费用的支出是在承包期限内所支付的周转材料使用费(租金)、赔偿费、运输费、二次搬运费以及支出的其他费用之和。

2)费用承包管理的内容。

①签订承包协议。承包协议是对承、发包双方的责、权、利进行约束的内部法律文件。一般包括工程概况、应完成的工程量、需用周转材料的品种、规格、数量及承包费用、承包期限、双方的责任与权力、不可预见问题的处理以及奖罚等内容。

②承包额的分析。首先要分解承包额。承包额确定之后,应进行大概的分解,以施工用量为基础将其还原为各个品种的承包费用,例如将费用分解为钢模板、焊管等品种所占的份额。

第二要分析承包额。在实际工作中,常常是不同品种的周转材料分别进行承包,或只承包某一品种的费用,这就需要对承包效果进行预测,并根据预测结果提出有针对性的管理措施。

③周转材料进场前的准备工作。根据承包方案和工程进度认真编制周转材料的需用计划,注意计划的配套性(品种、规格、数量及时间的配套),要留有余地,不留缺口。

根据配套数量同企业租赁部门签订租赁合同,积极组织材料进场并做好进场前的各项准备工作,包括选择、平整存放和拼装场地、开通道路等,对狭窄的现场应做好分批进场的时间安排,或事先另选存放场地。

3)费用承包效果的考核。承包期满后要对承包效果进行严肃认真的考核、结算和奖罚。

承包的考核和结算指承包费用收、支对比,出现盈余为节约,反之为亏损。如实现节约应对参与承包的有关人员进行奖励。可以按节约额进行金额奖励,也可以扣留一定比例后再予奖励。奖励对象应包括承包班组、材料管理人员、技术人员和其他有关人员。按照各自的参与程度和贡献大小分配奖励份额。如出现亏损,则应按与奖励对等的原则对有关人员进行罚款。费用承包管理方法是目前普遍实行项目经理责任制中较为有效的方法,企业管理人员应不断探索有效管理措施,提高承包经济效果。

提高承包经济效果的基本途径有两条:

①在使用数量既定的条件下努力提高周转次数。

②在使用期限既定的条件下,努力减少占用量。同时应减少丢失和损坏数量,积极实行和推广组合钢模的整体转移,以减少停滞、加速周转。

(3)周转材料的实物量承包管理。实物量承包的主体是施工班组,也称班组定包。它是指项目班子或施工队根据使用方案按定额数量对班组配备周转材料,规定损耗率,由班组承包使用,实行节奖超罚的管理办法。

实物量承包是费用承包的深入和继续,是保证费用承包目标值的实现和避免费用承包出现断层的管理措施。

1)定包数量的确定,以组合钢模为例,说明定包数量的确定方法。

①模板用量的确定。根据费用承包协议规定的混凝土工程量编制模板配模图,据此确定模板计划用量,加上一定的损耗量即为交由班组使用的承包数量。公式如下:

$$模板定包数量(m^2)=计划用量(m^2)\times(1+定额损耗率\%)$$

式中　定额损耗率一般不超过计划用量的1%。

②零配件用量的确定。

2)定包效果的考核和核算。定包效果的考核主要是损耗率的考核。即用定额损耗量与实际损耗量相比,如有盈余为节约,反之为亏损。如实现节约则全额奖给定包班组,如出现亏损则由班组赔偿全部亏损金额,根据定包及考核结果,对定包班组兑现奖罚。

(4)周转材料租赁、费用承包和实物量承包三者之间的关系。

周转材料的租赁、费用承包和实物量承包是三个不同层次的管理,是有机联系的统一整体。实行租赁办法是企业对工区或施工队所进行的费用控制和管理;实行费用承包是工区或施工队对单位工程或承包标段所进行的费用控制和管理;实行实物量承包是单位工程裏承包栋号对使用班组所进行的数量控制和管理,这样便形成了既有不同层次、不同对象的,又有费用的和数量的综合管理体系。降低企业周转的费用消耗,应该同时搞好三个层次的管理。

限于企业的管理水平和各方面的条件,作为管理初步,可于三者之间任选其一。如果实行费用承包则必须同时实行实物量承包,否则费用承包易出现断层,出现"以包代管"的状况。

第五节　材料核算与质量监督管理

一、材料核算

1. 材料核算的概念

材料核算是企业经济核算的重要组成部分。所谓材料核算就是以货币或实物数量的形式,对建筑企业材料管理工作中的采购、供应、储备、消耗等项业务活动进行记录、计算、比较和分析,从而提高材料供应管理水平的活动。

材料供应核算是建筑企业经济核算工作的主要组成部分,材料费用一般占建筑工程造价 60%左右,材料的采购供应和使用管理是否经济合理,对企业的各项经济技术指标的完成,特别是经济效益的提高有着重大的影响。因此建筑企业在考核施工生产和经营管理活动时,必须抓住工程材料成本核算、材料供应核算这两个重要的工作环节。进行材料核算,应做好以下基础工作:

首先,要建立和健全材料核算的管理体制,使材料核算的原则贯穿于材料供应和使用的全过程,做到干什么、算什么,人人讲求经济效果,积极参加材料核算和分析活动。这就需要组织上的保证,把所有业务人员组织起来,形成内部经济核算网,为实行指标分管和开展专业核算奠定组织基础。

其次,要建立健全核算管理制度。明确各部门、各类人员以及基层班组的经济责任,制定材料申请、计划、采购、保管、收发、使用的办法、规定和核算程序。把各项经济责任落实到部门、专业人员和班组,保证实现材料管理的各项要求。

第三,要有扎实的经营管理基础工作。主要包括材料消耗定额、原始记录、计量检测报告、清产核资和材料价格等。材料消耗定额是计划、考核、衡量材料供应与使用是否取得经济效果的标准。

原始记录是反映经营过程的主要凭据；计量检测是反映供应、使用情况和记账、算账、分清经济责任的主要手段；清产核资是摸清家底，弄清财、物分布占用，进行核算的前提；材料价格是进行考核和评定经营成果的统一计价标准。没有良好的基础工作，就很难开展经济核算。

2. 材料核算的基本方法

（1）工程成本的核算方法。工程成本核算。是指对企业已完工程的成本水平，执行成本计划的情况进行比较，是一种既全面而又概略的分析。工程成本按其在成本管理中的作用有三种表现形式：

1）预算成本。预算成本是根据构成工程成本的各个要素，按编制施工图预算的方法确定的工程成本，是考核企业成本水平的主要标尺，也是结算工程价款、计算工程收入的重要依据。

2）计划成本。企业为了加强成本管理，在施工生产过程中有效地控制生产耗费，所确定的工程成本目标值。计划成本应根据施工图预算，结合单位工程的施工组织设计和技术组织措施计划，管理费用计划确定。它是结合企业实际情况确定的工程成本控制额，是企业降低消耗的奋斗目标，是控制和检查成本计划执行情况的依据。

3）实际成本。即企业完成建筑安装工程实际应计入工程成本的各项费用之和。它是企业生产耗费在工程上的综合反映，是影响企业经济效益高低的重要因素。

工程成本核算，首先是将工程的实际成本同预算成本比较，检查工程成本是节约还是超支。其次是将工程实际成本同计划成本比较，检查企业执行成本计划的情况，考察实际成本是否控制在计划成本之内。无论是预算成本和计划成本，都要从工程成本总额和成本项目两个方面进行考核。

在考核成本变动时，要借助成本降低额（预算成本降低额和计划成本降低额）和成本降低率（预算成本降低率、计划成本降低率）两个指标。前者用以反映成本节超的绝对额，后者反映成本节超的幅度。

（2）工程成本材料费的核算。工程材料费的核算反映在两个方面：一是建筑安装工程定额规定的材料定额消耗量与施工生产过程中材料实际消耗量之间的"量差"；二是材料投标价格与实际采购供应材料价格之间的"价差"。工程材料成本盈亏主要核算这两个方面。

1）材料的量差。材料部门应按照定额供料，分单位工程记账，分析节约与超支，促进材料的合理使用，降低材料消耗。做到对工程用料，临时设施用料，非生产性其他用料，区别对象划清成本项目。对属于费用性开支非生产性用料，要按规定掌握，不能记入工程成本。对供应两个以上工程同时使用的大宗材料，可按定额及完成的工程量进行比例分配,分别记入单位工程成本。

　　为了抓住重点,简化基层实物量的核算,根据各类工程用料特点,结合班组核算情况,可选定占工程材料费用比重较大的主要材料,如土建工程中的钢材、木材、水泥、砖瓦、砂、石、石灰等按品种核算,施工队建立分工号的实物台账,一般材料则按类核算,掌握队、组用料节超情况,从而找出定额与实耗的量差,为企业进行经济活动分析提供资料。

　　2)材料的价差。材料价差的发生,要区别供料方式。供料方式不同,其处理方法也不同。由建设单位供料,按承包商的投标价格向施工单位结算,价格差异则发生在建设单位,由建设单位负责核算。施工单位实行包料,按施工图预算包干的,价格差异发生在施工单位,由施工单位材料部门进行核算。所发生的材料价格差异按合同的规定记入成本。

　　3. 材料核算的内容及方法

　　(1)材料采购的核算。材料采购核算,是以材料采购预算成本为基础,与实际采购成本相比较,核算其成本降低或超耗程度。

　　1)材料采购实际成本(价格)。材料采购实际成本是材料在采购和保管过程中所发生的各项费用的总和。它由材料原价、供销部门手续费、包装费、运杂费、采购保管五方面因素构成。组成实际价格的 5 个内容,任何一方面的变动,都会直接影响到材料实际成本的高低。在材料采购及保管过程中应力求节约,降低材料采购成本是材料采购管理的重要环节。

　　市场供应的材料,由于货源来自各地,产品成本不一样,运输距离不等,质量情况参差不齐,为此在材料采购或加工订货时,要注意材料实际成本的核算,采购材料时应作各种比较,即:同样的材料比质量;同样的质量比价格;同样的价格比运距;最后核算材料成本。尤其是地方大宗材料的价格组成,运费占主要成分,尽量做到就地取材,减少运输及管理费用。

　　材料价格通常按实际成本计算,具体方法有"先进先出法"或"加权平均法"两种。

　　①先进先出法。是指同一种材料每批进货的实际成本如各不相同时,按各批不同的数量及价格分别记入账册。在发生领用时,以先购入的材料数量及价格先计价核算工程成本,按先后程序依此类推。

　　②加权平均法。是指同一种材料在发生不同实际成本时,按加权平均法求得平均单价,当下一批进货时,又以余额(数量及价格)与新购入的数量、价格作新的加权平均计算,得出平均价格。

　　2)材料预算价格。材料预算价格包括从材料来源地起,到到达施工现场的工地仓库或材料堆放场地为止的全部价格,由下列 5 项费用组成:材料原价;供销部门手续费;包装费;运杂费;采购及保管费。

　　计算公式如下:

材料预算价格＝（材料原价＋供销部门手续费＋包装费＋运杂费）×（1＋采购及保管费率－包装品回收值）

①材料原价的确定原则和计算。

a.单渠道货源的材料,按供应单位的出厂价或批发价确定。

b.多渠道货源的材料,按各供应单位的出厂价或批发价,采用加权平均法计算确定。

②供销部门手续费的计算。凡通过物资供销部门供应的材料,都要按规定的费率,计算供销部门手续费。如果供销部门已将此项手续费包括在材料原价内时,就不再重复计算此项费用。

③材料包装费的计算。包装费是为了便于材料的运输或为保护材料而进行包装所需要的费用,包括水运、陆运及运输中的支撑、棚布等。如由生产厂负责包装,其费用已计入材料原价内的,则不再另行计算,但应扣回包装的回收价值。

包装器材的回收价值,按地区主管部门规定计算,如无规定,可参照下列比率结合地区实际情况确定:

a.木制品包装者,回收值70%,回收值按包装材料原价20%。

b.用薄钢板、铁丝制品包装的回收量,铁桶为95%;薄钢板50%;铁丝20%。回收值按包装本本材料原价的50%计算。

c.用纸皮、纤维品包装的,回收率量为50%,回收值按包装材料原价的50%计算。

d.用草绳、草袋制品包装的,不计算回收值。

包装材料回收价值计算公式:

包装品回收价值＝包装品（材料）原价×回收量（%）×回收值（%）

④材料运杂费用的计算和确定。材料的运杂费应按所选定的材料来源地,运输工具、运输方式、运输里程以及厂家交通运输部门规定的运价费用率标准进行计算。

材料运杂费包括以下内容:

a.产地到车站、码头的短途运输费。

b.火车、船舶的长途运输。

c.调车及驳船费。

d.多次装卸费。

e.有关部门附加费。

f.合理的运输损耗。

编制材料预算价格时,材料来源地的确定,应贯彻就地、就近取材的原则。根据物资合理分配条件,及历年物资分配情况确定。材料的运输费用也根据各地区制订的运价标准,采用加权平均法计算。确定工程用大宗材料如:钢材、木材、水泥、砖、瓦、灰、砂、石等一般应按整车计算运费,适当考虑一部分零担和汽车长途运输。整车与零担比例,要结合资源分布、运输条件和供应情况研究确定。

⑤采购及保管费的计算。材料采购及保管费,指各级材料部门(包括工地仓库)在组织采购、供应和保管材料过程中所需的各项费用。材料采购及保管费计算公式如下:

采购及保管费=(材料原价+供销部门手续费+运输费)×采购及保管费率

国家规定:综合采购保管费率为2.5%。

3)材料采购成本的考核。材料采购成本可以从实物量和价值量两方面进行考核。单项品种的材料在考核材料采购成本时,可以从实物量形态考核其数量上的差异。企业实际进行采购成本考核,往往是分类或按品种综合考核价值上的"节"与"超"。通常有如下两项考核指标:

①材料采购成本降低(超耗)额。材料采购成本降低(超耗)额=材料采购预算成本—材料采购实际成本

式中材料采购预算成本是按预算价格事先计算的计划成本支出;材料采购实际成本是按实际价格事后计算的实际成本支出。

②材料采购成本降低(超耗)率。材料采购成本降低(超耗)额%=

$$\frac{材料采购成本降低(超耗)额}{材料采购预算成本} \times 100\%$$

(2)材料消耗量核算。现场材料使用过程的管理,主要是按单位工程定额供应和班组耗用材料的限额领用进行管理。前者是按预算定额对在建工程实行定额供应材料;后者是在分部分项工程中以施工定额对施工队伍限额领料。施工队伍实行限额领料,是材料管理工作的落脚点,是经济核算、考核企业经营成果的依据。

检查材料消耗情况,主要是用材料的实际消耗量与定额消耗量进行对比,反映材料节约或浪费情况。由于材料的使用情况不同,因而考核材料的节约或浪费的方法也不相同,分述如下:

1)核算某项工程某种材料的定额与实际消耗情况。计算公式如下:

某种材料节约(超耗)量=某种材料实际耗用量—该项材料定额耗用量

上式计算结果为负数,则表示节约;反之计算结果为正数,则表示超耗。

$$某种材料节约(超耗)率=\frac{材料节约(超耗)量}{材料定额耗用量} \times 100\%$$

同样,式中负百分数表示节约率;正百分数表示超耗率。

2)核算多项工程某种材料消耗情况。节约或超支的计算式同上。某种材料的计算耗用量,即定额要求完成一定数量建筑安装工程所需消耗的材料数量的计算式应为:

某种材料定额耗用量＝Σ（材料消耗定额×实际完成的工程量）

3）核算一项工程使用多种材料的消耗情况。建筑材料有时由于使用价值不同，计量单位各异，不能直接相加进行考核。因此，需要利用材料价格作为同度量因素，用消耗量乘材料价格，然后加总对比。公式如下：

材料节约（－）或超支（＋）额＝Σ材料价格×（材料实耗量－材料定额消耗量）

4）检查多项分项工程使用多种材料的消耗情况。这类考核检查，适用以单位工程为单位的材料消耗情况，它既可了解分部分项工程以及各单位材料定额的执行情况，又可综合分析全部工程项目耗用材料的效益情况。

（3）材料供应的核算。材料供应计算是组织材料供应的依据。它是根据施工生产进度计划、材料消耗定额等编制的。施工生产进度计划确定了一定时期内应完成的工程量，而材料供应量是根据工程量乘以材料消耗定额，并考虑库存、合理储备、综合利用等因素，经平衡后确定的。按质、按量、按时配套供应各种材料，是保证施工生产正常进行的基本条件之一。检查考核材料供应计划的执行情况，主要是检查材料的收入执行情况，它反映了材料对生产的保证程度。

检查材料收入的执行情况，就是将一定时期（旬、月、季、年）内的材料实际收入量与计划收入量作对比，以反映计划完成情况。一般情况下，从以下两个方面进行考核：

1）检查材料收入量是否充足。这是考核各种材料在某一时期内的收入总量是否完成了计划，检查在收入数量上是否满足了施工生产的需要。其计算公式为：

$$材料供应计划完成率＝\frac{实际收入量}{计划收入量}×100\%$$

检查材料收入量是保证生产完成所必需的数量，是保证施工生产顺利进行的一项重要条件。如收入量不充分，如上表中黄砂的收入量仅完成计划收入量的85％，这就造成一定程度上的材料供应数量不足，影响施工正常进行。

2）检查材料供应的及时性。在检查考核材料收入总量计划的执行情况时，还会遇到收入总量的计划完成情况较好，但实际上施工现场却发生停工待料的现象，这是因为在供应工作中还存在收入时间是否及时的问题。也就是说，即使收入总量充分，但供应时间不及时，也同样会影响施工生产的正常进行。

分析考核材料供应及时性问题时，需要把时间、数量、平均每天需用量和期初库存等资料联系起来考查。

$$供货及时性率＝\frac{实际供货对生产建设具有保证的天数}{实际工作天数}×100\%$$

（4）周转材料的核算。由于周转材料可多次反复使用于施工过程，因此其价值的转移方式不同于材料的一次性转移，而是分多次转移，通常称为摊销。周转材料的核算以价值量核算为主要内容,核算周转材料的费用收入与支出的差异和摊销。

1)费用收入。周转材料的费用收入是以施工图为基础,以预算定额为标准随工程款结算而取得的资金收入。

2)费用支出。周转材料的费用支出是根据施工工程的实际投入量计算的。在对周转材料实行租赁的企业,费用支出表现为实际支付的租赁费用;在不实行租赁制度的企业,费用支出表现为按照规定的摊销率所提取的摊销额。

3)费用摊销。

①一次摊销法。

一次摊销法是指一经使用,其价值即全部转入工程成本的摊销方法。它适用于与主件配套使用并独立计价的零配件等。

②"五五"摊销法。

是指投入使用时,先将其价值的一半摊入工程成本,待报废后再将另一半价值摊入工程成本的摊销方法。它适用于价值偏高,不宜一次摊销的周转材料。

③期限摊销法。

期限摊销法是根据使用期限和单价来确定摊销额度的摊销方法。它适用于价值较高、使用期限较长的周转材料。计算方法如下:

第一步:分别计算各种周转材料的月摊销额。

第二步:计算各种周转材料月摊销率。

第三步:计算月度总摊销额。

(5)材料储备的核算。为了防止材料积压或储备不足,保证生产需要,加速资金周转,企业必须经常检查材料储备定额的执行情况,分析材料库存情况。

检查材料储备定额的执行情况,是将实际储备材料数量(金额)与储备定额数量(金额)相对比,当实际储备数量超过最高储备定额时,说明材料有超储积压;当实际储备数量低于最低储备定额时,说明企业材料储备不足,需要动用保险储备。

1)储备实物量的核算。实物量储备的核算是对实物周转速度的核算,主要核算材料对生产的保证天数、在规定期限内的周转次数和周转1次所需天数。其计算公式为:

$$材料储备对生产的保证天数 = \frac{期末库存量}{每日平均消耗材料量}$$

$$材料周转次数 = \frac{某种材料的年消耗量}{平均库存}$$

$$材料周转天数 = \frac{平均库存 \times 日历天}{年度材料耗用量}$$

2)储备价格量的核算。价格形态的检查考核,是把实物数量乘以材料单价用货币作为综合单位进行综合计算,其好处是能将不同质、不同价格的各类材料进行最大限度地综合,它的计算方法除上述的有关周转速度方面(周转次、周转天)的核算方法均适用外,还可以从百元产值占用材料储备资金情况及节约使用材料资金方面进行计算考核。其计算式为:

$$百元产值占用材料储备资金 = \frac{材料储备资金的平均数}{年度建安工作量} \times 100\%$$

$$资金节约使用额 = (计划周转天数 - 实际周转天数) \times \frac{年度材料耗用总额}{360}$$

(6)工具的核算。

1)费用收入与支出。在施工生产中,工具费的收入是按照框架结构、排架结构、升板结构、全装配结构等不同结构类型,以及旅游宾馆等大型公共建筑,分不同檐高(20m 以上和以下),以每平方米建筑面积计取。一般情况下,生产工具费用约占工程直接费的 2% 左右。

工具费的支出包括购置费、租赁费、摊销费、维修费以及个人工具的补贴费等项目。

2)工具的账务。施工企业的工具财务管理和实物管理相对应,工具账分为由财务部门建立的财务账和由料具部门建立的业务账。

①财务账,分为以下 3 种:

总账(一级账)。以货币单位反映工具资金来源和资金占用的总体规模。资金来源是购置、加工制作、从其他企业调入、向租赁单位租用的工具价值总额。资金占用是企业在库和在用的全部工具价值余额。

分类账(二级账)。是在总账之下,按工具类别所设置的账户,用于反映工具的摊销和余值状况。

分类明细账(三级账)。是针对二级账户的核算内容和实际需要,按工具品种而分别设置的账户。

在实际工作中,上述三种账户要平行登记,做到各类费用的对口衔接。

②业务账分为以下 4 种:

a. 总数量账。用以反映企业或单位的工具数量总规模,可以在一本账簿中分门别类地登记,也可以按工具的类别分设几个账簿进行登记。

b. 新品账。亦称在库账,用以反映未投入使用的工具的数量,是总数量账的隶属账。

c. 旧品账。亦称在用账,用以反映已经投入使用的工具的数量,是总数量账的隶属账。

当因施工需要使用新品时,按实际领用数量冲减新品账,同时记入旧品账,某种工具在总数量账上的数额,应等于该种工具在新品账和旧品账的数额之和。当旧品完全损耗,按实际消耗冲减旧品账。

d. 在用分户账。用以反映在用工具的动态和分布情况。是旧品账的隶属账。

某种工具在旧品账上的数量,应等于各在用分户账上的数量之和。

(3)工具费用的摊销方法与周转材料相同。

二、建设工程材料质量监督管理制度

1. 建设工程材料备案管理制度

部分省市的建设管理部门对进入建设工程现场的建材实施备案管理制度。备案制的特点是先设立、后备案,备案是为了能够行使法定的义务和权力,而不是为了获得审批或核准。

2. 建设工程材料质量监督检查制度

在市场经济中,市场的良好运行,有赖于政府主管部门的依法监督管理。市场主体从理提出了一定的要求,对建设工程参建各方在材料供应、采购、使用、监督、检测等方面的行为作出了明确的规定。作为材料员,只有对这些法律、法规了解并掌握后,才能避免违法违规行为的发生,也能有效地采取措施保护自身避免不应发生的经济损失。现对这些法律法规中有关建设工程材料质量监督管理的条款介绍在表 1-8。

(限于篇幅只列出规定的条款,未列出相应的罚则)

表 1-8　　　　　　　　　　　相关法律法规性文件

法律、法规	相　关　条　款
《中华人民共和国建筑法》 (1997 年 11 月 1 日通过)	第二十五条　按照合同约定,建筑材料、建筑构配件和设备由工程承包单位采购的,发包单位不得指定承包单位购入用于工程的建筑材料、建筑构配件和设备或者指定生产厂、供应商
	第三十四条　工程监理单位与被监理工程的承包单位以及建筑材料、建筑构配件和设备供应单位不得有隶属关系或者其他利害关系
	第五十六条　设计文件选用的建筑材料、建筑构配件和设备,应当注明其规格、型号、性能等技术指标,其质量要求必须符合国家规定的标准
	第五十七条　建筑设计单位对设计文件选用的建筑材料、建筑构配件和设备,不得指定生产厂、供应商
	第五十九条　建筑施工企业必须按照工程设计要求、施工技术标准和合同的约定,对建筑材料、建筑构配件和设备进行检验,不合格的不得使用

（续）

法律、法规	相 关 条 款
《中华人民共和国产品质量法》 （1993 年 2 月 22 日通过， 2000 年 7 月 8 日修正）	第二十七条　产品或者其包装上的标识必须真实，并符合下列要求： （一）有产品质量检验合格证明； （二）有中文标明的产品名称、生产厂厂名和厂址； （三）根据产品的特点和使用要求，需要标明产品规格、等级、所含主要成分的名称和含量的，用中文相应予以标明；需要事先让消费者知晓的，应当在外包装上标明，或者预先向消费者提供有关资料； （四）限期使用的产品，应当在显著位置清晰地标明生产日期和安全使用期或者失效日期； （五）使用不当，容易造成产品本身损坏或者可能危及人身、财产安全的产品，应当有警示标志或者中文警示说明 第二十九条至第三十二条　生产者不得生产国家明令淘汰的产品。 生产者不得伪造产地，不得伪造或者冒用他人的厂名、厂址。 生产者不得伪造或者冒用认证标志等质量标志。 生产者生产产品，不得掺杂、掺假，不得以假充真、以次充好，不得以不合格产品冒充合格产品 第三十三条至第三十九条　销售者应当建立并执行进货检查验收制度，验明产品合格证明和其他标识。 销售者应当采取措施，保持销售产品的质量。 销售者不得销售国家明令淘汰并停止销售的产品和失效、变质的产品。 销售者销售的产品的标识应当符合本法第二十七条的规定。 销售者不得伪造产地，不得伪造或者冒用他人的厂名、厂址。 销售者不得伪造或者冒用认证标志等质量标志。 销售者销售产品，不得掺杂、掺假，不得以假充真、以次充好，不得以不合格产品冒充合格产品

（续）

法律、法规	相 关 条 款
《建设工程质量管理条例》 （2000 年 9 月 20 日通过）	第八条　建设单位应当依法对工程建设项目的勘察、设计、施工、监理以及与工程建设有关的重要设备、材料等的采购进行招标
	第十四条　按照合同约定，由建设单位采购建筑材料、建筑构配件和设备的，建设单位应当保证建筑材料、建筑构配件和设备符合设计文件和合同要求。 建设单位不得明示或者暗示施工单位使用不合格的建筑材料、建筑构配件和设备
	第二十二条　设计单位在设计文件中选用的建筑材料、建筑构配件和设备，应当注明规格、型号、性能等技术指标，其质量要求必须符合国家规定的标准。 除有特殊要求的建筑材料、专用设备、工艺生产线等外，设计单位不得指定生产厂、供应商
	第二十九条　施工单位必须按照工程设计要求、施工技术标准和合同约定，对建筑材料、建筑构配件、设备和商品混凝土进行检验，检验应当有书面记录和专人签字；未经检验和检验产品不合格的，不得使用
	第三十一条　施工人员对涉及结构安全的试块、试件以及有关材料，应当在建设单位或者工程监理单位监督下现场取样，并送具有相应资质等级的质量检测单位进行检测
	第三十五条　工程监理单位与被监理工程的施工承包单位以及建筑材料、建筑构配件和设备供应单位有隶属关系或者其他利害关系的，不得承担该项建设工程的监理业务
	第三十七条　未经监理工程师签字，建筑材料、建筑构配件、设备不得在工程上使用或者安装，施工单位不得进行下一道工序的施工，未经总监理工程师签字，建设单位不得拨付工程款，不得进行竣工验收
	第五十一条　供水、供电、供气、公安消防等部门或者单位不得明示或者暗示建设单位、施工单位购买其指定的生产供应单位的建筑材料、建筑构配件和设备

（续）

法律、法规	相　关　条　款
《建设工程勘察设计管理条例》 （2000 年 9 月 20 日通过）	第二十七条　设计文件中选用的材料、构配件、设备，应当注明其规格、型号、性能等技术指标，其质量要求必须符合国家规定的标准。除有特殊要求的建筑材料、专用设备和工艺生产线等外，设计单位不得指定生产厂、供应商
	第二十九条　建设工程勘察、设计文件中规定采用的新技术、新材料，可能影响建设工程质量和安全，又没有国家技术标准的，应当由国家认可的检测机构进行试验、论证，出具检测报告，并经国务院有关部门或者省、自治区、直辖市人民政府有关部门组织的建设工程技术专家委员会审定后，方可使用
《实施工程建设强制性标准监督规定》（2000 年 8 月 25 日发布）	第十条　强制性标准监督检查的内容包括：（三）工程项目采用的材料、设备是否符合强制性标准的规定

第六节　材料员的职责

材料员主要具有以下职责：

（1）按材料预算或包干指标，结合施工进度计划，并与现场统计员或工长配合，按时提出月度用料计划。

（2）做好材料收、发工作。做到亲自点数、检尺、量方、过磅，发现质量差或其他问题时，要及时与供（送）料方联系处理。在办验收前，要认真核对验收记录，无误后方可签证。

（3）执行限额领料制度，并认真审核限额用料数量。无限额领料单不予发料，节超数据要准确，原因要清楚，超用材料须有超用报告，经有关领导审批后方可供料。

（4）加强周转材料管理。坚持按生产计划与进度需求办理租赁、调拨、拆除，不用者应及时退租（库）。做到专料专用，现场无积压，不占用。

（5）执行包装品回收制度，对包装品不得擅自销售和处理。应做到及时回收利用。

（6）认真搞好账务处理，按财务要求建账、记账，做到账物相符，现场小库要整洁有序。同时，要求在工程竣工后，做出主要材料消耗节超对比分析表（同预、决算对比），上报材料主管部门。

（7）材料采购人员，要本着对企业负责、对工程质量负责的精神，认真搞好材料采购，做到比质、比价、比运距、算成本，按时、准确完成采购任务。

（8）严格执行统计工作。认真、及时、准确、全面地做好各种统计报表，各种凭证单据要按月进行装订保存备查。

第二章　工程标准计量知识

一、标准

我国的标准从无到有,从工业生产领域拓展到涉及工业、农业、服务业、安全、卫生、环境保护和管理等各个领域。目前,我国的技术标准体系、工程建设标准体系、标准化管理体系和运行机制,在社会主义现代化建设中占有非常重要的地位。

按照标准的内容可分为基础标准、试验标准、产品标准、工程建设标准、过程标准、服务标准、接口标准。其中,工程建设标准化自 1990 年以来,已初步形成了城乡规划、城镇建设、房屋建筑、铁路工程、水利工程、矿山工程等体系。

1. 标准的概念及其相关内容

标准是为了在一定的范围内获得最佳秩序,经协商一致制定并由公认机构批准,共同使用的和重复使用的一种规范性文件。标准宜以科学、技术和经验的综合成果为基础,以促进最佳的共同效益为目的的特殊文件。

我国标准的分级、编号、特性及采用见表 2-1。

表 2-1　　　　　　　　　　　　标准分级、编号、特性及采用

项　目		内　　容
分级	国家标准	国家标准是指由国务院标准化行政主管部门编制计划,组织草拟,统一审批、编号、发布的在全国范围内统一和适用的标准
	行业标准	行业标准是指为没有国家标准而又需要在全国某个行业范围内统一的技术要求而制定的标准。行业标准由国务院有关行政主管部门编制计划,组织草拟,统一审批、编号、发布,并报国务院标准化行政主管部门备案。行业标准是对国家标准的补充,行业标准在相应国家标准实施后,自行废止
	地方标准	地方标准是指为没有国家标准和行业标准而又需要在省、自治区、直辖市范围内统一的工业产品的安全和卫生要求而制定的标准。地方标准由省、自治区、直辖市人民政府标准化行政主管部门编制计划,组织草拟,统一审批、编号、发布,并报国务院标准化行政主管部门和国务院有关行政主管部门备案。地方标准不得与国家标准、行业标准相抵触,在相应的国家标准或行业标准实施后,地方标准自行废止
	企业标准	企业标准是指企业所制定的产品标准和在企业内需要协调、统一的技术要求和管理、工作要求所制定的标准

（续）

项目		内　容
编号	国家标准代号	我国国家标准的代号,用"国标"两个字汉语拼音的第一个字母"G"和"B"表示。强制性国家标准的代号为"GB",推荐性国家标准的代号为"GB/T"。国家标准的编号由国家标准的代号、国家标准发布的顺序号和国家标准发布的年号三部分构成
	行业标准代号	行业标准代号由国务院标准化行政主管部门规定。目前,国务院标准化行政主管部门已批准发布了58个行业标准代号。例如建材行业标准的代号为"JC"。行业标准的编号由行业标准代号、标准顺序号及年号组成。工程建设行业标准的代号为"××J",例如建设工程行业标准的代号为"JGJ"
	地方标准代号	地方标准的代号,由汉语拼音字母"DB"加上省、自治区、直辖市行政区划代码前两位数、再加斜线、顺序号和年号共四部分组成。
特性		(1)是经过公认机构批准的文件。 　　(2)是根据科学、技术和经验成果制定的文件。 　　(3)是在兼顾各有关方面利益的基础上,经过协商一致而制定的文件。 　　(4)是可以重复和普遍应用的文件。 　　(5)是公众可以得到的文件
国际标准的采用	等同采用	等同采用:是指与国际标准在技术内容和文本结构上相同,或者与国际标准在技术内容上相同,只存在少量编辑性修改。 　　在我国国家标准封面上和首页上的表示方法为:GB××××—××××(idt ISO ××××:××××)
	修改采用	修改采用:是指与国际标准之间存在技术性差异,并清楚地标明这些差异以及解释其产生的原因,允许包含编辑性修改。修改采用不包括只保留国际标准中少量或者不重要的条款的情况。修改采用时,我国标准与国际标准在文本结构上应当对应,只有在不影响与国际标准的内容和文本结构进行比较的情况下才允许改变文本结构。 　　在我国国家标准封面上和首页上的表示方法为:GB××××—××××(mod ISO ××××:××××)

　　2. 标准化及企业标准化

　　标准化概念及其作用、企业标准化概念及其特征见表 2-2。

表 2-2　　　　　　　　　　　　　　　标准化概念及特征

项　目	内　　　容
标准化	标准化是指为在一定的范围内获得最佳秩序,对实际的或潜在的问题制定共同和重复使用的规则的活动。标准化是一个活动过程,主要是指制定标准、宣传贯彻标准、对标准的实施进行监督管理、根据标准实施情况修订标准的过程。这个过程不是一次性的,而是一个不断循环、不断提高、不断发展的运动过程。每一个循环完成后,标准化的水平和效益就提高一步。标准是标准化活动的产物。标准化的目的和作用,都是通过制定和贯彻具体的标准来体现的
标准化作用	(1)生产社会化和管理现代化的重要技术基础。 　(2)提高质量,保护人体健康,保障人身、财产安全,维护消费者合法权益的重要手段。 　(3)发展市场经济,促进贸易交流的技术纽带
企业标准化	所谓企业标准化是指以提高经济效益为目标,以搞好生产、管理、技术和营销等各项工作为主要内容,制定、贯彻实施和管理维护标准的一种有组织的活动
企业标准化特征	(1)企业标准化必须以提高经济效益为中心。企业标准化也必须以提高经济效益为中心,把能否取得良好的效益,作为衡量企业标准化工作好坏的重要标志。 　(2)企业标准化贯穿于企业生产、技术、经营管理活动的全过程。现代企业的生产经营活动,必须进行全过程的管理,即产品(服务)开发研究、设计、采购、试制、生产、销售、售后服务都要进行管理。 　(3)企业标准化是制定标准和贯彻标准的一种有组织的活动。企业标准化是一种活动,而这种活动是有组织的、有目的的、有明确内容的。其实质内容就是制定企业所需的各种标准,组织贯彻实施有关标准,对标准的执行进行监督,并根据发展适时修订标准

　3. 实施企业标准的监督

　(1)国家标准、行业标准和地方标准中的强制性标准、强制性条文企业必须严格执行;不符合强制性标准的产品,禁止出厂和销售。

　(2)企业生产的产品,必须按标准组织生产,按标准进行检验。经检验符合标准的产品,由企业质量检验部门签发合格证书。

　(3)企业研制新产品、改进产品、进行技术改造和技术引进,都必须进行标准化审查。

　(4)企业应当接受标准化行政主管部门和有关行政主管部门,依据有关法律、法规,对企业实施标准情况进行的监督检查。

　二、计量

　1. 计量的概念

　计量是实现单位统一、保障量值准确可靠的活动。计量学是关于测量的科学,它涵盖测量理论和实践的各个方面。在相当长的历史时期内,计量的对象主要是物理量。在历史上,计量被称为度量衡,即指长度、容积、质量的测量,所用的器具主要是尺、斗、秤。早在公元前 221 年,秦始皇统一六国后,就决定把战国时混乱的度量衡制度统一起来。随着科技、经济和社会的发展,计量的对象逐渐扩展到工程量、化学量、生理量,甚至心理上。

2. 计量的内容

(1)计量单位与单位制。

(2)计量器具(或测量仪器),包括实现或复现计量单位的计量基准、计量标准与工作计量器具。

(3)量值传递与溯源,包括检定、校准、测试、检验与检测。

(4)物理常量、材料与物质特性的测定。

(5)测量不确定度、数据处理与测量理论及其方法。

(6)计量管理,包括计量保证与计量监督等。

3. 计量的特点

计量的特点可以归纳为准确性、一致性、溯源性及法制性四个方面。

(1)准确性是指测量结果与被测量真值的一致程度。

(2)一致性是指在统一计量单位的基础上,测量结果应是可重复、可再现(复现)、可比较的。

(3)溯源性是指任何一个测量结果或测量标准的值,都能通过一条具有规定不确定度的不间断的比较链,与测量基准联系起来的特性。

(4)法制性是指计量必需的法制保障方面的特性。

4. 计量认证和实验室认可

(1)计量认证。计量认证是指依据《计量法》的规定对产品质量检验机构的计量检定、测试能力和可靠性、公正性进行考核,证明其是否具有为社会提供公证数据的资格。经计量认证的产品质量检验机构所提供的数据,用于贸易出证、产品质量评价、成果鉴定作为公正数据,具有法律效力。

(2)实验室认可。实验室认可是指对从事相关检测检验机构(实验室)资质条件与合格评定活动,由国家认监委按照国际通行做法对校准、检测、检验机构及实验室实施统一的资格认定。是我国加入 WTO 和参与经济全球化、适应社会生产力发展和满足人民群众日益增长的物质文化需求的需要,也是规范市场秩序的重要手段,提高我国产品质量、增强出口竞争力保护国内产业的重要举措。

5. 计量单位

(1)法定计量单位的构成。国际单位制是在米制的基础上发展起来的一种一贯单位制,其国际通用符号为"SI"。SI 单位是我国法定计量单位的主体,所有 SI 单位都是我国的法定计量单位。此外,我国还选用了一些非 SI 的单位,作为国家法定计量单位。

1)我国法定计量单位的构成见表 2-3。

表 2-3　　　　　　　　　中华人民共和国法定计量单位构成

中华人民共和国法定计量单位	国际单位制（SI）单位	SI 单位	SI 基本单位	
			SI 导出单位	包括 SI 辅助单位在内的具有专门名称的 SI 导出单位
				组合形式的 SI 导出单位
		SI 单位的倍数单位（包括 SI 单位的十进倍数单位和十进分数单位）		
	国家选定的作为法定计量单位的非 SI 单位			
	由以上单位构成的组合形式的单位			

①SI 基本单位共 7 个，见表 2-4。

②包括 SI 辅助单位在内的具有专门名称的 SI 导出单位共 21 个，见表 2-5。

③由 SI 基本单位和具有专门名称的 SI 导出单位构成的组合形式的 SI 导出单位。

④SI 单位的倍数单位包括 SI 单位的十进倍数单位和十进分数单位，构成倍数单位的 SI 词头共 20 个，见表 2-6。

⑤国家选定的作为法定计量单位的非 SI 单位共 16 个，见表 2-7。

⑥由以上单位构成的组合形式的单位。

2）SI 基本单位。表 2-4 列出了 7 个 SI 基本量的基本单位，它们是构成 SI 的基础。

表 2-4　　　　　　　　　SI（国际单位制）基本单位

量 的 名 称	单 位 名 称	单 位 符 号
长 度	米	m
质 量	千克（公斤）	kg
时 间	秒	s
电 流	安[培]	A
热力学温度	开[尔文]	K
物质的量	摩[尔]	mol
发光强度	坎[德拉]	cd

注：1. 圆括号中的名称，是它前面的名称的同义词。

2. 无方括号的量的名称与单位名称均为全称。方括号中的字，在不致引起混淆、误解的情况下，可以省略。去掉方括号中的字即为其名称的简称。

3. 本表所称的符号，除特殊指明外，均指我国法定计量单位中所规定的符号和国际符号。

4. 人民生活和贸易中，质量习惯称为重量。

表 2-5 包括 SI 辅助单位在内的具有专门名称的 SI 导出单位

量 的 名 称	SI 导出单位		
	名 称	符 号	用 SI 基本单位和 SI 导出单位表示
[平面]角	弧度	rad	$1rad=1m/m=1$
立体角	球面度	sr	$1sr=1m^2/m^2=1$
频 率	赫[兹]	Hz	$1Hz=1s^{-1}$
力	牛[顿]	N	$1N=1kg \cdot m/s^2$
压力,压强,应力	帕[斯卡]	Pa	$1Pa=1N/m^2$
能[量],功,热量	焦[耳]	J	$1J=1N \cdot m$
功率,辐[射能]通量	瓦[特]	W	$1W=1J/s$
电荷[量]	库[仑]	C	$1C=1A \cdot s$
电压,电动势,电位,(电势)	伏[特]	V	$1V=1W/A$
电 容	法[拉]	F	$1F=1C/V$
电 阻	欧[姆]	Ω	$1Ω=1V/A$
电 导	西[门子]	S	$1S=1Ω^{-1}$
磁通[量]	韦[伯]	Wb	$1Wb=1V \cdot s$
磁通[量]密度,磁感应强度	特[斯拉]	T	$1T=1Wb/m^2$
电 感	亨[利]	H	$1H=1Wb/A$
摄氏温度	摄氏度	℃	$1℃=1K$
光通量	流[明]	lm	$1lm=1cd \cdot sr$
[光]照度	勒[克斯]	lx	$1lx=1lm/m^2$
[放射性]活度	贝可[勒尔]	Bq	$1Bq=1s^{-1}$
吸收剂量	戈[瑞]	Gy	$1Gy=1J/kg$
剂量当量	希[沃特]	Sv	$1Sv=1J/kg$

表 2-6　　　　　　　用于构成的十进倍数和分数单位的词头

因　数	词　头　名　称		符　号
	英　文	中　文	
10^{24}	yotta	尧[它]	Y
10^{21}	zetta	泽[它]	Z
10^{18}	exa	艾[可萨]	E
10^{15}	peta	拍[它]	P
10^{12}	tera	太[拉]	T
10^{9}	giga	吉[咖]	G
10^{6}	mega	兆	M
10^{3}	kilo	千	k
10^{2}	hecto	百	h
10^{1}	deca	十	da
10^{-1}	deci	分	d
10^{-2}	centi	厘	c
10^{-3}	milli	毫	m
10^{-6}	micro	微	μ
10^{-9}	nano	纳[诺]	n
10^{-12}	pico	皮[可]	P
10^{-15}	femto	飞[母托]	f
10^{-18}	atto	阿[托]	a
10^{-21}	zepto	仄[普托]	z
10^{-24}	yocto	幺[科托]	y

3)SI 导出单位。SI 导出单位是用 SI 基本单位以代数形式表示的单位。这种单位符号中的乘和除采用数学符号。它由两部分构成:一部分是包括 SI 辅助单位在内的具有专门名称的引导出单位;另一部分是组合形式的 SI 导出单位,即用 SI 基本单位和具有专门名称的 SI 导出单位(含辅助单位)以代数形式表示的单位。

某些 SI 单位,例如力的 SI 单位,在用 SI 基本单位表示时,应写成 $kg \cdot m/s^2$。这种表示方法比较繁琐,不便使用。为了简化单位的表示式,经国际计量大会讨论通过,给它以专门的名称——牛[顿],符号为 N。类似地,热和能的单位通常用焦[耳](J)代替牛顿米($N \cdot m$)和 $kg \cdot m^2/s^2$。这些导出单位,称为具有专门名称的 SI 导出单位。

SI 单位弧度（rad）和球面度（sr），称为 SI 辅助单位，它们是具有专门名称和符号的量纲为 1 的量的导出单位。例如：角速度的 SI 单位可写成弧度每秒（rad/s）。

电阻率的单位通常用欧姆米（Ω·m）代替伏特米每安培（V·m/A），它是组合形式的 SI 导出单位之一。

表 2-5 列出的是包括 SI 辅助单位在内的具有专门名称的 SI 导出单位。

4）SI 单位的倍数单位。在 SI 中，用以表示倍数单位的词头，称为 SI 词头。它们是构词成分，用于附加在 SI 单位之前构成倍数单位（十进倍数单位和分数单位），而不能单独使用。

表 2-6 共列出 20 个 SI 词头，所代表的因数的覆盖范围为 $10^{-24} \sim 10^{24}$。

词头符号与所紧接着的单个单位符号（这里仅指 SI 基本单位和引导出单位）应视作一个整体对待，共同组成一个新单位，并具有相同的幂次，而且还可以和其他单位构成组合单位。例如：$1cm^3 = (10^{-2} \, m)^3 = 10^{-6} \, m^3$，$1\mu s^{-1} = (10^{-6} \, s)^{-1} = 10^6 \, s^{-1}$，$1mm^2/s = (10^{-3} m)^2/s = 10^{-6} \, m^2/s$。

由于历史原因，质（重）量的 SI 基本单位名称"千克"中已包含 SI 词头，所以，"千克"的十进倍数单位由词头加在"克"之前构成。例如：应使用毫克（mg），而不得用微千克（μkg）。

5）可与 SI 单位并用的我国法定计量单位。由于实用上的广泛性和重要性，在我国法定计量单位中，为 11 个物理量选定了 16 个与 SI 单位并用的非 SI 单位，见表 2-7 所示。其中 10 个是国际计量大会同意并用的非 SI 单位，它们是：时间单位——分、[小]时、日（天）；[平面]角单位——度、[角]分、[角]秒；体积单位——升；质量单位——吨和原子质量单位；能量单位——电子伏。另外 6 个，即海里、节、公顷、转每分、分贝、特[克斯]，则是根据国内外的实际情况选用的。

表 2-7   **可与 SI 单位并用的我国法定计量单位**

量的名称	单位名称	单位符号	与 SI 单位的关系
时　间	分	min	1min＝60s
	[小]时	h	1h＝60min＝3600s
	日，（天）	d	1d＝24h＝86400s
[平面]角	度	°	$1° = (\pi/180)rad$
	[角]分	′	$1' = (1/60)° = (\pi/10800)rad$
	[角]秒	″	$1'' = (1/60)' = (\pi/648000)rad$
体　积	升	L，（l）	$1L = 1dm^3 = 10^{-3}m^3$
质　量	吨	t	$1\,t = 10^3kg$
	原子质量单位	u	$1\,u \approx 1.660540 \times 10^{-27}kg$

（续）

量的名称	单位名称	单位符号	与 SI 单位的关系
旋转速度	转每分	r/min	$1r/min=(1/60)s^{-1}$
长　度	海里	n mile	1n mile＝1852m（只用于航行）
速　度	节	kn	1kn＝1 n mile/h＝（1852/3600）m/s（只用于航行）
能	电子伏	eV	$1eV≈1.602177×10^{-19}$J
级　差	分贝	dB	
线密度	特［克斯］	tex	$1tex=10^{-6}kg/m$
面　积	公顷	hm^2	$1hm^2=10^4m^2$

注：1. 平面角单位度、分、秒的符号，在组合单位中应采用（°）、（′）、（″）的形式。例如：不用°/s 而用（°）/s。

　　2. 升的符号中，小写字母 l 为备用符号。

　　3. 公顷的国际通用符号为 ha。

6）法定计量单位与习用非法定计量单位的换算，见表 2-8 所示。

表 2-8　　　　　　　法定计量单位与习用非法定计量单位换算表

量的名称	习用非法定计量单位		法定计量单位		单位换算关系
	名称	符号	名称	符号	
力	千克力	kgf	牛［顿］	N	1kgf＝9.80665N≈10N
	吨力	tf	千牛［顿］	kN	1tf＝9.80665kN≈10kN
线分布力	千克力每米	kgf/m	牛［顿］每米	N/m	1kgf/m＝9.80665N/m≈10kN/m
	吨力每米	tf/m	千牛［顿］每米	kN/m	1tf/m＝9.80665N/m≈10kN/m
面分布力、压强	千克力每平方米	kgf/m^2	牛［顿］每平方米（帕斯卡）	N/m^2(Pa)	$1kgf/m^2≈10N/m^2$(Pa)
	吨力每平方米	tf/m^2	千牛［顿］每平方米（千帕斯卡）	kN/m^2(kPa)	$1tf/m^2≈10kN/m^2$(Pa)
	标准大气压	atm	兆帕［斯卡］	MPa	1atm＝0.101325MPa≈0.1MPa
	工程大气压	at	兆帕［斯卡］	MPa	1at＝0.0980665MPa≈0.1MPa
	毫米水柱	mmH_2O	帕［斯卡］	Pa	$1mmH_2O＝9.80665Pa≈10Pa$（按水的密度为 1g/cm² 计）
	毫米汞柱	mmHg	帕［斯卡］	Pa	1mmHg＝133.322Pa
	巴	bar	帕［斯卡］	Pa	$1bar＝10^5Pa$
体分布力	千克力每立方米	kgf/m^3	牛［顿］每立方米	N/m^3	$1kgf/m^3＝9.80665N/m^3≈10N/m^3$
	吨力每立方米	tf/m^3	千牛［顿］每立方米	kN/m^3	$1tf/m^3＝9.80965kN/m^3≈10kN/m^3$

（续一）

量的名称	习用非法定计量单位		法定计量单位		单位换算关系
	名称	符号	名称	符号	
力矩、弯矩、扭矩、力偶矩、转矩	千克力米	kgf·m	牛[顿]米	N·m	1kgf·m=9.80665N·m≈10N·m
	吨力米	tf·m	千牛[顿]米	kN·m	1tf·m=9.80665kN·m≈10kN·m
双弯矩	千克力平方米	kgf·m²	牛[顿]平方米	N·m²	1kgf·m²=9.80665N·m²≈10N·m²
	吨力平方米	tf·m²	千牛[顿]平方米	kN·m²	1tf·m²=9.80665kN·m²≈10kN·m²
应力、材料强度	千克力每平方毫米	kgf/mm²	兆帕[斯卡]	MPa	1kgf/mm²=9.80665MPa≈0.1MPa
	千克力每平方厘米	kgf/cm²	兆帕[斯卡]	MPa	1kgf/cm²=0.0980665MPa≈0.1MPa
	吨力每平方米	tf/m²	千帕[斯卡]	kPa	1tf/m²=9.80665kPa≈10kPa
弹性模量、剪变模量、压缩模量	千克力每平方厘米	kgf/cm²	兆帕[斯卡]	MPa	1kgf/cm²=0.0980665MPa≈0.1MPa
压缩系数	平方厘米每千克力	cm²/kgf	每兆帕[斯卡]	MPa⁻¹	1cm²/kgf=(1/0.0980665)MPa⁻¹
地基抗力刚度系数	吨力每立方米	tf/m³	千牛[顿]每立方米	kN/m³	1tf/m³=9.80665kN/m³≈10kN/m³
地基抗力比例系数	吨力每四次方米	tf/m⁴	千牛[顿]每四次方米	kN/m⁴	1tf/m⁴=9.80665kN/m⁴≈10kN/m⁴
功、能、热量	千克力米	kgf·m	焦[耳]	J	1kgf·m=9.80665J≈10J
	吨力米	tf·m	千焦[耳]	kJ	1tf·m=9.80665kJ≈10kJ
	立方厘米标准大气压	cm³·atm	焦[耳]	J	1cm³·atm=0.101325J≈0.1J
	升标准大气压	L·atm	焦[耳]	J	1L·atm=101.325J≈100J
	升工程大气压	L·at	焦[耳]	J	1L·at=98.0665J≈100J
	国际蒸汽表卡	cal	焦[耳]	J	1cal=4.1868J
	热化学卡	cal_{th}	焦[耳]	J	1cal_{th}=4.184J
	15℃卡	cal15	焦[耳]	J	1cal15=4.1855J
功率	千克力米每秒	kgf·m/s	瓦[特]	W	1kgf·m/s=9.80665W≈10W
	国际蒸汽表卡每秒	cal/s	瓦[特]	W	1cal/s=4.1868W
	千卡每小时	kcal/h	瓦[特]	W	1kcal/h=1.163W
	热化学卡每秒	cal_{th}/s	瓦[特]	W	1cak_{th}/s=4.184W
	升标准大气压每秒	L·atm/s	瓦[特]	W	1L·atm/s=101.325W≈100W
	升工程大气压每秒	L·at/s	瓦[特]	W	1L·at/s=98.0665W≈100W
	米制马力		瓦[特]	W	1米制马力=735.499W
	电工马力		瓦[特]	W	1电工马力=746W
	锅炉马力		瓦[特]	W	1锅炉马力=9809.5W

（续二）

量的名称	习用非法定计量单位		法定计量单位		单位换算关系
	名称	符号	名称	符号	
动力粘度	千克力秒每平方米	kgf·s/m²	帕[斯卡]秒	Pa·s	1kgf·s/m²=9.80665Pa·s≈10Pa·s
	泊	P	帕[斯卡]秒	Pa·s	1P=0.1Pa·s
运动粘度	斯托克斯	St	平方米每秒	m²/s	1St=10⁻⁴m²/s
发热量	千卡每立方米	kcal/m³	千焦[耳]每立方米	kJ/m³	1kcal/m³=4.1868kJ/m³
	热化学千卡每立方米	kcalth/m³	千焦[耳]每立方米	kJ/m³	1kcalth/m³=4.184kJ/m³
汽化热	千卡每千克	kcal/kg	千焦[耳]每千克	kJ/kg	1kcal/kg=4.1868kJ/kg
热负荷	千卡每小时	kcal/h	瓦[特]	W	1kcal/h=1.163W
热强度、容积热负荷	千卡每立方米小时	kcal/(m³·h)	瓦[特]每立方米	W/m³	1kcal/(m³·h)=1.163W/m³
热流密度	卡每平方厘米秒	cal/(cm²·s)	瓦[特]每平方米	W/m²	1cal/(cm²·s)=41868W/m²
	千卡每平方米小时	kcal/(m²·h)	瓦[特]每平方米	W/m²	1kcal/(m²·h)=1.163W/m²
比热容	千卡每千克摄氏度	kcal/(kg·℃)	千焦[耳]每千克开尔文	kJ/(kg·K)	1kcal/(kg·℃)=4.1868kJ/(kg·K)
	热化学千卡每千克摄氏度	kcalth/(kg·℃)	千焦[耳]每千克开尔文	kJ/(kg·K)	1kcalth/(kg·℃)=4.184kJ/(kg·K)
体积热容	千卡每立方米摄氏度	kcal/(m³·℃)	千焦[耳]每立方米开尔文	kJ/(m³·K)	1kcal/(m³·℃)=4.1868kJ/(m³·K)
	热化学千卡每立方米摄氏度	kcalth/(m³·℃)	千焦[耳]每立方米开[尔文]	kJ/(m³·K)	1kcalth/(m³·℃)=4.184kJ/(m³·K)
传热系数	卡每平方厘米秒摄氏度	cal/(cm²·s·℃)	瓦[特]每平方米开[尔文]	W/(m²·K)	1cal/(cm²·s·℃)=41868W/(m²·K)
	千卡每平方米小时摄氏度	kcal/(m²·h·℃)	瓦[特]每平方米开[尔文]	W/(m²·K)	1kcal/(m²·h·℃)=1.163W/(m²·K)
导热系数	卡每厘米秒摄氏度	cal/(cm·s·℃)	瓦[特]每米开[尔文]	W/(m·K)	1cal/(cm·s·℃)=418.68W/(m·K)
	千卡每米小时摄氏度	kcal/(m·h·℃)	瓦[特]每米开[尔文]	W/(m·K)	1kcal/(m·h·℃)=1.163W/(m·K)
热阻率	厘米秒摄氏度每卡	cm·s·℃/(cal)	米开[尔文]每瓦[特]	m·K/W	1cm·s·℃/cal=(1/418.68)m·K/W
	米小时摄氏度每千卡	m·h·℃/(kcal)	米开[尔文]每瓦[特]	m·K/W	1m·h·℃/kcal=(1/1.163)m·K/W
光照度	辐透	ph	勒[克斯]	lx	1ph=10⁴lx
光亮度	熙提	sb	坎[德拉]每平方米	cd/m²	1sd=10⁴cd/m²
	亚熙提	asb	坎[德拉]每平方米	cd/m²	1asd=(1/π)cd/m²
	朗伯	la	坎[德拉]每平方米	cd/m²	1la=(10⁴/π)cd/m²

6. 计量单位换算、常用公式

(1)常用计量单位换算。

1)长度单位。常用长度单位的换算见表 2-9～表 2-11。

表 2-9　　　　　　　　　　　　　　常用长度单位换算表

米(m)	厘米(cm)	毫米(mm)	市尺	英尺(ft)	英寸(in)
1	100	1000	3	3.28084	39.3701
0.01	1	10	0.03	0.032808	0.393701
0.001	0.1	1	0.003	0.003281	0.03937
0.333333	33.3333	333.333	1	1.09361	13.1234
0.3048	30.48	304.8	0.9144	1	12
0.0254	2.54	25.4	0.0762	0.083333	1

表 2-10　　　　　　　　　　　　　　常用英制长度单位表

1 英里(哩,mile)=1760 码	1 码(yd)=3 英尺(ft)	1 英尺(ft)=12 英寸(in)
1 英寸(in)=1000 密耳(英毫,mil)		1 英寸=8 英分

表 2-11　　　　　　　　　　　　　　常用市制长度单位表

1 市里=150 市丈	1 市丈=10 市尺	1 市尺=10 市寸
1 市寸=10 市分	1 市分=10 市厘	1 市厘=10 市毫

2)面积单位。常用面积单位的换算见表 2-12～表 2-14。

表 2-12　　　　　　　　　　　　　　常用面积单位换算表

平方米(m²)	平方厘米(cm²)	平方毫米(mm²)	平方市尺	平方英尺(ft²)	平方英寸(in²)
1	10000	1000000	9	10.7639	1550
0.0001	1	100	0.0009	0.001076	0.1550
0.000001	0.01	1	0.000009	0.000011	0.0155
0.111111	111.11	111111	1	1.19599	172.223
0.92903	929.03	92903	0.836127	1	144
0.000645	6.4516	645016	0.005806	0.006944	1

公顷(hm²)	公亩(a)	市亩	英亩(acre)
1	100	15	2.47105
0.01	1	0.15	0.024711
0.066667	6.66667	1	0.164737
0.404686	40.4686	6.07029	1

表 2-13　　　　　　　　　　常用英制面积单位表

1 平方码(yd²)=9 平方英尺(ft²)	平方英尺(ft²)=144 平方英寸(in²)

1 英亩(A)=4840 平方码=43560 平方英尺

表 2-14　　　　　　　　　　常用市制面积单位表

1 平方市丈=100 平方市尺	1 平方市尺=100 平方市寸

1[市]亩=10 市分=60 平方市丈=6000 平方市尺

1[市]分=10 市厘=600 平方市尺	1[市]厘=60 平方市尺

3)体积单位。常用体积单位的换算见表 2-15~表 2-17。

表 2-15　　　　　　　　　常用体积单位换算表

立方米(m³)	升(L)	立方英寸(in³)	英加仑(UKgal)	美加仑(液量)(USgal)
1	1000	61023.7	220.0846	264.172
0.001	1	61.0237	0.2200846	0.264172
0.000016	0.016387	1	0.003605	0.004329
0.004546	4.54609	277.420	1	1.20095
0.003785	3.78541	231	0.832674	1

表 2-16　　　　　　　　　常用英、美制体积单位表

类别	单位名称	代号	进位	折合升	
				英制	美制
干量	品脱	pt		0.568261	0.550610
	夸脱	qt	=2 品脱	1.13652	1.10122
	加仑	gal	=4 夸脱	4.54609	4.40488
	配克	pk	=2 加仑	9.09218	8.80976
	蒲式耳	bu	=4 配克	36.3687	35.2391
液量	及耳	gi		0.142065	0.118294
	品脱	pt	=4 及耳	0.568261	0.473176
	夸脱	qt	=2 品脱	1.13652	0.946353
	加仑	gal	=4 夸脱	4.54609	3.78541

表 2-17　　　　　　　　　常用市制体积单位表

1 市石=10 市斗	1 市斗=10 市升	1 市升=10 市合
1 市合=10 市勺	1 市勺=10 市撮	1 市升=1 升(法定计量单位)

4)质(重)量单位。常用质(重)量单位的换算见表 2-18～2-20。

表 2-18　　常用质(重)量单位换算表

吨(t)	千克(kg)	市担	市斤	英吨(ton)	美吨(shton)	磅(lb)
1	1000	20	2000	0.984207	1.10231	2204.62
0.001	1	0.02	2	0.000984	0.001102	2.20462
0.05	50	1	100	0.049210	0.055116	110.231
0.0005	0.5	0.01	1	0.000492	0.000551	1.10231
1.01605	1016.05	20.3209	2032.09	1	1.12	2240
0.907185	907.185	18.1437	1814037	0.892857	1	2000
0.000454	0.453592	0.009072	0.907185	0.000446	0.0005	1

表 2-19　　常用英、美制质量单位表

1 英吨(长吨,ton)=2240 磅　　　　1 美吨(短吨,shton)=2000 磅

1 磅(lb)=16 盎司(oz)=7000 格令(gr)

表 2-20　　常用市制质量单位表

1 市担=10 市斤　1 市斤=10 市两　1 市两=10 市钱　1 市钱=10 市分　1 市分=10 市厘

5)力、力矩、强度、压力单位。常用力、力矩、强度、压力单位的换算见表 2-21～表 2-23。

表 2-21　　常用力单位换算表

牛(N)	千克力(kgf)	克力(gf)	磅力(lbf)	英吨力(tonf)
1	0.101972	101.972	0.224809	0.0001
9.80665	1	1000	2.20462	0.000984
0.009807	0.001	1	0.002205	0.000001
4.4822	0.453592	453.592	1	0.000446
9964.02	1016.05	1016046	2240	1

表 2-22　　常用力矩单位换算表

牛·米 (N·m)	千克力·米 (kgf·m)	克力·厘米 (gf·cm)	磅力·英尺 (lbf·ft)	磅力·英寸 (lbf·in)
1	0.101972	101972	0.737562	8.85075
9.80665	1	100000	7.23301	86.7962
0.000098	0.00001	1	0.000072	0.000868
1.35582	0.138255	13825.5	1	12
0.112985	0.011521	1152.12	0.083333	1

表 2-23　　　　　　　　常用强度(应力)和压力、压强单位换算表

牛/毫米²(N/mm²) 或兆帕(MPa)	千克力/毫米² (kgf/mm²)	千克力/厘米² (kgf/cm²)	千磅力/英寸² (1000lbf/in²)	英吨力/英寸² (tonf/in²)
1	0.101972	10.1972	0.145038	0.064749
9.80665	1	100	1.42233	0.634971
0.098067	0.01	1	0.014223	0.006350
6.89476	0.703070	70.3070	1	0.446429
15.4443	1.57488	157.488	2.24	1

帕(Pa) 或牛/米²(N/m²)	千克力/厘米² (kgf/cm²)	磅力/英寸² (lbf/in²)	毫米水柱 (mmH₂O)	毫巴 (mbar)
1	0.00001	0.000145	0.101972	0.01
98066.5	1	14.2233	10000	980.665
6894.76	0.070307	1	703.070	68.9476
9.80665	0.000102	0.001422	1	0.098067
100	0.001020	0.014504	10.1972	1

6)功、能、热量及功率单位。常用功、能、热量及功率单位的换算见表 2-24～表 2-25。

表 2-24　　　　　　　　常用功、能、热量单位换算表

焦(J)	瓦·时 (W·h)	千克力·米 (kgf·m)	磅力·英尺 (lbf·ft)	卡(cal)	英热单位 (Btu)
1	0.000278	0.101972	0.737562	0.238846	0.000948
3600	1	367.098	2655.22	859.845	3.41214
9.80665	0.00274	1	7.23301	2.34228	0.009295
1.35582	0.000377	0.138255	1	0.323832	0.001285
4.1868	0.001163	0.426936	3.08803	1	0.003967
1055.06	0.293071	107.587	778.169	252.074	1

表 2-25　　　　　　　　常用功率单位换算表

千瓦(kW)	米制马力(PS)	英制马力(HP)
1	1.35962	1.34102
0.735499	1	0.986320
0.74570	1.01387	1

7)温度单位。摄氏温度与华氏温度转换公式：

$$摄氏温度＝(华氏温度－32°)×5/9$$
$$华氏温度＝摄氏温度×9/5＋32°$$

(2)常用计算公式。在工程建设施工中经常会碰到一些简单的计算,经常碰到的有面积、体积、型钢的截面和质量,为了方便材料员的运算,现提出以下常用的计算公式,供材料员参考。

1)常用面积计算公式,见表2-26。

表2-26　　　　　　　　　常用面积计算公式

序号	名 称	简 图	计 算 公 式
1	正方形		$A=a^2;a=0.7071d=\sqrt{A}$; $d=1.4142a=1.4142\sqrt{A}$
2	长方形		$A=ab=a\sqrt{d^2-a^2}=b\sqrt{d^2-b^2}$; $d=\sqrt{a^2+b^2};a=\sqrt{d^2-b^2}=\dfrac{A}{b}$; $b=\sqrt{d^2-a^2}=\dfrac{A}{a}$
3	平行四边形		$A=bh;h=\dfrac{A}{b};b=\dfrac{A}{h}$
4	三角形		$A=\dfrac{bh}{2}=\dfrac{b}{2}\sqrt{a^2-\left(\dfrac{a^2+b^2+c^2}{2b}\right)^2}$; $P=\dfrac{1}{2}(a+b+c)$; $A=\sqrt{P(P-a)(P-b)(P-c)}$
5	梯 形		$A=\dfrac{(a+b)h}{2};h=\dfrac{2A}{a+b}$; $a=\dfrac{2A}{h}-b;b=\dfrac{2A}{h}-a$

（续）

序号	名　称	简　图	计　算　公　式
6	正六角形		$A=\dfrac{(a+b)h}{2}$；$h=\dfrac{2A}{a+b}$ $a=\dfrac{2A}{h}-b$；$b=\dfrac{2A}{h}-a$
7	圆		$A=2.5981a^2=2.9581R^2=3.4641r^2$ $R=a=1.1547r$； $r=0.86603a=0.86603R$
8	椭　圆		$A=\pi ab=3.1416ab$； 周长的近似值： $2p=\pi\sqrt{2(a^2+b^2)}$； 比较精确的值： $2p=\pi[1.5(a+b)-\sqrt{ab}]$
9	扇　形		$A=\dfrac{1}{2}rl=0.0087266\alpha r^2$； $l=2A/r=0.017453\alpha r$； $r=2A/l=57.296l/\alpha$； $\alpha=\dfrac{180l}{\pi r}=\dfrac{57.296l}{r}$
10	弓　形		$A=\dfrac{1}{2}[rl-c(r-h)]$；$r=\dfrac{c^2+4h^2}{8h}$； $l=0.017453\alpha r$；$c=2\sqrt{h(2r-h)}$； $h=r-\dfrac{\sqrt{4r^2-c^2}}{2}$；$\alpha=\dfrac{57.296l}{r}$
11	环式扇形		$A=\dfrac{\alpha\pi}{360}(R^2-r^2)$ $=0.008727\alpha(R^2-r^2)$ $=\dfrac{\alpha\pi}{4\times360}(D^2-d^2)$ $=0.002182\alpha(D^2-d^2)$

2)常用体积和表面积计算公式,见表 2-27。

表 2-27 常用体积和表面积计算公式

序号	名　称	简　图	计算公式	
			表面积 S、侧表面积 M	体积 V
1	正立方体		$S=6a^2$	$V=a^3$
2	长立方体		$S=2(ah+bh+ab)$	$V=abh$
3	圆　柱		$M=2\pi rh=\pi dh$	$V=\pi r^2 h=\dfrac{\pi d^2 h}{4}$
4	空心圆柱（管）		$M=$ 内侧表面积＋外侧表面积＝$2\pi h(r+r_1)$	$V=\pi h(r^2-r_1^2)$
5	斜体截圆柱		$M=\pi r(h+h_1)$	$V=\dfrac{\pi r^2(h+h_1)}{2}$
6	正六角柱		$S=5.1962a^2+6ah$	$V=2.5981a^2 h$

(续)

序号	名　称	简　图	计算公式	
			表面积 S、侧表面积 M	体积 V
7	正方角锥台		$S=a^2+b^2+2(a+b)h_1$	$V=\dfrac{(a^2+b^2+ab)h}{3}$
8	球		$S=4\pi r^2=\pi d^2$	$V=\dfrac{4\pi r^3}{3}=\dfrac{\pi d^3}{6}$
9	圆锥		$M=\pi rl=\pi r\sqrt{r^2+h^2}$	$V=\dfrac{\pi r^2 h}{3}$
10	接头圆锥		$M=\pi l(r+r_1)$	$V=\dfrac{\pi h(r^2+r_1^2+r_1 r)}{3}$

3)常用型材理论质量计算公式。

①基本公式。m(质量,kg)$=F$(截面积,mm²)$\times L$(长度,m)$\times \rho$(密度,g/cm³)$\times 1/1000$ 型材制造中有允许偏差值,上式仅作估算之用。

②常用钢材截面积的计算公式,见表 2-28。

表 2-28　　　　　　　　　　钢材截面积的计算公式

序号	钢材类型	计算公式	代号说明
1	方　钢	$F=a^2$	a—边宽
2	圆角方钢	$F=a^2-0.8584r^2$	a—边宽;r—圆角半径
3	钢板、扁钢、带钢	$F=a\times\delta$	a—宽度;δ—厚度

(续)

序号	钢材类型	计算公式	代号说明
4	圆角扁钢	$F=a\delta-0.8584r^2$	a—宽度；δ—厚度；r—圆角半径
5	圆钢、圆盘条、钢丝	$F=0.7854d^2$	d—外径
6	六角钢	$F=0.866a^2=2.598s^2$	a—对边距离；s—边宽
7	八角钢	$F=0.8284a^2=4.8284s^2$	
8	钢　管	$F=3.1416\delta(D-\delta)$	D—外径；δ—壁厚
9	等边角钢	$F=d(2b-d)+0.2146(r^2-2r_1^2)$	d—边厚；b—边宽；r—内面圆角半径；r_1—端边圆角半径；
10	不等边角钢	$F=d(B+b-d)+0.2146(r^2-2r_1^2)$	d—边厚；B—长边宽；b—短边宽；r—内面圆角半径；r_1—端边圆角半径
11	工字钢	$F=hd+2t(b-d)+0.8584(r^2-2r_1^2)$	h—高度；b—腿宽；d—腰高；t—平均腿厚；r—内面圆角半径；r_1—端边圆角半径
12	槽　钢	$F=hd+2t(b-d)+0.4292(r^2-2r_1^2)$	

第三章 材料的基本性质

第一节 材料的分类

建筑材料是指用于建造建筑物和构筑物所用的材料,是建筑工程的物质基础。建筑材料涉及范围非常广泛,所有用于建筑物施工的原材料、半成品和各种构配件、零部件都可视作为建筑材料。

由于建筑材料的种类繁多,而且在建筑物中起各种不同的作用。因此,可以从不同的角度对其进行分类。

1. 按技术的发展分类

传统建筑材料——使用历史较长的,如砖、瓦、砂、石及作为三大材的水泥、钢材和木材等;

新型建筑材料——针对传统建筑材料而言,使用历史较短,尤其是新开发的建筑材料。

然而,传统和新型的概念也是相对的,随着时间的推移,原先被认为是新型建筑材料的,若干年后可能就不一定再被认为是新型建筑材料,而传统建筑材料也可能随着新技术的发展,出现新的产品,成了新型建筑材料。

2. 按主要性能分类

结构性材料——主要指用于构造建筑结构部分的承重材料,例如水泥、骨料(包括砂、石、轻骨料等)、混凝土外加剂、混凝土、砂浆、砖和砌块等墙体材料、钢筋及各种建筑钢材、公路和市政工程中大量使用的沥青混凝土等,在建筑物中主要利用其具有一定力学性能。

功效材料——主要是在建筑物中发挥其力学性能以外特长的材料,例如防水材料、建筑涂料、绝热材料、防火材料、建筑玻璃、防腐涂料、金属或塑料管道材料等,它们赋予建筑物以必要的防水功能、装饰效果、保温隔热功能、防火功能、维护和采光功能、防腐蚀功能及给排水等功能。这些材料的一项或多项功能,使建筑物具有或改善了使用功能,产生了一定的装饰美观效果,也使人们对生活在一个安全、耐久、舒适、美观的环境中的愿望得以实现。

3. 按化学性质分类

无机材料——大部分使用历史较长的建筑材料属此类。无机建材又分为金属材料和非金属材料,前者如钢筋及各种建筑钢材(属黑色金属)、有色金属(如铜及铜合金、铝及铝合金)及其制品,后者如水泥、骨料(包括砂、石、轻骨料等)、混凝土、砂浆、砖和砌块等墙体材料、玻璃等。

　　有机高分子材料——建筑涂料（无机涂料除外）、建筑塑料、混凝土外加剂、泡沫聚苯乙烯和泡沫聚氨酯等绝热材料、薄层防火涂料等。

　　除上述分类外，还有利用不同性能和功能的材料复合而成的复合材料等。复合材料可以由无机和有机材料复合而成，也可由无机或都由有机材料制成。例如钢筋混凝土。

　　4. 按工程项目分

　　按照工程项目来分，建筑材料还可分为建筑主体材料和装修材料。

　　建筑主体材料——是用于建造建筑物主体工程所使用的材料。包括：水泥及水泥制品、砖、瓦、混凝土、混凝土预制构件、砌块、墙体保温材料、工业废渣、掺工业废渣的建筑材料及各种新型墙体材料等。

　　装修材料——是用于建筑物室内、外饰面用的建筑材料。包括：花岗石、建筑陶瓷、石膏制品、吊顶材料、粉刷材料及其他新型饰面材料等。

第二节　材料的物理及化学性质

一、材料的物理性质

　　1. 与材料质量有关的物理性质

　　(1)密度。密度是材料在绝对密实状态下，即单位体积的质量。密度的计算式如下：

$$\rho = \frac{m}{V} \tag{3-1}$$

式中　ρ——密度(g/cm³ 或 kg/m³)；

　　　m——干燥材料的质量(g 或 kg)；

　　　V——材料在绝对密实状态下的体积(cm³ 或 m³)。

　　(2)表观密度。又称视密度，材料在规定的温度下，材料的视体积(包括实体积和孔隙体积)的单位质量，即材料在自然状态下单位体积的质量，常用单位为 kg/m³。计算公式如下：

$$\rho_0 = \frac{m}{V_0} \tag{3-2}$$

式中　ρ_0——表观密度(g/cm³ 或 kg/m³)；

　　　m——材料的质量(g 或 kg)；

　　　V_0——材料在自然状态下的体积(cm³ 或 m³)。

　　材料在自然状态下的体积，若只包括孔隙在内而不含有水分，此时计算出来的表观密度称为干表观密度；若既包括材料内的孔隙，又包括孔隙内所含的水分，则计算出来的表观密度称为湿表观密度。

　　(3)堆积密度。一般指砂、碎石等的质量与堆积的实际体积的比值，粉状或颗

粒状材料在堆积状态下,单位体积的质量。计算公式如下:

$$\rho'_0 = \frac{m}{V'_0} \tag{3-3}$$

式中　ρ'_0——堆积密度(kg/m^3);

　　　m——材料的质量(kg);

　　　V'_0——材料的堆积体积(m^3)。

材料在自然状态下堆积体积包括材料的表观体积和颗粒(纤维)间的空隙体积,数值的大小与材料颗粒(纤维)的表观密度和堆积的密实程度有直接关系,同时受材料的含水状态影响。

在建筑工程中,密度、表观密度和堆积密度常用来计算材料的配料、用量、构件的自重、堆放空间和材料的运输量,工程中常用的几种材料密度、表观密度和堆积密度值见表3-1。

表 3-1　　　　　　　**常用材料密度、表观密度、堆积密度**　　　　　　kg/m^3

材　料	密　度	表观密度或堆积密度	材　料	密　度	表观密度或堆积密度
普通黏土砖	2500	1800~1900	花岗石	2700	2500~2700
黏土空心砖	2500	900~1450	砂　子	2600	1400~1700
普通混凝土	2700	2200~2450	膨胀蛭石		80~200
泡沫混凝土	3000	600~800	膨胀珍珠岩		40~130
水　泥	3100	1250~1450	松　木	1550	400~700
生石灰块		1100	钢　材	7850	7850
生石灰粉		1200	水(4℃)	1000	1000

(4)密实度。一般指土、骨料或混合料在自然状态或受外界压力后的密实程度,以最大单位体积质量表示砂土的密实度,通常按孔隙率的大小分为密实、中密、稍密和松散四种。

计算公式为:

$$D = \frac{V}{V_0} \tag{3-4}$$

因为:$\rho = \frac{m}{V}$;$\rho_0 = \frac{m}{V_0}$

所以:$V = \frac{m}{\rho}$;$V_0 = \frac{m}{\rho_0}$

$$D = \frac{m/\rho}{m/\rho_0} = \frac{\rho_0}{\rho}$$

式中　D——材料的密实度,常以百分数表示。

凡具有孔隙的固体材料,其密实度都小于1。材料的密度与表观密度越接近,材料就越密实。材料的密实度大小与其强度、耐水性和导热性等很多性质有关。

2. 材料的孔隙率、空隙率、填充率

(1)孔隙率。固体材料的体积内孔隙体积所占的比例。可根据下式计算:

$$P = \frac{V_0 - V}{V_0} = 1 - \frac{V}{V_0} = 1 - \frac{\rho_0}{\rho} = 1 - D \tag{3-5}$$

式中 P——材料的孔隙率,以百分数表示。

材料的孔隙率大,则表明材料的密实程度小。材料的许多性质,如表观密度、强度、透水性、抗渗性、抗冻性、导热性和耐蚀性等,除与孔隙率的大小有关,还与孔隙的构造特征有关。所谓孔隙的构造特征,主要是指孔的大小和形状。依孔隙的大小可分为粗孔和微孔两类;依孔的形状可分为开口孔隙和封闭孔隙两类。一般均匀分布的微小孔隙较比开口或相互连通的孔隙对材料性质的影响小。

1)开口孔隙率:材料中能被水饱和(即被水所充满)的孔隙体积与材料在自然状态下的体积之比的百分率。

2)闭口孔隙率:材料中闭口孔隙的体积与材料在自然状态下的体积之比的百分率。

3)含水率:材料在自然状态下所含水的质量与材料干重之比。

(2)空隙率。材料在松散或紧密状态下的空隙体积,占总体积的百分率,空隙率越高,表观密度越低。计算公式为:

$$P' = \frac{V'_0 - V_0}{V'_0} \times 100\% = \left(1 - \frac{\rho'_0}{\rho_0}\right) \times 100\% \tag{3-6}$$

材料空隙率大小,表明颗粒材料中颗粒之间相互填充的密实程度,计算混凝土骨料的级配和砂率时常以空隙率为计算依据。

(3)填充率。填充率是指颗粒材料或粉状材料的堆积体积内,被颗粒所填充的程度,用 D' 表示,可按下式进行计算:

$$D' = \frac{V_0}{V'_0} \times 100\% = \frac{\rho'_0}{\rho_0} \times 100\% \tag{3-7}$$

3. 与水有关的性质

(1)亲水性与憎水性。水分与不同固体材料表面之间的相互作用情况各不相同,如水分子之间的内聚力小于水分子与材料分子间的相互吸引力,则材料容易被水浸润,此种材料称为亲水性材料。反之,为憎水性材料。

(2)吸水性。材料能在水中吸水的性质,称为材料的吸水性。吸水性的大小用吸水率表示。质量吸水率的计算式如下

$$W = \frac{m_1 - m}{m} \times 100\% \tag{3-8}$$

式中 W——材料的质量吸水率(%);

m——材料质量(干燥)(g);

m_1——材料吸水饱和后质量(g)。

体积吸水率的计算式如下:

$$W_0 = \frac{m_1 - m}{V_0} \times 100\% \qquad (3\text{-}9)$$

式中　W_0——材料的体积吸水率(%);

V_0——材料在自然状态下的体积(cm^3);

$m_1 - m$——所吸水质量(g)即所吸水的体积(cm^3)。

通常所说的吸水率,常指材料的质量吸水率。

(3)吸湿性。材料在潮湿的空气中吸收空气中水分的性质称为吸湿性,该性质可用材料的含水率表示,按式(3-10)进行计算:

$$W_含 = \frac{m_含 - m_干}{m_干} \times 100\% \qquad (3\text{-}10)$$

式中　$W_含$——材料的含水率;

$m_含$——材料含水时的质量(kg);

$m_干$——材料烘干到恒重时的质量(kg)。

材料吸湿性的大小取决于材料本身的化学成分和内部构造,并与环境空气的相对湿度和温度有关。一般来说总表面积较大的颗粒材料,以及开口相互连通的孔隙率较大的材料吸湿性较强,环境的空气相对湿度越高,温度越低时其含水率越大。

材料吸湿含水后,会使材料的质量增加,体积膨胀,抗冻性变差,同时使其强度、保温隔热性能下降。

材料可以从湿润空气中吸收水分,也可以向干燥的空气中扩散水分,最终使自身的含水率与周围空气湿度持平,此时材料的含水率称为平衡含水率。

(4)耐水性。材料在吸水饱和状态下,不发生破坏,强度也不显著降低的性能,称为材料的耐水性。耐水性用软化系数表示:

$$K_R = f_1/f_0 \qquad (3\text{-}11)$$

式中　K_R——材料的软化系数;

f_0——材料在干燥状态下的强度;

f_1——材料在吸水饱和状态下的强度。

对经常受潮或位于水中的工程,材料的软化系数应不低于 0.75。软化系数在 0.85 以上的材料,可以认为是耐水的。

(5)抗冻性。材料在多次冻融循环作用下不破坏,强度也不显著降低的性质称为抗冻性。

材料在吸水饱和后,从-15℃冷冻到 20℃融化称作经受一个冻融循环作用。材料在多次冻融循环作用后表面将出现开裂、剥落等现象,材料将有质量损失,与

此同时其强度也将会有所下降。所以严寒地区选用材料,尤其是在冬季气温低于
-15℃的地区,一定要对所用材料进行抗冻试验。

材料抗冻性能的好坏与材料的构造特征、含水多少和强度等因素有关。通常
情况下,密实的并具有封闭孔的材料,其抗冻性较好;强度高的材料,抗冻性能较
好;材料的含水率越高,冰冻破坏作用也越显著;材料受到冻融循环作用次数越
多,所遭受的损害也越严重。

材料的抗冻性常用抗冻等级表示,即抵抗冻融循环次数的多少,如混凝土的
抗冻等级有 F50、F100、F150、F200、F250 和 F300 等。

(6)抗渗性。抗渗性是材料在压力水作用下抵抗水渗透的性能。材料的抗渗
性用渗透系数表示。渗透系数的计算式如下:

$$K=\frac{Qd}{AtH}\qquad(3-12)$$

式中　K——渗透系数$[cm^3/(cm^2·h)]$;

　　　Q——渗水量(cm^3);

　　　A——渗水面积(cm^2);

　　　d——试件厚度(cm);

　　　H——静水压力水头(cm);

　　　t——渗水时间(h)。

抗渗性的另一种表示方法是试件能承受逐步增高的最大水压而不渗透的能
力,通称材料的抗渗等级,如 P4、P6、P8、P10……等,表示试件能承受逐步增高至
于 0.4MPa、0.6MPa、0.8MPa、1.0MPa,……水压而不渗透。

4.与热工有关的性质

(1)导热性。热量由材料的一面传至另一面的性质称为导热性,用导热系数
"λ"表示。

材料传热能力主要与传热面积、传热时间、传热材料两面温度差及材料的厚
度、自身的导热系数大小等因素有关,可用下面公式计算:

$$Q=\frac{At(T_2-T_1)}{d}\lambda\qquad(3-13)$$

$$\lambda=\frac{Qd}{At(T_2-T_1)}\qquad(3-14)$$

式中　λ——材料的导热系数$[W/(m·K)]$;

　　　Q——材料传导的热量(J);

　　　D——材料的厚度(m);

　　　A——材料导热面积(m^2);

　　　t——材料传热时间(s);

T_2-T_1——传热材料两面的温度差(K)。

导热系数是评定材料绝热性能的重要指标。材料的导热系数越小,则材料的

绝热性能越好。

导热系数的大小,受材料本身的结构,表观密度,构造特征,环境的温度、湿度及热流方向的影响。一般金属材料的导热系数最大,无机非金属材料次之,有机材料最小。成分相同时,密实性大的材料,导热系数大;孔隙率相同时,具有微孔或封闭孔构造的材料,导热系数偏小。另外,材料处于高温状态要比常温状态时的导热系数大;若材料含水后,其导热系数会明显增大。

(2)热容量和比热。材料在受热时吸收热量,冷却时放出热量的性质称为材料的热容量。单位质量材料温度升高或降低 1K 所吸收或放出的热量称为热容量系数或比热。比热的定义及计算式如下:

$$C=\frac{Q}{m(t_2-t_1)} \tag{3-15}$$

式中　C——材料的比热[J/(g·K)];

　　　Q——材料吸收放出的热量(J);

　　　m——材料质量(g);

(t_2-t_1)——材料受热或冷却前后的温差(K)。

比热与材料质量的乘积 $C·m$,称为材料的热容量值,它表示材料温度升高或降低 1K 所吸收或放出的热量。

(3)热阻和传热系数。热阻是材料层(墙体或其他围护结构)抵抗热流通过的能力,热阻的定义及计算式为:

$$R=d/\lambda \tag{3-16}$$

式中　R——材料层热阻[(m²·K)/W];

　　　d——材料层厚度(m);

　　　λ——材料的热导率[W/(m·K)]。

热阻的倒数 $1/R$ 称为材料层的传热系数。

工程常用材料的热工性质指标见表 3-2。

表 3-2　　　　　　　　　　　　　　　　　　热工指标

材料	热导率(λ) /[W/(m·K)]	比热(C) /[J/(g·K)]	材料	热导率(λ) /[W/(m·K)]	比热(C) /[J/(g·K)]
普通混凝土	1.8	0.88	泡沫塑料	0.03	1.30
烧结普通砖	0.55	0.84	水	0.60	4.19
钢材	58	0.48	冰	2.20	2.05
花岗石	2.9	0.80	密闭空气	0.025	1.00
松木	横纹 0.1 顺纹 0.35	0.25			

(4)耐燃性。材料耐高温燃烧的能力。根据不同的材料,通常用氧指数、燃烧时间、不燃性、加热线收缩等表达。

二、材料的化学性质

材料员掌握材料的一些主要的化学基本性质是非常必要的,因为材料的化学性质直接影响到建筑物的使用及其寿命。

1. 酸碱性及碱-骨料反应

(1)建筑材料由各种化学成分组成,而且绝大部分建筑材料是多孔材料,会吸附水分,许多胶凝材料还需要加水拌合才能固结硬化。因此,在实际使用时,与建筑材料固相部分共存的水溶液(孔隙液或水溶出液)中就会存在一定的氢离子和氢氧根离子,化学领域里通常用 pH 值表示氢离子的浓度,pH=7 为中性,pH<7 的为酸性,pH>7 的为碱性,pH 越小,酸性越强,越大则碱性越强。

水泥在用水拌合后发生水化反应,水化生成物中有大量氢氧化钙等,不仅未硬化的水泥浆中呈很强的碱性,而且硬化后的水泥石孔隙中仍有很浓的氢氧根离子,所以硬化的水泥石以及由其构成的砂浆、混凝土仍保持了很强的碱性,往往pH 值可达 12～13(这样强的碱性会对人体皮肤、眼睛角膜造成伤害,因此施工时应采取必要的劳动保护),时间久了,空气中弱酸性的 CO_2 气体逐渐渗透出来,与水泥中的碱发生酸碱中和反应,水泥石逐渐被"碳酸化"(也叫"碳化"),其 pH 值慢慢下降,对钢筋混凝土中钢筋的保护作用逐步丧失,就容易发生钢筋锈蚀,危及建筑物的安全使用。

新拌砂浆和混凝土的高碱度,对某些抗碱性能不佳的涂料也是致命的,有时在新硬化墙上涂刷涂料后发生局部变色、"泛碱"(即涂料泛白霜等)、起皮等现象,原因之一即在于此。为此往往需采用抗碱较好的涂料作隔离,或待墙面稍稍"陈化",碱性有所降低后再进行涂装施工。

另如奥氏体不锈钢管道隔热保温用的绝热材料,其溶出液的 pH 值和氯离子、硅酸根离子等浓度均有一定要求,否则就有可能导致管道的腐蚀。

(2)水泥中的碱性成分(K_2O、Na_2O)含量过高时,有可能诱发碱-骨料反应,从而造成建筑物破坏。

所谓碱-骨料反应是指硬化混凝土中水泥析出的碱(KOH、NaOH)与骨料(砂、石)中活性成分发生化学反应,从而产生膨胀的一种破坏作用。碱-骨料反应与水泥中的碱含量、骨料的矿物组成、气候和环境条件等因素有关,情况比较复杂。

容易发生碱-骨料反应的骨料中的活性成分有两类,其反应机理也不同,因此可把碱-骨料反应分成两大类:一类是因骨料中含有非晶质的活性二氧化硅(如蛋白石、玉髓、火山熔岩玻璃等),当水泥中碱性成分(K_2O、Na_2O)含量较多时,混凝土又长期处于潮湿环境,以致相互作用生成碱的硅酸盐凝胶,产生膨胀而使建筑结构破坏;另一类是含黏土质的石灰岩骨料引起的碱-碳酸盐反应。这两类碱-骨料反应的反应机理虽不相同,但对混凝土造成的破坏是类似的,且往往"潜伏期"很长,从几年到几十年。

检查骨料是否含有较多会引发碱-骨料反应的活性成分,必须按相应标准方法进行碱-骨料反应活性检验,先要对骨料进行岩相分析,明确其属于何种矿物,然后选用不同的快速碱-骨料反应活性检验方法,在国标《建筑用砂》(GB/T 14684—2001)和《建筑用卵石、碎石》(GB/T 14685—2001)中已有明确规定。

2. 硫酸盐侵蚀性及钢筋的锈蚀

(1)硫酸盐侵蚀是因为各种硫酸盐能与已硬化水泥石中的氢氧化钙发生反应,生成硫酸钙,因硫酸钙在水中溶解度低,所以有可能以二水石膏($CaSO_4 \cdot 2H_2O$)晶体的形式析出;即使孔隙液中硫酸根浓度还不足以析出二水石膏,但当已饱和了 $Ca(OH)_2$ 的孔隙液中还含有不少水泥水化时常产生的高铝水化铝酸钙(如 C_4AH_{13})时,仍会析出针状的水化硫铝酸钙晶体(即"钙矾石"——$3CaO \cdot Al_2O_3 \cdot 3CaSO_4 \cdot 32H_2O$)。无论是生成二水石膏还是钙矾石,都会伴随着晶体体积的明显增大,对已硬化的混凝土,就会在其内部产生可怕的膨胀应力,导致混凝土结构的破坏,轻则使强度下降,重则混凝土分崩离析。

(2)钢筋混凝土结构中的钢筋承受了主要的拉应力,因此一旦钢筋严重锈蚀就将使整个钢筋混凝土结构失去支撑而溃塌。然而钢筋锈蚀是个比较复杂的电化学过程,对浇捣密实的正常混凝土而言,由于碱度高,钢筋会被钝化,即使在浇捣混凝土时钢筋表面有轻微锈蚀,也会被溶解,但随后其表面则因阳极控制而形成稳定相或吸附膜,抑制了铁变成离子状态的阳极过程,不再锈蚀,即强碱性的混凝土保护了钢筋,使之免遭氧气和湿气等介质的侵害,除非混凝土的碱度很低,或混凝土内因骨料、外加剂等含有过多的氯化物,妨碍了钢筋的钝化,或仅仅处于一种很不稳定的钝化状态。

但其实钢筋锈蚀的出现是不可避免的,即使没有混凝土自身的不利因素(即碱度低、氯化物含量高等),在外部因素的影响下,经过若干时间后,钢筋也会出现锈蚀并持续严重化,只是时间迟早而已。

因各种外力(为撞击、振动、磨损)或冻融等外部的物理作用,使原先在钢筋外面裹覆的混凝土保护层破坏,钢筋直接裸露在有害的介质中而锈蚀,这是发生钢筋锈蚀的一种情况。

另一种则是由于外部介质进入混凝土,发生一系列化学作用和物理化学作用而导致钢筋锈蚀。如发生前面所说的碳酸化作用、硫酸盐侵蚀作用,还有外界氯离子的进入等,均改变了混凝土孔隙液中的成分,或使 pH 值下降,或水泥石结构遭到破坏,混凝土对钢筋的保护作用丧失殆尽,结果钢筋发生了锈蚀。在保护层干湿交替的情况下,钢筋锈蚀速度往往会比直接暴露在水中时发生锈蚀的速度更快。

钢筋锈蚀是个恶性循环的过程。一旦锈蚀,其锈蚀产物引起的体积膨胀使混凝土承受内部的巨大拉应力,从而进一步破坏保护层,又加快了钢筋锈蚀,反复加重了对整个钢筋混凝土的破坏。

3. 碳化

碳酸化(简称碳化)是胶凝材料中的碱性成分。主要是氢氧化钙与空气中的二氧化碳(CO_2)发生反应,生成碳酸钙($CaCO_3$)的过程。

众所周知,过去在内墙粉刷层上广泛使用的纸筋石灰糊,其硬化就主要依赖这种碳酸化过程,碳酸化使消化石灰中的$Ca(OH)_2$变化成具有一定强度的$CaCO_3$固定构架。然而碳酸化作用对现今广泛使用的水硬性胶凝材料的耐久性则不利。

在水泥砂浆、混凝土以及粉煤灰硅酸盐砌块等制品中,均有大量$Ca(OH)_2$及水化硅酸钙等水化产物,它们形成了一个具有一定强度的固体构架,空气中CO_2渗入浆体后首先就与$Ca(OH)_2$反应生成中性的$CaCO_3$,从而使浆体的碱度降低,$CaCO_3$则以不同的结晶形态沉积出来。因其孔隙液中钙离子浓度下降,其他水化产物会分解出$Ca(OH)_2$,进一步的碳酸化反应持续进行,直至水化硅酸钙等水化产物全部分解,所有钙都结合成$CaCO_3$。因碳化后由$CaCO_3$构成的固体构架强度远不如原先生成的固体构架,在材料的孔隙结构上也往往使外界水汽、离子等更容易侵入,因此在强度降低的同时还伴随着抗渗性能劣化等一系列不利于耐久性的变化。

水泥及胶凝材料本身的化学组成对抗碳化性能有着直接的影响,但如何减缓CO_2进入水泥浆体,从而提高水泥砂浆、混凝土的抗碳化性能一直是人们十分关心的问题。如在砂浆、混凝土表面涂刷保护层,掺入硅粉、矿粉等外掺料,掺加减水剂以减小砂浆、混凝土的水灰比,使水泥石中的孔隙变小、变窄等措施均是常用的方法。但在使用过程中严格控制水灰比,做好振捣减少蜂窝麻面,使砂浆、混凝土密实,做好浇捣后的养护等均是十分方便而有效的措施,务必引起重视。

4. 高分子材料的老化

高分子材料的耐老化性能(即耐候性)是指其抵御外界光照、风雨、寒暑等气候条件长期作用的能力,这又是一个非常复杂的过程。

高分子材料(不论是天然的还是人工合成的)在储存和使用过程中,会受内外因素的综合作用,性能出现逐渐变差,直至最终丧失使用价值的现象。相对于无机材料而言,高分子材料的这种变化尤为突出,人们称之谓"老化"。建筑涂料因老化而褪色、粉化,建筑塑料、橡胶制品等则变硬、变脆、乃至开裂粉化,或发黏变软而无法使用,胶粘剂则完全丧失黏结力,且其过程不可逆转。

老化的内因与高聚物自身的化学结构和物理结构中特有的缺点有关,其外因则与太阳光(尤其是其中能量较高能切断许多高分子聚合物分子链的紫外线)、氧气和臭氧、热量以及空气中的水分等有关,它们都直接或间接地使已聚合的大分子链和网变短、变小,甚至变成单体或分解成其他化合物,这种化学结构的破坏导致高分子材料的物理性能改变,机械性能改变,使原先的高聚物的特性丧失殆尽。

　　为了减缓这种老化的发生，人们在高分子材料的抗老化剂(抗氧剂、紫外光稳定剂和热稳定剂等)及加工工艺等一系列问题上作努力，以期改进其抗老化性能，至于其效果则需要通过一系列的人工加速老化试验(耐候试验)来加以验证。因此高分子材料的产品标准中往往会列入光、臭氧和热老化指标。

第三节　材料的力学性质

　　材料的力学性质是指材料在各种外力作用下抵抗变形或破坏的性质。

一、材料的强度

　　材料在外力(荷载)作用下抵抗破坏的能力称为强度。材料在建筑物上所受的外力主要有拉力、压力、弯曲及剪力等。材料抵抗这些外力破坏的能力分别称为抗拉、抗压、抗弯和抗剪强度。

　　材料的抗拉、抗压、抗剪强度可按下式进行计算：

$$f=\frac{F}{A} \tag{3-17}$$

式中　f——抗拉、抗压、抗剪强度(MPa)；

　　　F——材料受拉、压、剪破坏时的荷载(N)；

　　　A——材料的受力面积(mm^2)。

　　材料的抗弯强度(抗折强度)与材料受力情况有关，试验时将试件放在两支点上，中间作用一集中力，对矩形截面的试件，其抗弯强度可按式(3-18)进行计算：

$$f_m=\frac{3FL}{2bh^2} \tag{3-18}$$

式中　f_m——材料的抗弯强度(MPa)；

　　　F——材料受弯时的破坏荷载(N)；

　　　L——试件受弯时两支点的间距(mm)；

　　　b、h——材料截面宽度、高度(mm)。

　　不同材料具有不同的抵抗外力的特性，混凝土、砖、石材等抗压强度较高，钢材的抗拉、抗压强度都很高。在建筑设计中选择材料时应了解清楚不同材料所具有的不同强度特性。

　　材料的强度大小主要决定于其本身的成分、构造。一般情况下，材料的表观密度越小、孔隙率越大、越疏松，其强度就越低。

二、弹性和塑性

　　材料在外力作用下产生变形，外力去除后，变形消失，材料恢复原有形状的性能称为弹性。荷载与变形之比，或应力与应变之比，称为材料的弹性模量。

　　材料的塑性是以材料的抗拉强度值来划分的，例如钢材。是指材料在外力作用下产生变形，外力去掉后，变形不能完全恢复并且材料也不即行破坏的性质，称为塑性。

三、脆性与韧性

材料受力达到一定程度时，突然发生破坏，并无明显的变形，材料的这种性质称为脆性。材料的脆性是以材料的抗压强度来定义的，表示的是力学指标。

材料在冲击或动荷载作用下，能吸收较大能量而不破坏的性能，称为韧性或冲击韧度。韧性以试件破坏时单位面积所消耗的功表示，计算公式如下：

$$\alpha_k = \frac{W_k}{A} \tag{3-19}$$

式中 α_k——材料的冲击韧度(J/mm^2)；

W_k——试件破坏时所消耗的功(J)；

A——试件净截面积(mm^2)。

脆性材料的另一特性是冲击韧度低。

四、材料的挠度

材料或构件在荷载或其他外界条件影响下，其材料的纤维长度与位置的变化沿轴线长度方向的变形称为轴向变形，偏离轴线的变形称为挠度。

五、材料的硬度和耐磨性

(1)硬度。硬度是材料表面的坚硬程度，是抵抗其他物体刻划、压入其表面的能力。通常用刻划法、回弹法和压入法测定材料的硬度。

刻划法用于天然矿物硬度的划分，按滑石、石膏、方解石、萤石、长石、石英、黄晶、刚玉、金刚石的顺序分为 10 个硬度等级。

回弹法用于测定混凝土表面硬度，并间接推算混凝土的强度；也用于测定陶瓷、砖、砂浆、塑料、橡胶、金属等的表面硬度并间接推算其强度。

压入法用于测定金属(包括建筑钢材)、木材等的硬度。

(2)耐磨性。耐磨性是材料表面抵抗磨损的能力。材料的耐磨性用磨耗率表示，计算公式如下：

$$Q_{ab} = \frac{m_1 - m_2}{m_1} \times 100\% \tag{3-20}$$

式中 Q_{ab}——材料的磨损率(%)；

m_1——试件磨耗前的质量(g)；

m_2——试件磨耗后的质量(g)。

六、材料的耐久性

耐久性是指材料在长期使用环境中，在多种破坏因素作用下保持原有性能不被破坏的能力。

材料的耐久性是一项综合的技术性质，它包括抗渗性、抗冻性、抗风化性、耐热性、耐蚀性、抗老化性以及耐磨性等各方面的内容。

常采取以下三个方面的措施提高材料的耐久性：

(1)提高材料本身对外界破坏作用的抵抗力,如提高材料的密实度,改变孔结构的形式,合理选定原材料的组成等。

(2)减轻环境条件对材料的破坏作用,如对材料进行特殊处理或采取必要的构造措施。

(3)在主体材料表面加保护层,如覆盖贴面、喷涂料等,使主体材料与大气、阳光、雨、雪隔绝,不致受到直接侵害。

第四节　材料的环保知识

化学建材在建筑、装饰装修工程中被越来越广泛地使用。它在美化我们居室环境的同时,也使得民用建筑室内环境污染问题越来越突出。建设部出台的《民用建筑工程室内环境污染控制规范》不但对于建筑、装饰装修工程中所用材料的环保质量控制进行了说明,而且重点对于工程验收的环境污染指标做了明确的规定;国家质量监督检验检疫总局、国家环保总局、卫生部联合发布的《室内空气质量标准》也提出了"室内空气应无毒、无害、无异味"的要求。

一、材料的放射性

材料的放射性主要是来自其中的天然放射性核素,主要以铀(U)、镭(Ra)、钍(Th)、钾(K)为代表,这些天然放射性核素在发生衰变时会放出 α、β 和 γ 等各种射线,对人体会造成严重影响。^{226}Ra、^{232}Th 衰变后会成为氡(^{222}Rn、^{220}Rn),氡是气体。氡气及其子体又极易随着空气中尘埃等悬浮物进入人体,对人体造成健康伤害。而材料衰变过程中所释放的 γ 射线等则主要以外部辐射方式对人体造成伤害。

1. 材料的放射性衰变模式及3种衰变

放射性衰变的模式有:

(1)α 衰变:放射出 α 射线;

(2)β 衰变:最常见的是放射出 β 射线;

(3)γ 衰变:放射出 γ 射线;

(4)自发裂变及其他一些罕见的衰变模式。

α 射线是氦原子核,携带 2 个电子电量的正电荷。α 射线的穿透能力较低,即使在气体中,它们的射程也只有几厘米。一般情况下,α 射线会被衣物和人体的皮肤阻挡,不会进入人体。因此,α 射线外照射对人体的损害是可以不考虑的。

β 射线是带负电的电子。β 射线的穿透能力较 α 射线要强,在空气中能走几百厘米,可以穿过几毫米的铝片。

γ 射线是波长很短的电磁辐射,也称为光子。γ 射线的穿透能力比 β 射线强得多,对人体会造成极大危害。如 ^{54}Mn 的 γ 射线能量为 0.8348MeV,经过 7.5cm 厚的铅,γ 射线强度还可剩 0.1%。

2. 内照射指数、外照射指数

放射线从外部照射人体的现象称为外照射,放射性物质进入人体并从人体内部照射人体的现象称为内照射。

根据各种放射性核素在自然界的含量、发射的射线类型及射线粒子的能量,真正需要引起人们警惕的放射性物质是铀、镭、钍、氡、钾 5 种。其中,氡是气体,主要带来的是内照射问题。镭(^{226}Ra)比较复杂,除了构成外照射外,其衰变产物为氡(^{222}Rn),直接和空气中氡的含量相关。铀的放射线能量较小,危害较小。其他核素主要引起外照射问题。依据各放射性核素的危害程度,人们采用内照射指数和外照射指数来控制物质中放射性物质的含量。

内照射指数(I_{Ra}):$I_{Ra} = C_{Ra}/200$

外照射指数(I_γ):$I_\gamma = C_{Ra}/370 + C_{Th}/260 + C_K/4200$

式中:C_{Ra}、C_{Th}、C_K 分别是镭-226、钍-232、钾-40 的放射性比活度。

3. 建筑材料放射性核素限量

在日常生活中人体会受到微量的放射核素照射,对人体健康没有影响。但达到一定的剂量时,就会伤害人体。射线粒子会杀死或杀伤细胞,受伤的细胞有可能发生变异,造成癌变、失去正常功能等,使人致病。

《建筑材料放射性核素限量》(GB 6566—2001)规定的核素限量见表 3-3。

表 3-3　　　　　　　　　　　　　各类材料放射性核素限量值

建筑材料类别		限量要求		使用范围
		内照射指数	外照射指数	
建筑主体材料	一	≤1.0	≤1.0	使用范围不受限制
	空心率>25	≤1.0	≤1.3	使用范围不受限制
装修材料	A 类	≤1.0	≤1.3	使用范围不受限制
	B 类	≤1.3	≤1.9	Ⅱ类民用建筑物内饰面及其他一切建筑物的内、外饰面
	C 类	一	≤2.8	建筑物的外饰面及室外其他用途

注:外照射指数大于等于 2.8 的花岗石只可用于碑石、海堤、桥墩等人类很少涉及的地方。

二、材料中有机物的污染及危害

(1)苯。苯是一种无色、具有特殊芳香气味的油状液体,微溶于水,能与醇、醚、丙酮和二硫化碳等互溶。甲苯和二甲苯都属于苯的同系物,都是煤焦油分馏或石油的裂解产物。以前使用涂料、胶粘剂和防水材料产品,主要采用苯作为溶剂或稀释剂。而《涂装作业安全规程劳动安全和劳动卫生管理》中规定:"禁止使用含苯(包括工业苯、石油苯、重质苯,不包括甲苯、二甲苯)的涂料、稀释剂和溶剂。"所以目前多用毒性相对较低甲苯和二甲苯,但由于甲苯挥发速度较快,而二甲苯溶解力强,挥发速度适中,所以二甲苯是短油醇酸树脂、乙烯树脂、氯化橡胶和聚氨酯树脂的主要溶剂,也是目前涂料工业和粘合剂应用面最广,使用量最大的一种溶剂。

苯属中等毒类,其嗅觉阈值为 $4.8 \sim 15.0 mg/m^3$。苯于 1993 年被世界卫生组织(WHO)确定为致癌物(Groupl)。苯对人体健康的影响主要表现在血液毒性、遗传毒性和致癌性三个方面。高浓度苯蒸气吸入主要引起中枢神经症状(痉挛和麻醉作用),引起头晕、头痛、恶心。长期吸入低浓度苯,能导致血液和造血机能改变(急性非淋巴白血病,ANLL)及对神经系统影响,严重的将表现为全血细胞减少症、再生障碍性贫血症、骨髓发育异常综合症和血球减少。此外,苯对皮肤、眼睛和上呼吸道有刺激作用,导致喉头水肿、支气管炎以及血小板下降。经常接触苯,皮肤可因脱脂变干燥,严重的出现过敏性湿疹。

甲苯和二甲苯因其挥发性,主要分布在空气中,对眼、鼻、喉等黏膜组织和皮肤等有强烈刺激和损伤,可引起呼吸系统炎症。长期接触,二甲苯可危害人体中枢神经系统中的感觉运动和信息加工过程,对神经系统产生影响,具有兴奋和麻醉作用,导致烦躁、健忘、注意力分散、反应迟钝、身体协调性下降以及头晕、恶心、呼吸困难和四肢麻木等症状,严重的导致黏膜出血、抽搐和昏迷。女性对苯以及其同系物更为敏感,甲苯和二甲苯对生殖功能也有一定影响。孕期接触苯系物混合物时,妊娠高血压综合症、呕吐及贫血等导致胎儿的畸形、神经系统功能障碍以及生长发育迟缓等多种先天性缺陷。

(2)VOC。VOC 是挥发性有机化合物(Volatile Organic Compounds)的英文缩写,包括碳氢化合物、有机卤化物、有机硫化物等,在阳光作用下与大气中氮氧化物、硫化物发生光化学反应,生成毒性更大的二次污染物,形成光化学烟雾。

TVOC 在室内最大污染物,是极其复杂的,而且新的种类不断被合成出来。由于它们单独的浓度低,但是种类特别多,所以一般不予以分别逐个表示,仅以VOC 或 TVOC 表示其总量。

据统计,全世界每年排放的大气中的溶剂约 1000 万 t,其中涂料和胶粘剂释放的挥发性有机化合物是 VOC 的重要来源。

VOC 对人体影响主要有三种类型。

1)气味和感官效应。即器官刺激、感觉干燥等。

2)黏膜刺激和其他系统毒性导致病态。

3)基因毒性和致癌性。

VOC 存在于涂料、胶粘剂、水性处理等室内装饰装修材料当中,另外地毯、PVC 卷材地板材料中也含有一定量的 VOC。

(3)甲醛。无色、具有强烈气味的刺激性气体。气体密度 1.06,略重于空气,易溶水,其 35%～40% 的水溶液通称福尔马林。甲醛(HCHO)是一种挥发性有机化合物,污染源很多,污染度也很高,是室内主要污染物。

自然界中的甲醛是甲烷循环中一个中间产物,背景值很低。室内空气中的甲醛主要有两个来源,一是来自室外的工业废气、汽车尾气,光化学烟雾;二是来自建筑材料、装饰物品以及生活用品等化工产品。

甲醛是一种有毒物质,其毒作用一般有刺激、过敏和致癌作用,通常人的甲醛嗅觉阈为 0.06mg/m³,刺激作用主要对鼻和上呼吸道产生刺激症状,引发哮喘、呼吸道或支气管炎。另外,甲醛对眼睛也有强烈刺激作用,引起水肿、眼刺痛、眼红、眼痒、流泪。皮肤直接接触甲醛,可引起皮炎、色斑、坏死。而经常吸入甲醛,能引起慢性中毒,出现黏膜出血、皮肤刺激症、过敏性皮炎、指甲角化和脆弱,全身症状有头痛、乏力、胃纳差、心悸、失眠以及植物神经紊乱等。另外,通过动物试验表明,甲醛对大鼠鼻腔有致癌性。

近年来,还有多项报道表明:甲醛会对人体内免疫水平产生影响,且能引起哺乳动物细胞株的基因突变、DNA 单链断裂、DNA 链内交联和 DNA 与蛋白质交联,抑制 DNA 损伤的修复,影响 DNA 合成转录,还能损伤染色体。

三、其他污染物的来源和危害

重金属主要来源于各种材料生产时加入的各种助剂(如催干剂、防污剂、消光剂)以及颜料和各种填料中所含的杂质。室内环境中重金属污染主要来自溶剂型木器涂料、内墙涂料、木家具、壁纸、聚氯乙烯卷材地板等装饰装修材料。涂料中的重金属主要来自着色颜料,如红丹、铅铬黄、铅白等,木家具、木器涂料中有毒重金属对人体的影响主要是通过木器在使用过程中干漆膜与人体长期接触,如误入口中,其可溶物将对人体造成危害。聚氯乙烯卷材地板中若含有铅、镉,随着地板的使用与磨损,铅、镉向表层迁移,在空气中形成铅尘、镉尘,通过接触误入口中而摄入人体内,则造成危害。

铅、镉、铬、汞等重金属元素的可溶物进入人的机体后,会逐渐在体内蓄积,转化成毒性更强的金属有机化合物,对人体健康产生严重影响。过量的铅能损害神经、造血和生殖系统,引起抽搐、头痛、脑麻痹、失明、智力迟钝;铅还可引起免疫功能的变化,包括增加对细菌的易感性,抑制抗体产生,以及对巨噬细胞的毒性而影响免疫。铅对儿童的危害更大,因为儿童对铅有特殊的易感性,铅中毒可严重影响儿童生长发育和智力发展,因此铅污染的控制已成为世界性关注热点。长期吸入镉尘可损害肾、肺功能。长期接触铬化合物可引起接触性皮肤炎或湿疹。慢性汞中毒主要影响中枢神经系统等。

氨是无色气体,易溶于水、乙醇和乙醚。常温下 1 体积水可以溶解 700 体积的氨,溶于水后的氨形成氢氧化铵,俗称氨水。建筑中的氨,主要来自建筑施工中使用的混凝土外加剂。混凝土外加剂的使用有利于提高混凝土的强度和施工速度;冬期在混凝土墙体中加入会释放氨气的膨胀剂和防冻剂,或为了提高混凝土凝固速度,加入会释放氨气的高碱膨胀剂和早强剂,将留下氨污染隐患。室内家具涂饰时所用的添加剂和增白剂大部分都用氨水,也是造成氨污染的来源之一。

氨气可通过皮肤和呼吸道引起中毒,嗅觉阈值为 $0.1 \sim 1.0 mg/m^3$。因极易溶于水,对眼、喉、上呼吸道作用快,刺激性极强,轻者引起喉炎、声音嘶哑,重者可发生喉头水肿、喉痉挛而引起窒息,出现呼吸困难、肺水肿、昏迷和休克。但是氨污染释放期比较短,不会在空气中长期大量积存,对人体的危害相应小一些,但也应该引起注意。

四、材料的环保对策及措施建议

1. 严格源头把关

各级质量技术监督部门应把各种建筑和装饰装修材料的环保性能作为一项重要内容落实到产品质量管理中去,促使材料生产厂家树立起生产"绿色建材",争创"绿色企业"的环保意识。对生产假冒伪劣、有害物质严重超标的企业应追根溯源,加大惩处的力度,予以关停,并应加强联合执法的力度。

2. 设计先行,建立和完善工程监管体系,推进行业达标

一是建立规范的市场秩序,出台权威性的装饰装修管理规范。二是推行设计师负责制,提高设计人员的整体素质。三是提高设计图纸审查质量,将环境指标控制列入图纸审查内容。四是建立和完善无机建材放射性和装饰装修材料有害物质限量的检测手段和方法。

3. 加强全过程控制

工程各方应承担起各自在工程建设过程中应尽的责任:工程设计前,勘察单位必须进行土壤氡浓度的测定,以确定相应的防氡措施;工程及装饰设计单位必须根据建筑物类型和装修程度,选择环保性能符合规范规定的材料,并注意控制空间承载量、搭配材料使用比例。通风设计应符合现行标准、规范的规定;材料进场验收,监理单位必须严格查验其环保性能检测报告,对规范规定必须进行工程复验的材料及检测项目不全或对结果有怀疑的材料,必须送有资质的检测机构检测,合格后方可使用。施工单位在施工中,应严格按要求规范各种施工行为,只有这样才能保证工程验收时室内环境污染物浓度检测结果符合规范规定。

4. 样板领路

当室内装修多次重复使用同一设计时,宜先作样板间,并对样板间室内环境质量进行检测,检测合格后再进行其他部分的装修施工。如检测不合格,应会同设计、监理等单位查找原因,采取相应措施处理,以免验收时检测不合格,难以补救,造成损失。

5. 加强通风换气

通风换气是一种简便可行的改善室内空气质量的方法,但对于释放时间长的污染源,通风换气只能治标但不治本,它可以暂时减少室内环境污染程度,只要污染源在,门窗关闭一段时间,污染物就又会蓄积一定浓度,仍会对人身健康构成威胁。

第四章 胶凝材料

建筑上将能够把砂、石子、砖、石块等散粒材料或块状材料黏结成为一个整体的材料，统称为胶凝材料。胶凝材料的品种繁多，按化学成分，将胶凝材料分为有机胶凝材料和无机胶凝材料。有机胶凝材料常用的有各种沥青、树脂、橡胶等。无机胶凝材料按硬化条件分为气硬性胶凝材料和水硬性胶凝材料。气硬性胶凝材料只能在空气中凝结硬化，也只能在空气中保持和发展其强度，即气硬性胶凝材料的耐水性差，不宜用于潮湿环境。常用的气硬性胶凝材料有石膏、石灰、水玻璃、菱苦土等。水硬性胶凝材料既能在空气中硬化，又能在水中更好地硬化，并保持和发展其强度，即水硬性胶凝材料的耐水性好，可用于潮湿环境或水中。常用的水硬性胶凝材料有各种水泥。

第一节 水 泥

一、水泥及其分类

水泥是当代最重要的建筑材料之一，目前广泛应用于工业、农业、国防、交通、城市建设、水利以及海洋开发等工程建设中。

水泥属于无机水硬性材料，它不仅能够在空气中凝结硬化，也能在水中凝结硬化，并保持和发展其强度。未与水拌合前呈粉末状，拌合后经物理、化学变化过程后，能由塑性浆体变成坚硬的石状体（硬化）。

按水泥的用途和性能可分为通用水泥、专用水泥和特种水泥。按矿物组成可分为硅酸盐水泥、铝酸盐水泥、硫铝酸盐水泥、铁铝酸盐水泥、少熟料或无熟料水泥。生产工艺，又可分为回转窑水泥、立窑水泥和粉磨水泥。

二、通用硅酸盐水泥

通用硅酸盐水泥是以硅酸盐水泥熟料和适量石膏及规定的混合材料制成的水硬性胶凝材料，是建筑工程建设中应用最广泛的水泥，它包括硅酸盐水泥、普通硅酸盐水泥、矿渣硅酸盐水泥、火山灰质硅酸盐水泥、粉煤灰硅酸盐水泥和复合硅酸盐水泥。

1. 通用硅酸盐水泥品种组分和代号

(1)通用硅酸盐水泥各品种的组分和代号应符合表 4-1 的规定。

表 4-1　　　　　　　　　　　通用硅酸盐水泥的组分和代号　　　　　　　　　　　　%

品种	代号	组　分				
		熟料＋石膏	粒化高炉矿渣	火山灰质混合材料	粉煤灰	石灰石
硅酸盐水泥	P·Ⅰ	100	—	—	—	—
	P·Ⅱ	≥95	≤5	—	—	—
		≥95	—	—	—	≤5
普通硅酸盐水泥	P·O	≥80 且＜95	＞5 且≤20①			—
矿渣硅酸盐水泥	P·S·A	≥50 且＜80	＞20 且≤50②	—	—	—
	P·S·B	≥30 且＜50	＞50 且≤70②	—	—	—
火山灰质硅酸盐水泥	P·P	≥60 且＜80	—	＞20 且≤40③	—	—
粉煤灰硅酸盐水泥	P·F	≥60 且＜80	—	—	＞20 且≤40④	—
复合硅酸盐水泥	P·C	≥50 且＜80	＞20 且≤50⑤			

注:①本组分材料为符合《通用硅酸盐水泥》(GB 175—2007)5.2.3 的活性混合材料,其中允许用不超过水泥质量 8% 且符合《通用硅酸盐水泥》(GB 175—2007)5.2.4 的非活性混合材料或不超过水泥质量 5% 且符合《通用硅酸盐水泥》(GB 175—2007)5.2.5 的窑灰代替。

②本组分材料为符合《用于水泥中的粒化高炉矿渣》(GB/T 203—2008)或《用于水泥和混凝土中的粒化高炉矿渣粉》(GB/T 18046—2008)的活性混合材料,其中允许用不超过水泥质量 8% 且符合《通用硅酸盐水泥》(GB 175—2007)第 5.2.3 条的活性混合材料或符合《通用硅酸盐水泥》(GB 175—2007)第 5.2.4 条的非活性混合材料或符合《通用硅酸盐水泥》(GB 175—2007)第 5.2.5 条的窑灰中的任一种材料代替。

③本组分材料为符合《用于水泥中的火山灰质混合材料》(GB/T 2847—2005)的活性混合材料。

④本组分材料为符合《用于水泥和混凝土中的粉煤灰》(GB/T 1596—2005)的活性混合材料。

⑤本组分材料为由两种(含)以上符合《通用硅酸盐水泥》(GB 175—2007)第 5.2.3 条的活性混合材料或/和符合《通用硅酸盐水泥》(GB 175—2007)第 5.2.4 条的非活性混合材料组成,其中允许用不超过水泥质量 8% 且符合《通用硅酸盐水泥》(GB 175—2007)第 5.2.5 条的窑灰代替。掺矿渣时混合材料掺量不得与矿渣硅酸盐水泥重复。

2. 通用硅酸盐水泥强度等级

(1)硅酸盐水泥的强度等级分为 42.5、42.5R、52.5、52.5R、62.5、62.5R 六个等级。

(2)普通硅酸盐水泥的强度等级分为 42.5、42.5R、52.5、52.5R 四个等级。

(3)矿渣硅酸盐水泥、火山灰质硅酸盐水泥、粉煤灰硅酸盐水泥、复合硅酸盐水泥的强度等级分为 32.5、32.5R、42.5、42.5R、52.5、52.5R 六个等级。

3. 通用硅酸盐水泥技术要求

(1)通用硅酸盐水泥的化学指标应符合表 4-2 的规定。

表 4-2　　　　　　　通用硅酸盐水泥的化学指标　　　　　　　　%

品　种	代　号	不溶物 (质量分数)	烧失量 (质量分数)	三氧化硫 (质量分数)	氧化镁 (质量分数)	氯离子 (质量分数)
硅酸盐水泥	P·Ⅰ	≤0.75	≤3.0	≤3.5	≤5.0	≤0.06
	P·Ⅱ	≤1.50	≤3.5			
普通硅酸盐水泥	P·O	—	≤5.0			
矿渣硅酸盐水泥	P·S·A	—	—	≤4.0	≤6.0	
	P·S·B	—	—			
火山灰质硅酸盐水泥	P·P			≤3.5	≤6.0	
粉煤灰硅酸盐水泥	P·F					
复合硅酸盐水泥	P·C					

(2)碱含量(选择性指标)。水泥中碱含量按 $Na_2O+0.658K_2O$ 计算值表示。若使用活性集料,用户要求提供低碱水泥时,水泥中的碱含量应不大于 0.60% 或由买卖双方协商确定。

(3)物理指标。

1)凝结时间。硅酸盐水泥初凝不小于 45min,终凝不大于 390min;普通硅酸盐水泥、矿渣硅酸盐水泥、火山灰质硅酸盐水泥、粉煤灰硅酸盐水泥和复合硅酸水泥初凝不小于 45min,终凝不大于 600min。

2)安定性。沸煮法合格。

3)不同品种不同强度等级的通用硅酸盐水泥,其不同各龄期的强度应符合表 4-3 的规定。

表 4-3　　　　　　通用硅酸盐水泥不同龄期的强度等级　　　　　MPa

品　种	强度等级	抗压强度		抗折强度	
		3d	28d	3d	28d
硅酸盐水泥	42.5	≥17.0	≥42.5	≥3.5	≥6.5
	42.5R	≥22.0		≥4.0	
	52.5	≥23.0	≥52.5	≥4.0	≥7.0
	52.5R	≥27.0		≥5.0	
	62.5	≥28.0	≥62.5	≥5.0	≥8.0
	62.5R	≥32.0		≥5.5	
普通硅酸盐水泥	42.5	≥17.0	≥42.5	≥3.5	≥6.5
	42.5R	≥22.0		≥4.0	
	52.5	≥23.0	≥52.5	≥4.0	≥7.0
	52.5R	≥27.0		≥5.0	
矿渣硅酸盐水泥 火山灰硅酸盐水泥 粉煤灰硅酸盐水泥 复合硅酸盐水泥	32.5	≥10.0	≥32.5	≥2.5	≥5.5
	32.5R	≥15.0		≥3.5	
	42.5	≥15.0	≥42.5	≥3.5	≥6.5
	42.5R	≥19.0		≥4.0	
	52.5	≥21.0	≥52.5	≥4.0	≥7.0
	52.5R	≥23.0		≥4.5	

4. 通用硅酸盐水泥选用

工程施工中对通用硅酸盐水泥的选用见表 4-4。

表 4-4　　　　　　施工中对通用硅酸盐水泥的选用规定

混凝土工程特点 或所处环境条件		优先选用	可以使用	不得使用
环境条件	在普通气候环境中的混凝土	普通水泥	矿渣水泥、火山灰水泥、粉煤灰水泥	
	在干燥环境中的混凝土	普通水泥	矿渣水泥	火山灰水泥、粉煤灰水泥
	在高湿度环境中或永远处在水下的混凝土	矿渣水泥	普通水泥、火山灰水泥、粉煤灰水泥	

（续）

混凝土工程特点或所处环境条件		优先选用	可以使用	不得使用
环境条件	严寒地区的露天混凝土、寒冷地区处在水位升降范围内的混凝土	普通水泥（强度等级≥42.5）	矿渣水泥（强度等级≥42.5）	火山灰水泥、粉煤灰水泥
	严寒地区处在水位升降范围内的混凝土	普通水泥（强度等级≥42.5）		火山灰水泥、粉煤灰水泥、矿渣水泥
	受侵蚀性环境水或侵蚀性气体作用的混凝土	根据侵蚀性介质的种类、浓度等具体条件按专门（或设计）规定选用		
工程特点	厚大体积的混凝土	粉煤灰水泥、矿渣水泥	普通水泥、火山灰水泥	硅酸盐水泥、快硬硅酸盐水泥
	要求快硬的混凝土	快硬硅酸盐水泥、硅酸盐水泥	普通水泥	矿渣水泥、火山灰水泥、粉煤灰水泥
	高强度（大于C40）混凝土	硅酸盐水泥	普通水泥、矿渣水泥	火山灰水泥、粉煤灰水泥
	有抗渗性要求的混凝土	普通水泥、火山灰水泥		不宜使用矿渣水泥
	有耐磨性要求的混凝土	硅酸盐水泥、普通水泥（强度等级≥42.5）	矿渣水泥（强度等级≥42.5）	火山灰水泥、粉煤灰水泥

三、水泥验收、质量检验及贮运

1. 水泥的验收与质量检验

（1）水泥的验收。

1）水泥到货后应根据供货单位的发货明细表或入库通知单及质量合格证,核对水泥包装上所注明的工厂名称、水泥品种、名称、代号和强度等级、包装日期、生产许可证编号等是否相符。

2）水泥供货分散装和袋装两种。散装水泥用专用车辆运输,以"吨"为计量单位,袋装水泥以"吨"或"袋"为计量单位,每袋净含量50kg,且不得少于标志质量的98%;随机抽取20袋总质量不得少于1000kg。散装水泥平均堆密度为1450kg/m³;袋装压实的水泥为1600kg/m³。

（2）水泥的质量检验。水泥到场后应进行质量检验。

1)同一水泥厂生产的同品种、同强度等级、同一出厂编号的水泥为一批。但散装水泥一批的总量不得超过 500t，袋装水泥一批的总量不得超过 200t。

2)当采用同一旋窑厂生产的质量长期稳定的、生产间隔时间不超过 10d 的散装水泥可以 500t 作为一批检验批。

3)取样时应随机从不少于 3 个车罐中各采取等量水泥，经混拌均匀后，再从中称取不少于 12kg 水泥作为检验样。

水泥进场时应对其品种、级别、包装或散装仓号、出厂日期进行检查，并对其强度、安定性及其他必要的性能指标进行复验，其质量指标必须符合现行国家标准《通用硅酸盐水泥》(GB 175—2007)等的规定。

当在使用中对水泥质量有怀疑或水泥出厂超过三个月（快硬硅酸盐水泥超过一个月)时，应进行复验，并按复验结果使用。

钢筋混凝土结构、预应力混凝土结构中，严禁使用含氯化物的水泥。

水泥的复验项目主要有：细度或比表面积、凝结时间、安定性、标准稠度用水量、抗折强度和抗压强度。

2. 不合格品水泥判定

凡检验结果中，任何一项指标不符合下列技术要求的均为不合格品水泥。

(1)化学指标。通用硅酸盐水泥的化学指标应符合《通用硅酸盐水泥》(GB 175—2007)中第 7.1 条的规定。

(2)凝结时间。硅酸盐水泥初凝不小于 45min，终凝不大于 390min；普通硅酸盐水泥、矿渣硅酸盐水泥、火山灰质硅酸盐水泥、粉煤灰硅酸盐水泥和复合硅酸盐水泥初凝不小于 45min，终凝不大于 600min。

(3)安定性。通用硅酸盐水泥的安定性应沸煮法合格。

(4)强度。强度应符合《通用硅酸盐水泥》(GB 175—2007)中第 7.3.3 条的规定。

3. 水泥的运输、保管

(1)水泥在运输与保管时不得受潮和混入杂物，不同品种和强度等级的水泥应分别贮运。

(2)贮存水泥的库房应注意防潮、防漏。存放袋装水泥时，地面垫板要离地 30cm，四周离墙 30cm；袋装水泥堆垛不宜太高，以免下部水泥受压结硬，一般以 10 袋为宜，如存放期短、库房紧张，亦不宜超过 15 袋。

(3)水泥的贮存应按照水泥到货先后，依次堆放，尽量做到先存先用。

(4)水泥贮存期不宜过长，以免受潮而降低水泥强度。

贮存期一般水泥为 3 个月，高铝水泥为 2 个月，高级水泥为 1.5 个月，快硬水泥为 1 个月。

一般水泥存放 3 个月以上为过期水泥，强度将降低 10%～20%，存放期愈长，强度降低值也愈大。过期水泥使用前必须重新检验强度等级，否则不得使用。

4. 水泥的受潮处理

（1）水泥有松块、结粒情况，说明水泥开始受潮，应将松块、粒状物压成粉末并增加搅拌时间，经试验后根据实际强度等级使用。

（2）水泥已部分结成硬块，表明水泥已严重受潮，使用时应筛去硬块，并将松块压碎，用于抹面砂浆等。

（3）水泥结块坚硬，表明该水泥活性已丧失，不能按胶凝材料使用而只能重新粉磨后用作混合材料。

四、特种水泥的发展应用

特种水泥是指具有某些特殊性能的水泥品种，虽然其产量比通用水泥少得多，但对于一些特殊工程必须采用特种水泥来满足工程技术要求，如油井的固井必须用油井水泥，大坝施工必须用中热或低热水泥。

1. 水利工程系列水泥

该系列水泥主要特点是水化热低，对水泥熟料中的矿物组成及水泥中"敏感"成分（R_2O 和 MgO）有较严格的规定。其生产工艺与通用硅酸盐水泥基本相同。但在生产中对原材料、熟料的煅烧和水泥的制备有其特殊要求。主要包括中热硅酸盐水泥、低热矿渣硅酸盐水泥、低热硅酸盐水泥。

（1）中热硅酸盐水泥。以适当成分的硅酸盐水泥熟料，加入适量石膏，磨细制成的具有中等水化热的水硬性胶凝材料，称为中热硅酸盐水泥，简称中热水泥，代号 P. MH。生产中热硅酸盐水泥时不允许掺加混合材。

（2）低热矿渣硅酸盐水泥。以适当成分的硅酸盐水泥熟料，加入粒化高炉矿渣、适量石膏，磨细制成的具有低水化热的水硬性胶凝材料，称为低热矿渣硅酸盐水泥。水泥中粒化高炉矿渣掺加量按质量百分比计为 20%～60%，允许用不超过混合材料总量 50% 的粒化电炉磷渣或粉煤灰代替部分粒化高炉矿渣。

中、低热水泥主要适用于港口、码头、大坝等水工建筑物，大型设备基础以及高层建筑物的基础筏板等的混凝土工程（多为厚大体积且连续浇筑的混凝土工程）。

（3）低热硅酸盐水泥（又称高贝利特水泥，简称 HBC 水泥）。是国家"九五"科技攻关所取得的科技成果。其熟料矿物中贝利特矿物（C_2S）含量不少于 50.0%，水泥的水化热与 42.5 级低热矿渣硅酸盐水泥相当，而 28d 强度在 55.0MPa 以上。该水泥水化热低、干缩小、耐磨性好、抗侵蚀性优异、后期强度高及强度增进率大，同时在生产中具有能源资源消耗低、有害气体排放少等特点。目前已完成批量生产和工程应用，该水泥是配制水工混凝土、大体积混凝土以及抗侵蚀工程的良好胶凝材料。高贝利特水泥的特点是：①后期强度高且后强增进率高。②水化热低。③有非常强的抗硫酸盐侵蚀能力。④水泥干缩值小，体积稳定性好。⑤耐磨性能力好。

2. 抗硫酸盐硅酸盐水泥

抗硫酸盐硅酸盐水泥是以适当成分的生料，烧至部分熔融，所得的以硅酸钙为主的特定矿物组成的熟料,加入适量的石膏,磨细制成的具有一定抗硫酸盐侵蚀性能的水硬性胶凝材料,称为抗硫酸盐硅酸盐水泥(简称抗硫酸盐水泥)。分为中抗硫酸盐和高抗硫酸盐两种类型。

这种水泥早期强度较低,3d、7d 强度增进率小,水化热较低;胀缩、抗渗、抗冻、弹模等特性与硅酸盐水泥类似。这种水泥适用于同时受硫酸盐侵蚀的海港工程,水利、地下、引水、道路和桥梁基础建筑工程。

3. 油井工程

油井水泥分为 A、B、C、D、E、F、G、H 等级别和 O、MSR、HSR 等类型。外加剂或调凝剂不能影响油井水泥的预期性能。

A 级:由水硬性硅酸钙为主要成分的硅酸盐水泥熟料,通常加入适量的符合GB/T 5483 的石膏经磨细制成的产品。在生产 A 级水泥时,允许掺入符合 JC/T 667 的助磨刘。该产品适合于无特殊性能要求时使用,只有普通(O)型。

B 级:由水硬性硅酸钙为主要成分的硅酸盐水泥熟料,通常加入适量的符合GB/T 5483 的石膏经磨细制成的产品。在生产 B 级水泥时,允许掺入符合 JC/T 667 的助磨剂。该产品适合于井下条件要求中抗或高抗硫酸盐时使用,有中抗硫酸盐(MSR)和高抗硫酸盐(HSR)2 种类型。

C 级:由水硬性硅酸钙为主要成分的硅酸盐水泥熟料,通常加入适量的符合GB/T 5483 的石膏经磨细制成的产品。在生产 C 级水泥时,允许掺入符合 JC/T 667 的助磨剂。该产品适合于井下条件要求高的早期强度时使用,有普通(O)、是抗硫酸盐(MSR)和高抗硫酸盐(HSR)3 种类型。

D 级:由水硬性硅酸钙为主要成分的硅酸盐水泥熟料,通常加入适量的符合 GB/T 5483 的石膏经磨细制成的产品。在生产 D 级水泥时,允许掺入符合 JC/T 667 的助磨剂。此外,在生产时还可选用合适的调凝剂进行共同粉磨或混合。该产品适合于中温中压的条件下使用,有中抗硫酸盐(MSR)和高抗硫酸盐(HSR)2 种类型。

E 级:由水硬性硅酸钙为主要成分的硅酸盐水泥熟料,通常加入适量的符合 GB/T 5483 的石膏经磨细制成的产品。在生产 E 级水泥时,允许掺入符合 JC/T 667 的助磨剂。此外,在生产时还可选用合适的调凝剂进行共同粉磨或混合。该产品适合于高温高压条件下使用,有中抗硫酸盐(MSR)和高抗硫酸盐(HSR)2 种类型。

F 级:由水硬性硅酸钙为主要成分的硅酸钙为主要成分的硅酸盐水泥熟料,通常加入适量的符合 GB/T 5483 的石膏经磨细制成的产品。在生产 F 级水泥时,允许掺入符合 JC/T 667 的助磨剂。此外,在生产时还可选用合适的调凝剂进行共同粉磨或混合。该产品适合于高温高压条件下使用,有中抗硫酸盐(MSR)和高抗硫酸盐(HSR)2 种类型。

G 级:由水硬性硅酸钙为主要成分的硅酸盐水泥熟料,通常加入适量的符合GB/T 5483 的石膏经磨细制成的产品。在生产 G 级水泥时,除了加石膏或水或两者在一起与熟料相互粉磨或混合外,不得掺加其他外加剂。该产品是一种基本油井水泥,有中抗硫酸盐(MSR)和高抗硫酸盐(HSR)2种类型。

H级:由水硬性硅酸钙为主要成分的硅酸盐水泥熟产,通常加入适量的符合GB/T 5483的石膏经磨细制成的产品。在生产H级水泥时,除了加石膏或水或两者一起与熟料相互粉或混合外,不得掺加其他外加剂。该产品是一种基本油井水泥,有中抗硫酸盐(MSR)和高抗硫酸盐(HSR)2种类型。

4. 道路硅酸盐水泥

道路硅酸盐水泥是由道路硅酸盐水泥熟料,适量石膏,可加入GB 13693规定的混合材料,磨细制成的水硬性胶凝材料,称为道路硅酸盐水泥(简称道路水泥),代号P·R。

道路硅酸盐水泥熟料铝酸三钙($3CaO \cdot Al_2O_3$)的含量应不超过5.0%,铁铝酸四钙($4CaO \cdot Al_2O_3 \cdot Fe_2O_3$)的含量应不低于16.0%,游离氧化钙的含量,旋窑生产应不大于1.0%;立窑生产应不大于1.8%。

天然石膏应符合GB/T 5483的规定。工业副产石膏是工业生产中以硫酸钙为主要成分的副产品。采用工业副产石膏时,应经过试验,证明对水泥性能无害。道路硅酸盐水泥中活性混合材的掺加量按质量分数计为0～10%。混合材料应为符合GB/T 1596表1中的F类粉煤灰、符合GB/T 203的粒化高炉矿渣、符合GB/T 6645的粒化电炉磷渣或符合YB/T 022的钢渣。水泥粉磨时允许加入助磨剂,其加入量应不超过水泥质量的1%,助磨剂应符合JC/T 667的规定。

5. 膨胀系列水泥

膨胀系列水泥主要有明矾石膨胀水泥、膨胀硅酸盐水泥、膨胀硫铝酸盐水泥、膨胀铁铝酸盐水泥等品种。其特点是在潮湿的条件下能产生体积膨胀。膨胀值较小的,可配制收缩补偿砂浆和混凝土,适用于结构自防水混凝土工程,浇灌机器底座或地脚螺栓,堵塞、修补漏水的裂缝和孔洞,接缝及管道接头,以及地下建筑物的防水层等。膨胀值较大的水泥又称自应力水泥,用于配制自应力钢筋混凝土,生产自应力水泥压力管等。

(1)凡由硅酸盐水泥熟料为主,铝质熟料、石膏和粒化高炉矿渣(或粉煤灰),按适当比例磨细制成的,具有膨胀性能的水硬性胶凝材料,称为明矾石膨胀水泥。明矾石膨胀水泥的特点是用明矾石和石膏作为膨胀组分,与水泥水化硬化过程中产生的$Ca(OH)_2$等反应形成大量钙矾石,产生较小的体积膨胀,补偿水泥石的收缩,从而达到抗裂防渗的目的。明矾石膨胀水泥适用于补偿收缩混凝土结构工程、防渗混凝土工程、补强和内渗抹面工程,以及接缝、梁柱和管道接头等。

(2)膨胀硅酸盐水泥由硅酸盐水泥熟料、膨胀组分和天然二水石膏按一定比例混合磨细而成的一种具有膨胀性能的胶凝材料。常用的膨胀组分为高铝水泥、矾土膨胀剂、瓷土膨胀剂等。石膏一般采用天然二水石膏。硅酸盐水泥熟料强度要求不低于52.2MPa。该类水泥对石膏波动范围要求较严,一般要求水泥中SO_3不得超过3.0%。比表面积对该类水泥性能影响较大,比表面积小时,水泥强度较低、早期膨胀较小、膨胀稳定慢、膨胀值较大,不透水性较差,比表面积大时则相反;生产中宜控制水泥比表面积大于 $420m^2/kg$。这种水泥主要用作防渗工程、浇灌机器底座、接缝和修补工程;也可用于制造自应力混凝土构件。

6. 装饰系列水泥

装饰水泥一般是指白色水泥和彩色水泥。与其他天然或人造的装饰材料相比,装饰水泥具有许多技术、经济方面的优越性。近年来,国内外装饰水泥的发展速度很快。我国及国外大多数国家一般是采用白色水泥掺加颜料的方法配制彩色水泥,因而白色水泥的生产非常广泛。生产的白色水泥品种有白色硅酸盐水泥、白色铝酸盐水泥、钢渣白水泥等。白色硅酸盐水泥与其他品种的白色水泥相比,具有技术和经济上的先进性和合理性,适合于大规模工业化生产。

白色硅酸盐水泥是以氧化铁含量低的石灰石、白泥、硅石为主要原料,经烧结得到以硅酸钙为主要成分,氧化铁含量低的熟料,加入适量石膏,共同磨细制成水硬性胶凝材料称为白色硅酸盐水泥。白水泥中如掺入耐碱的颜料,可得各种色彩的水泥。白水泥主要用于建筑装饰材料,如地面、楼板、阶梯等的饰面,也可用作雕塑工艺制品。

彩色硅酸盐水泥简称彩色水泥。一般用白色硅酸盐水泥熟料、颜料和石膏共同磨细而制得。彩色水泥主要用于建筑装饰材料。如在粉磨水泥时,加入适量外加剂(如滑石粉、硬脂酸镁等)可改善水泥浆的保水性和防水性,这种水泥称彩色粉刷水泥,可用于混凝土、砖石、水泥石等表面的粉刷饰面。

7. 砌筑水泥

砌筑水泥是由一种或一种以上的水泥混合材,加入适量硅酸盐水泥熟料和石膏,经磨细制成的和易性较好的水硬性胶凝材料。它是用于砌筑砂浆和抹面砂浆的一种专用水泥品种。

砌筑水泥不仅可以改善砌筑砂浆的和易性等性能和降低砂浆的配制成本,而且还可消耗掉大量的工业废渣和废弃物。目前我国的工业废渣和废弃物与日俱增,严重污染了自然环境,给工业和农业都带来危害,同时也使生态环境不断恶化。因此砌筑水泥的生产,不仅将产生较好的经济效益,同时也带来广泛的社会效益。

我国特种水泥已取得了可观的发展,在品种和数量及研究水平方面也已跨入世界先进行列,基本满足了我国石油、水、电、建筑、煤炭和交通等各行业的需要。

第二节　石　灰

一、石灰的主要成分及特点

1. 石灰的主要成分

把碳酸钙($CaCO_3$)为主要成分的石灰石,经 $800\sim1000℃$ 高温煅烧而成的块灰状气硬性胶凝材料叫石灰,它的主要成分是氧化钙(CaO)。

将块灰(生石灰)加以不同量的水,可配制成熟石灰、石灰膏或石灰乳,它们的主要成分是氢氧化钙[$Ca(OH)_2$]——消石灰。消石灰吸收空气中的二氧化碳（CO_2），便还原成碳酸钙（$CaCO_3$），并在干燥环境中析出水分，蒸发后可具有一定强度。砌筑和粉刷用的灰浆之所以能在大气中硬化，就是这个道理。

2. 石灰的特点

石灰是一种古老的建筑材料，由于其原料来源广泛，生产工艺简单，成本低廉，所以至今被广泛应用于建筑工程中。石灰的特点有：

(1)保水性与可塑性好。熟化生成的氢氧化钙颗粒极其细小，比表面积（材料的总表面积与其质量的比值）很大，使得氢氧化钙颗粒表面吸附有一层较厚水膜，即石灰的保水性好。由于颗粒间的水膜较厚，颗粒间的滑移较宜进行，即可塑性好。这一性质常被用来改善砂浆的保水性，以克服水泥砂浆保水性差的缺点。

(2)凝结硬化慢、强度低、石灰的凝结硬化很慢，且硬化后的强度很低。

(3)耐水性差。潮湿环境中石灰浆体不会产生凝结硬化。硬化后的石灰浆体的主要成分为氢氧化钙，仅有少量的碳酸钙。由于氢氧化钙可微溶于水，所以石灰的耐水性很差，软化系数接近于零。

(4)干燥收缩大。氢氧化钙颗粒吸附大量的水分，在凝结硬化过程中不断蒸发，并产生很大的毛细管压力，使石灰浆体产生很大的收缩而开裂，因此石灰除粉刷外不宜单独使用。

二、石灰的品种、组成、特性和用途

石灰的品种、组成、特性和用途见表4-5。

表 4-5　　　　　石灰的品种、组成、特性和用途

品种	块灰（生石灰）	磨细生石灰（生石灰粉）	熟石灰（消石灰）	石灰膏	石灰乳（石灰水）
组成	以含碳酸钙（$CaCO_3$）为主的石灰石，经800～1000℃高温煅烧而成，其主要成分为氧化钙（CaO）	由火候适宜的块灰经磨细而成粉末状的物料	将生石灰（块灰）淋以适当的水（约为石灰质量的60%～80%），经熟化作用所得的粉末材料[$Ca(OH)_2$]	将块灰加入足量的水，经过淋制熟化而成的厚膏状物质[$Ca(OH)_2$]	将石灰膏用水冲淡所成的浆液状物质
特性和细度要求	块灰中的灰分含量愈少，质量愈高；通常所说的三七灰，即指三成粉七成块灰	与熟石灰相比，具快干、高强等特点，便于施工。成品需经4900孔/cm^2的筛子过筛	需经3～6mm的筛子过筛	淋浆时应用6mm的网格过滤；应在沉淀池内贮存两周后使用；保水性能好	

（续）

品种	块灰 （生石灰）	磨细生石灰 （生石灰粉）	熟石灰 （消石灰）	石灰膏	石灰乳 （石灰水）
用途	用于配制磨细生石灰、熟石灰、石灰膏等	用作硅酸盐建筑制品（砖、瓦、砌块）的原料，并可制作碳化石灰板、砖等制品（碳化制品），还可配制熟石灰、石灰膏等	用于拌制灰土（石灰、黏土）和三合土（石灰、黏土、砂或炉渣）	用于配制石灰砌筑砂浆和抹灰砂浆	用于简易房屋的室内粉刷

三、石灰主要技术指标

按石灰中氧化镁的含量，将生石灰和生石灰粉划分为钙质石灰（MgO<5%）和镁质石灰（MgO≥5%）；按消石灰中氧化镁的含量将消石灰粉划分为钙质消石灰粉（MgO<4%）、镁质消石灰粉（4%≤MgO≤24%）和白云石消石灰粉（24%≤MgO≤30%）。建筑石灰按质量可分为优等品、一等品、合格品三种，具体指标应满足表4-6～表4-9的要求。

表 4-6　　　　　　　　　生石灰的主要技术指标

项　　　　目	钙质生石灰			镁质生石灰		
	优等品	一等品	合格品	优等品	一等品	合格品
（CaO＋MgO）含量（%），不小于	90	85	80	85	80	75
未消化残渣含量（5mm 圆孔筛余）（%），不大于	5	10	15	5	10	15
CO_2（%），不大于	5	7	9	6	8	10
产浆量/（L/kg），不小于	2.8	2.3	2.0	2.8	2.3	2.0

注：本表引自《建筑生石灰》（JC/T 479—1992）。

表 4-7　　　　　　　　　生石灰粉的技术指标

项目	钙质生石灰粉			镁质生石灰粉		
	优等品	一等品	合格品	优等品	一等品	合格品
（CaO＋MgO）含量（%），不小于	85	80	75	80	75	70

(续)

项目		钙质生石灰粉			镁质生石灰粉		
		优等品	一等品	合格品	优等品	一等品	合格品
CO_2 含量(%),不大于		7	9	11	8	10	12
细度	0.90mm 筛的筛余(%),不大于	0.2	0.5	1.5	0.2	0.5	1.5
	0.125mm 筛的筛余(%),不大于	7.0	12.0	18.0	7.0	12.0	18.0

注:本表引自《建筑生石灰粉》(JC/T 480—1992)。

表 4-8　　　　　　　　消石灰粉的技术指标

项目		钙质消石灰粉			镁质消石灰粉			白云石消石灰粉		
		优等品	一等品	合格品	优等品	一等品	合格品	优等品	一等品	合格品
(CaO+MgO)含量(%),不小于		70	65	60	65	60	55	65	60	55
游离水(%)		0.4~2	0.4~2	0.4~2	0.4~2	0.4~2	0.4~2	0.4~2	0.4~2	0.4~2
体积安定性		合格	合格	—	合格	合格	—	合格	合格	—
细度	0.90mm 筛筛余(%),不大于	0	0	0.5	0	0	0.5	0	0	0.5
	0.125mm 筛筛余(%),不大于	3	10	15	3	10	15	3	10	5

注:本表引自《建筑消石灰粉》(JC/T 481—1992)。

表 4-9　　　　　　　　石灰体积和用量的换算

石灰组成(块:灰)	在密实状态下每 1m³ 石灰质量/kg	每 1m³ 熟石灰用生石灰数量/kg	每 1000kg 生石灰消解后的体积/m³	每 1m³ 石灰膏用生石灰数量/kg
10:0	1470	355.4	2.184	—
9:1	1453	369.6	2.706	—
8:2	1439	382.7	2.613	571
7:3	1426	399.2	2.505	602
6:4	1412	417.3	2.396	636
5:5	1395	434.0	2.304	674
4:6	1379	455.6	2.195	716
3:7	1367	475.5	2.103	736
2:8	1354	501.5	1.994	820
1:9	1335	526.0	1.902	
0:10	1320	557.7	1.793	

四、石灰贮运保管

（1）包装、标志。生石灰粉、消石灰粉用牛皮纸、复合纸、编织袋包装。袋上应标明：厂名、产品名称、商标、净重、等级和批量编号。

（2）包装质量及偏差。生石灰粉：每袋净重分（40±1）kg 和（50±1）kg 两种。消石灰粉：每袋净重分（20±0.5）kg 和（40±1）kg 两种。

（3）贮存及运输贮存：应分类、分等贮存在干燥的仓库内。不宜长期存放。生石灰应与可燃物及有机物隔离保管，以免腐蚀，或引起火灾。

运输：在运输中不准与易燃、易爆及液态物品同时装运、运输时要采取防水措施。

（4）质量证明书。每批产品出厂时应向用户提供质量证明书，注明：厂名、商标、产品名称、等级、试验结果、批量编号、出厂日期、标准编号及使用说明。

（5）保管。

1）磨细生石灰及质量要求严格的块灰，最好存放在地基干燥的仓库内。仓库门窗应密闭，屋面不得漏水，灰堆必须与墙壁距离 70mm。

2）生石灰露天存放时，存放期不宜过长，地基必须干燥、不积水，石灰应尽量堆高。为防止水分及空气渗入灰堆内部，可于灰堆表面洒水拍实，使表面结成硬壳，以防损失。

3）直接运到现场使用的生石灰，最好立即进行熟化，过淋处理后，存放在淋灰池内，并用草席等遮盖，冬天应注意防冻。

4）生石灰应与可燃物及有机物隔离保管，以免腐蚀或引起火灾。

第三节　建　筑　石　膏

一、石膏的分类及用途

石膏是以硫酸钙为主要成分的传统气硬性胶凝材料之一。天然石膏有两种：一种是未水化的无水石膏（$CaSO_4$）；另一种是二水石膏（$CaSO_4 \cdot 2H_2O$），又称软石膏或生石膏，天然的二水石膏可制造各种性质的石膏。

将天然二水石膏等原料在 107～170℃ 的温度下煅烧成熟石膏，再经磨细而成的白色粉状物，其主要成分是 β 型半水石膏（$CaSO_4 \cdot 1/2H_2O$）。若煅烧温度升高至 190℃ 以上，则完全失水，变成硬石膏，即无水石膏（$CaSO_4$）。半水石膏和无水石膏统称熟石膏。熟石膏的品种有很多，建筑上常用的有建筑石膏、模型石膏、高强石膏、地板石膏。

（1）建筑石膏是天然石膏或工业副道石膏泾脱水处理制得的，以 β 半水硫酸钙（β $CaSO_4 \cdot 1/2H_2O$）为主要成分，不预加任何外加剂或涂加物的粉状胶凝材料。

（2）模型石膏是煅烧二水石膏生成的熟石膏，其中杂质含量少，SKI 较白，粉磨较细的称为模型石膏。它比建筑石膏凝结快，强度高。主要用于制作模型、雕塑、装饰花饰等。

(3)高强度石膏是将二水石膏放在压蒸锅内,在 1.3 大气压(124℃)下蒸炼生成的 α 型半水石膏,磨细后就是高强度石膏。高强度石膏适用于强度要求高的抹灰工程,装饰制品和石膏板。加入防水剂后的高强度石膏制品可用于湿度较高的环境中。

(4)地板石膏。如果将天然二水石膏在 800℃以上煅烧,使部分硫酸钙分解出氧化钙,磨细后的产品称为高温煅烧石膏,亦称地板石膏。地板石膏硬化后有较高的强度和耐磨性,抗水性好,主要用作石膏地板,用于室内地面装饰。

以上石膏种类中,建筑石膏是建筑上使用最多的一种,主要用于室内抹灰、粉刷和生产各种石膏板等。

二、建筑石膏特点

(1)凝结硬化快:建筑石膏加水拌合后,浆体在几分钟后便开始失去塑性,30min 内完全失去塑性而产生强度,2h 可达 3～6MPa。由于初凝时间过短,容易造成施工成型困难,一般在使用时需加缓凝剂,延缓初凝时间,但强度会有所降低。

(2)凝结硬化时体积微膨胀:石膏浆体在凝结硬化初期会产生微膨胀,使石膏制品的表面光滑、细腻,尺寸精确、形体饱满、装饰性好,因而特别适合制作建筑装饰制品。

(3)孔隙率大、体积密度小:建筑石膏在拌合时,为使浆体具有施工要求的可塑性,需加入建筑石膏用量 60%～80%的用水量,而建筑石膏的理论需水量为18.6%,大量的自由水在蒸发后,在建筑石膏制品内部形成大量的毛细孔隙。其孔隙率达 50%～60%,体积密度为 800～1000kg/m³,属于轻质材料。

(4)保温性和吸声性好:建筑石膏制品的孔隙率较大,且均为微细的毛细孔,所以导热系数小。大量的毛细孔隙对吸声有一定的作用。

(5)强度较低:建筑石膏的强度较低,但其强度发展较快,2h 可达 3～6MPa,7d 抗压强度为 8～12MPa(接近最高强度)。

(6)调湿性:建筑石膏制品内部的大量毛细孔隙对空气中的水蒸气具有较强的吸附能力,所以对室内的空气温度有一定的调节作用。

(7)防火性好,但耐火性差:建筑石膏制品的导热系数小,传热慢,且二水石膏受热脱水产生的水蒸气能阻碍火势的蔓延,起到防火作用。但二水石膏脱水后,强度下降,因而不耐火。

(8)耐火性、抗渗性、抗冻性差:建筑石膏制品孔隙率大,且二水石膏可微融于水,遇水或掺入适量的水泥。粉煤灰、磨细粒化高炉矿渣等。后强度大大降低。为了提高建筑石膏及其制品的耐水性,可以在石膏中掺入适当的防水剂。

三、建筑石膏技术指标

1. 分类

(1)按原材料种类分为三类,见表 4-10。

表 4-10　　　　　　　　　　　　　　　　分类

类　别	天然建筑石膏	脱硫建筑石膏	磷建筑石膏
代　号	N	S	P

(2)按 2h 强度(抗折)分为 3.0、2.0、1.6 三个等级。

2. 物理力学性能

建筑石膏的物理力学性能应符合表 4-11 的要求。

表 4-11　　　　　　　　　　　　　　物理力学性能

等　级	细度(0.2mm 方孔筛筛余)(%)	凝结时间/min		2h 强度/MPa	
		初　凝	终　凝	抗　折	抗　压
3.0				≥3.0	≥6.0
2.0	≤10	≥3	≤30	≥2.0	≥4.0
1.6				≥1.6	≥3.0

四、建筑石膏应用及保存

建筑石膏在建筑工程中可用作室内抹灰、粉刷、制造各种建筑制品以及水泥原料中的缓凝剂和激发剂。建筑石膏一般采用袋装或散装供应。袋装时,应用防潮包装袋包装。产品出厂应带有产品检验合格证。袋装时,包装袋上应清楚标明产品标记,以及生产厂名、厂址、商标、批量编号、净重、生产日期和防潮标志。建筑石膏在运输和贮存时,不得受潮和混入杂物。建筑石膏自生产之日起,在正常运输与贮存条件下,贮存期为三个月。

第五章 混 凝 土

第一节 混凝土的分类及性能

凡由胶凝材料、水和粗细骨料(必要时掺入混合材或外加剂)按适当比例拌合成型并经养护制成的人造石材,称为混凝土。

一、混凝土的分类

混凝土品种繁多,分类方法各异。通常有以下几种分类:

(1)按表观密度分。

1)重混凝土。表观密度大于 $2600kg/m^3$。是用特别密实和特别重的骨料制成的,例如重晶石混凝土、钢屑混凝土等。它们具有防辐射的性能,主要用作原子能工程的屏蔽材料。

2)普通混凝土。表观密度为 $1950\sim2600kg/m^3$。是用致密的天然砂、石作为骨料制成的,主要用于各种承重结构。

3)轻混凝土。表观密度在 $500\sim1950kg/m^3$。用火山灰渣、黏土陶粒和陶砂、粉煤灰陶粒和陶砂等轻骨料制成的轻集料混凝土。表观密度在 $500kg/m^3$ 以上的多孔混凝土,包括加气混凝土和泡沫混凝土、大孔混凝土,其组成中不加或少加细骨料。轻混凝土主要用作结构材料、绝热材料。

4)特轻混凝土。表观密度在 $500kg/m^3$ 及以下的多孔混凝土。特轻集料如膨胀珍珠岩、膨胀蛭石、泡沫塑料等。制成的轻集料混凝土,主要用作保温隔热材料。

(2)按所用胶凝材料分。混凝土按所用胶凝材料可分为水泥混凝土、沥青混凝土、树脂混凝土、聚合物水泥混凝土、水玻璃混凝土、石膏混凝土、硅酸盐混凝土、铝酸盐水泥混凝土、硫磺混凝土等。其中使用最多的是以水泥为胶结材料的水泥混凝土,它是当今世界使用最广泛、用量最大的结构材料。

(3)按施工工艺分。混凝土按施工工艺可分为泵送混凝土、预拌混凝土(商品混凝土)、喷射混凝土、压力灌浆混凝土(预填骨料混凝土)、造壳混凝土(裹砂混凝土)、离心混凝土、振实挤压混凝土、真空混凝土、热拌混凝土、太阳能养护混凝土等多种。

(4)按性能和用途分。混凝土按性能和用途分为:结构混凝土、耐热混凝土、耐火混凝土、不发火混凝土、防水混凝土、绝热混凝土、耐油混凝土、耐酸混凝土、耐碱混凝土、防护混凝土、补偿收缩混凝土、装饰混凝土、道路混凝土、水下浇筑混凝土等多种。

(5)按掺合料分。混凝土按掺合料可分为粉煤灰混凝土、硅灰混凝土、碱矿渣混凝土、纤维混凝土等多种。

（6）按流动（稠度）分。混凝土按流动性（稠度）分为：干硬性混凝土、塑性混凝土、流动性混凝土、大流动性混凝土。

（7）按配筋情况分。按配筋情况混凝土可分为素混凝土、钢筋混凝土、劲性混凝土、纤维混凝土、预应力混凝土等。

另外，混凝土按每 $1m^3$ 中的水泥用量（C）分为贫混凝土（$C \leqslant 170kg$）和富混凝土（$C \geqslant 230kg$）；按抗压强度（f_{cu}）大小可分低强混凝土（$f_{cu} < 30MPa$）、中强混凝土（$f_{cu} = 30 \sim 60MPa$）、高强混凝土（$f_{cu} > 60MPa$）和超高强混凝土（$f_{cu} \geqslant 100MPa$）等。

二、混凝土结构优缺点

1. 普通混凝土的优点

由于普通混凝土具有优越的技术性能和经济性能，因此，在建筑工程中能得到广泛的应用。

（1）原材料丰富，造价低廉。混凝土中砂、石骨料约占 80%，而砂、石材料资源丰富，可就地取材，造价低廉。

（2）混凝土拌合物有良好的可塑性。混凝土未凝结硬化前，可利用模板浇灌成任何形状及尺寸的整体结构或构件。

（3）性能可以调整。通过改变混凝土组成材料的品种及比例，可制得不同物理力学性能的混凝土，来满足各种工程的不同需要。

（4）与钢筋有牢固的黏结力。混凝土与钢筋的线膨胀系数基本相同，二者复合成钢筋混凝土后，能保证共同工作，从而大大扩展了混凝土的应用范围。

（5）良好的耐久性。配制合理的混凝土，具有良好的抗冻、抗渗、抗风化及耐腐蚀等性能，比木材、钢材等材料更耐久，维护费用低。

（6）生产能耗较低。混凝土生产能耗远小于烧土制品及金属材料。

2. 普通混凝土的缺点

（1）自重大，比强度（强度与表观密度之比）小。每 $1m^3$ 普通混凝土重达 2400kg 左右，致使在建筑工程中形成肥梁胖柱、厚基础，对高层、大跨度建筑不利。

（2）抗拉强度低。一般其抗拉强度为抗压强度的 $1/20 \sim 1/10$，因此受拉时易产生脆性破坏。

（3）导热系数大。普通混凝土导热系数为 $1.40W/(m \cdot K)$，为红砖的两倍，故保温隔热性能差。

（4）硬化较慢，生产周期长。在标准条件下养护 28d 后，混凝土强度增长才趋于稳定，在自然条件下养护的混凝土预制构件，一般要养护 $7 \sim 14d$ 方可投入使用。

三、混凝土的性能

混凝土的性能包括两个部分：一是混凝土硬化之前的性能，主要有和易性；一是混凝土硬化之后的性能，包括强度、变形性能、耐久性等。

1. 混凝土拌合物的和易性

由水泥、砂、石、水、掺合料和外加剂拌合而成的尚未凝固时的拌合物，称为混凝土拌合物，又称新拌混凝土。

(1)和易性的概念。和易性指混凝土拌合物在拌合、运输、浇筑、振捣等过程中，不发生分层、离析、泌水等现象，并获得质量均匀、密实的混凝土的性能。和易性反映混凝土拌合物拌合均匀后，在各施工环节中各组成材料能较好地一起流动的特性，是一项综合技术性能，包括流动性、粘聚性和保水性。

1)流动性是指混凝土拌合物在自重或外力作用下，能产生流动，并均匀密实地填满模板的性能。

2)粘聚性是指混凝土拌合物在施工过程中其组成材料之间有一定的粘聚力，不致产生分层和离析的性能。

3)保水性是指混凝土拌合物在施工过程中，具有一定的保水能力，不致产生严重泌水的性能。

混凝土拌合物的流动性、粘聚性和保水性，三者是相互联系又是相互矛盾的，当流动性大时，往往粘聚性和保水性差，反之亦然。因此，和易性良好就是要使这三方面的性质达到良好的统一。

简单地说，和易性是反映混凝土拌合物能流动但组分间又不分离的性能。

(2)和易性的测定和选择。混凝土拌合物的流动性可采取坍落度法和维勃稠度法测定。对于流动性大的塑性混凝土用坍落度法测定，坍落值小于 10mm 的干硬性混凝土拌合物采用维勃稠度法测定。然后再根据流动性经验观察、评定黏聚性和保水性，来最终确定和易性好坏。

混凝土拌合物根据其坍落度大小分为 4 级，详见表 5-1。《混凝土质量控制标准》(GB 50164—1992)规定混凝土拌合物维勃稠度分为 4 级，详见表 5-2。

表 5-1　　　　　　　　　　　混凝土坍落度分级

名　　称	低塑性混凝土	塑性混凝土	流动性混凝土	大流动性混凝土
坍落度/mm	10～40	50～90	100～150	≥160

表 5-2　　　　　　　　　　　混凝土维勃稠度分级

名称	超干硬性混凝土	特干硬性混凝土	干硬性混凝土	半干硬性混凝土
维勃稠度/s	＞31	30～21	20～11	10～5

选择混凝土拌合物的坍落度时，要根据构件截面大小、钢筋疏密和捣实方法来确定。当构件截面尺寸较小或钢筋较密或采用人工振捣时，坍落度可选择大些；反之，如构件截面尺寸较大，或钢筋较疏或采用振捣器振捣时，坍落度可选择

小些。具体数值可参考表 5-3 所规定的坍落度值选用。

表 5-3　　　　　　　　　　　混凝土浇筑时的坍落度

项次	结构种类	坍落度/mm
1	基础或地面等的垫层 无配筋的厚大结构(挡土墙、基础或厚大的块体等)或配筋稀疏的结构	10～30
2	板、梁和大型及中型截面的柱子等	30～50
3	配筋密列的结构(薄壁、斗仓、筒仓、细柱等)	50～70
4	配筋特密的结构	70～90

注:本表系指采用机械振捣的坍落度,采用人工捣实时可适当增大。

(3)影响和易性的主要因素。

1)水泥浆数量和水灰比的影响。混凝土拌合物要产生流动必须克服其内部的阻力,拌合物内的阻力主要来自两个方面,一是骨料间的摩擦阻力,一是水泥浆的黏聚力。

骨料间摩擦阻力的大小主要取决于骨料颗粒表面水泥浆的厚度,即水泥浆数量的多少。在水灰比(水与胶凝材料质量之比)不变的情况下,单位体积拌合物内,水泥浆数量愈多,拌合物的流动性愈大。但若水泥浆过多,将会出现流浆现象;若水泥浆过少,则骨料之间缺少黏结物质,易使拌合物发生离析和崩坍。

水泥浆黏聚力大小主要取决于水灰比。在水泥用量、骨料用量均不变的情况下,水灰比增大即增大水的用量,拌合物流动性增大;反之则减小。但水灰比过大,会造成拌合物粘聚性和保水性不良;水灰比过小,会使拌合物流动性过低。

总之,无论是水泥浆数量的影响还是水灰比的影响,实际上都是用水量的影响。因此,影响混凝土和易性的决定性因素是混凝土单位体积用水量的多少。实践证明,在配制混凝土时,当所用粗、细骨料的种类及比例一定时,如果单位用水量一定,即使水泥用量有所变动(1m³ 混凝土水泥用量增减 50～100kg)时,混凝土的流动性大体保持不变,这一规律称为恒定需水量法则。这一法则意味着如果其他条件不变,即使水泥用量有某种程度的变化,对混凝土的流动性影响不大,运用于配合比设计,就是通过固定单位用水量,变化水灰比,得到既满足拌合物和易性要求,又满足混凝土强度要求的混凝土。

2)砂率的影响。砂率是指混凝土中砂的质量占砂、石质量的百分比,即:

$$砂率 = \frac{砂重}{砂重 + 石重} \times 100\% \tag{5-1}$$

砂率大小的确定原则是:砂子填充满石子的空隙并略有富余。富余的砂子在粗骨料之间起滚珠作用,减少了粗骨料之间的摩擦力,所以砂率在一定范围内增大,混凝土拌合物的流动性提高。另一方面,在砂率增大的同时,骨料的总表面积必随之增大,润湿骨料的水分需增多,在单位用水量一定的条件下,混凝土拌合物的流动性降低,所以当砂率增大超过一定范围后,流动性反而随砂率增加而降低。另外,砂率过小,砂浆不能够包裹石子表面、不能填充满石子间隙,使拌合物粘聚性和保水性变差,产生离析、流浆等现象。

由此可见,在配制混凝土时,砂率不能过大,也不能过小,应选择合理砂率。合理砂率是指在用水量及水泥用量一定的情况下,能使混凝土拌合物获得最大的流动性,且能保持粘聚性及保水性能良好时的砂率值。合理砂率可参照表 5-4 来选取。

表 5-4　　　　混凝土砂率选用表(JGJ 55—2000)　　　　　%

水灰比	卵石最大粒径/mm			碎石最大粒径/mm		
	10	20	40	16	20	40
0.40	26~32	25~31	24~30	30~35	29~34	27~32
0.50	30~35	29~34	28~33	33~38	32~37	30~35
0.60	33~38	32~37	31~36	36~41	35~40	33~38
0.70	36~41	35~40	34~39	39~44	38~43	36~41

注:1. 本表数值系中砂的选用砂率,对细砂或粗砂,可相应减少或增大砂率。

2. 只用一个单粒级粗骨料配制混凝土时,砂率应适当增大。

3. 对薄壁构件砂率取偏大值。

4. 本表中的砂率系指砂与骨料总量的质量比。

5. 本表适用于坍落度 10~60mm 的混凝土。

3)组成材料性质的影响。

①水泥。水泥对拌合物和易性的影响主要是水泥品种和水泥细度的影响。需水量大的水泥比需水量小的水泥配制的拌合物,在其他条件相同的情况下,流动性要小。如矿渣水泥或火山灰水泥拌制的混凝土拌合物,其流动性比用普通水泥时为小,另外,矿渣水泥易泌水。水泥颗粒越细,总表面积越大,润湿颗粒表面及吸附在颗粒表面的水越多,在其他条件相同的情况下,拌合物的流动性变小。

②骨料。骨料对拌合物和易性的影响主要是骨料总表面积、骨料的空隙率和骨料间摩擦力大小的影响,具体地说,是骨料级配、颗粒形状、表面特征及粒径的影响。一般说来,级配好的骨料,其拌合物流动性较大,粘聚性与保水性较好;表面光滑的骨料,如河砂、卵石,其拌合物流动性较大;骨料的粒径增大,总表面积减小,拌合物流动性就增大。

③外加剂。混凝土拌合物中掺入减水剂或引气剂,拌合物的流动性明显增大,引气剂还可有效改善混凝土拌合物的粘聚性和保水性。

4)温度和时间的影响。混凝土拌合物的流动性随温度的升高而降低,据测定,温度每增高 10℃,拌合物的坍落度约减小 20~40mm,这是由于温度升高,水泥水化加速,增加水分的蒸发造成的。

混凝土拌合物随时间的延长而变干稠,流动性降低,这是由于拌合物中一些水分被骨料吸收,一些水分蒸发,一些水分与水泥水化反应变成水化产物结合水。

2. 混凝土的强度

混凝土强度包括抗压强度、抗拉强度、抗弯强度、抗剪强度和与钢筋的黏结强度等。其中抗压强度最大,约为抗拉强度的 10~20 倍,工程上大部分都采用混凝土的立方体抗压强度作为设计依据,也是施工中控制评定混凝土质量的主要指标。

(1)混凝土立方体抗压强度。根据国家标准《混凝土结构设计规范》(GB 50010—2002)规定,制作边长为 150mm 的立方体试件为标准试件,按标准的方法成型,在标准条件下[温度(20±3)℃,相对湿度>90%],养护到 28d 龄期,用标准的试验方法测得的极限抗压强度,称为混凝土标准立方体抗压强度。在立方体极限抗压强度总体分布中,具有 95% 保证率的抗压强度,称为立方体抗压强度标准值,用 $f_{cu,k}$ 表示。

为了能测定混凝土实际达到的强度,常将混凝土试件放在与工程相同的条件下进行养护,然后再按所需要的龄期进行试验,测得立方体试件抗压强度值,作为工程混凝土质量控制和质量评定的主要依据。

混凝土的强度等级按立方体抗压强度标准值确定,采用 C 与立方体抗压强度标准值(单位为 MPa)表示,共分 14 个强度等级,它们是 C15、C20、C25、C30、C35、C40、C45、C50、C55、C60、C65、C70、C75 和 C80。例如,C40 表示混凝土立方体抗压强度标准值为 40MPa,说明混凝土立方体抗压强度大于 40MPa 的概率为 95% 以上。

测定混凝土立方体抗压强度时,可以根据混凝土中粗骨料最大粒径按表 5-5 的规定选用不同尺寸的试块。

表 5-5 中边长为 150mm 的试块为标准试块,其余两种规格的试块为非标准试块。当采用非标准尺寸的试块测定强度时,必须向标准试块折算,折算成标准试块强度值,应乘的折算系数见表 5-6。

表 5-5   混凝土试块尺寸的选择

粗骨料最大粒径/mm	试块尺寸/mm
≤31.5	100×100×100
40	150×150×150
60	200×200×200

表 5-6　　　　　　　　　　　　　试块尺寸的折算系数

试块尺寸/mm	折算系数
100×100×100	0.95
150×150×150	1.00
200×200×200	1.05

混凝土强度等级的选用应根据工程设计时的建筑部位及承受载荷的情况确定:

1)C10 素混凝土用于一般垫层[在《混凝土结构设计规范》(GB 50010—2002)中的混凝土强度等级系列中已去除了 C10]。

2)C15 用于垫层、基础、地面及受力不大的结构。

3)C15～C30 用于梁、板、柱、楼梯和屋架等普通钢筋混凝土结构。

4)C30 以上用于大跨度结构、预应力混凝土结构、吊车梁及特种结构。

5)采用钢丝、钢绞线、热处理钢筋作预应力钢筋时,混凝土强度等级不宜低于 C40。

混凝土强度等级是混凝土结构设计时强度计算取值的依据,同时又是混凝土施工中控制工程质量和工程验收时的重要根据。

(2)混凝土轴心抗压强度。混凝土强度等级是根据立方体试件确定的,但在钢筋混凝土结构设计计算中,考虑到混凝土构件的实际受力状态,计算轴心受压构件时,常以轴心抗压强度作为依据。将混凝土制成 150mm×150mm×300mm的标准试件,在标准温度、标准湿度养护 28d 的条件下,测试件的抗压强度值,即为混凝土的轴心抗压强度。

混凝土轴心抗压强度与立方体抗压强度之比约为 0.7～0.8。

(3)混凝土抗拉强度。混凝土抗拉强度对混凝土的开裂控制起着重要作用,在结构设计中,抗拉强度是确定混凝土抗裂度的重要指标。

抗拉强度一般以劈拉试验法间接取得。

混凝土劈裂抗拉强度应按下式计算:

$$f_{ts} = 2P/(\pi A) = 0.637P/A \tag{5-2}$$

式中　f_{ts}——混凝土劈裂抗拉强度(MPa);

　　P——破坏荷载(N);

　　A——试件劈裂面积(mm^2)。

(4)混凝土抗弯强度。在道路等设计和施工中,抗弯强度是一项很重要的技术指标。混凝土的抗弯强度试验是以标准方法制备成 150mm×150mm×550mm的梁形试件,在标准条件下养护 28d 后,按三分点加荷,测定其抗弯强度 f_{cf},按下式计算:

$$f_{cf} = PL/(bh^2) \tag{5-3}$$

式中　f_d——混凝土抗弯强度(MPa);

　　　P——破坏荷载(N);

　　　L——支座间距(mm);

　　　b——试件截面宽度(mm);

　　　h——试件截面高度(mm)。

(5)影响强度的因素。

1)水泥强度和水灰比。混凝土的强度主要取决于水泥石的强度及其与骨料间的黏结力,两者都随水泥强度和水灰比而变。水灰比是混凝土中用水量与用灰(水泥)量的质量比,其倒数称为灰水比,是配制混凝土的重要参数。水灰比较小,混凝土中所加水分除去与水泥化合之后剩余的游离水较少,组成的水泥石中水泡及气泡较少,混凝土内部结构密实,孔隙率小,强度较高;反之,水灰比较大时,在水泥石中存在较多较大的水孔或气孔,在骨料表面(特别是底面)常有水囊或水槽孔道,不仅减小受力截面,而且在孔的附近以及骨料与水泥石的界面上产生应力集中或局部减弱,使混凝土的强度明显下降。

大量试验证明,在材料条件相同的情况下,混凝土强度随水灰比的增大而呈有规律下降的曲线关系[图 5-1(a)]。在常用的水灰比范围内(0.30~0.80),混凝土的强度与水泥强度和灰水比呈直线关系[图 5-1(b)],可用直线型经验公式表示:

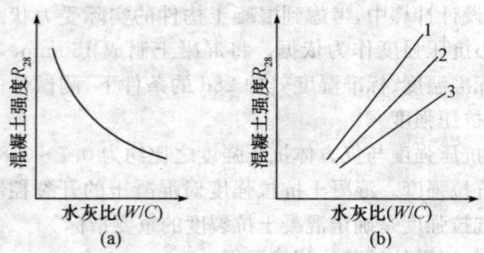

图 5-1　混凝土强度曲线图
1—高强度等级水泥;2—中强度等级水泥;3—低强度等级水泥

$$R_{28} = AR_C\left(\frac{C}{W} - B\right) \tag{5-4}$$

式中　R_{28}——混凝土 28d 龄期的抗压强度(MPa);

　　　R_C——水泥的实际强度;

　　　$\dfrac{C}{W}$——灰水比;

　　　A、B——经验系数,与骨料品种、水泥品种及质量等因素有关。通常,卵石混凝土,$A=0.48$,$B=0.61$;碎石混凝土,$A=0.46$,$B=0.52$。

上式一般适用于塑性及低流动性混凝土,各地区原材料或工艺制度不同时,A、B 值常有变化。

2)骨料质量的影响。骨料本身强度一般都比水泥石的强度高(轻骨料除外),所以不直接影响混凝土的强度;但若使用低强度或风化岩石、含薄片石较多的劣质骨料时,会使混凝土的强度降低。表面粗糙并富有棱角的碎石,因与水泥的黏结力较强,所配制的混凝土强度较高。

3)养护条件(温度和湿度)的影响。当周围环境的温度较高,新拌或早期混凝土中的水泥水化作用加速,混凝土强度发展较快,反之温度较低,强度发展就慢。当温度降至零摄氏度以下,混凝土强度中止发展,甚至因受冻而破坏。周围环境干燥或者有风,则混凝土失水干燥,强度停止发展,而且因水化作用未能充分完成,造成混凝土内部结构疏松,甚至在表面出现干缩裂缝,对耐久性和强度均属不利。为保证混凝土在浇筑成型后正常硬化,应按有关规定及要求,对混凝土表面进行覆盖,及时浇水养护,在一定的时间内保持足够的湿润状态。混凝土强度与保持潮湿时间的关系如图 5-2 所示。

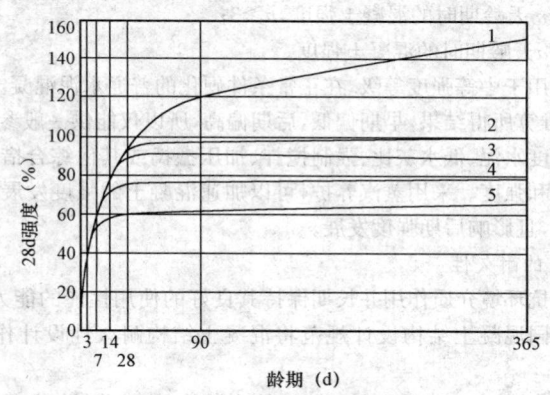

图 5-2 混凝土强度与保持潮湿时间的关系
1—长期保持潮湿;2—保持潮湿 14d;3—保持潮湿 7d;
4—保持潮湿 3d;5—保持潮湿 1d

4)强度与养护龄期的影响的关系。混凝土在正常养护条件下,强度在最初几天内发展较快,以后逐渐变慢,增长过程可延续数十年之久。混凝土强度随龄期而增长的曲线如图 5-3 所示。

实践证明,混凝土在龄期为 3~6 个月时,其强度可较 28d 时高出 25%~50%。若建筑物的某个部位在 6 个月以后才可能满载使用,则该部位混凝土的设计强度可适当调整。水工混凝土由于施工期长,设计强度以 90d 强度确定,与一般建筑用混凝土(以 28d 强度确定)相比,可节约水泥。

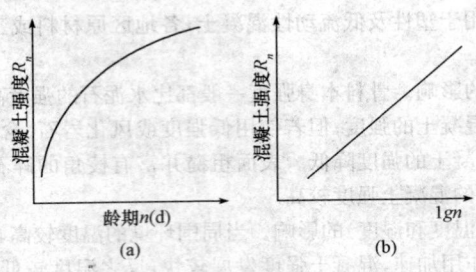

图 5-3   混凝土强度增长曲线

在实际工作中常需根据混凝土早期强度推算后期强度,常用的简易计算式为:

$$R_n = R_a \frac{\lg n}{\lg a} \tag{5-5}$$

式中 R_n——n 天龄期时的混凝土强度,$n \geqslant 3$;

R_a——a 天龄期时的混凝土强度。

上式仅适用于中等强度等级,在正常条件硬化的普通水泥混凝土。与实际情况相比,公式推算所得结果,早期偏低,后期偏高,所以仅能供一般参考。

采用高强度水泥、低水灰比、强制搅拌、加压振捣或其他综合措施,可提高混凝土的密实度和强度。采用蒸汽养护,可以加速混凝土的强度发展,但需消耗较多热能和劳力,且影响后期强度发展。

3. 混凝土的耐久性

混凝土抵抗环境介质作用并长期保持其良好的使用性能的能力称为混凝土的耐久性。我国混凝土结构设计规范将混凝土结构耐久性设计作为一项重要内容。

混凝土耐久性包括:抗渗性、抗冻性、抗腐蚀性、抗碳化性、碱-骨料反应干缩,耐磨性等。

(1)抗渗性。抗渗性是指混凝土抵抗水、油等流体在压力作用下抵抗渗透的性能。抗渗性是混凝土一项重要性质,它直接影响混凝土的抗侵蚀性和抗冻性。

我国采用抗渗等级表示混凝土的抗渗性。抗渗等级按标准试验方法进行试验,用每组 6 个试件中 4 个件未出现渗水时的最大水压力来表示。分为 P4、P6、P8、P10、P12 五个等级。相应表示混凝土能抵抗 0.4MPa、0.6MPa、0.8MPa、1.0MPa、1.2MPa 的水压而不渗透。影响混凝土抗渗性的因素有:

1)水灰比:抗渗性随水灰比的增加而下降。

2)骨料的最大粒径:骨料最大粒径越大,抗渗性越差。

3)水泥的品种:水泥细度越大,抗渗性越好。

4)养护条件:蒸汽养护的混凝土较潮湿养护混凝土抗渗性差。

5)外加剂:在混凝土中掺入减水剂可减少水灰比及掺入引气剂可提高抗渗性。

6)掺合料:在混凝土中掺入掺合料,可提高密实度,因而可提高抗渗性。

提高混凝土抗渗性根本措施是增强混凝土的密实度。

(2)抗冻性。抗冻性是指混凝土在水饱和状态下能经受多次冻融循环而不破坏,且也不严重降低强度的性能。

混凝土抗冻性一般以抗冻等级表示。抗冻等级是采用龄期 28d 的试块在吸水饱和后,承受反复冻融,以抗压强度下降不超过 25%,而且质量损失不超过 5%时所能承受的最大冻融循环次数来确定的。

《混凝土质量控制标准》(GB 50164—1992)将混凝土划分为以下抗冻等级:F10、F15、F25、F50、F100、F150、F200、F250、F300,分别表示混凝土能承受反复冻融循环次数为 10、15、25、50、100、150、200、250 和 300 次。

混凝土的密实度和孔隙特征是决定抗冻的重要因素,提高混凝土抗冻性的有效方法是掺用引气剂,但引气剂的掺量以 4%～6%为宜。还可掺用减水剂和防冻剂。

(3)抗腐蚀性。抗腐蚀性是指混凝土在含有侵蚀性介质环境中遭受到化学侵蚀、物理作用不破坏的能力。混凝土的抗侵蚀性主要取决于水泥的抗侵蚀性。

混凝土的抗腐蚀性与所用水泥品种、混凝土密实度和孔隙特征有关。提高混凝土抗蚀性的措施,主要是合理选择水泥品种、降低水灰比、改善孔隙结构等。

(4)抗碳化性。抗碳化性是指混凝土能够抵抗空气中的二氧化碳与水泥石中氢氧化钙作用,生成碳酸钙和水的能力。碳化又叫中性化。碳化使混凝土的碱度降低,导致钢筋锈蚀。碳化还将显著地增加混凝土的收缩,使混凝土的抗压和抗拉强度降低。影响混凝土抗碳化性的因素有:环境条件包括二氧化碳的浓度和相对湿度。二氧化碳浓度高,碳化速度高。相对湿度在 50%时碳化最快。其他因素还有水泥品种、水灰比、外加剂及施工、养护等。

(5)混凝土的碱-骨料反应。混凝土碱-骨料反应是指混凝土内水泥中的碱($Na_2O+0.658K_2O$)与骨料中的活性 SiO_2 反应,生成碱-硅酸凝胶(Na_2SiO_3),并从周围介质中吸收水分而膨胀,导致混凝土开裂破坏的现象。

混凝土发生碱-骨料反应必须具备以下三个条件:

1)水泥中碱含量大于 0.6%;

2)活性骨料占骨料总量的比例大于 1%(目前已被确定的活性骨料有安山石、蛋白石、方石英等);

3)充分的水存在。

但是具备了上述三个条件并不一定都会发生膨胀破坏,此时必须作砂浆或混凝土试验,以鉴别有无膨胀开裂现象。

碱骨料反应很慢,其引起的破坏往往经过若干年后才会出现。当确认骨料中

含有活性 SiO_2 又非用不可时,可采用碱含量小于 0.6%的水泥;

(6)干缩。混凝土因毛细孔和凝胶体中水分蒸发与散失而引起的体积缩小称为干缩,当干缩受到限制时,混凝土会出现干缩裂缝而影响耐久性。在一般工程设计中,采用的混凝土线收缩量为 0.00015~0.0002。混凝土收缩过大,会引起变形开裂,缩短使用寿命,因而在可能条件下,应尽量降低水灰比,减少水泥用量,正确选用水泥品种,采用洁净的砂石骨料,并加强早期养护。

(7)耐磨性。混凝土抵抗机械磨损的能力称为耐磨性,它与混凝土强度有密切的关系。提高水泥熟料中硅酸三钙和铁铝酸四钙的含量,提高石子的硬度,有利于混凝土的耐磨性。对一般有耐磨性要求的混凝土,其强度等级应在C20级以上,而耐磨性要求较高时应采用不低于C30的混凝土,并把表面做得平整光滑;对于磨损比较严重的部位,则应采用环氧砂浆、环氧混凝土、钢纤维混凝土、钢屑混凝土或聚合物浸渍混凝土等做成耐冲磨的面层;对煤仓或矿石料斗等则需用铸石镶砌。

第二节　骨　　料

一、骨料的定义与分类

骨料是建筑砂浆及混凝土主要组成材料之一,约占混凝土体积的70%。起骨架及减小由于胶凝材料在凝结硬化过程中干缩湿涨所引起体积变化等作用,同时还可作为胶凝材料的廉价填充料。在建筑工程中骨料有砂、卵石、碎石、煤渣(灰)等。

骨料按颗粒尺寸,分为粗细两类。料径 0.16~5.0mm 的称为细骨料;粒径5.0mm 以上的称为粗骨料。按密度和性质可分为重骨料、普通骨料、轻骨料、特种骨料等,见表 5-7。

表 5-7　　　　　　　　　　混凝土骨料的分类

类　别	用　途	举　例
重骨料(相对密度 3.75~7.78)	用于配制重砂浆或重混凝土用的骨料,能屏蔽 α、β、γ、X 射线和中子的辐射,是原子能反应堆、粒子加速器及其他含放射源构筑物的廉价屏蔽材料	褐铁矿石、赤铁矿石、磁铁矿石、硼镁铁矿石、重晶石、钢段、铸铁块、钢铁废屑等
普通骨料(相对密度 2.50~2.70)	主要为普通混凝土和普通砂浆用的骨料,用于配制一般工业与民用建筑和构筑物用的混凝土,其他混凝土(如水工混凝土、道路混凝土、聚合物混凝土等)也可参照使用	常用的碎石、卵石、碎卵石和普通河砂、破碎砂等

（续）

类　别	用　途	举　例
轻骨料（堆积密度小于 1000kg/m³）	用于配制轻集料混凝土，生产工业与民用建筑的围护结构及承重结构构件或现浇轻集料混凝土结构	（1）人造轻骨料：黏土陶粒、页岩陶粒及膨胀珍珠岩等 （2）工业废料轻骨料：炉渣、矿渣、膨胀矿渣珠等 （3）天然轻骨料：浮石、火山渣等
特种骨料（相对密度 2.30～3.50）	用于配制特种混凝土的骨料，可分为： （1）耐酸骨料：配制耐酸混凝土，能抵抗酸性介质的侵蚀，耐酸率≥94% （2）耐碱骨料：配制耐碱混凝土，能抵抗碱性介质的侵蚀，耐碱率≥90% （3）耐火骨料：配制耐火混凝土，能经受高温作用的，要求骨料耐火度＞1600℃；耐热用的，要求骨料耐火度＞1200℃	（1）耐酸骨料：石灰石、花岗石、氟石、重晶石、安山岩、辉绿岩等 （2）耐碱骨料：石灰岩、白云岩、花岗石、辉绿岩等 （3）耐火骨料：高温用的高铝矾土熟料、焦宝石熟料、叶腊石、镁砂、硅石等；耐热用的为各种轻骨料等

二、细骨料（砂）

由天然风化、水流搬运和分选、堆积形成或经机械粉碎、筛分制成的粒径小于 4.75mm 的岩石颗粒，但不包括软质岩、风化岩石的颗粒。

1. 砂的分类

砂可按产地、细度模数和加工方法分类。

（1）按产地不同分为河砂、海砂和山砂。

1）河砂因长期受流水冲洗，颗粒成圆形，一般工程大都采用河砂。

2）海砂因长期受海水冲刷，颗粒圆滑，较洁净，但常混有贝壳及其碎片，且氯盐含量较高。

3）山砂存在于山谷或旧河床中，颗粒多带棱角，表面粗糙，石粉含量较多。

（2）按细度模数可分为粗砂、中砂、细砂三级。

（3）按其加工方法不同可分为天然砂和人工破碎砂两大类。

1）不需加工而直接使用的为天然砂，包括河砂、海砂和山砂。

2）人工破碎砂则是将天然石材破碎而成的或加工粗骨料过程中的碎屑。

2. 砂的技术要求

（1）细度模数。砂的粗细程度按细度模数（μ_f）分为粗、中、细三级，其范围应符合粗砂(μ_f 为 3.7～3.1);中砂(μ_f 为 3.0～2.3);细砂(μ_f 为 2.2～1.6)的规定。

(2)颗粒级配。砂按 0.630mm 筛孔的累计筛余量,分成三个级配区。砂的颗粒级配应处于表 5-8 中的任何一个区以内。砂的实际颗粒级配与表 5-8 中所列的累计筛余百分率相比,除 5.00mm 和 0.630mm 外,允许稍有超出分界线,但其总量百分率不应大于 5%。

配制混凝土时宜优先选用 Ⅱ 区砂,当采用 Ⅰ 区砂时,应提高砂率,并保持足够的水泥用量,以保证混凝土的和易性;当采用 Ⅲ 区砂时,宜适当降低砂率,以保证混凝土强度。

当砂颗粒级配不符合表 5-8 要求时,应采取相应措施并经试验证明能确保工程质量,方可允许使用。

表 5-8   砂颗粒级配区

累计筛余(%) / 筛孔尺寸/mm	Ⅰ 区	Ⅱ 区	Ⅲ 区
10.0	0	0	0
5.00	10～0	10～0	10～0
2.50	35～5	25～0	15～0
1.25	65～35	50～10	25～0
0.630	85～71	70～41	40～16
0.315	95～80	92～70	85～55
0.160	100～90	100～90	100～90

(3)砂中有害杂质的含量。砂中有害杂质的含量要求见表 5-9。

表 5-9   砂中有害杂质的含量

项　目	指　标		
	Ⅰ类	Ⅱ类	Ⅲ类
含泥量(按质量计)	<1.0%	<3.0%	<5.0%
泥块含量(按质量计)	0	<1.0%	<2.0%
云母含量(按质量计)	<1.0%	<2.0%	<2.0%
轻物质(表观密度<2.0kg/m³)含量 (按质量计)	<1.0%	<1.0%	<1.0%
硫化物和硫酸盐含量(按 SO_3 质量计)	<0.5%	<0.5%	<0.5%
有机物含量(用比色法试验)	合格	合格	合格
氯化物(以氯离子质量计)	<0.01%	<0.02%	<0.06%

对于重要工程的混凝土所使用的砂,应进行骨料的碱活性检验。对于素混凝土,海砂中氯离子含量不应大于 0.06%(以干砂重的百分率计),对预应力混凝土不宜用海砂。若必须使用海砂时,则应经淡水冲洗。其氯离子含量不得大于 0.02%。

(4)坚固性。砂的坚固性用硫酸钠溶液检验,试样经 5 次循环后其质量损失应符合表 5-10 的规定。

表 5-10　　　　　　　　　　　　　　砂的坚固性指标

混凝土所处的环境条件	循环后的质量损失(%)
在严寒及寒冷地区室外使用并经常处于潮湿或干湿交替状态下的混凝土	≤8
其他条件下使用的混凝土	≤10

3. 砂的适用范围及贮存

砂由于细度模数的不同,其特点和适用范围也有所不同。

(1)粗砂:砂中粗颗粒过多,保水性养,适用于配制水泥用量较多或低流动性混凝土。

(2)中砂:粗细适宜,级配好,配制各类混凝土。

(3)细砂:配制的混凝土拌合物的粘聚性稍差,保水性好,但硬化后干缩较大,表面易产生裂缝。

砂子在装卸、运输和堆放过程中,应防止离析和混入杂质,并应按产地、种类和规格分别堆放。

三、粗骨料(石子)

1. 石子的分类

石子分为卵石和碎石。碎石比卵石干净,而且表面粗糙,颗粒富有棱角。与水泥石黏结较牢。

天然卵石又分河卵石、海卵石和山卵石等。河卵石表面光滑、少棱角,较洁净,有的具有天然级配。而山卵石含杂物较多,使用前必须加以冲洗,故河卵石为最常用。

石子按照粒径尺寸分为单粒粒级和连续粒级,按照石子技术要求分为Ⅰ类、Ⅱ类、Ⅲ类。其中Ⅰ类宜用于强度等级大于 C60 的混凝土;Ⅱ类宜用于强度等级 C30～C60 及抗冻、抗渗或其他要求的混凝土;Ⅲ类宜用于强度等级小于 C30 的混凝土。

2. 石子的技术要求

(1)颗粒级配。碎石或卵石的颗粒级配见表 5-11。

表 5-11　　　　　　　　　　　碎石和卵石的颗粒级配

累计筛余(%) 公称粒径/mm	筛孔尺寸 (方孔筛) (mm) 2.36	4.75	9.50	16.0	19.0	26.5
	累计筛余(%)					
连续粒级 5～10	95～100	80～100	0～15	0		
5～16	95～100	85～100	30～60	0～10	0	
5～20	95～100	90～100	40～80	—	0～10	0
5～25	95～100	90～100	—	30～70		0～5
5～31.5	95～100	90～100	70～90	—	15～45	—
5～40		95～100	70～90	—	30～65	
单粒粒级 10～20		95～100	85～100		0～15	0
16～31.5		95～100		85～100		
20～40			95～100		80～100	
31.5～63				95～100		
40～80					95～100	

累计筛余(%) 公称粒径/mm	筛孔尺寸 (方孔筛) (mm) 31.5	37.5	53.0	63.0	75.0	90.0
连续粒级 5～10						
5～16						
5～20						
5～25	0					
5～31.5	0～5	0				
5～40	—	0～5	0			
单粒粒级 10～20						
16～31.5	0～10	0				
20～40		0～10	0			
31.5～63	75～100	45～75		0～10	0	
40～80		70～100		30～60	0～10	0

(2)针片状颗粒的含量。卵石和碎石中针片状颗粒含量见表 5-12。

表 5-12　　　　　　　　石子中针片状颗粒含量表　　　　　　（%）

项　目	指　标		
	Ⅰ类	Ⅱ类	Ⅲ类
针片状颗粒<	5	15	25

(3)含泥量和泥块的含量。泥指粒径小于 0.08mm 的岩屑、淤泥与黏土的总和;泥块指水浸后粒径大于 2.5mm 的块状黏土。

石子中含泥量和泥块含量应符合表 5-13 的规定。

表 5-13　　　　　　　　石子中含泥量和泥块含量表　　　　　　（%）

项　目	指　标		
	Ⅰ类	Ⅱ类	Ⅲ类
含泥量(按质量计)(%)	<0.5	<1.0	<1.5
泥块含量(按质量计)(%)	0	<0.5	<0.7

(4)碎石或卵石中的有害物质。碎石或卵石中的硫化物和硫酸盐含量,以及卵石中有机杂质等有害物质含量应符合表 5-14 的规定。

表 5-14　　　　　　　　碎石或卵石中的有害物质含量

项　目	指　标		
	Ⅰ类	Ⅱ类	Ⅲ类
有机物	合　格	合　格	合　格
硫化物及硫酸盐(按 SO_3 质量计)(%)　<	0.5	1.0	1.0

(5)坚固性。碎(卵)石的坚固性用硫酸钠溶液法检验,经 5 次循环后其质量损失应符合表 5-15 的规定。

表 5-15　　　　　　　　碎石或卵石的坚固性指标

项　目	指　标		
	Ⅰ类	Ⅱ类	Ⅲ类
质量损失(%)　<	5	8	12

(6)压碎指标。碎(卵)石的压碎指标应符合表 5-16 的规定。

表 5-16   卵石和碎石压碎指标

项 目	指标		
	Ⅰ类	Ⅱ类	Ⅲ类
卵石压碎指标(%)	＜12	＜16	＜16
碎石压碎指标(%)	＜10	＜20	＜30

3. 石子的贮运

石子在运输、装卸和堆放过程中,应防止颗粒离析和混入杂质,并应按产地、种类和规格分别堆放。

石子堆料高度不宜超过 5m。对单粒级和最大粒径不超过 20mm 的连续粒级,堆料高度可达 10m。

四、轻骨料

堆积密度不大于 1100kg/m³ 的轻粗骨料和堆积密度不大于 1200kg/m³ 的轻细骨料的总称。

1. 轻骨料的技术要求

(1)轻骨料的密度等级见表 5-17 所示。

表 5-17   轻骨料混凝土及配筋轻骨料混凝土的密度标准值

密度等级	轻骨料混凝土干表观密度的变化范围/(kg/m³)	密度标准值/(kg/m³)	
		轻骨料混凝土	配筋轻骨料混凝土
1200	1160～1250	1250	1350
1300	1260～1350	1350	1450
1400	1360～1450	1450	1550
1500	1460～1550	1550	1650
1600	1560～1650	1650	1750
1700	1660～1750	1750	1850
1800	1760～1850	1850	1950
1900	1860～1950	1950	2050

注:1. 配筋轻骨料混凝土的密度标准值,也可根据实际配筋情况确定。

2. 对蒸养后即行起吊的预制构件,吊装验算时,其密度标准值应增加 100kg/m³。

(2)轻骨料混凝土轴心抗压、轴心抗拉强度标准值,见表 5-18。

表 5-18　　　　　　　　　轻骨料混凝土的强度标准值　　　　　　　N/mm²

强度种类	轻骨料混凝土强度等级									
	LC15	LC20	LC25	LC30	LC35	LC40	LC45	LC50	LC55	LC60
f_{ck}	10.0	13.4	16.7	20.1	23.4	26.8	29.6	32.4	35.5	38.5
f_{tk}	1.27	1.54	1.78	2.01	2.20	2.39	2.51	2.64	2.74	2.85

注:轴心抗拉强度标准值,对自燃煤矸石混凝土应按表中数值乘以系数 0.85,对火山渣混凝土应按表中数值乘以系数 0.80。

(3)轻骨料混凝土轴心抗压、轴心抗拉强度设计值,见表 5-19。

表 5-19　　　　　　　　　轻骨料混凝土的强度设计值　　　　　　　N/mm²

强度种类	轻骨料混凝土强度等级									
	LC15	LC20	LC25	LC30	LC35	LC40	LC45	LC50	LC55	LC60
f_c	7.2	9.6	11.9	14.3	16.7	19.1	21.1	23.1	25.3	27.5
f_t	0.91	1.10	1.27	1.43	1.57	1.71	1.80	1.89	1.96	2.04

注:1. 计算现浇钢筋轻骨料混凝土轴心受压及偏心受压构件时,如截面的长边或直径小于300mm,则表中轻骨料混凝土的强度设计值应乘以系数0.8;当构件质量(如混凝土成型、截面和轴线尺寸等)确有保证时,可不受此限。

2. 轴心抗拉强度设计值:用于承载能力极限状态计算时,对自燃煤矸石混凝土应按表中数值乘以系数 0.85,对火山渣混凝土应按表中数值乘以系数 0.80;用于构造计算时,应按表取值。

(4)轻骨料混凝土受压或受拉的弹性模量见表 5-20。

表 5-20　　　　　　　　　轻骨料混凝土的弹性模量　　　　　　　×10⁴N/mm²

强度等级	强度等级							
	1200	1300	1400	1500	1600	1700	1800	1900
LC15	0.94	1.02	1.10	1.17	1.25	1.33	1.41	1.49
LC20	1.08	1.17	1.26	1.36	1.45	1.54	1.63	1.72
LC25	—	1.31	1.41	1.52	1.62	1.72	1.82	1.92
LC30	—	—	1.55	1.66	1.77	1.88	1.99	2.10
LC35	—	—	—	1.79	1.91	2.03	2.15	2.27
LC40	—	—	—	—	2.04	2.17	2.30	2.43
LC45	—	—	—	—	—	2.30	2.44	2.57
LC50	—	—	—	—	—	2.43	2.57	2.71
LC55	—	—	—	—	—	—	2.70	2.85
LC60	—	—	—	—	—	—	2.82	2.97

2. 轻骨料的贮运、保存

轻骨料在运输与保管时不得受潮和混入杂物。不同种类和密度等级的轻骨料应分别贮运。

第三节　混凝土配合比设计

混凝土配合比是生产混凝土的重要技术参数,直接关系到混凝土的使用要求、质量和生产成本,是混凝土质量控制的重要环节。

混凝土配合比设计的主要依据:混凝土的强度等级、混凝土拌合物的质量、其他技术性能要求,如抗折性、抗冻性、抗渗性和抗侵蚀性等施工情况。

一、混凝土配合比设计中基本参数的选取

1. 每 1m³ 混凝土用水量的确定。

(1)干硬性和塑性混凝土用水量的确定:

1)当水灰比在 0.4～0.8 范围时,根据粗骨料品种、粒径及施工要求的混凝土拌合物稠度,其用水量可按表 5-21 和表 5-22 选取。

表 5-21　　　　　　　　干硬性混凝土的用水量　　　　　　　　　kg/m³

拌合物稠度		卵石最大粒径/mm			碎石最大粒径/mm		
项目	指标	10	20	40	16	20	40
维勃稠度(s)	16～20	175	160	145	180	170	155
	11～15	180	165	150	185	175	160
	5～10	185	170	155	190	180	165

表 5-22　　　　　　　　　塑性混凝土的用水量　　　　　　　　　kg/m³

拌合物稠度		卵石最大粒径/mm				碎石最大粒径/mm			
项目	指标	10	20	31.5	40	16	20	31.5	40
坍落度(mm)	10～30	190	170	160	150	200	185	175	165
	35～50	200	180	170	160	210	195	185	175
	55～70	210	190	180	170	220	205	195	185
	75～90	215	195	185	175	230	215	205	195

注:1. 本表用水量系采用中砂时的平均取值,采用细砂时,每立方米混凝土用水量可增加 5～10kg,采用粗砂时,则可减少 5～10kg。

2. 掺用各种外加剂或掺合料时,用水量应相应调整。

2)水灰比小于 0.4 的混凝土以及采用特殊成型工艺的混凝土用水量应通过

试验确定。

(2)流动性、大流动性混凝土的用水量应按下列步骤计算：

1)以表 5-22 中坍落度 90mm 的用水量为基础，按坍落度每增大 20mm 用水量增加 5kg，计算出未掺外加剂时的混凝土的用水量。

2)掺外加剂时的混凝土用水量可按下式计算：

$$m_{wa} = m_{wo}(1-\beta) \tag{5-6}$$

式中　　m_{wa}——掺外加剂混凝土每 $1m^3$ 混凝土中的用水量(kg)；

　　　　m_{wo}——未掺外加剂混凝土每 $1m^3$ 混凝土中的用水量(kg)；

　　　　β——外加剂的减水率(%)。

(3)外加剂的减水率 β，经试验确定。

2. 混凝土砂率的确定

(1)坍落度小于或等于 60mm，且等于或大于 10mm 的混凝土砂率，可根据粗骨料品种、粒径及水灰比按表 5-23 选取。

表 5-23　　　　　　　　　　　混凝土的砂率

水灰比(W/C)	卵石最大粒径/mm			碎石最大粒径/mm		
	10	20	50	16	20	40
0.40	26~32	25~31	24~30	30~35	29~34	27~32
0.50	30~35	29~34	28~33	33~38	32~37	30~35
0.60	33~38	32~37	31~36	36~41	35~40	33~38
0.70	36~41	35~40	34~39	39~44	38~43	36~41

注：1. 本表数值系中砂的选用砂率，对细砂或粗砂，可相应的减小或增大砂率。

2. 只用一个单粒级粗骨料配制混凝土时，砂率应适当增大。

3. 对薄壁构件砂率取偏大值。

4. 本表中的砂率系指砂与骨料总量的质量化。

(2)坍落度等于或大于 100mm 的混凝土砂率，应在表 5-23 的基础上，按坍落度每增大 20mm，砂率增大 1% 的幅度予以调整。

(3)坍落度大于 60mm 或小于 10mm 的混凝土及掺用外加剂和掺合料的混凝土，其砂率应经试验确定。

3. 其他应注意问题

(1)外加剂并应符合国家现行标准《混凝土外加剂应用技术规范》(GB 50119—2003)的规定。

(2)当进行混凝土配合比设计时，混凝土的最大水灰比和最小水泥用量，应符合表 5-24 的规定。

表 5-24   混凝土的最大水灰比和最小水泥用量

环境条件	结构物类别		最大水灰比值			最小水泥用量/kg		
			素混凝土	钢筋混凝土	预应力混凝土	素混凝土	钢筋混凝土	预应力混凝土
干燥环境	正常的居住或办公用房屋内		不作规定	0.65	0.60	200	260	300
潮湿环境	无冻害	(1)高湿度的室内。(2)室外部件。(3)在非侵蚀性土和(或)水中的部件	0.70	0.60	0.60	225	280	300
	有冻害	(1)经受冻害的室外部件。(2)在非侵蚀性土和(或)水中且经受冻害的部件。(3)高湿度且经受冻害中的室内部件	0.55	0.55	0.55	250	280	300
有冻害和除冰剂的潮湿环境	经受冻害和除冰剂作用的室内和室外部件		0.50	0.50	0.50	300	300	300

注:当用活性掺合料取代部分水泥时,表中的最大水灰比及最小水泥用量即为替代前的水灰比和水泥用量。

(3)长期处于潮湿和严寒环境中的混凝土,应掺用引气剂。引气剂的掺入量应根据混凝土的含气量确定,混凝土的最小含气量应符合表 5-25 的规定;混凝土的含气量亦不宜超过 7%。混凝土中的粗骨料和细骨料应作坚固性试验。

表 5-25   长期处于潮湿和严寒环境中混凝土的最小含气量

粗骨料最大粒径/mm	最小含气量值(%)
31.5 及以上	4
16	5
10	6

注:含气量的百分比为体积比。

二、混凝土配合比的设计步骤

(1)混凝土配合比设计应包括配合比的计算、试配和调整等步骤。

　　注:混凝土配合比计算公式和有关参数表格中的数值均以干燥状态骨料(系指含水率小于 0.5% 的细骨料或含水率小于 0.2% 的粗骨料)为基准。当以饱和面干骨料为基准进行计算时,则应做相应的修正。

　　(2)进行混凝土配合比设计时,应首先按下列步骤计算供试配用的混凝土配合比:

　　1)按要求计算配制强度 $f_{cu,0}$ 并求出相应的水灰比。

　　2)选定每立方米混凝土的用水量,并计算每 $1m^3$ 混凝土的水泥用量。

　　3)按要求确定砂率,计算粗骨料和细骨料的用量,并提出供试配用的混凝土配合比。

　　(3)混凝土水灰比应按下式计算:

$$W/C=\frac{\alpha_a f_{ce}}{f_{cu,0}+\alpha_a \cdot \alpha_b \cdot f_{ce}} \tag{5-7}$$

式中　α_a、α_b——回归系数。

　　　　f_{ce}——水泥 28d 抗压强度实测值(N/mm^2)。

　　无水泥实际强度数据时,式中的 f_{ce} 值可按下式确定:

$$f_{ce}=\gamma_c f_{ce,g} \tag{5-8}$$

式中　$f_{ce,g}$——水泥强度等级值;

　　　　γ_c——水泥强度等级标准值的富余系数,该值应按实际统计资料确定。

　　(4)回归系数 α_a 和 α_b 宜按下列规定确定:

　　1)回归系数 α_a 和 α_b 应根据工程所使用的水泥、骨料和通过试验建立水灰比与混凝土强度关系式确定。

　　2)当不具备上述试验统计资料时其回归系数,对碎石混凝土 α_a 可取 0.46,α_b 可取 0.07;对卵石混凝土 α_a 可取 0.48,α_b 可取 0.33。

　　(5)每 $1m^3$ 混凝土的用水量(m_{w0}),可按前述的相关规定确定。

　　(6)每 $1m^3$ 混凝土的水泥用量(m_{c0}),可按下式计算:

$$m_{c0}=\frac{m_{w0}}{W/C} \tag{5-9}$$

　　(7)混凝土的砂率可按前述相关规定确定。

　　(8)粗骨料和细骨料用量的确定,应符合下列规定。

　　1)当采用质量法时,应按下式计算:

$$m_{c0}+m_{g0}+m_{s0}+m_{w0}=m_{cp} \tag{5-10}$$

$$\beta_s=\frac{m_{s0}}{m_{s0}+m_{g0}}\times 100 \tag{5-11}$$

式中　m_{c0}——每 $1m^3$ 混凝土的水泥用量(kg);

　　　　m_{g0}——每 $1m^3$ 混凝土的粗骨料用量(kg);

　　　　m_{s0}——每 $1m^3$ 混凝土的细骨料用量(kg);

　　　　m_{w0}——每 $1m^3$ 混凝土的用水量(kg);

β_s——砂率(%)；

m_{cp}——每 1m³ 混凝土拌合物的假定质量(kg)；其值可取 2400～2450kg。

2)当采用体积法时,应按下式计算：

$$\frac{m_{c0}}{\rho_c}+\frac{m_{g0}}{\rho_g}+\frac{m_{s0}}{\rho_s}+\frac{m_{w0}}{\rho_w}+0.01\alpha=1 \tag{5-12}$$

$$\beta_s=\frac{m_{s0}}{m_{s0}+m_{g0}}\times100 \tag{5-13}$$

式中　ρ_c——水泥密度(kg/m³),可取 2900～3100；

ρ_g——粗骨料的表观密度(kg/m³)；

ρ_s——细骨料的表观密度(kg/m³)；

ρ_w——水的密度(kg/m³),可取 1000；

α——混凝土的含气量百分数,在不使用引气型外加剂时,α 可取为 1。

3)粗骨料和细骨料的表观密度 ρ_g 及 ρ_s 应按国家现行标准《普通混凝土用砂、石质量及检验方法标准》(JGJ 52—2006)的规定测定。

三、混凝土配合比的试配、调整与确定

1. 试配

(1)混凝土试配时应采用工程中实际使用的原材料。混凝土的搅拌方法,应与生产时使用的方法相同。

(2)混凝土试配时,每盘混凝土的最小搅拌量应符合表 5-26 的规定。当采用机械搅拌时,搅拌量不应小于搅拌机额定搅拌量的 1/4。

表 5-26　　　　　　　　　　　混凝土试配用最小搅拌量

骨料最大粒径/mm	拌合物数量/L
31.5 及以下	20
40	25

(3)按计算的配合比首先应进行试拌,以检查拌合物的性能。当试拌得出的拌合物坍落度或维勃稠度不能满足要求,或粘聚性和保水性能不好时,应在保证水灰比不变的条件下相应调整用水量或砂率,直到符合要求为止。然后应提出供混凝土强度试验用的基准配合比。

(4)混凝土强度试验时应至少采用三个不同的配合比,其中一个应是按规定计算得出的为基准配合比,另外两个配合比的水灰比,宜较基准配合比分别增加或减少 0.05,其用水量与基准配合比基本相同,砂率可分别增加或减少 1%。

当不同水灰比的混凝土拌合物坍落度与要求值相差超过允许偏差时,可以增、减用水量进行调整。

(5)制作混凝土强度试件时,应检验混凝土的坍落度或维勃稠度、粘聚性、保水性及拌合物表观密度,并以此结果作为代表相应配合比的混凝土拌合物的性能。

(6)混凝土强度试验时,每种配合比应至少制作一组(三块)试件,并应标准养护到 28d 时试压。

混凝土立方体试件的边长不应小于表 5-5 的规定。

2. 配合比的确定

(1)由试验得出的各灰水比及其相对应的混凝土强度关系,用作图法或计算法求出与混凝土配制强度($f_{cu,0}$)相对应的灰水比,并应按下列原则确定每 1m³ 混凝土的材料用量。

1)用水量(m_w)应取基准配合比中的用水量,并根据制作强度试件时测得的坍落度或维勃稠度,进行调整。

2)水泥用量(m_c)应以用水量乘以选定出的灰水比计算确定。

3)粗骨料和细骨料用量(m_g 和 m_s)应取基准配合比中的粗骨料和细骨料用量,并按选定的灰水比进行调整。

(2)当配合比经试配确定后,尚应按下列步骤校正:

1)应根据确定的材料用量按下式计算混凝土的表观密度计算值 $\rho_{c,c}$:

$$\rho_{c,c} = m_w + m_c + m_s + m_g \qquad (5-14)$$

2)应按下式计算混凝土配合比校正系数 δ:

$$\delta = \frac{\rho_{c,t}}{\rho_{c,c}} \qquad (5-15)$$

式中　$\rho_{c,t}$——混凝土表观密度实测值(kg/m³);

　　　$\rho_{c,c}$——混凝土表观密度计算值(kg/m³)。

3)当混凝土表观密度实测值与计算值之差的绝对值不超过计算值的 2% 时,按上述要求确定的配合比应为确定的设计配合比;当二者之差超过 2% 时,应将配合比中每项材料用量均乘以校正系数 δ 值,即为确定的混凝土设计配合比。

四、特殊要求混凝土的配合比设计

1. 抗渗混凝土

(1)抗渗混凝土所用原材料应符合下列要求:

1)水泥强度等级不宜小于 42.5 级,其品种应按设计要求选用;当有抗冻要求时,应优先选用硅酸盐水泥或普通硅酸盐水泥。

2)粗骨料的最大粒径不宜大于 40mm,其含泥量(质量比)不得大于 1.0%,泥块含量(质量比)不得大于 0.5%。

3)细骨料的含泥量不得大于 3.0%,泥块含量不得大于 1.0%。

4)外加剂宜采用防水剂、膨胀剂、引气剂或减水剂。

(2)抗渗混凝土配合比计算和试配的步骤、方法除应遵守上述普通混凝土配合比设计的规定外,尚应符合下列规定:

1）每 1m³ 混凝土中的水泥用量（含掺合料）不宜小于 320kg。

2）砂率宜为 35%～40%。

3）供试配用的最大水灰比应符合表 5-27 的规定。

表 5-27　　　　　　　　　　　　抗渗混凝土最大水灰比

抗渗等级	最大水灰比	
	C20～C30 混凝土	C30 以上混凝土
P6	0.60	0.55
P8～P12	0.55	0.50
＞P12	0.50	0.45

（3）掺用引气剂的抗渗混凝土，其含气量宜控制在 3%～5%。

（4）抗渗混凝土配合比设计的，应增加抗渗性能试验，并应符合下列规定：

1）试配要求的抗渗水压值应比设计值提高 0.2MPa。

2）试配时，应采用水灰比最大的配合比作抗渗试验，其试验结果应符合下式要求：

$$P_t \geq \frac{P}{10} + 0.2 \tag{5-16}$$

式中　P_t——6 个试件中 4 个未出现渗水时的最大水压值（MPa）；

　　　P——设计要求的抗渗等级。

3）掺引气剂的混凝土还应进行含气量试验，试验结果应符合上述相关规定。

2. 抗冻混凝土

（1）抗冻混凝土所用原材料应符合下列要求：

1）水泥应优先选用硅酸盐水泥或普通硅酸盐水泥，并不得使用火山灰质硅酸盐水泥。

2）宜选用连续级配的粗骨料，其含泥量（质量比）不得大于 1.0%，泥块含量（质量比）不得大于 0.5%。

3）细骨料含泥量（质量比）不得大于 3.0%，泥块含量（质量比）不得大于 1.0%。

4）抗冻等级 F100 及以上的混凝土所用的粗骨料和细骨料均应进行坚固性试验，其结果应符合现行行业标准《普通混凝土用砂、石质量及检验方法》（JGJ 52—2006）所规定测定。

5）抗冻混凝土宜采用减水剂，对抗冻等级 F100 及以上的混凝土应掺引气剂，掺用后混凝土的含气量应符合表 5-25 的规定。

（2）抗冻混凝土的配合比计算方法和步骤除应遵守上述普通混凝土配合比设

计的有关规定外,供试配用的最大水灰比尚应符合表 5-28 的要求。

(3)抗冻混凝土的试配和调整除应按上述规定进行外,尚应增加抗冻融性能试验,试验所用试件应以三个配合比中水灰比最大的混凝土制作。

表 5-28　　　　　　　　　　抗冻混凝土的最大水灰比

抗冻等级	无引气剂时	掺引气剂时
F50	0.55	0.60
F100	0.50	0.55
F150 及以上	—	0.50

3. 高强混凝土

(1)配制 C60 及以上强度等级的混凝土(简称高强混凝土),应选择强度等级不低于 42.5 级且质量稳定的水泥、优质骨料及高效减水剂,宜掺用具有一定活性的优质矿物掺合料。

(2)配制高强混凝土时应选用通用硅酸盐水泥。

粗骨料最大粒径不应大于 25mm;针片状颗粒含量不宜大于 5.0%,含泥量(质量比)不应大于 0.5%,泥块含量(质量比)不应大于 0.2%。

配制高强混凝土所用粗骨料除进行压碎指标试验外,对碎石尚应进行岩石立方体抗压强度试验,其结果不应小于要求配制的混凝土抗压强度标准值 $f_{cu,k}$ 的 1.5 倍。

(3)配制高强混凝土采用的细骨料的细度模数宜 2.6~3.0,含泥量(质量比)不应大于 2.0%,泥块含量(质量比)不应大于 0.5%。

(4)高强混凝土配合比的计算方法和步骤除应按上述普通混凝土配合比设计的有关规定进行外,尚应符合下列要求:

1)基准配合比中的水灰比,可根据现有试验资料选取。

2)配制高强混凝土所用砂率及所采用的外加剂和矿物掺合料的品种、掺量,应通过试验确定。

3)计算高强混凝土配合比时,其用水量可按上述相关规定确定。

4)高强混凝土的水泥用量不宜大于 550kg/m³;水泥和矿物掺合料的总量不应大于 600kg/m³。

5)高强混凝土配合比的试配与确定的步骤应按上述相关规定进行,但其中水灰比的增减值宜为 0.02~0.03。

6)高强混凝土设计配合比提出后,尚应用该配合比进行不少于 6 次重复试验进行验证。

4. 泵送混凝土

(1)泵送混凝土所采用的原材料应符合下列要求：

1)泵送混凝土应选用硅酸盐水泥、普通硅酸盐水泥、矿渣硅酸盐水泥和粉煤灰硅酸盐水泥，不宜采用火山灰质硅酸盐水泥。

2)泵送混凝土所用粗骨料的最大粒径与输送管径之比，当泵送高度在 50m 以下时，对碎石不宜大于 1：3，对卵石不宜大于 1：2.5；泵送高度在 50～100m 时，对碎石不宜大于 1：4；对卵石不宜大于 1：3；泵送高度在 100m 以上时，对碎石不宜大于 1：5，对卵石不宜大于 1：4；粗骨料应采用连续级配，且针片状颗粒含量不宜大于 10%。

3)泵送混凝土宜采用中砂，其通过 0.315mm 筛孔的颗粒含量不应小于 15%。

4)泵送混凝土应掺用泵送剂或减水剂，并宜掺用粉煤灰或其他活性掺合料。

(2)泵送混凝土入泵坍落度可按表 5-29 选用。

表 5-29　　　　　　　　　　　　混凝土入泵坍落度选用表

泵送高度(m)	<30	30～60	60～100	>100
坍落度(mm)	100～140	140～160	160～180	180～200

(3)泵送混凝土，试配时要求的坍落度值应按下式计算：

$$T_t = T_p + \Delta T \qquad\qquad (5-17)$$

式中　T_t——试配时要求的坍落度值；

　　　T_p——入泵时要求的坍落度值；

　　　ΔT——试验测得在预计时间内的坍落度经时损失值。

(4)泵送混凝土的配合比计算和试配除按上述普通混凝土配合比设计中的相关规定进行外，尚应符合以下规定：

1)泵送混凝土的水灰比不宜大于 0.60。

2)泵送混凝土的水泥和矿物掺合料的总量不宜小于 300kg/m³。

3)掺用引气型外加剂时，其混凝土含气量不宜大于 4%。

5. 大体积混凝土

混凝土结构物中实体最小尺寸大于或等于 1m 的部位所用的混凝土(简称大体积混凝土)，所用原材料应符合下列要求：

(1)水泥应选用水化热低、凝结时间长的水泥，优先选用大坝水泥、矿渣硅酸盐水泥、粉煤灰硅酸盐水泥、火山灰硅酸盐水泥。

(2)粗骨料宜采用连续级配，细骨料宜采用中砂。

(3)大体积混凝土宜掺用缓凝剂、减水剂和减少水泥水化热的掺合料。

(4)大体积混凝土在保证混凝土强度及坍落度要求的前提下，应提高掺合料及骨料的含量,以降低每立方米混凝土的水泥用量。

(5)大体积混凝土配合比的计算和试配应按上述相关规定进行,并在配合比确定后宜进行水化热的验算或测定。

第四节 混凝土掺合料

一、掺合料概念及分类

在混凝土拌合物制备时,为了节约水泥、改善混凝土性能、调节混凝土强度等级,而加入的天然的或者人造的矿物材料,统称为混凝土掺合料。用于混凝土中的掺合料可分为活性矿物掺合料和非活性矿物掺合料两大类。非活性矿物掺合料一般与水泥组分不起化学作用,或化学作用很小,如磨细石英砂、石灰石、硬矿渣之类材料。活性矿物掺合料虽然本身不硬化或硬化速度很慢,但能与水泥水化生成的 $Ca(OH)_2$ 生成具有水硬性的胶凝材料。如粒化高炉矿渣、火山灰质材料、粉煤灰、硅灰等。活性矿物掺合料依其来源可分为天然类、人工类和工业废料类见表 5-30。

表 5-30　　　　　　　　活性矿物掺合料的分类

类　别	主要品种
天然类	火山灰、凝灰岩、硅藻土、蛋白石质黏土、钙性黏土、黏土页岩
人工类	煅烧页岩或黏土
工业废料	粉煤灰、硅灰、沸石粉、水淬高炉矿渣粉、煅烧煤矸石

混凝土的掺合料主要有:

(1)粉煤灰。从煤粉炉烟道气体中收集到的细颗粒粉末称为粉煤灰。其氧化钙含量在 8% 以内。粉煤灰按其品质分为Ⅰ、Ⅱ和Ⅲ三个等级。

粉煤灰能够改善混凝土拌合物的和易性,降低混凝土水化热,提高混凝土的抗渗性和抗硫酸盐性能,早期强度较低。因而主要用于大体积混凝土、泵送混凝土、预拌(商品)混凝土中。

粉煤灰的技术要求应符合表 5-31 的规定。

表 5-31　　　　　　　用于混凝土中的粉煤灰技术要求

粉煤灰等级	细度(0.045mm方孔筛筛余)(%)	烧失量(%)	需水量比[①](%)	含水量(%)	三氧化硫含量(%)
Ⅰ	≤12	≤5	≤95	≤1	≤3
Ⅱ	≤20	≤8	≤105	≤1	≤3

(续)

粉煤灰等级	细度(0.045mm 方孔筛筛余)(%)	烧失量 (%)	需水量比① (%)	含水量 (%)	三氧化硫含量 (%)
Ⅲ	≤45	≤15	≤115	不规定	≤3

注:①掺30%粉煤灰与不掺的硅酸盐水泥,两者胶砂达到相同流动度时的加水量之比值。

各等级粉煤灰的适用范围如下:

1)Ⅰ级粉煤灰适用于钢筋混凝土和跨度小于6m的预应力混凝土。

2)Ⅱ级粉煤灰适用于钢筋混凝土和无筋混凝土。

3)Ⅲ级粉煤灰主要用于无筋混凝土。

对设计强度等级C30及以上的无筋粉煤灰混凝土,宜采用Ⅰ、Ⅱ级粉煤灰。

用于预应力混凝土、钢筋混凝土及设计强度等级C30及以上的无筋混凝土的粉煤灰等级,如经试验采用比上述规定低一级的粉煤灰。

(2)高钙粉煤灰(简称高钙灰)。是褐煤或次烟煤经粉磨和燃烧后,从烟道气体中收集到的粉末。其氧化钙含量在8%以上,一般具有需水性低、活性高和可自硬特征。

高钙灰按其品质分为Ⅰ、Ⅱ两个等级。

高钙灰需水量比较低,对水泥、混凝土强度的贡献比较明显,早期强度比粉煤灰有所提高。但其含钙量及游离氧化钙含量波动大,超过一定范围容易使水泥混凝土构筑物开裂、破坏。高钙灰主要应用于泵送混凝土、商品混凝土中。

高钙灰的技术要求应符合表5-32的规定。

表5-32　　　　　　　　　高钙粉煤灰质量指标

序号	质量指标	高钙粉煤灰等级	
		Ⅰ	Ⅱ
1	细度(45μm 筛余)(%)	≤12	≤20
2	游离氧化钙(%)	≤3.0	≤2.5
3	体积安定性/mm	≤5	≤5
4	烧失量(%)	≤5	≤8
5	需水量比(%)	≤95	<100
6	三氧化硫(%)	≤3	≤3
7	含水率(%)	≤1	≤1

(3)粒化高炉矿渣粉。粒化高炉矿渣是铁矿石在冶炼过程中与石灰石等溶剂化合所得以硅酸钙与铝硅酸钙为主要成分的熔融物,经急速与水淬冷后形成的玻

璃状颗粒物质。其主要化学成分是 CaO、SiO₂、Al₂O₃，三者的总量一般占 90％以上，另外还有 Fe₂O₃ 和 MgO 等氧化物及少量的 SO₃。此种矿渣活性较高，是在水泥生产和混凝土生产中常用的掺合料。

粒化高炉矿渣粉的技术要求见表 5-33。

表 5-33　　　　　　　　　　　粒化高炉矿渣粉技术要求

级别	密度 /(g/cm³)	比表面积 /(m²/kg)	活性指数(%)≥		流动度比 (%)	含水量 (%)	三氧化硫 (%)	氯离子② (%)	烧失量② (%)
			7d	28d					
S105			95	105	≥85				
S95	≥2.8	≥350	75	95	≥90	≥1.0	≥4.0	≥0.02	≥3.0
S75			55①	75	≥95				

注：①可根据用户要求协商提高；

　　②氯离子和烧失量是选择性指标。当用户有要求时，供货方应提供矿渣粉的氯离子和烧失量数据。

另外，硅粉是在生产硅铁、硅钢或其他硅金属时，高纯度石英和煤在电弧炉中还原所得到的以无定形 SiO₂ 为主要组分的球形玻璃体颗粒粉尘，其大部分颗粒粒径小于 1μm，平均粒径 0.1μm，比表面积 20000m²/kg，密度 2.2g/cm³，堆积密度 250～300kg/m³。硅粉有极高的火山灰活性，在混凝土中应用 1kg 硅粉可代替 3～4kg 水泥，节约水泥率最高可达 30％；使用硅粉和超塑化剂可生产高达 100MPa 以上的混凝土，在混凝土中掺用硅粉可改善混凝土拌合物的和易性，提高其粘聚性，减少离析和泌水。在硬化混凝土中可使水泥浆体毛细孔减少，提高密实度，改善抗渗性能，提高强度，同时对抗冻、抗碳化、抗硫酸盐、抗氯盐侵蚀及抑制碱-骨料反应等均有显著效果。

沸石粉是由沸石岩经粉磨加工制成的含水化硅铝酸盐为主的矿物火山灰质活性掺合材料。沸石岩系有 30 多个品种，用作混凝土掺合料的主要有斜发沸石或绿光沸石，沸石粉的主要化学成分为：SiO₂ 占 60％～70％，Al₂O₃ 占 10％～30％，可溶硅占 5％～12％，可溶铝占 6％～9％。沸石岩具有较大的内表面积和开放性结构，沸石粉本身没有水化能力，在水泥中碱性物质激发下其活性才表现出来。

沸石粉的技术要求有：细度为 0.080mm 方孔筛筛余 ≤7％；吸氨值 ≥100mg/100g；密度 2.2～2.4g/cm³；堆积密度 700～800kg/m³；火山灰试验合格；SO₃ 含量≤3％；水泥胶砂 28d 强度比不得低于 62％。

沸石粉渗入混凝土中，可取代 10％～20％的水泥，可以改善混凝土拌合物的粘聚性，减少泌水，宜用于泵送混凝土，可减少混凝土离析及堵泵。沸石粉应用于轻骨料混凝土，可较大改善轻骨料混凝土拌合物的粘聚性，减少轻骨料的上浮。

二、掺合料质量验收

1. 检验批的确定

(1)粉煤灰。以连续供应的200t相同等级的粉煤灰为一批,不足200t的按一批计。

(2)高钙灰。以连续供应的100t相同等级的粉煤灰为一批,不足100t的按一批计。

(3)粒化高炉矿渣微粉。年产量10～30万t,以400t为一批。年产量4～10万t,以200t为一批。

2. 检验项目

不同掺合料质量检验的项目有所不同,常用掺合料的检验项目有:

(1)粉煤灰。粉煤灰的检验项目主要有细度、烧失量。同一供应单位每月测定一次需水量比,每季测定一次三氧化硫含量。

(2)高钙灰。高钙粉煤灰的检验项目主要有细度、游离氧化钙、体积安定性。同一供应单位每月测定一次需水量比和烧失量,每季测定一次三氧化硫含量。

(3)粒化高炉矿渣微粉。矿渣微粉的检验项目主要有活性指数、流动度比。

3. 不合格品(废品)处理

(1)粉煤灰质量检验中,如有一项指标不符合要求,可重新从同一批粉煤灰中加倍取样,进行复验。复验后仍达不到要求时,应作降级或不合格品处理。

(2)高钙灰质量检验中,如有一项指标不符合要求,可重新从同一批高钙灰中加倍取样,进行复验。复验后仍达不到要求时,应作降级或不合格品处理。体积安定性及游离氧化钙含量不合格的高钙粉煤灰严禁用于混凝土中。

(3)粒化高炉矿渣微粉质量检验中,若其中任何一项不符合要求,应重新加倍取样,对不合格的项目进行复验。评定时以复验结果为准。

4. 粉煤灰的贮运

(1)袋装粉煤灰的包装袋上应清楚地标明厂名、级别、质量、批号和包装日期。

(2)粉煤灰运输和贮存时,不得与其他材料混杂,并注意防止受潮和污染环境。

三、磷矿渣及其他几种新型掺合料简介

大量试验研究和生产实践表明:磷矿渣作为掺合料掺入混凝土后,可提高混凝土的抗拉强度和极限拉伸值,大幅度降低水化热,收缩小,耐久性提高,延长混凝土初、终凝时间,降低大体积混凝土施工强度,有利于新老混凝土层间结合,又因其料源广泛,单价低(废料利用),如能广泛应用,必将带来显著的经济效益和社会效益。

经混凝土干缩性能试验测定结果分析,混凝土中掺入磷矿渣后,混凝土干缩性能明显变好,即磷矿渣掺入后,最大干缩出现时间延长,且干缩率变小。而经混凝土力学性能试验测定掺入磷矿渣的混凝土后期抗压强度明显提高,优于不掺掺合料的,且不同龄期的磷矿渣混凝土的轴心抗压强度均高于同龄期的其他混凝土,时间越长差值越大,说明磷矿渣混凝土强度提高快;磷矿渣混凝土拉压比大于其他混凝土的拉压比,也说明磷矿渣混凝土韧性强,抗裂性能高,有利于应用在大体积混凝土工程中,而且磷矿渣混凝土强度增长率及后期强度明显高于其他混凝土。通过混凝土弹性模量及拉伸应变测试结果证明混凝土中掺入磷矿渣不仅能有效降低混凝土的早期弹性模量而且能提高混凝土的抗裂性能及韧性。不仅如此,掺入磷矿渣的混凝土抗渗及抗冻性能也明显优于其他不掺磷矿渣的混凝土。另外,进行混凝土热峰值与凝结时间试验结果表明:①磷矿渣混凝土热峰值小,增长速度慢,热峰值出现时间比粉煤灰混凝土略早,但磷矿渣混凝土热峰值出现时间较常规混凝土推迟 14h 以上,水化热产生时间较晚,温升小,有利于混凝土的温控防裂;②磷矿渣混凝土初凝、终凝都比其他混凝土明显滞后,有利于大体积混凝土的连续浇筑,并有利于先浇筑混凝土与后浇筑混凝土的结合,相应减轻施工强度,保证浇筑后混凝土质量,提高混凝土整体性。

综上所述,磷矿渣作为混凝土掺合料具有以下优点:①磷矿渣掺入混凝土后,可大幅度减少水泥水化热,是避免和减少大体积混凝土温度裂缝的有效措施;②磷矿渣混凝土具有微膨胀性,可补偿混凝土温降收缩,是由磷矿渣内 MgO 含量高所致;③磷矿渣混凝土后期强度高,且强度增长率快;④磷矿渣混凝土热峰值小,增长速度慢;⑤磷矿渣混凝土抗拉强度高,极限拉伸值大,耐久性好;⑥磷矿渣对混凝土有较大的缓凝作用,能降低施工强度,保证混凝土结合完好;⑦磷矿渣混凝土性能价格比优越,单价低,生产成本低,有很高的经济价值。

随着科学技术的发展,磷矿渣作为混凝土掺合料的应用必将进一步推广,这种混凝土不仅适用于水工结构,而且也可广泛用于道桥、工业民用建筑、港口码头等。

另外,新型的混凝土掺合料还有 D 矿粉、凝灰岩(T)、钢渣、天然沸石(FFH)、偏高岭山等多种,其中 D 矿粉是一种天然的火山灰活性较高的矿物材料,偏高岭土是经热处理得到的高岭土,具有很强的火山灰活性,可以很好的改善混凝土的特性的新型掺合料。

第五节 混凝土外加剂

一、基本规定

1. 外加剂的选择

(1)外加剂的品种应根据工程设计和施工要求选择,通过试验及技术经济比较确定。

(2)严禁使用对人体产生危害、对环境产生污染的外加剂。

(3)掺外加剂混凝土所用水泥,宜采用硅酸盐水泥、普通硅酸盐水泥、矿渣硅酸盐水泥、火山灰质硅酸盐水泥、粉煤灰硅酸盐水泥和复合硅酸盐水泥,并应检验外加剂与水泥的适应性,符合要求方可使用。

(4)掺外加剂混凝土所用材料如水泥、砂、石、掺合料、外加剂均应符合国家现行的有关标准的规定。试配掺外加剂的混凝土时,应采用工程使用的原材料,检测项目应根据设计及施工要求确定,检测条件应与施工条件相同,当工程所用原材料或混凝土性能要求发生变化时,应再进行试配试验。

(5)不同品种外加剂复合使用时,应注意其相容性及对混凝土性能的影响,使用前应进行试验,满足要求方可使用。

2. 外加剂掺量

(1)外加剂掺量应以胶凝材料总量的百分比表示,或以 mL/kg 胶凝材料表示。

(2)外加剂的掺量应按供货单位推荐掺量、使用要求、施工条件、混凝土原材料等因素通过试验确定。

(3)对含有氯离子、硫酸根等离子的外加剂应符合有关标准的规定。

(4)处于与水相接触或潮湿环境中的混凝土,当使用碱活性骨料时,由外加剂带入的碱含量(以当量氧化钠计)不宜超过 $1kg/m^3$ 混凝土,混凝土总碱含量尚应符合有关标准的规定。

3. 外加剂的质量控制

(1)选用的外加剂应有供货单位提供的下列技术文件:

1)产品说明书,并应标明产品主要成分;

2)出厂检验报告及合格证;

3)掺外加剂混凝土性能检验报告。

(2)外加剂运到工地(或混凝土搅拌站)应立即取代表性样品进行检验,进货与工程试配时一致,方可入库、使用。若发现不一致时,应停止使用。

(3)外加剂应按不同供货单位、不同品种、不同牌号分别存放,标识应清楚。

(4)粉状外加剂应防止受潮结块,如有结块,经性能检验合格后应粉碎至全部通过 0.63mm 筛后方可使用。溶液外加剂应放置阴凉干燥处,防止日晒、受冻、污染、进水或蒸发,如有沉淀等现象,经性能检验合格后方可使用。

(5)外加剂配料控制系统标识应清楚、计量应准确,计量误差不应大于外加剂用量的 2%。

二、普通减水剂及高效减水剂

1. 品种

(1)混凝土工程中可采用下列普通减水剂:

木质素磺酸盐类:木质素磺酸钙、木质素磺酸钠、木质素磺酸镁及丹宁等。

(2)混凝土工程中可采用下列高效减水剂:

1)多环芳香族磺酸盐类:萘和萘的同系磺化物与甲醛缩合的盐类、胺基磺酸盐等；

2)水溶性树脂磺酸盐类:磺化三聚氰胺树脂、磺化古码隆树脂等；

3)脂肪族类:聚羧酸盐类、聚丙烯酸盐类、脂肪族羟甲基磺酸盐高缩聚物等；

4)其他:改性木质素磺酸钙、改性丹宁等。

2. 适用范围

(1)普通减水剂及高效减水剂可用于素混凝土、钢筋混凝土、预应力混凝土,并可制备高强高性能混凝土。

(2)普通减水剂宜用于日最低气温 5℃以上施工的混凝土,不宜单独用于蒸养混凝土;高效减水剂宜用于日最低气温 0℃以上施工的混凝土。

(3)当掺用含有木质素磺酸盐类物质的外加剂时应先做水泥适应性试验,合格后方可使用。

3. 施工

(1)普通减水剂、高效减水剂进入工地(或混凝土搅拌站)的检验项目应包括 pH 值、密度(或细度)、混凝土减水率,符合要求方可入库、使用。

(2)减水剂掺量应根据供货单位的推荐掺量、气温高低、施工要求,通过试验确定。

(3)减水剂以溶液掺加时,溶液中的水量应从拌合水中扣除。

(4)液体减水剂宜与拌合水同时加入搅拌机内,粉剂减水剂宜与胶凝材料同时加入搅拌机内,需二次添加外加剂时,应通过试验确定,混凝土搅拌均匀方可出料。

(5)根据工程需要,减水剂可与其他外加剂复合使用。其掺量应根据试验确定。配制溶液时,如产生絮凝或沉淀等现象,应分别配制溶液并分别加入搅拌机内。

三、引气剂及引气减水剂

1. 品种

(1)混凝土工程中可采用下列引气剂:

1)松香树脂类:松香热聚物、松香皂类等；

2)烷基和烷基芳烃磺酸盐类:十二烷基磺酸盐、烷基苯磺酸盐、烷基苯酚聚氧乙烯醚等；

3)脂肪醇磺酸盐类:脂肪醇聚氧乙烯醚、脂肪醇聚氧乙烯磺酸钠、脂肪醇硫酸钠等；

4)皂甙类:三萜皂甙等；

5)其他:蛋白质盐、石油磺酸盐等。

(2)混凝土工程中可采用由引气剂与减水剂复合而成的引气减水剂。

2. 适用范围

(1)引气剂及引气减水剂,可用于抗冻混凝土、抗渗混凝土、抗硫酸盐混凝土、泌水严重的混凝土、贫混凝土、轻骨料混凝土、人工骨料配制的普通混凝土、高性能混凝土以及有饰面要求的混凝土。

(2)引气剂、引气减水剂不宜用于蒸养混凝土及预应力混凝土,必要时,应经试验确定。

3. 施工

(1)引气剂及引气减水剂进入工地(或混凝土搅拌站)的检验项目应包括pH 值、密度(或细度)、含气量、引气减水剂应增测减水率,符合要求方可入库、使用。

(2)抗冻性要求高的混凝土,必须掺引气剂或引气减水剂,其掺量应根据混凝土的含气量要求,通过试验确定。

掺引气剂及引气减水剂混凝土的含气量,不宜超过表 5-34 规定的含气量;对抗冻性要求高的混凝土,宜采用表 5-34 规定的含气量数值。

表 5-34　　　　　　　掺引气剂及引气减水剂混凝土的含气量

粗骨料最大粒径 /mm	20(19)	25(22.4)	40(37.5)	50(45)	80(75)
混凝土含气量(%)	5.5	5.0	4.5	4.0	3.5

注:括号内数值为《建筑用卵石、碎石》(GB/T 14685—2001)中标准筛的尺寸。

(3)引气剂及引气减水剂,宜以溶液掺加,使用时加入拌合水中,溶液中的水量应从拌合水中扣除。

(4)引气剂及引气减水剂配制溶液时,必须充分溶解后方可使用。

(5)引气剂可与减水剂、早强剂、缓凝剂、防冻剂复合使用。配制溶液时,如产生絮凝或沉淀等现象,应分别配制溶液并分别加入搅拌机内。

(6)施工时,应严格控制混凝土的含气量。当材料、配合比,或施工条件变化时,应相应增减引气剂或引气减水剂的掺量。

(7)检验掺引气剂及引气减水剂混凝土的含气量,应在搅拌机出料口进行取样,并应考虑混凝土在运输和振捣过程中含气量的损失。对含气量有设计要求的混凝土,施工中应每间隔一定时间进行现场检验。

(8)掺引气剂及引气减水剂混凝土,必须采用机械搅拌,搅拌时间及搅拌量应通过试验确定。出料到浇筑的停放时间也不宜过长,采用插入式振捣时,振捣时间不宜超过 20s。

四、缓凝剂、缓凝减水剂及缓凝高效减水剂

1. 品种

(1)混凝土工程中可采用下列缓凝剂及缓凝减水剂:

1)糖类:糖钙、葡萄糖酸盐等;

2)木质素磺酸盐类:木质素磺酸钙、木质素磺酸钠等;

3)羟基羧酸及其盐类:柠檬酸、酒石酸钾钠等;

4)无机盐类:锌盐、磷酸盐等;

5)其他:胺盐及其衍生物、纤维素醚等。

(2)混凝土工程中可采用由缓凝剂与高效减水剂复合而成的缓凝高效减水剂。

2. 适用范围

(1)缓凝剂、缓凝减水剂及缓凝高效减水剂可用于大体积混凝土、碾压混凝土、炎热气候条件下施工的混凝土、大面积浇筑的混凝土、避免冷缝产生的混凝土、需较长时间停放或长距离运输的混凝土、自流平免振混凝土、滑模施工或拉模施工的混凝土及其他需要延缓凝结时间的混凝土。缓凝高效减水剂可制备高强高性能混凝土。

(2)缓凝剂、缓凝减水剂及缓凝高效减水剂宜用于日最低气温 5℃ 以上施工的混凝土,不宜单独用于有早强要求的混凝土及蒸养混凝土。

(3)柠檬酸及酒石酸钾钠等缓凝剂不宜单独用于水泥用量较低、水灰比较大的贫混凝土。

(4)当掺用含有糖类及木质素磺酸盐类物质的外加剂时应先做水泥适应性试验,合格后方可使用。

(5)使用缓凝剂、缓凝减水剂及缓凝高效减水剂施工时,宜根据温度选择品种并调整掺量,满足工程要求方可使用。

3. 施工

(1)缓凝剂、缓凝减水剂及缓凝高效减水剂进入工地(或混凝土搅拌站)的检验项目应包括 pH 值、密度(或细度)、混凝土凝结时间,缓凝减水剂及缓凝高效减水剂应增测减水率,合格后方可入库、使用。

(2)缓凝剂、缓凝减水剂及缓凝高效减水剂的品种及掺量应根据环境温度、施工要求的混凝土凝结时间、运输距离、停放时间、强度等来确定。

(3)缓凝剂、缓凝减水剂及缓凝高效减水剂以溶液掺加时计量必须正确,使用时加入拌合水中,溶液中的水量应从拌合水中扣除。难溶和不溶物较多的应采用干掺法并延长混凝土搅拌时间 30s。

五、早强剂及早强减水剂

1. 品种

(1)混凝土工程中可采用下列早强剂

1)强电解质无机盐类早强剂:硫酸盐、硫酸复盐、硝酸盐、亚硝酸盐、氯盐等;

2)水溶性有机化合物:三乙醇胺、甲酸盐、乙酸盐、丙酸盐等;

3)其他:有机化合物、无机盐复合物。

(2)混凝土工程中可采用由早强剂与减水剂复合而成的早强减水剂。

2. 适用范围

(1)早强剂及早强减水剂适用于蒸养混凝土及常温、低温和最低温度不低于—5℃环境中施工的有早强要求的混凝土工程。炎热环境条件下不宜使用早强剂、早强减水剂。

(2)掺入混凝土后对人体产生危害或对环境产生污染的化学物质严禁用作早强剂。含有六价铬盐、亚硝酸盐等有害成分的早强剂严禁用于饮水工程及与食品相接触的工程。硝铵类严禁用于办公、居住等建筑工程。

(3)下列结构中严禁采用含有氯盐配制的早强剂及早强减水剂:

1)预应力混凝土结构;

2)相对湿度大于80%环境中使用的结构、处于水位变化部位的结构、露天结构及经常受水淋、受水流冲刷的结构;

3)大体积混凝土;

4)直接接触酸、碱或其他侵蚀性介质的结构;

5)经常处于温度为60℃以上的结构,需经蒸养的钢筋混凝土预制构件;

6)有装饰要求的混凝土,特别是要求色彩一致的或是表面有金属装饰的混凝土;

7)薄壁混凝土结构,中级和重级工作制吊车的梁、屋架、落锤及锻锤混凝土基础等结构;

8)使用冷拉钢筋或冷拔低碳钢丝的结构;

9)骨料具有碱活性的混凝土结构。

(4)在下列混凝土结构中严禁采用含有强电解质无机盐类的早强剂及早强减水剂:

1)与镀锌钢材或铝铁相接触部位的结构,以及有外露钢筋预埋铁件而无防护措施的结构;

2)使用直流电源的结构以及距高压直流电源100m以内的结构。

3. 施工

(1)早强剂、早强减水剂进入工地(或混凝土搅拌站)的检验项目应包括密度(或细度)、1d、3d抗压强度及对钢筋的锈蚀作用。早强减水剂应增测减水率。混凝土有饰面要求的还应观测硬化后混凝土表面是否析盐。符合要求,方可入库,使用。

(2)常用早强剂掺量应符合表5-35的规定。

(3)粉剂早强剂和早强减水剂直接掺入混凝土干料中应延长搅拌时间30s。

表 5-35　　　　　　　　　　　　常用早强剂掺量限值

混凝土种类	使用环境	早强剂名称	掺量限值 （水泥质量%） 不大于
预应力混凝土	干燥环境	三乙醇胺 硫酸钠	0.05 1.0
钢筋混凝土	干燥环境	氯离子[Cl⁻] 硫酸钠	0.6 2.0
钢筋混凝土	干燥环境	与缓凝减水剂复合的硫酸钠 三乙醇胺	3.0 0.05
	潮湿环境	硫酸钠 三乙醇胺	1.5 0.05
有饰面要求 的混凝土		硫酸钠	0.8
素混凝土		氯离子[Cl⁻]	1.8

注:预应力混凝土及潮湿环境中使用的钢筋混凝土中不得掺氯盐早强剂。

六、防冻剂

1. 品种

混凝土工程中可采用下列防冻剂:

(1)强电解质无机盐类:

1)氯盐类:以氯盐为防冻组分的外加剂;

2)氯盐阻锈类:以氯盐与阻锈组分为防冻组分的外加剂;

3)无氯盐类:以亚硝酸盐、硝酸盐等无机盐为防冻组分的外加剂。

(2)水溶性有机化合物类:以某些醇类等有机化合物为防冻组分的外加剂。

(3)有机化合物与无机盐复合类。

(4)复合型防冻剂:以防冻组分复合早强、引气、减水等组分的外加剂。

2. 适用范围

(1)含亚硝酸盐、碳酸盐的防冻剂严禁用于预应力混凝土结构。

(2)含有六价铬盐、亚硝酸盐等有害成分的防冻剂,严禁用于饮水工程及与食品相接触的工程,严禁食用。

(3)含有硝铵、尿素等产生刺激气味的防冻剂,严禁用于办公、居住等建筑工程。

(4)有机化合物类防冻剂可用于素混凝土、钢筋混凝土及预应力混凝土工程;

(5)有机化合物与无机盐复合防冻剂及复合型防冻剂可用于素混凝土、钢筋混凝土及预应力混凝土工程,并应符合上述有关规定。

(6)对水工、桥梁及有特殊抗冻融性要求的混凝土工程,应通过试验确定防冻剂品种及掺量。

3. 施工

(1)防冻剂的选用应符合下列规定:

1)在日最低气温为 0~−5℃,混凝土采用塑料薄膜和保温材料覆盖养护时,可采用早强剂或早强减水剂;

2)在日最低气温为 −5~−10℃、−10~−15℃、−15~−20℃,采用上款保温措施时,宜分别采用规定温度为 −5℃、−10℃、−15℃的防冻剂;

3)防冻剂的规定温度为按《混凝土防冻剂》(JC 475)规定的试验条件成型的试件,在恒负温条件下养护的温度。施工使用的最低气温可比规定温度低 5℃。

(2)防冻剂运到工地(或混凝土搅拌站)首先应检查是否有沉淀、结晶或结块。检验项目应包括密度(或细度)、R_{+7}、R_{+28} 抗压强度比、钢筋锈蚀试验。合格后方可入库、使用。

(3)掺防冻剂的混凝土配合比,宜符合下列规定:

1)含引气组分的防冻剂混凝土的砂率,比不掺外加剂混凝土的砂率可降低 2%~3%;

2)混凝土水灰比不宜超过 0.6,水泥用量不宜低于 300kg/m³,重要承重结构、薄壁结构的混凝土水泥用量可增加 10%,大体积混凝土的最少水泥用量应根据实际情况而定。强度等级不大于 C15 的混凝土,其水灰比和最少水泥用量可不受此限制。

(4)掺防冻剂混凝土采用的原材料,应根据不同的气温,按下列方法进行加热:

1)气温低于 −5℃时,可用热水拌合混凝土;水温高于 65℃时,热水应先与骨料拌合,再加入水泥;

2)气温低于 −10℃时,骨料可移入暖棚或采取加热措施。骨料冻结成块时须加热,加热温度不得高于 65℃,并应避免灼烧,用蒸汽直接加热骨料带入的水分,应从拌合水中扣除。

(5)掺防冻剂混凝土搅拌时,应符合下列规定:

1)严格控制防冻剂的掺量;

2)严格控制水灰比,由骨料带入的水及防冻剂溶液中的水,应从拌合水中扣除;

3)搅拌前,应用热水或蒸汽冲洗搅拌机,搅拌时间应比常温延长 50%;

4)掺防冻剂混凝土拌合物的出机温度,严寒地区不得低于 15℃;寒冷地区不得低于 10℃。入模温度,严寒地区不得低于 10℃,寒冷地区不得低于 5℃。

(6)防冻剂与其他品种外加剂共同使用时,应先进行试验,满足要求方可使用。

七、膨胀剂

1. 品种

混凝土工程可采用下列膨胀剂:

(1)硫铝酸钙类;

(2)硫铝酸钙-氧化钙类;

(3)氧化钙类。

2. 适用范围

(1)膨胀剂的适用范围应符合表 5-36 的规定。

表 5-36　膨胀剂的适用范围

用　途	适用范围
补偿收缩混凝土	地下、水中、海水中、隧道等构筑物,大体积混凝土(除大坝外),配筋路面和板、屋面与厕浴间防水、构件补强、渗漏修补、预应力混凝土、回填槽等
填充用膨胀混凝土	结构后浇带、隧洞堵头、钢管与隧道之间的填充等
灌浆用膨胀砂浆	机械设备的底座灌浆、地脚螺栓的固定、梁柱接头、构件补强、加固等
自应力混凝土	仅用于常温下使用的自应力钢筋混凝土压力管

(2)含硫铝酸钙类、硫铝酸钙-氧化钙类膨胀剂的混凝土(砂浆)不得用于长期环境温度为 80℃以上的工程。

(3)含氧化钙类膨胀剂配制的混凝土(砂浆)不得用于海水或有侵蚀性水的工程。

(4)掺膨胀剂的混凝土适用于钢筋混凝土工程和填充性混凝土工程。

(5)掺膨胀剂的大体积混凝土,其内部最高温度应符合有关标准的规定,混凝土内外温差宜小于 25℃。

(6)掺膨胀剂的补偿收缩混凝土刚性屋面宜用于南方地区,其设计、施工应按《屋面工程质量验收规范》(GB 50207)执行。

3. 掺膨胀剂混凝土(砂浆)的性能要求

(1)补偿收缩混凝土的质量除应符合现行国家标准《混凝土质量控制标准》(GB 50164)的规定外,还应符合设计所要求的强度等级、限制膨胀率、抗渗等级和耐久性技术指标。

(2)补偿收缩混凝土的限制膨胀率应符合表 5-37 的规定。

表 5-37　补偿收缩混凝土的限制膨胀率

用　途	限制膨胀率(%)	
	水中 14d	水中 14d 转空气中 28d
用于补偿混凝土收缩	≥0.015	≥-0.030
用于后浇带、膨胀加强带和工程接缝填充	≥0.025	≥-0.020

(3)补偿收缩混凝土限制膨胀率的试验和检验应按照现行国家标准《混凝土外加剂应用技术规范》GB 50119 的有关规定进行。

(4)补偿收缩混凝土的抗压强度应满足下列要求:

1)对大体积混凝土工程或地下工程,补偿收缩混凝土的抗压强度可以标准养护 60d 或 90d 的强度为准;

2)除对大体积混凝土工程或地下工程外,补偿收缩混凝土的抗压强度应以标准养护 28d 的强度为准。

(5)灌浆用膨胀砂浆:其性能应满足表 5-38 的要求。灌浆用膨胀砂浆用水量按砂浆流动度 250±10mm 的用水量。抗压强度采用 40mm×40mm×160mm 试模,无振动成型,拆模、养护、强度检验应按《水泥胶砂强度检验方法(ISO 法)》(GB/T 17671)进行。

表 5-38　　　　　　　　　　　　灌浆用膨胀砂浆性能

流动度	竖向膨胀率(×10⁻⁴)		抗压强度/MPa		
/mm	3d	7d	1d	3d	28d
250	≥10	≥20	≥20	≥30	≥60

(6)自应力混凝土:掺膨胀剂的自应力混凝土的性能应符合《自应力硅酸盐水泥》(JC/T 218)的规定。

4. 施工

(1)掺膨胀剂混凝土所采用的原材料应符合下列规定:

1)膨胀剂:应符合《混凝土膨胀剂》(GB 23439—2009)标准的规定;膨胀剂运到工地(或混凝土搅拌站)应进行限制膨胀率检测,合格后方可入库、使用;

2)水泥:应符合现行通用水泥国家标准,不得使用硫铝酸盐水泥、铁铝酸盐水泥和高铝水泥。

(2)掺膨胀剂的混凝土的配合比设计应符合下列规定:

1)胶凝材料最少用量(水泥、膨胀剂和掺合料的总量)应符合表 5-40 的规定;

表 5-39　　　　　　　　　　　　胶凝材料最少用量

膨胀混凝土种类	补偿收缩混凝土	填充用膨胀混凝土	自应力混凝土
胶凝材料最少用量/(kg/m³)	300	350	500

2)水胶比不宜大于 0.5;

3)用于有抗渗要求的补偿收缩混凝土的水泥用量应不小于 320kg/m³,当掺入掺合料时,其水泥用量不应小于 280kg/m³;

4)膨胀剂掺量应根据设计要求的限制膨胀率,并应采用实际工程使用的材料,经过混凝圭配合比试验后确定。配合比试验的限制膨胀率值应比设计值高 0.005%,试验时,每立方米混凝土膨胀剂用量可按照表 5-40 选取。

表 5-40　　　　　　　　　　每立方米混凝土膨胀剂用量

用　　途	混凝土膨胀剂用量/(kg/m³)
用于补偿混凝土收缩	30～50
用于后浇带、膨胀加强带和工程接缝填充	40～60

5)以水泥和膨胀剂为胶凝材料的混凝土。设基准混凝土配合比中水泥用量为 m_{C0}、膨胀剂取代水泥率为 K,膨胀剂用量 $m_E = m_{C0} \cdot K$,水泥用量 $m_C = m_{C0} - m_E$;

6)以水泥、掺合料和膨胀剂为胶凝材料的混凝土,设膨胀剂取代胶凝材料率为 K,设基准混凝土配合比中水泥用量为 m'_C 和掺合料用量为 m'_F,膨胀剂用量 $m_E = (m'_C + m'_F) \cdot K$,掺合料用量 $m_F = m'_F(1-K)$、水泥用量 $m_C = m'_C(1-K)$。

(3)其他外加剂用量的确定方法:膨胀剂可与其他混凝土外加剂复合使用,应有较好的适应性,膨胀剂不宜与氯盐类外加剂复合使用,与防冻剂复合使用时应慎重,外加剂品种和掺量应通过试验确定。

(4)粉状膨胀剂应与混凝土其他原材料一起投入搅拌机,拌和时间应延长 30s。

八、泵送剂

1. 品种

混凝土工程中,可采用由减水剂、缓凝剂、引气剂等复合而成的泵送剂。

2. 适用范围

泵送剂适用于工业与民用建筑及其他构筑物的泵送施工的混凝土;特别适用于大体积混凝土、高层建筑和超高层建筑;适用于滑模施工等;也适用于水下灌注桩混凝土。

3. 施工

(1)泵送剂运到工地(或混凝土搅拌站)的检验项目应包括 pH 值、密度(或细度)、坍落度增加值及坍落度损失。符合要求方可入库、使用。

(2)含有水不溶物的粉状泵送剂应与胶凝材料一起加入搅拌机中;水溶性粉状泵送剂宜用水溶解后或直接加入搅拌机中,应延长混凝土搅拌时间 30s。

(3)液体泵送剂应与拌合水一起加入搅拌机中,溶液中的水应从拌合水中扣除。

(4)泵送剂的品种、掺量应按供货单位提供的推荐掺量和环境温度、泵送高度、泵送距离、运输距离等要求经混凝土试配后确定。

(5)掺泵送剂的泵送混凝土配合比设计应符合下列规定:

1)应符合《普通混凝土配合比设计规程》(JGJ 55)、《混凝土结构工程施工质量验收规范》(GB 50204)及《粉煤灰混凝土应用技术规范》(GBJ 146)等;

2)泵送混凝土的胶凝材料总量不宜小于 300kg/m³；

3)泵送混凝土的砂率宜为 35%～45%；

4)泵送混凝土的水胶比不宜大于 0.6；

5)泵送混凝土含气量不宜超过 5%；

6)泵送混凝土坍落度不宜小于 100mm。

九、防水剂

1. 品种

(1)无机化合物类：氯化铁、硅灰粉末、锆化合物等。

(2)有机化合物类：脂肪酸及其盐类、有机硅表面活性剂(甲基硅醇钠、乙基硅醇钠、聚乙基羟基硅氧烷)、石蜡、地沥青、橡胶及水溶性树脂乳液等。

(3)混合物类：无机类混合物、有机类混合物、无机类与有机类混合物。

(4)复合类：上述各类与引气剂、减水剂、调凝剂等外加剂复合的复合型防水剂。

2. 适用范围

(1)防水剂可用于工业与民用建筑的屋面、地下室、隧道、巷道、给排水池、水泵站等有防水抗渗要求的混凝土工程。

(2)含氯盐的防水剂可用于素混凝土、钢筋混凝土工程，严禁用于预应力混凝土工程，并应符合有关规定。

3. 施工

(1)防水剂进入工地(或混凝土搅拌站)的检验项目应包括 pH 值、密度(或细度)、钢筋锈蚀，符合要求方可入库、使用。

(2)防水混凝土施工应选择与防水剂适应性好的水泥。一般应优先选用普通硅酸盐水泥，有抗硫酸盐要求时，可选用火山灰质硅酸盐水泥，并经过试验确定。

(3)防水剂应按供货单位推荐掺量掺入，超量掺加时应经试验确定，符合要求方可使用。

十、速凝剂

1. 品种

(1)在喷射混凝土工程中可采用的粉状速凝剂：以铝酸盐、碳酸盐等为主要成分的无机盐混合物等。

(2)在喷射混凝土工程中可采用的液体速凝剂：以铝酸盐、水玻璃等为主要成分，与其他无机盐复合而成的复合物。

2. 适用范围

速凝剂可用于采用喷射法施工的喷射混凝土，亦可用于需要速凝的其他混凝土。

第六节　商品混凝土

一、商品混凝土的特点及分类

商品混凝土是建筑施工现代化的标志，也是社会生产力和混凝土技术发展到较高水平的产物。它采用集中搅拌,面向社会商品化供应,使混凝土生产实现专业化、商品化、社会化。是建筑业依靠技术进步,改变小生产方式,实现建筑工业化的一项重要改革。它有着明显的优越性:由于采用集中搅拌,可使用先进的搅拌工艺和计量仪器,便于使用外加剂、掺合料、散装水泥等新材料和保证各种材料的质量,从而使质量得到有效地控制,提高了混凝土工程的施工质量,促进建筑业的发展;可避免各种原材料在转运、储存中的损失,节约能源、节约原材料;能在短时间内提供大批量混凝土,加快了施工进度,缩短工期;微机程序控制、配料、搅拌、出料全部实现机械化、自动化,搅拌车运料、输送泵送料,能大幅度提高劳动生产率,减轻劳动强度;能避免现场搅拌对环境的不利影响,提高城市环保水平。

　　商品混凝土是由水泥、骨料、水以及根据需要掺入的外加剂和掺合料等组分按一定比例,在集中搅拌站(厂)经计量、拌制后出售的,并采用运输车,在规定时间内运至使用地点的混凝土拌合物,也叫预拌混凝土。采用商品混凝土,有利于实现建筑工业化,对提高混凝土质量、节约材料、改善施工环境有显著的作用。

　　商品混凝土按使用要求分为通用品和特制品两类。

　　(1)通用品。通用品是指强度等级不超过C40、坍落度不大于150mm、粗骨料最大粒径不大于40mm,并无特殊要求的预拌混凝土。

　　通用品应按需要指明混凝土的强度等级、坍落度及粗骨料最大粒径,其值可在以下范围选取:

　　1)混凝土强度等级:C7.5,C10,C15,C20,C25,C30,C35,C40。

　　2)坍落度(mm):25,50,80,100,120,150。

　　3)粗骨料最大粒径(mm):不大于40mm的连续粒级或单粒级。

　　通用品根据需要应明确水泥的品种、强度等级,外加剂品种,混凝土拌合物的密度以及到货时的最高或最低温度。

　　(2)特制品。特制品是指超出通用品规定范围或有特殊要求的预拌混凝土。

　　特制品应按需要指明混凝土的强度等级、坍落度及粗骨料的最大粒径,强度等级和坍落度除按通用品规定的范围外,还可按以下范围选取:

　　1)强度等级:C45,C50,C55,C60。

　　2)坍落度(mm):180,200。

　　特制品根据需要应明确水泥的品种、强度等级,外加剂品种,掺合料品种、规格,混凝土拌合物的密度,到货时的最高或最低温度,氯化物总含量限值含气量及对混凝土的耐久性、长期性或其他物理力学性能等的特殊要求。

　　(3)标记。商品混凝土根据分类及材料不同其标记符号如下:

　　通用品用A表示、特制品用B表示;粗骨料最大粒径,在所选定的粗骨料最大粒径值之前加大写字母GD;具体标记用其类别、强度等级、坍落度、粗骨料最大粒径和水泥品种等符号的组合表示,如BC30-180-GD10-P·I。

　　二、商品混凝土的配合比、性能及质量要求

　　(1)配合比。商品混凝土的生产必须根据施工方提出的要求,设计出既先进、合理又切实可行的混凝土拌合物配合比设计方案,但对坍落度的确定应考虑混凝土在运输过程中的损失值。在生产过程中严把质量关,严格进行原材料的抽样及复查检测工作,严格按照配合比进行生产,使各种原材料计量指标达到标准允许的偏差范围,如果发现混凝土的坍落度、砂率等技术指标有偏差时应及时采取补救措施。混凝土原材料计量允许偏差不应超过表 5-41 的规定的范围。

表 5-41　　　　　　　　　　　混凝土原材料计量允许偏差

原材料品种	水泥	骨料	水	外加剂	掺合料
每盘计量允许偏差(%)	±2	±3	±2	±2	±2
*累计计量允许偏差(%)	±1	±2	±1	±1	±1

注:*累计计量允许偏差,是指每一运输车中各盘混凝土的每种材料计量和的偏差。该项指标仅适用于采用微机控制计量的搅拌站。

商品混凝土所用水泥应符合相应标准的规定,按品种和强度等级分别贮存,且应防止水泥结块和污染。商品混凝土的骨料、拌合用水和外加剂除应符合相关规定外,也应按品种、规格分别存放和放置,不得混杂以免污染影响质量。

商品混凝土的强度应符合商品混凝土强度检验标准的规定,坍落度一般为80～180mm。送至现场的坍落度与规定坍落度之差不应超过表 5-42 的允许偏差。含气量与商品混凝土所要求的规定值之差不得超过 1.5%。氯化物含量不超过规定值或不超过表 5-43 的规定。

表 5-42　　　　　　　　　　　坍落度允许偏差　　　　　　　　　　　%

规定的坍落度	允许偏差
≤40	±10
50～90	±20
≥100	±30

表 5-43　　　　混凝土拌合物中氯化物(以 Cl^- 计)总含量的最高限值

结构种类	预应力混凝土及处于腐蚀环境中钢筋混凝土结构或构件中的混凝土	处于潮湿而不含有氯离子环境中的钢筋混凝土结构或构件中的混凝土	处于干燥环境或有防潮措施的钢筋混凝土结构或构件中的混凝土	素混凝土
混凝土拌合物中氯化物总含量最高限值(按水泥用量的百分比计)	0.06	0.30	1.00	2.00

三、商品混凝土的搅拌、运输及检验

商品混凝土应采用固定式搅拌机,当采用搅拌运输车运送混凝土时,搅拌的最短时间应符合设备说明书的规定,采用翻斗车运送混凝土时,搅拌的最短时间也应符合有关规定。

商品混凝土在运输时,应保持混凝土拌合物的均匀性,不产生分层和离析现象。卸料时,运输车应能顺利地把混凝土拌合物全部排出。

翻斗车仅适用于运送坍落度小于 80mm 的混凝土拌合物,并应保证运送容器不漏浆,内壁光滑平整,具有覆盖设施。

当需要在卸料前掺入外加剂时,外加剂掺入后搅拌运输车快速搅拌的时间应由试验确定。

混凝土运送时,严禁在运输车筒内任意加水。通常情况下,普通商品混凝土的坍落度为 80～180mm。为保证混凝土的和易性,要考虑温度的影响,尤其是夏季施工应采取相应的措施,运至工地的商品混凝土应在规定时间内浇筑完毕。在浇筑现场不得擅自加水或改变混凝土的坍落度(即水灰比值),如工地确有需要要求改变混凝土的坍落度时,则必须经施工方质量负责人签字方可。

混凝土的运送时间应满足工程的需要,采用搅拌运输车运送的混凝土,宜在1.5h 内卸料;采用翻斗车运送的混凝土,宜在 1.0h 内卸料;当最高气温低于 25℃时运送时间可延长 0.5h。

商品混凝土送到施工现场时,应在现场取样,并有专人进行监督、签字。

商品混凝土检验的内容包括混凝土的强度、坍落度、含气量、氯化物总含量等质量指标,以判定混凝土质量是否合格。商品混凝土的质量检验包括出厂检验和交货检验。当判断混凝土质量是否符合要求时,强度、坍落度应以交货检验结果为依据;氯化物总含量可以以出厂检验结果为依据;其他检验项目应按有关规定进行。

运至工地的商品混凝土拌合物只是形成混凝土结构工程的半成品,其他的如施工时的振捣工艺,及时抹压和养护技术必须到位,从而使混凝土工程的质量得到充分的保证。

第七节　特种混凝土

普通混凝土因表观密度大,保温、绝热、吸声、隔声的性能以及抗渗性能差等缺点,满足不了某些工程的使用要求。这里就工程上使用较多的轻混凝土、功能性混凝土和聚合物混凝土及其他常见混凝土予以介绍。

一、轻混凝土

1. 轻骨料混凝土

凡用轻粗骨料、轻细骨料(或普通砂子)和水泥配制成的,其干表观密度不大于 1950kg/m³ 的混凝土称为轻骨料混凝土。配制轻骨料混凝土时,若采用轻粗

细骨料的则称为全轻混凝土;若采用部分或全部普通砂作细骨料的,则称为砂轻混凝土。

(1)分类。

1)按细骨料品种分类。轻骨料混凝土按细骨料品种分为全轻混凝土和砂轻混凝土。前者粗、细骨料均为轻骨料,而后者粗骨料为轻骨料,细骨料全部或部分为普通砂。工程中以砂轻混凝土应用最多。

2)按粗骨料品种分类。轻骨料混凝土按粗骨料品种可分为工业废渣轻骨料混凝土、天然轻骨料混凝土和人造轻骨料混凝土三类。

3)按用途分类。轻骨料混凝土按其用途分为三类,见表5-44。

表 5-44   轻骨料混凝土按用途分类

类别名称	混凝土强度等级的合理范围	混凝土密度等级的合理范围	用 途
保温轻骨料混凝土	LC5.0	≤800	主要用于保温的围护结构或热工构筑物
结构保温轻骨料混凝土	LC5.0、LC7.5、LC10、LC15	800~1400	主要用于既承重又保温的围护结构
结构轻骨料混凝土	LC15、LC20、LC25、LC30 LC35、LC40、LC45、LC50、LC60	1400~1900	主要用于承重构件或构筑物

4)按轻骨料品种分类。轻骨料混凝土按轻骨料品种的分类见表5-45。

表 5-45   轻骨料混凝土按骨料品种分类

类 别	轻骨料品种	轻骨料混凝土		
		名 称	密度/(kg/m³)	强度等级
天然轻骨料混凝土	浮 石 火山渣	浮石混凝土 火山渣混凝土	1200~1800	LC 15~LC 20
工业废料轻骨料混凝土	炉 渣 碎 砖 自燃煤矸石 膨胀矿渣珠	炉渣混凝土 碎砖混凝土 自燃煤矸石混凝土 膨珠混凝土	1600~1950	LC 20~LC 30
	粉煤灰陶粒	粉煤灰陶粒混凝土	1600~1800	LC 30~LC 40
人造轻骨料混凝土	膨胀珍珠岩	膨胀珍珠岩混凝土	800~1400	LC 10~LC 20
	页岩陶粒 黏土陶粒	页岩陶粒混凝土 黏土陶粒混凝土	800~1800	LC 30~LC 50
	有机轻骨料	有机轻骨料混凝土	400~800	LC 1.5~LC 7.5

(2)轻骨料混凝土的配合比设计。轻骨料混凝土配合比设计一般参照普通混凝土配合比设计方法,经试验试配来确定。

1)配合比设计要求。除应满足和易性、强度、耐久性和经济性四项基本要求外,还要考虑到粗骨料的技术性质、附加用水量等因素。

2)配合比设计步骤:

①确定骨料的种类根据强度等级和表观密度定。

②水泥品种和强度等级的选择。配制轻骨料混凝土所用水泥品种和强度可按表 5-46 确定。

表 5-46　　　　　　　轻骨料混凝土水泥品种、强度等级选用

混凝土强度等级	水泥品种	水泥强度/MPa
LC 5.0		32.5
LC 7.5		
LC 10	火山灰质硅酸盐水泥	32.5
LC 15	矿渣硅酸盐水泥	
LC 20	粉煤灰硅酸盐水泥	
LC 20	普通硅酸盐水泥	42.5
LC 25		
LC 30		
LC 30		52.5(或 62.5)
LC 35	矿渣硅酸盐水泥	
LC 40	普通硅酸盐水泥	
LC 45	硅酸盐水泥	
LC 50		

③水泥用量的确定。在保证轻骨料混凝土强度和耐久性要求的前提下,应防止表观密度过大,其合理水泥用量见表 5-47。

表 5-47　　　　　　　　轻骨料混凝土水泥用量

混凝土试配强度 /MPa	轻骨料混凝土水泥用量/(kg/m³)						
	400	500	600	700	800	900	1000
<5.0	260～320	250～300	230～280				
5.0～7.5	280～360	260～340	240～320	220～300			

（续）

混凝土试配强度 /MPa	轻骨料混凝土水泥用量/(kg/m³)						
	400	500	600	700	800	900	1000
7.5～10		280～370	260～350	240～320			
10～15			280～350	260～340	240～330		
15～20			300～400	280～380	270～370	260～360	250～350
20～25				330～400	320～390	310～380	300～370
25～30				380～450	370～440	360～430	350～420
30～40				420～500	390～490	380～480	370～470
40～50					430～530	420～520	410～510
50～60					450～550	440～540	430～530

注:1. 表中横线以上是采用 42.5MPa 水泥时的水泥用量,横线以下是采用 52.5MPa 时水泥时的水泥用量。

　　2. 表中下限值适用于圆球形和普通型粗骨料,上限适用于碎石型轻骨料及全轻混凝土。

　　3. 最大水泥用量不准超过 550kg/m³。

　　④用水量和水灰比的确定。轻骨料混凝土的用水量包活净用水量和附加用水量两部分。附加用水量是指干燥的轻骨料 1h 的吸水量。每立方米轻骨料混凝土总用水量减去附加用水量为净用水量,又叫拌合用水量。净用水量应根据轻骨料混凝土要求的流动性、施工方法从表 5-48 确定。

表 5-48　　　　　　　　　　　　　　**轻骨料混凝土用水量**

轻骨料混凝土用途	稠　　度		净用水量 /(kg/m³)
	维勃稠度/s	坍落度/mm	
预制构件及制品:			
(1)振动加压成型	10～20	—	45～140
(2)振动台成型	5～10	0～10	140～180
(3)振捣棒或平板振动器振实	—	30～80	165～215
现浇混凝土:			
(1)机械振捣		50～100	180～225
(2)人工振捣或钢筋密集	—	≥80	220～230

注:1. 本表适用圆球形和普通型粗骨料,对于碎石状轻骨料需按表中数值增加 10kg 左右用水量。

　　2. 表中值适用于轻砂混凝土,若采用轻砂时,需取轻砂 1h 的吸水率,如无此数据时,可适当增加用水量,最后按施工要求的流动性进行调整。

　　表 5-49 规定了轻骨料混凝土配合比设计时对最大水灰比和最小水泥用量的限制,这是保证混凝土耐久性所必需的。

表 5-49　　　　　　　轻骨料混凝土最大水灰比和最小水泥用量

混凝土所在环境条件	最大水灰比	最小水泥用量/(kg/m³)	
		配筋混凝土	素混凝土
不受风雪影响的混凝土	不作规定	270	250
受风雪影响的露天混凝土;位于水中及水位升降范围内的混凝土和在潮湿环境内的混凝土	0.50	325	300
寒冷地区位于水位升降范围内的混凝土和受水压作用的混凝土	0.45	375	350
严寒地区位于水位升降范围内的混凝土	0.40	400	375

注:表中的寒冷地区是指月平均温度处于-15～-5℃者;严寒地区是指最冷的月份平均温度低于-15℃者。

⑤确定砂率。轻骨料混凝土的砂率是指混凝土中细骨料体积与粗细骨料总体积之比,配合比设计时,可从表 5-50 中确定砂率值。

表 5-50　　　　　　　　　轻骨料混凝土砂率

轻骨料混凝土用途	细骨料品种	砂率(%)
预制构件	轻　砂	35～50
	普通砂	30～40
现浇混凝土	轻　砂	—
	普通砂	35～45

⑥确定骨料用量根据已确定的粗、细骨料的种类由表 5-51 中确定出粗、细骨料的总体积,然后再按砂率的大小分别计算出粗、细骨料的体积和质量。

表 5-51　　　　　　轻骨料混凝土粗细骨料总体积

粗骨料类型	细骨料类型	粗细骨料总体积/m³
圆球形	轻　砂	1.25～1.50
	普通砂	1.10～1.40
普通型	轻　砂	1.30～1.60
	普通砂	1.10～1.50
破碎型	轻　砂	1.35～1.65
	普通砂	1.10～1.60

轻骨料混凝土的初步配合比确立后,要同普通混凝土配合比设计一样,还要进行试配与调整,调整拌合物的和易性,复核混凝土的强度。

(3)轻骨料混凝土的技术性能。轻骨料混凝土拌合物的和易性及其试验方法基本上与普通混凝土相同。轻骨料混凝土的强度变化范围很大,影响强度的因素也较为复杂,除了与普通混凝土相同的以外,与轻骨料的本身强度高低、表观密度大小及其用量多少,都有很大的关系。

轻骨料混凝土的强度等级也是根据 28d 龄期、边长为 150mm 的立方体试块抗压强度划分的,共划分出 LC 5.0、LC 7.5、LC 10、LC 15、LC 20、LC 25、LC 30、LC 35、LC 40、LC 45、LC 50、LC 55、LC 60 十三个强度等级(符号"LC"表示轻骨料混凝土)。

轻骨料混凝土在荷载作用下的变形比普通混凝土大,弹性模量较小,约为同强度等级普通混凝土的 50%～70%。收缩率比普通混凝土大 20%～50%。

2. 多孔混凝土

多孔混凝土具有孔隙率大、体积密度小、热导率小等特点,可制成墙板、砌块和绝热制品,有承重和保温功能。据气孔产生的方法不同,有加气混凝土和泡沫混凝土之分。

(1)加气混凝土。加气混凝土是由水泥、石灰、含硅的材料(砂子、粉煤灰、高炉水淬矿渣、页岩等)按要求的比例经磨细并与加气剂(如铝粉)配合,经搅拌、浇筑、发气成型、静停硬化、切割、蒸压养护等工序所制成的一种轻质多孔的建筑材料。

1)加气混凝土的品种。加气混凝土的品种是根据其组成的原材料不同来划分的。目前,我国生产的加气混凝土主要有以下三种:

①水泥-矿渣-砂加气混凝土。这种混凝土是先将矿渣和砂子混合磨成浆状物,再加入水泥、发气剂、气泡稳定剂等配制而成。

②水泥-石灰-砂加气混凝土。将砂子加水湿润并磨细,生石灰干磨,再加入水泥、水及发泡剂配制而成。

③水泥-石灰粉煤灰加气混凝土。将粉煤灰、石灰和适量的石膏混合磨浆,再加入水泥、发泡剂配制而成。

2)加气混凝土产品、性能及应用。加气混凝土产品主要有板材和砌块两种类型,其规格见表 5-52。

表 5-52   蒸压加气混凝土制品

产　品 指　标	屋面板	外墙板	隔墙板	砌　块
允许标准荷载/Pa	1500	850		
长度/mm	1800～1600	1500～6000	按设计要求	600

（续）

产品 指标	屋面板	外墙板	隔墙板	砌块
宽度/mm	600	600	600	200、250、300、240、300
厚度/mm	150、175、180、200、240、250	150、175、180、200、240、250	75、100、120、125	60、75、100、120、125、150、175、180、200、240、250

　　我国生产的加气混凝土表观密度范围在 $500\sim700kg/m^3$，抗压强度为 $3.0\sim6.0MPa$，导热系数因其内部含水率不同而异，一般含水率为 $0\sim30\%$ 时，导热系数为 $0.126\sim0.267W/(m\cdot K)$。

　　加气混凝土产品吸水性强，随着含水率的增加，强度会下降，保温、隔热的性能变差。从耐久性方面考虑，所用的制品表面不宜外露，一般都用抹灰层或其他装饰层加以保护。

　　（2）泡沫混凝土。泡沫混凝土是普通硅酸盐水泥、砂、发泡剂和水拌合，经机械搅拌，注模成型、养护制成的一种轻混凝土制品。发泡剂主要是各种表面活性剂，如松香树脂、烷基磺酸盐饱和或不饱和脂肪酸钠、木质素磺酸盐等。发泡剂一般与稳定剂同时使用。常用的泡沫稳定剂为高分子物质。

　　泡沫混凝土多采用蒸汽养护和蒸压养护以缩短养护时间并提高强度。

二、功能性混凝土

　　（1）防水混凝土。一般应用于有抗渗要求的混凝土。根据提高抗渗性的方法不同，防水混凝土有以下几种类型：

　　1）普通防水混凝土：通过调整混凝土的配合比，来提高密实度和抗渗性的混凝土。一般情况下，其水灰比控制在 0.6 以内；水泥优先采用普通硅酸盐水泥，用量不小于 $300kg/m^3$；砂率不小于 35%，灰砂比不小于 1∶2.5。

　　普通防水混凝土的抗渗等级可达到 P8～P25，抗渗性能良好。

　　2）掺外加剂的防水混凝土：在混凝土拌合物中加入一定量的外加剂用以提高抗渗性的混凝土。根据外加剂的品种不同，分为引气剂防水混凝土、减水剂防水混凝土、三乙醇胺防水混凝土、氯化铁防水混凝土、膨胀水泥防水混凝土及膨胀剂防水混凝土。

　　（2）耐热混凝土。耐热混凝土是通过提高混凝土的耐热性，使长期在高温作用下的混凝土能保持其使用性能的混凝土。胶凝材料可采用硅酸盐水泥、铝酸盐水泥等;骨料可采用矿渣、耐火黏土砖或普通烧结黏土砖碎块、玄武岩、烧结镁砂等。耐热混凝土适用于有耐热要求的工程如高炉、热工设备基础等。

(3)耐酸混凝土。采用耐酸的胶凝材料及骨料制成的用以抵抗酸的渗入和侵蚀的混凝土称为耐酸混凝土。目前常用的是水玻璃混凝土,它是由水玻璃、氟硅酸钠、耐酸粉料(石英粉或铸石粉)、耐酸骨料(石英砂或花岗岩碎石等)按一定比例配制而成。可抵抗一般有机酸、无机酸的侵蚀。

(4)纤维混凝土。在混凝土中掺入短纤维以提高混凝土的抗冲击性能的混凝土称为纤维混凝土。纤维按变形能分为高弹性模量纤维和低弹性模量纤维。纤维的长径比通常为 70~120,掺入的体积率为 0.3%~8%。纤维混凝土主要用于有抗冲击要求的工程。

三、聚合物混凝土

聚合物混凝土是一种混凝土中部分或全部水泥被聚合物代替的新型建筑材料。对提高混凝土的密实度、抗拉强度、抗压强度有明显作用。并且增强混凝土的粘结力及耐磨和耐腐蚀能力。按组成及生产工艺,聚合物混凝土可分为聚合物水泥混凝土、聚合物浸渍混凝土、聚合物胶结混凝土。

(1)聚合物水泥混凝土(PCC)。聚合物水泥混凝土是在普通混凝土拌合物搅拌时掺入一定量的有机聚合物配制而成。聚合物一般多采用环氧树脂、聚醋酸乙烯酯、天然或合成橡胶乳液等,以乳液状或悬浮浮液状掺入混凝土拌合物中,掺量占水泥质量的 5%~20%。它是以聚合物和水泥共同作胶结材料粘结骨料,对混凝土的抗弯强度、抗渗性、粘结力、耐磨性、耐蚀性和抗冲击韧性有明显改善。

聚合物水泥混凝土主要用于铺设无缝地面、机场跑道面层以及水或石油的贮池等。

(2)聚合物浸渍混凝土(PIC)。聚合物浸渍混凝土是将已硬化的混凝土,经真空处理并干燥后浸入以树脂为原料的液态有机单体中,然后用加热或辐射的方法使混凝土中单体聚合,使混凝土和聚合物形成一个整体。聚合物浸渍混凝土的抗渗性、抗冻性、耐磨性、耐蚀性、抗冲击性及强度有明显提高,其抗压强度比普通混凝土提高 2~4 倍。掺在混凝土中的有机单体有苯乙烯、甲基丙烯酸甲酯等。

聚合物浸渍混凝土主要用于要求高强度、高耐久性的特殊工程结构中,如耐高压的输液、输气管道、液化气储罐等。

(3)聚合物胶结混凝土(PC)。聚合物胶结混凝土又称树脂混凝土。是用合成树脂或单体作为胶结材料代替水泥石的混凝土。由于这种混凝土中完全不使用水泥,也称为塑料混凝土。胶结材料由液态低聚物、固化剂和粉砂填料组成。具有较高的强度、密度、粘结力、耐磨性和化学稳定性,变形较大、耐热性差。

聚合物胶结混凝土主要用于制造需抵抗有害介质的构件,在装配式建筑的板材、桩等预制构件中也得到广泛的应用。

四、其他混凝土

(1)流态混凝土。流态混凝土是在混凝土拌合物中加入流化剂,使拌合物的坍落度为 180～230mm,呈高度流动状态的混凝土,又称自密实混凝土。流化剂一般采用高效减水剂,加萘系或树脂系高效减水剂,掺量为水泥用量的 0.5%～0.7%。粗骨料的最大粒径不大于 40mm,砂率比普通混凝土高 5%～10%。流态混凝土在浇筑时不需振捣,能自流填满模板和钢筋间隙。主要用于构件形状复杂、钢筋密布、浇灌和振捣困难的混凝土工程及高层建筑等。

(2)泵送混凝土。泵送混凝土是在普通混凝土中加入泵送剂,使混凝土在混凝土泵的推动下沿管道进行运输和浇灌的混凝土。泵送混凝土的坍落度应满足施工及管道输送的要求,一般为 80～180mm。泵送剂包括高效减水剂,适量的引气剂和其他外加剂。泵送混凝土对混凝土中粗细骨料有以下要求:粗骨料的最大粒径,碎石不大于管道内径的 1/3,卵石不大于 2/5;细骨料中小于 0.315mm 的颗粒不少于 15%。泵送混凝土适用于高层建筑、大型钢筋混凝土构筑物以及施工现场狭小的工程。

(3)喷射混凝土。喷射混凝土是在普通混凝土中掺入速凝剂,利用压缩空气的力量,将混凝土喷射到建筑物表面的混凝土。喷射混凝土有干式喷射混凝土(水灰比为 0.1～0.2)和湿式喷射混凝土(水灰比为 0.45～0.50)两种。速凝剂是由铝氧熟料和无水石膏或生石灰或烧碱等按一定比例混合磨细制成的粉状物。掺量一般为 2.5%～4%左右。喷射混凝土对胶凝材料和骨料的要求是:胶凝材料应采用不低于 32.5 级的硅酸盐水泥和普通硅酸盐水泥;粗骨料最大粒径不大于 20mm,10mm 以上的骨料总量应少于 30%,不宜采用细砂。

喷射混凝土凝结硬化快,粘结性和稳定性有所提高,在施工方面使混凝土的输送、浇捣合而为一,使得施工速度加快,已在一些工程中得到应用。

(4)装饰混凝土。装饰混凝土主要是指白色混凝土和彩色混凝土,在我国发展较晚,但在国外已得到广泛的应用。

白色混凝土是以白水泥为胶结材料,白色或浅色岩石为骨料,或掺入一定量的白色颜料制成的混凝土。彩色混凝土是用彩色水泥或白水泥中掺入颜料和彩色骨料或白色骨料按一定比例配制而成。装饰混凝土是利用混凝土拌合物具有的良好可塑性,在成形时采取一些措施使其表面产生装饰性的线形、纹理和质感,用来满足立面装饰要求。

第八节　新型混凝土简介

一、高强混凝土

凡强度等级为 C60 及其以上的混凝土为高强混凝土。获得方法应采取以下技术措施:

1. 合理选择原材料，并严格控制质量

水泥应符合国家标准的规定，采用硅酸盐水泥或普通硅酸盐水泥，强度等级不低于 42.5MPa。水泥使用前必须抽样重测标准稠度加水量、凝结时间、体积安定性和强度四项技术指标，并确保合格。

砂子应选用细度模数大于 2.6 的中砂、河砂，其含泥量应不大于 2%，泥块含量应不大于 0.5%。砂子使用前要重测洁净度和级配状况，并确保合格。

石子应根据混凝土强度等级确定最大粒径，当混凝土强度等级为 C60 时，石子最大粒径应不大于 31.5mm；当混凝土强度等级高于 C60 时，石子最大粒径应不大于 25mm。另外，石子的几何形状属于针片状的颗粒含量应不大于 5.0。含泥量应不大于 0.5%，泥块含量应不大于 0.2%。石子使用前同样要抽样送验，重测洁净度、级配和压碎指标，并确保三项指标合格。

外加剂应掺入高效减水剂，并要按规定的掺量由专人负责进行。

2. 严格进行配合比的设计与调试

按普通混凝土配合比设计规程进行设计和调试，要保证水泥用量不大于 550kg/m³，外掺矿物料不超过 50kg/m³。试配调整使用的配合比一个应为基准配合比，另两个配合比中的水灰比，应较基准配合比分别增加和减少 0.02～0.03。设计配合比确定后，应重复 6 次试验，验证其强度平均值应不低于配制强度。

3. 其他技术环节

混凝土搅拌时间应不低于 60s，确保混凝土达到匀质状态的质量。应根据检测的坍落度结果，按砂、石含水率的变化随时调整混凝土拌合水。混凝土浇筑后要加强养护，冬期施工要注意严格保温、夏期施工混凝土构件表面要及时覆盖塑料薄膜或在构件表面喷涂养护液。

二、高性能混凝土（HPC）

高性能混凝土有高工作性、高强度、体积稳定性和高耐久性等性质。

（1）高工作性能的混凝土是指混凝土在搅拌、运输和浇筑时具有良好流变特性和大的流动性（坍落度在 200mm 以上），但不离析、不泌水，施工时能达到自流平，坍落度损失小，可泵性好。

（2）高强度是高性能混凝土的主要特点，但同时应该指出强度较低的高性能混凝土不等于不具有高性能。高性能混凝土应达到多高的强度，国际标准无统一规定，我国认定应在 C50 级以上。

（3）体积稳定性是说高性能混凝土在硬化过程中体积稳定、水化过程放热低、混凝土产生的温差应力小、不开裂和干燥收缩小，硬化后具有致密的结构，在荷载作用下不易产生裂缝。

（4）高耐久性是说高性能混凝土具备高的抗渗性、抗冻性、抗蚀性和抗碳化性能。由于高性能混凝土结构致密，所以抗渗性能好；并能有效地抵抗硫酸盐等有害介质的侵蚀;对碱-骨反应有抑制作用,使混凝土即使在较恶劣的环境中使用也具有较长的寿命。

　　我国对混凝土的使用寿命提出应在 50 年以上,发达国家设计混凝土使用寿命要求在 100 年甚至 200 年以上。

三、绿色高性能混凝土(GHPC)

　　绿色高性能混凝土主要具有下列特点:

　　(1)最大限度地发挥高性能混凝土的优势,减少构筑物的水泥与混凝土的用量,减小结构截面尺寸,减轻建筑物自重,提高耐久性,延长建筑物的安全使用期,让材料和工程的功能得以充分发挥。

　　(2)少用水泥熟料,多用工业废渣作为外掺料,以减少温室二氧化碳气体对大气的污染,降低资源和能源的消耗。科学实验证明,超细活性矿物掺合料可以替代 60%～80%的水泥熟料,逐渐地让水泥熟料变成胶凝材料中的"外掺料"。

　　(3)为保持混凝土工业的可持续发展,加工混凝土除了使用粉煤灰、矿渣外,还要尽可能多地使用工业废料,以减少污染。城市拆迁中出现的混凝土碎渣、砖、瓦等,都是经过煅烧的黏土渣,以粉状形式掺入混凝土中,都具有较好的化学活性。

第六章 建筑砂浆

砂浆由胶结料、细骨料、掺加料和水配制而成的建筑工程材料,在建筑工程中起黏结、衬垫和传递力的作用。

(1)按胶凝材料可分为:水泥砂浆、石灰砂浆和混合砂浆等。

(2)按用途可分为:砌筑砂浆、抹灰(面)砂浆和防水砂浆。

(3)按堆积密度可分为:重质砂浆和轻质砂浆等。

(4)按生产工艺可分为:传统砂浆、预拌砂浆和干粉砂浆等。

第一节 砌筑砂浆

一、材料组成及应用要求

将砖、砌块、石等黏结成为砌体的砂浆称为砌筑砂浆。

砌筑砂浆宜用水泥砂浆或水泥混合砂浆。水泥砂浆是由水泥、细骨料和水配制而成的砂浆。水泥混合砂浆是由水泥、细骨料、掺加料和水配制成的砂浆。

砌筑砂浆的原材料应达到以下要求:

(1)胶结料。胶结料宜用普通硅酸盐水泥,也可用矿渣硅酸盐水泥。水泥强度等级应根据砂浆强度等级进行选择。水泥砂浆采用的水泥强度等级,不宜大于32.5级;水泥混合砂浆采用的水泥强度等级,不宜大于42.5级。严禁使用废品水泥。

(2)细骨料。细骨料宜用中砂,毛石砌体宜用粗砂。砂的含泥量不应超过5%。强度等级为M2.5的水泥混合砂浆,砂的含泥量不应超过10%。人工砂、山砂及特细砂,经试配能满足砌筑砂浆技术条件时,含泥量可适当放宽。砂应过筛,不得含有草根等杂物。

(3)掺加料。

1)石灰膏。块状生石灰熟化成石灰膏时,应用孔洞不大于 3mm×3mm 的网过滤,熟化时间不得少于 7d;对于磨细生石灰粉,其熟化时间不得少于 2d。沉淀池中贮存的石灰膏,应采取防止干燥、冻结和污染的措施。严禁使用脱水的硬化石灰膏。

2)黏土膏。采用黏土或粉质黏土制备黏土膏时,宜用搅拌机加水搅拌,通过孔洞不大于 3mm×3mm 的网过筛。黏土中的有机物含量用比色法鉴定应浅于标准色。

3)磨细生石灰粉。其细度用 0.080mm 筛的筛余量不应大于 15%。

4)电石膏。制作电石膏的电石渣应经 20min 加热至 70℃,无乙炔气味时方可使用。

5)粉煤灰。可采用Ⅲ级粉煤灰。

6)有机塑化剂。砌筑砂浆中所掺入的微沫剂等有机塑化剂,应经砂浆性能试验合格后,方可使用。

(4)水。拌制砂浆应采用不含有害物质的洁净水或饮用水。

(5)每 1m³ 水泥砂浆中材料用量见表 6-1 和表 6-2。

表 6-1　　　　　　　　　　　每 1m³ 水泥砂浆材料用量

强度等级	每 1m³ 砂浆 水泥用量/kg	每 1m³ 砂浆 砂子用量/kg	每 1m³ 砂浆 用水量/kg
M2.5~M5	200~230		
M7.5~M10	220~280	1m³ 砂子的堆积密度值	270~330
M15	280~340		
M20	340~400		

表 6-2　　　　　　　　　　　每 1m³ 混合砂浆材料用量

强度等级	每 1m³ 砂浆 水泥用量/kg	每 1m³ 砂浆 砂子用量/kg	每 1m³ 砂浆 石灰膏用量/kg	每 1m³ 砂浆 用水量/kg
M2.5	120~130	1430~1480	110~130	
M5	170~190	1430~1480	100~110	240~310
M7.5	210~230	1430~1480	70~100	
M10	260~280	1430~1480	40~70	

在按表 6-1 和表 6-2 选用砂浆各材料用量时,应注意到:表中水泥强度等级为 32.5 级,大于 32.5 级水泥用量宜取下限;根据施工水平合理选择水泥用量;当采用细砂或粗砂时,用水量分别取上限或下限;稠度小于 70mm 时,用水量可取下限;施工现场气候炎热或干燥季节,可酌量增加用水量。

二、砌筑砂浆的技术性质

砂浆应满足砂浆品种和强度等级要求的和易性并应具有足够的黏结力。

1. 和易性

砂浆的和易性包括稠度和保水性两方面。

(1)稠度。稠度又称流动性,是指新拌砂浆在自重或外力作用下流动的性能,用沉入度表示。

砂浆稠度的大小是以砂浆稠度测定仪的标准圆锥沉入砂浆内深度的

"mm/mm"数表示。圆锥沉入的深度越深,表明砂浆的流动性越大。砂浆的流动性不能过大,否则强度会下降,并且会出现分层、析水的现象;流动性过小,砂浆偏干,不便于施工操作,灰缝不易填充。

影响砂浆流动性的主要因素有:所有胶凝材料的品种与数量、掺合料的品种与数量、砂子的粗细与级配状况、用水量及搅拌时间等。当砂浆的原材料确定后,流动性的大小主要决定于用水量,因此,施工中常以用水量的多少来调整砂浆的稠度。

砌筑砂浆的稠度可根据砌体种类从表 6-3 中选定。

表 6-3   砌筑砂浆的稠度

砌体种类	砂浆稠度/mm
烧结普通砖砌体	70~90
轻骨料混凝土小型空心砌块砌体	60~90
烧结多孔砖、空心砖砌体	60~80
烧结普通砖平拱式过梁、空斗墙、筒拱、普通混凝土小型空心砌块砌体、加气混凝土砌块砌体	50~70
石砌体	30~50

(2)保水性。砂浆的保水性系指砂浆能保存水分的能力。用"分层度"来表示。

砂浆拌合物中的骨料因自重下沉时,水分相对要离析而上升,造成上下层稠度的差别,这种差别称为分层度,它是表示砂浆保水性好坏的技术指标,可用砂浆分层度测筒进行测定。

《砌筑砂浆配合比设计规程》(JGJ 98—2000)规定:砌筑砂浆的分层度应控制在 30mm 以内。分层度大于 30mm,砂浆容易产生泌水、分层或水分流失过快等现象而不便于施工操作;但分层度过小砂浆过于干稠,也影响操作和工程质量。

砌筑砂浆的保水性要求随基底材料的种类(多孔的,或密实的)、施工条件和气候条件而变。提高砂浆的保水性常采取掺入适量的有机塑化剂或微沫剂的方法,不采取提高水泥用量的方法。

2. 强度

硬化后的砂浆应具有足够的抗压强度,砂浆的强度等级就是根据其抗压极限强度来划分的。它以边长为 70.7mm 的立方体试件,一组 6 个,按规定的方法成型并经标准养护 28d 后,测得的抗压强度平均值来表示。根据《砌筑砂浆配合比设计规程》(JGJ 98—2000)的规定,砌筑砂浆的强度可分为 M20、M15、M10、

M7.5、M5.0 和 M2.5 六个强度等级,例如,M7.5 表示砂浆 28d 的抗压强度不低于 7.5MPa。

影响砌筑砂浆强度的因素很多,如水泥的强度、水泥用量、水灰比、砂子质量等,但最主要的影响因素是所砌筑的基层材料的吸水性。

3. 黏结力

砂浆与砌筑材料黏结力的大小,会直接影响到砌体的强度、耐久性和抗震性能。通常情况下,砂浆的抗压强度越高,与砌筑材料的黏结力也越大。砂浆与砌筑材料的黏结状况也与砌筑材料表面的状态、洁净程度、湿润状况、砌筑操作水平以及养护条件等因素有着直接关系。

4. 变性性能

砂浆在承受荷载或温度变化时,容易变形。变形过大或变形不均匀,都会引起砌体沉陷或出现裂缝。

三、砌筑砂浆配合比设计

1. 配合比计算

(1)砌筑砂浆配合比的确定,应按下列步骤进行:

1)计算砂浆试配强度 $f_{m,0}$(MPa)。

2)计算每 $1m^3$ 砂浆中的水泥用量 Q_C(kg/m³)。

3)按水泥用量 Q_C 计算掺加料用量 Q_D(kg/m³)。

4)确定砂用量 Q_S(kg/m³)。

5)按砂浆稠度选用水量 Q_W(kg/m³)。

6)进行砂浆试配。

7)配合比确定。

(2)砌筑砂浆的配制强度,可按下式确定:

$$f_{m,0} = f_2 + 0.645\sigma \tag{6-1}$$

式中　$f_{m,0}$——砂浆的试配强度,计算时精确至 0.1MPa;

　　　f_2——砂浆设计强度(即砂浆抗压强度平均值),精确至 0.1MPa;

　　　σ——砂浆现场强度标准差,精确至 0.01MPa。

(3)砌筑砂浆现场强度标准差应按下式或表 6-5 确定:

$$\sigma = \sqrt{\frac{\sum_{i=1}^{n} f_{m,i}^2 - N\mu_{fm}^2}{N-1}} \tag{6-2}$$

式中　$f_{m,i}$——统计周期内同一品种砂浆第 i 组试件的强度(MPa);

　　　μ_{fm}——统计周期内同一品种砂浆 N 组试件强度的平均值(MPa);

　　　N——统计周期内同一品种砂浆试件的总组数,$N \geq 25$。

当不具有近期统计资料时,其砌筑砂浆现场强度标准差 σ 可按表 6-4 取用。

表 6-4   **砌筑砂浆强度标准差 σ 选用值**   MPa

砂浆强度等级 施工水平	M2.5	M5.0	M7.5	M10.0	M15.0	M20.0
优 良	0.50	1.00	1.50	2.00	3.00	4.00
一 般	0.62	1.25	1.88	2.50	3.75	5.00
较 差	0.75	1.50	2.25	3.00	4.50	6.00

(4)水泥用量的计算应符合下列规定：

1)每 1m³ 砂浆中的水泥用量，应按下式计算：

$$Q_C = \frac{1000(f_{m,0} - \beta)}{\alpha \cdot f_{ce}} \qquad (6-3)$$

式中　Q_C——每 1m³ 砂浆的水泥用量（kg/m³）；

　　　$f_{m,0}$——砂浆的试配强度（MPa）；

　　　f_{ce}——水泥的实测强度，精确至 0.1MPa；

　　　α、β——砂浆的特征系数，其中 $\alpha = 3.03$，$\beta = 15.09$。

注：各地区也可用本地区试验资料确定 A、B 值，统计用的试验组数不得少于 30 组。

2)在无法取得水泥的实测强度值时，可按下式计算 f_{ce}：

$$f_{ce} = \gamma_c \cdot f_{ce,k} \qquad (6-4)$$

式中　$f_{ce,k}$——水泥商品强度等级对应的强度值；

　　　γ_c——水泥强度等级值的富余系数，该值应按实际统计资料确定。无统
计资料时 γ_c 取 1.0。

(5)水泥混合砂浆的掺加料用量应按下式计算：

$$Q_D = Q_A - Q_C \qquad (6-5)$$

式中　Q_D——每 1m³ 砂浆的掺加料用量（kg/m³）；

　　　Q_C——每 1m³ 砂浆的水泥用量（kg/m³）；

　　　Q_A——每 1m³ 砂浆中胶结料和掺加料的总量（kg/m³）；一般应在 300~
350kg/m³ 之间。

石灰膏不同稠度时，其换算系数可按表 6-5 进行换算。

表 6-5   **石灰膏不同稠度时的换算系数**

石灰膏稠度/mm	120	110	100	90	80	70	60	50	40	30
换算系数	1.00	0.99	0.97	0.95	0.93	0.92	0.90	0.88	0.87	0.86

(6)每 1m³ 砂浆中的砂子用量，应以干燥状态（含水率小于 0.5%）的堆积密
度值作为计算值，单位以 kg/m³ 计。

(7)每 1m³ 砂浆中的用水量，可根据经验或按表 6-6 选用。

表 6-6　　　　　　　　　　每 1m³ 砂浆中用水量选用值

砂浆品种	混合砂浆	水泥砂浆
用水量/(kg/m³)	260～300	270～330

注：1. 混合砂浆中的用水量，不包括石灰膏或黏土膏中的水；

2. 当采用细砂或粗砂时，用水量分别取上限或下限；

3. 稠度小于 70mm 时，用水量可小于下限；

4. 施工现场气候炎热或干燥季节，可酌量增加水量。

2. 配合比试配、调整与确定

(1)试配时应采用工程中实际使用的材料；搅拌方法应与生产时使用的方法相同。

(2)按计算配合比进行试拌，测定其拌合物的稠度和分层度，若不能满足要求，则应调整用水量或掺加料，直到符合要求为止。然后确定为试配时的砂浆基准配合比。

(3)试配时至少应采用三个不同的配合比，其中一个为按上述第(2)条得出的基准配合比，另外两个配合比的水泥用量按基准配合比分别增加及减少 10%，在保证稠度、分层度合格的条件下，可将用水量和掺加料用量作相应调整。

(4)三个不同的配合比，经调整后，应按国家现行标准《建筑砂浆基本性能试验方法》的规定成型试件，测定砂浆强度等级；并选定符合强度要求的且水泥用量较少的砂浆配合比。

(5)砂浆配合比确定后，当原材料有变更时，其配合比必须重新通过试验确定。

第二节　抹　面　砂　浆

抹面砂浆又称抹灰砂浆，主要是以薄层抹于建筑物的墙体、顶棚等部位的底层、中层或面层，对建筑物起到保护、增强耐久性和表面装饰的作用。为便于施工和保证抹灰质量，要求抹灰砂浆有较好的和易性和黏结能力。因此抹灰砂浆胶凝材料(包括掺合料)的用量要比砌筑砂浆胶凝材料的用量多。为保证抹灰质量表面平整，避免干缩裂缝、脱落，施工时一般分两层或三层抹灰，根据各层抹灰要求的不同，所用砂浆和材料也不相同。

一、一般抹面砂浆

1. 材料组成及各抹灰层用途

一般抹面砂浆的功能是保护建筑物不受风、雨、雪和大气中有害气体的侵蚀，提高砌体的耐久性并使建筑物保持光洁，增加美观。

一般抹灰砂浆所用材料主要有水泥、石灰、石膏、黏土及砂等。

水泥多为普通硅酸盐及矿渣硅酸盐水泥。石灰为熟石灰,且得含有未熟化颗粒。通常是将生石灰熟化 15d 后过筛而得。石膏应为磨细石膏,且应满足建筑石膏的凝结时间要求。黏土应为砂黏土,砂最好为中砂,其细度模数为 3.0～2.3,也可用中砂粗砂混合物及膨胀珍珠岩砂等。

抹灰砂浆中有时还掺入麻丝,其长度为 2～3cm。

各层抹灰砂浆的组成材料及用途见表 6-7。

表 6-7　　　　　　　　　　　　各层抹灰砂浆的材料组成及用途

层次名称	使用砂浆种类	用　途	备　注
底层 (3mm)	砖墙基层:石灰或水泥砂浆 混凝土基层:混合或水泥砂浆 板条、苇箔基层:麻刀灰或纸筋灰 金属网基层:麻刀灰(适加水泥)	起黏结作用	有防水、防潮要求时,应采用水泥砂浆打底
中层(5 ～13mm)	与底层相同	起找平作用	分层或一次抹成
面层 (2mm)	室内:麻刀灰、纸筋灰 室外:各种水泥砂浆,水泥拉毛灰和各种假石	起装饰作用	面层镶嵌材料有大理石、预制水磨石、瓷板、瓷砖等

2. 性能要求

抹面(灰)砂浆的稠度和细骨料的最大粒径,根据抹灰层次不同有如下要求:底层抹灰稠度为 100～120mm,砂的最大粒径为 2.6mm;中层抹灰的稠度为 70～90mm,砂的最大粒径为 2.6mm;面层抹灰的稠度为 70～80mm,砂的最大粒径为 1.2mm。

3. 配合比

一般抹灰砂浆的配合比与砌筑砂浆不同之处在于抹灰砂浆的主要要求不是抗压强度,而是与基层材料的黏结强度,因而胶凝材料及掺合料的用量要比砌筑砂浆多。

抹面砂浆有外墙使用和内墙使用两种。为保证抹灰层表面平整,避免开裂与脱落,施抹时通常分底层、中层和面层三个层次涂抹。各层砂浆的稠度和砂子的最大粒径见表 6-8。

表 6-8　　　　　　　　　　　　抹面砂浆材料及稠度

抹面砂浆层次	沉入度/mm	砂的最大粒径/mm
底　层	100～120	2.5
中　层	70～90	2.5
面　层	70～80	1.2

抹面砂浆的配合比一般采取体积比,抹灰工程中常用的配合比见表 6-9。

表 6-9 各种抹面砂浆配合比参考表

材　料	配合比(体积比)	应用范围
石灰∶砂	1∶3	用于砖石墙面打底找平(干燥环境)
石灰∶砂	1∶1	墙面石灰砂浆面层
石灰∶黏土∶砂	1∶1∶(4~8)	干燥环境墙表面
石灰∶石膏∶砂	1∶0.4∶2~1∶1∶3	用于非潮湿房间的墙及天花板
石灰∶石膏∶砂	1∶2∶(2~4)	用于非潮湿房间的线脚及其他装饰工程
石灰膏∶麻刀	100∶2.5(质量比)	木板条顶棚底层
石灰膏∶麻刀	100∶1.3(质量比)	木板条顶棚面层
石灰膏∶纸筋	100∶3.8(质量比)	木板条顶棚面层
石灰膏∶纸筋	$1m^3$ 石灰膏掺 3.6kg 纸筋	较高级墙面及顶棚
水泥∶砂	1∶(2.5~3)	用于浴室、潮湿车间等墙裙、勒脚或地面基层
水泥∶砂	1∶(1.5~2)	用于地面、天棚或墙面面层
水泥∶砂	1∶(0.5~1)	用于混凝土地面随时压光
水泥∶石灰∶砂	1∶1∶6	内外墙面混合砂浆打底层
水泥∶石灰∶砂	1∶0.3∶3	墙面混合砂浆面层
水泥∶石膏∶砂∶锯末	1∶1∶3∶5	用于吸声粉刷
水泥∶白石子	1∶(1~2)	用于水磨石(打底用 1∶2.5 水泥砂浆)
水泥∶白石子	1∶1.5	用于剁假石[打底用 1∶(2~2.5)水泥砂浆]

二、装饰抹面砂浆

装饰抹面砂浆是用于室内外装饰以增加建筑物美感为主要目的的砂浆,常以白水泥、石灰、石膏或普通水泥为胶结材料,以白色、浅色或彩色的天然砂、大理石及花岗石的石粒或特制的塑料色粒为骨料。为了进一步满足人们对建筑艺术的需求,还可以利用各种矿物颜料调制成多种色彩,但所加入的颜料应具有耐碱、耐光和不溶解等性质。彩色砂浆的参考配合化见表 6-10。

表 6-10 彩色砂浆参考配合比(体积比)

设计颜色	普通水泥	白水泥	白灰膏	颜料(水泥量%)	砂　子
土黄色	5	—	1	氧化铁红 0.2~0.3 氧化铁黄 0.1~0.2	9

(续)

设计颜色	普通水泥	白水泥	白灰膏	颜料(水泥量%)	砂　子
咖啡色	5		1	氧化铁红 0.5	9
淡黄色	—	5	—	铬黄 0.9	9
淡绿色	—	5	—	氧化铬绿 2	9(白细砂)
灰绿色	5		1	氧化铬绿 2	9(白细砂)
淡红色	—	5	—	铬黄 0.5,红绿 0.4	9(白细砂)
白　色	—	5			9(白细砂)

装饰砂浆的表面可以进行各种艺术性的处理,以形成不同形式的风格,达到不同的建筑艺术效果。如制成水磨石、水刷石、剁假石、麻点、干粘石、粘花、拉毛、拉条、喷甩云片以及人造大理石等。

第三节　粉煤灰砂浆

一、种类及适用范围

粉煤灰砂浆是指掺入一定量粉煤灰的砂浆。粉煤灰砂浆按其组成可分为:

(1)粉煤灰水泥砂浆:适用于内外墙抹面、踢脚、窗口、勒脚、磨石地面底层、墙体勾缝装修工程和各种墙体砌体工程。

(2)粉煤灰石灰砂浆:适用于地面以上内墙的抹灰工程。

(3)粉煤灰水泥石灰砂浆:适用于地面以上墙体的砌筑和抹灰工程。

二、粉煤灰的合理掺量

粉煤灰的掺量与其性质、品质和种类有关。

砂浆中粉煤灰掺入量以取代水泥率 $\beta_{m,c}$(砂浆中的水泥被粉煤灰取代的百分率)和超量系数 $\delta_{m,c}$ 的乘积来表示。粉煤灰掺入量应通过试验确定,取代水泥率最大不超过 40%;取代石膏率最大不超过 50%。$\beta_{m,c}$、$\delta_{m,c}$ 可参照表 6-11 选用。

粉煤灰密度小,搅拌时应采用砂浆搅拌机或强制搅拌机。投料时,粉煤灰与水泥砂子同时加入,总搅拌时间不得小于 2min。施工时,基层应浇水浸润,施工后应加强养护。

表 6-11 　　　　　　　　　　砂浆中粉煤灰取代水泥率及超量系数

砂浆品种		砂　浆　强　度　等　级			
		M2.5	M5.0	M7.5	M10.0
水泥石	$\beta_{m,c}$(%)	15~40		10~25	
灰砂浆	$\delta_{m,c}$	1.2~1.7		1.1~1.5	
水泥	$\beta_{m,c}$(%)	25~40	20~30	15~25	10~20
砂浆	$\delta_{m,c}$	1.3~2.0		1.2~1.7	

第四节　特种砂浆

为满足专门工程需要的砂浆称为特种砂浆。特种砂浆的种类很多,此处只介绍常用的防水砂浆、保温砂浆和聚合物水泥砂浆等。

一、防水砂浆

制作防水层的砂浆称为防水砂浆,它具有防潮、防渗作用,是一种刚性防水层。适用于地下室、水池、管道、坝堤、隧道、沟渠及屋面以及具有一定刚度的砖、石或混凝土工程的施工部位。对于变形较大或可能发生不均匀沉降的建筑物不宜采用。

1. 材料配制要求

(1)采用级配良好的砂子和提高水泥用量,一般采用 1∶2~1∶3 的灰砂比。

(2)采用具有特殊性能的膨胀水泥和微膨胀水泥。

(3)施工时采用较为先进快速的喷浆法,利用每秒 100m 高压空气的高速、高压喷射速度,将砂浆喷射到建筑物表面。

(4)掺加各种防水和防渗外加剂,以提高砂浆强度和抗渗防水性能。

使用防水砂浆做刚性防水层时,一般要抹两道防水砂浆和一道防水净浆。

2. 防水砂浆的配合比

常用防水砂浆、防水净浆的配合比见表 6-12。

表 6-12　　　　　常用防水砂浆、防水净浆配合比

种　类	材　料	配合比
氯化物金属盐类防水剂砂浆	防水剂∶水∶水泥∶砂	1∶6∶8∶3(体积比)
氯化物金属盐类防水剂净浆	防水剂∶水∶水泥	1∶6∶8(体积比)
金属皂类防水剂砂浆	水泥∶砂	1∶2,防水剂用量为水泥重量的 1.5%~5%(体积比)
氯化铁防水剂砂浆(用于底层)	水泥∶砂∶防水剂	1∶2∶0.03(质量比)
氯化铁防水剂砂浆(用于面层)	水泥∶砂∶防水剂	1∶2.5∶0.03(质量比)
氯化铁防水剂净浆	水泥∶砂∶防水剂	0.6∶1∶0.03(质量比)

3. 适用范围

防水砂浆适用于埋置深度不大、不受振动和具有一定刚度的地上及地下防水工程。

目前国内已采用在普通砂浆内掺入聚合物配制聚合物防水砂浆,在地下工程

防渗、防潮及某些有特殊气密性要求的工程中已取得成效。

二、聚合物水泥砂浆

聚合物水泥砂浆是在水泥砂浆中加入聚合物乳液配制而成的。工程上多采用的聚合物有：聚醋酸乳液、不饱和聚酯树脂以及环氧树脂等。

聚合物水泥砂浆在硬化过程中，聚合物与水泥不发生化学反应，水泥水化物被乳液微粒所包裹，成为相互填充的结构。聚合物水泥砂浆的黏结力很强，同时其耐腐蚀、耐磨及抗渗性能都高于一般的水泥砂浆。

在水泥砂浆中掺加具有特殊性能的细骨料，还可以得到具有某种防护能力的砂浆。如掺入重晶石砂（粉）时，砂浆具有防 X 射线的能力；掺入硼砂、硼酸等可配制成具有抗中子辐射能力的加硼水泥砂浆；掺入石英砂后可使砂浆的耐磨性大大提高等。

1. 硫磺砂浆

硫磺砂浆是由熔融的硫磺与细骨料、粉料及聚硫橡胶改性剂于 140～160℃下熬制而成，其施工配合比见表 6-13。

表 6-13　　　　　　　　　　硫磺砂浆及硫磺胶泥配合比

材料名称		质量配合比（%）				改性剂
		硫　磺	填　　料			聚硫橡胶
			石英粉或铸石粉	石墨粉	细骨料	
硫磺胶泥	1	58～60	38～40			2
	2	70～72		26～28		2
硫磺砂浆		50	17		30	3

注：1. 石墨粉应用于耐氢氟酸工程。

2. 硫磺砂浆中亦可加入不大于1%的6级石棉。

2. 氯丁胶乳水泥砂浆

氯丁胶乳水泥砂浆的材料组成及配合比见表 6-14。

表 6-14　　　　　　　　阳离子氯丁胶乳水泥砂浆参考配合比

材料名称	水　泥	中细砂	阳离子氯丁胶乳	稳定剂、消泡剂、水
防水净浆	1	—	0.3～0.4	适　量
防水砂浆	1	1～3	0.25～0.5	适　量

注：1. 水泥宜采用强度等级 42.5 级以上的普通硅酸盐水泥。

2. 中细砂粒径应小于 3mm。

3. 上述配合比为质量比，胶乳浓度按 40% 计，如采用其他浓度胶乳，可按比例换算。

3. 水玻璃砂浆

水玻璃砂浆是以水玻璃、氟硅酸钠、粉料及细骨料配制而成,其施工配合比见表 6-15。

表 6-15　　　　　　　　　　水玻璃胶泥、水玻璃砂浆配合比

材料名称		重　量　配　合　比				
		水玻璃	氟硅酸钠 (100%纯度)	粉　　料		细骨料
				铸石粉	铸石粉+石英粉	
水玻璃胶泥	1	1.0	0.15~0.18	2.55~2.7	—	—
	2	1.0	0.15~0.18	—	2.2~2.4	—
水玻璃砂浆	1	1.0	0.15~0.17	2.0~2.2	—	2.5~2.7
	2	1.0	0.15~0.17	—	2.0~2.2	2.5~2.6

注:1. 氟硅酸钠用量依水玻璃中氧化钠含量调整。

　　2. 铸石粉与石英粉混合物按 1:1 比例配制。

4. 树脂砂浆

以环氧树脂、不饱和聚酯树脂、呋喃树脂、酚醛树脂等为胶凝材料,以石英粉、石英砂或重晶石粉、重晶石砂为填料和骨料,外加各种引发剂、促进剂、稀释剂等配制成的树脂砂浆,在建筑工程中只用于有特殊耐腐蚀要求的工业厂房地面或槽衬。它既可以整铺,又可以砌铺耐酸块材。

三、保温吸声砂浆

保温吸声砂浆是以水泥作胶结材料,以粒状轻质保温材料为骨料,加水拌合而成。保温砂浆常用于施工工程中的现浇保温、隔热层。

保温吸声砂浆中常用的粒状骨料有膨胀蛭石和膨胀珍珠岩。

1. 膨胀珍珠岩砂浆

膨胀珍珠岩砂浆是以水泥为胶凝材料,以膨胀珍珠岩砂为骨料加水拌制而成。水泥可用强度等级 32.5 级以上的普通硅酸盐水泥。膨胀珍珠岩则可采用堆积密度为 $135 \sim 150 kg/m^3$ 的二级品。水泥与膨胀珍珠岩的体积比可为 1:(2.5~20),通常使用的配合比为 1:(10~12)。

2. 膨胀蛭石砂浆

膨胀蛭石砂浆是以水泥或石灰为胶凝材料,以膨胀蛭石为骨料加水拌制而成。膨胀蛭石砂浆又可分为膨胀蛭石水泥砂浆、膨胀蛭石混合砂浆及膨胀蛭石石灰砂浆。

各类膨胀蛭石砂浆的配合比见表 6-16。

表 6-16　　　　　　　　　　膨胀蛭石砂浆参考配合比

砂浆类别	体 积 配 合 比			
	水泥	石灰膏	膨胀蛭石	水
膨胀蛭石水泥砂浆	1	—	4～8	1.40～2.60
膨胀蛭石混合砂浆	1	1	5～8	2.33～3.76
膨胀蛭石石灰砂浆	—	1	2.5～4	0.96～1.80

注:1. 膨胀蛭石应满足中砂要求。

　　2. 砂浆中可加入适量塑化剂。

3. 基本性能

(1)膨胀珍珠岩砂浆。各种配合比膨胀珍珠岩砂浆的基本性能见表 6-17。

表 6-17　　　　　　　　　　膨胀珍珠岩砂浆基本性能

体积配合比		松散密度 /(kg/m³)	抗压强度 /MPa	导热系数/[W/(m·K)]	备　　　　注
水泥	膨胀珍珠岩				
1	2.5	842	5.6	0.2003	(1)原料:
	6.0	542	1.6	0.1198	52.5 级硅酸盐水泥及二
	8.0	530	2.0	0.1091	级膨胀珍珠岩(松散密度 135
	10.0	430	1.2	0.0803	～150kg/m³)
	12.0	359	1.0	0.0712	(2)养护:
	14.0	352	1.1	0.0643	65℃×36h
	16.0	306	0.85	0.0597	(3)振捣:
	18.0	305	0.65	0.0572	人工振捣
	20.0	296	0.70	0.0548	

(2)膨胀蛭石砂浆。各种配合比膨胀蛭石砂浆的基本性能见表 6-18。

表 6-18　　　　　　　　　　膨胀蛭石砂浆基本性能

砂浆类别	水泥:石灰:蛭石:水 (体积配合比)	密度 /(kg/m³)	导热系数 /[W/(m·K)]	抗压强度 /MPa	黏结强度 /MPa	线收缩 (%)
膨胀蛭石水泥砂浆	1:0:4～8:1.4～2.6	638～509	0.184～0.152	0.36～1.2	0.23～0.37	0.311～0.397
膨胀蛭石混合砂浆	0:1:5～8:2.3～3.7	749～636	0.194～0.160	1.2～2.1	0.13～0.24	0.318～0.398
膨胀蛭石石灰砂浆	1:1:2.5～4:0.96～1.8	0.97～405	0.153～0.163	0.16～0.18	0.014～0.016	0.918～1.427

4. 适用范围

（1）膨胀珍珠岩砂浆可用作内墙及屋面的保温隔热层，或喷涂于顶棚作吸声层，还可作热工设备的隔热层等。

（2）膨胀蛭石砂浆主要用于墙面、顶棚、浴室的保温隔热及防潮层。用膨胀蛭石砂浆作吸声材料时，必须使蛭石颗粒之间形成空隙，并形成一定厚度（一般应为20～30mm）。

第七章 建筑钢材及其他金属制品

第一节 建筑常用钢材

建筑工程用钢有钢结构用钢和钢筋混凝土用钢两类。建筑工程所用的钢筋、钢丝、型钢(扁钢、工字钢、槽钢、角钢)等,通称为建筑钢材。作为工程建设中的主要材料,它广泛应用于工业与民用房屋建筑、道路桥梁、国防等工程中。

建筑钢材的主要优点是:

(1)强度高:在建筑中可用作各种构件,特别适用于大跨度及高层建筑。在钢筋混凝土中,能弥补混凝土抗拉、抗弯、抗剪和抗裂性能较低的缺点。

(2)塑性和韧性较好:在常温下建筑钢材能承受较大的塑性变形,可以进行冷弯、冷拉、冷拔、冷轧、冷冲压等各种冷加工。

可以焊接和铆接,便于装配。

(3)建筑钢材的主要缺点是容易生锈、维持费用大、防火性能较差、能耗及成本较高。

一、建筑钢铁材料分类

建筑钢铁材料的分类见表 7-1。

表 7-1 钢的分类

分类方法	分类名称	说　　明
按化学成分分	碳素钢	工业纯铁——含碳量 $w_C \leqslant 0.04\%$ 是指钢中除铁、碳外,还含有少量锰、硅、硫、磷等元素的铁碳合金,按其含碳量的不同,可分为: (1)低碳钢——含碳量 $w_C \leqslant 0.25\%$。 (2)中碳钢——含碳量 $w_C(0.25\% \sim 0.6\%)$。 (3)高碳钢——含碳量 $w_C \geqslant 0.60\%$
	合金钢	为了改善钢的性能,在冶炼碳素钢的基础上,加入一些合金元素而炼成的钢,如铬钢、锰钢、铬锰钢、铬镍钢等。按其合金元素的总含量,可分为: (1)低合金钢——合金元素的总含量 $\leqslant 5\%$。 (2)中合金钢——合金元素的总含量为 $5\% \sim 10\%$。 (3)高合金钢——合金元素的总含量 $>10\%$

(续一)

分类方法	分类名称	说　　　　明
按冶炼设备分	转炉钢	是指用转炉吹炼的钢,可分为底吹、侧吹、顶吹、空气吹炼、纯氧吹炼等转炉钢;根据炉衬的不同,又分为酸性和碱性两种
	平炉钢	是指用平炉炼制的钢,按炉衬材料的不同分为酸性和碱性两种,一般平炉钢多为碱性
	电炉钢	是指用电炉炼制的钢,有电弧炉钢、感应炉钢及真空感应炉钢等。工业上大量生产的是碱性电弧炉钢
按浇注前的脱氧程度分	沸腾钢	属脱氧不完全的钢,浇注时钢锭模里产生沸腾现象。其优点是冶炼损耗少、成本低、表面质量及深冲性能好;缺点是成分和质量不均匀、抗腐蚀性和力学强度较差,一般用于轧制碳素结构钢的型材和钢板
	镇静钢	属脱氧完全的钢,浇注时钢锭模里钢液镇静,没有沸腾现象。其优点是成分和质量均匀;缺点是金属的收得率低,成本较高。一般合金钢和优质碳素结构钢都为镇静钢
	半镇静钢	脱氧程度介于镇静钢和沸腾钢之间的钢,因生产较难控制,目前产量较少
按钢的质量分	普通钢	钢中含杂质元素较多,含硫量 w_S 一般≤0.055%,含磷量 w_P≤0.045%,如碳素结构钢、低合金结构钢等
	优质钢	钢中含杂质元素较少,含硫量 w_S 及含磷量 w_p 一般均≤0.04%,如优质碳素结构钢、合金结构钢、碳素工具钢和合金工具钢、弹簧钢、轴承钢等
	高级优质钢	钢中含杂质元素极少,含硫量 w_S 一般≤0.03%,含磷量 w_P≤0.035%,如合金结构钢和工具钢等。高级优质钢的钢号后面,通常加符号"A"或汉字"高",以便识别
按钢的用途分	结构钢	(1)建筑及工程用结构钢。简称建造用钢,是指建筑、桥梁、船舶、锅炉或其他工程上用于制作金属结构件的钢,如碳素结构钢、低合金钢、钢筋钢等 (2)机械制造用结构钢。是指用于制造机械设备上结构零件的钢。这类钢基本上都是优质钢或高级优质刚刚,主要有优质碳素结构钢、合金结构钢、易切结构钢、弹簧钢、轴承钢等
	工具钢	一般用于制造各种工具,如碳素工具钢、合金工具钢、高速工具钢等。按其用途又可分为刃具钢、模具钢、量具钢
	特殊钢	是指具有特殊性能的钢,如不锈耐酸钢、耐热不起皮钢、高电阻合金钢、耐磨钢、磁钢低温用等
	专业用钢	是指各个工业部门用于专业用途的钢,如汽车用钢、农机用钢、航空用钢、化工机械用钢、锅炉用钢、电工用钢、焊条用钢、桥梁用钢等

(续二)

分类方法	分类名称	说　　　　　明
按制造加工形式分	铸钢	是指采用铸造方法生产出来的一种钢铸件,主要用于制造一些形状复杂、难于锻造或切削加工成形而又有较高强度和塑性要求的零件
	锻钢	是指采用锻造方法生产出来的各种锻材和锻件。锻钢件的质量比铸钢件高,能承受大的冲击力,塑性、韧性和其他力学性能均高于铸钢件,所以重要的机器零件都应当采用锻钢件
	热轧钢	是指用热轧方法生产出来的各种钢材。热轧方法常用来生产型钢、钢管、钢板等大型钢材,也用于轧制线材
	冷轧钢	是指用冷轧方法生产出来的各种钢材。与热轧钢相比,冷轧钢的特点是表面光洁、尺寸精确、力学性能好。冷轧常用来轧制薄板、钢带和钢管
	冷拔钢	是指用冷拔方法生产出来的各种钢材。冷拔钢的特点是:精度高、表面质量好。冷拔方法主要用于生产钢丝,也用于生产直径在 50mm 以下的圆钢和六角钢,以及直径在 76mm 以下的钢管

注:1. 表中成分含量均指质量分数。

　　2. w_C、w_S、w_P 分别表示碳、硫、磷的质量分数。

二、常用建筑钢材的性能

1. 钢材的力学性能

在钢筋混凝土结构中所使用的钢材是否符合标准,直接关系着工程的质量,因此,在使用前,必须对钢筋进行一系列的检查与试验,力学性能试验就是其中的一个重要检验项目,是评估钢材能否满足设计要求,检验钢质及划分钢号的重要依据之一。

力学性能是指钢材在外力作用下所表现出的各种性能。其主要指标如下:

(1)抗拉性能。钢筋的抗拉性能,一般是以钢筋在拉力作用下的应力-应变图来表示。热轧钢筋具有软钢性质,有明显的屈服点,其应力-应变图见图 7-1 所示。

1)弹性阶段。图中的 OA 段,施加外力时,钢筋伸长;除去外力,钢筋恢复到原来的长度。这个阶段称为弹性阶段,在此段内发生的变形称为弹性变形。A 点所对应的应力叫做弹性极限或比例极限,用 σ_p 表示。OA 呈直线状,表明在 OA 阶段内应力与应变的比值为一常数,此常数被称为弹性模量,用符号 E 表示。弹性模量 E 反映了材料抵抗弹性变形的能力。工程上常用的 HPB235 级钢筋,其弹性模量 $E = 2.0 \times 10^5 \sim 2.1 \times 10^5 \text{N/mm}^2$。

2)屈服阶段。图中的 $B_{\text{上}} B$ 段。应力超过弹性阶段,达到某一数值时,应力与应变不再成正比关系,在 $B_{\text{下}} B$ 段内图形呈锯齿形,这时应力在一个很小范围内波动,而应变却自动增长,犹如停止了对外力的抵抗,或者说屈服于外力,所以叫做屈服阶段。

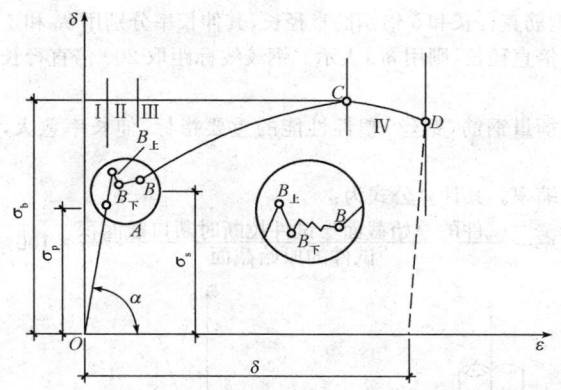

图 7-1　软钢受拉时的应力-应变图

　　钢筋到达屈服阶段时,虽尚未断裂,但一般已不能满足结构的设计要求,所以设计时是以这一阶段的应力值为依据,为了安全起见,取其下限值。这样,屈服下限也叫屈服强度或屈服点,用"σ_s"表示。如 HPB235 级钢筋的屈服强度(屈服点)为不小于 240N/mm² 。

　　3)强化阶段(BC)段。经过屈服阶段之后,试件变形能力又有了新的提高,此时变形的发展虽然很快,但它是随着应力的提高而增加的。BC 段称为强化阶段。对应于最高点 C 的应力称为抗拉强度,用"σ_b"表示。如:HPB235 级钢筋的抗拉强度 $\sigma_b = 380$N/mm² 。

　　屈服点 σ_s 与抗拉强度 σ_b 的比值叫屈强比。屈强比 σ_s/σ_b 愈小,表明钢材在超过屈服点以后的强度储备能力愈大,则结构的安全性愈高。但屈强比小,则表明钢材的利用率太低,造成钢材浪费。反之屈服比大,钢材的利用率虽然提高了,但其安全可靠性却降低了。HPB235 级钢筋的屈强比为 0.58~0.63。

　　4)颈缩阶段(CD)段。当试件强度达到 C 点后,其抵抗变形的能力开始有明显下降,试件薄弱部分的断面开始出现显著缩小,此现象称为颈缩,见图 7-2。试件在 D 点断裂,故称 CD 段为颈缩阶段。

　　(2)塑性变形。通过钢材受拉时的应力-应变图(图 7-3),可对其塑性性能进行分析。钢筋的塑性性能必须满足一定的要求,才能防止钢筋在加工时弯曲处出现裂缝、翘屈现象及构件在受荷载过程中可能出现的脆断破坏。

　　表示钢材塑性性能的指标有两个:

　　1)伸长率。用 δ 表示,它的计算公式为:

$$\delta = (标距长度内总伸长值/标距长度 L) \times 100\%$$

由于试件标距的长度不同,故伸长率的表示方法也不一样。一般热轧钢筋的标距取 10 倍钢筋直径长和 5 倍钢筋直径长,其伸长率分别用 δ_{10} 和 δ_5 表示。钢丝的标距取 100 倍直径长,则用 δ_{100} 表示。钢绞线标距取 200 倍直径长,则用 δ_{200} 来表示。

伸长率是衡量钢筋(钢丝)塑性性能的重要指标,伸长率愈大,钢筋的塑性愈好。

2)断面收缩率。其计算公式为:

$$断面收缩率 = \frac{试件的原始截面 - 试件拉断时断口截面积}{试件的原始截面} \times 100\%$$

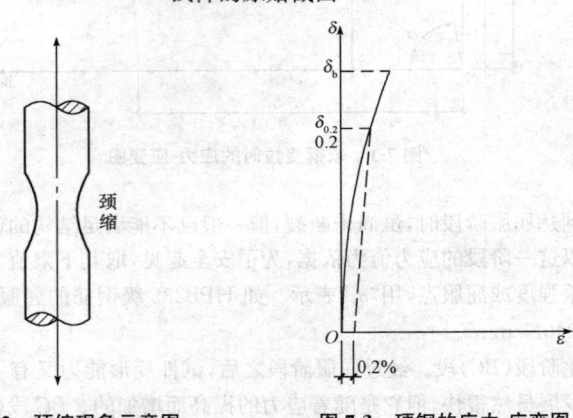

图 7-2　颈缩现象示意图　　　　图 7-3　硬钢的应力-应变图

(3)冲击韧性。冲击韧性是指钢材抵抗冲击荷载的能力。其指标是通过标准试件的弯曲冲击韧性试验确定的。

钢材的冲击韧性是衡量钢材质量的一项指标,特别对经常承受荷载冲击作用的构件,如质量级的吊车梁等,要经过冲击韧性的鉴定。冲击韧性越大,表明钢材的冲击韧性越好。

(4)耐疲劳性。钢筋混凝土构件在交变荷载的反复作用下,往往在应力远小于屈服点时,发生突然的脆性断裂,这种现象叫做疲劳破坏。

(5)冷弯性能。冷弯性能是指钢筋在常温(20±3)℃条件下承受弯曲变形的能力。冷弯是检验钢筋原材料质量和钢筋焊接接头质量的重要项目之一。通过冷弯试验更容易暴露钢材内部存在的夹渣、气孔、裂纹等缺陷。

其性能指标通过冷弯试验确定,常用弯曲角度(a)以及弯心直径(d)对试件的厚度或直径(a)的比值来表示。弯曲角度愈大,弯心直径对试件厚度或直径的比值愈小,表明钢筋的冷弯性能越好。如图 7-4 所示。

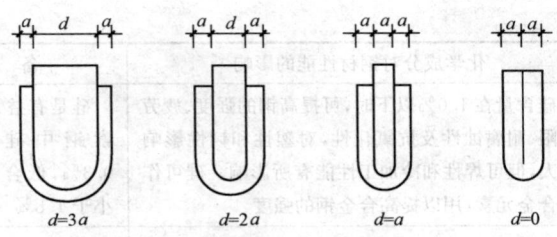

图7-4　钢筋冷弯示意图

(6)焊接性能。在建筑工程中,钢筋骨架、接头、预埋件连接等,大多数是采用焊接的,因此要求钢筋应具有良好的可焊性。钢筋的化学成分对钢筋的焊接性能和其他性能有很大的影响。

碳(C):钢筋中含碳量的多少,对钢筋的性能有决定性的影响。含碳量增加时,强度和硬度提高,但塑性和韧性降低;焊接和冷弯性能也降低;钢的冷脆性提高。

硅(Si):在含量小于1％时,可显著提高钢的抗拉强度、硬度、抗蚀性能、提高湿氧化能力,但含量过高,则会降低钢的塑性和韧性及焊接性能。

锰(Mn):能显著地提高钢的屈服点和抗拉强度,改善钢的热加工性能,故锰的含量不应低于标准规定。它是生产低合金钢的主要元素。

磷(P):磷是钢材的有害元素,显著地降低了钢的塑性、韧性和焊接性能。

硫(S):硫也是钢材的有害元素,能显著降低钢的焊接性能、力学性能、抗蚀性能和疲劳强度,使钢变脆。

(7)硬度。硬度是指金属材料抵抗硬物压入表面的能力。是热处理工件质量检查的一项重要指标。测定硬度可用压入法。按照压头和压力的不同,测定钢材硬度常用的方法有布氏法、洛氏法和维氏法。相应的硬度试验指标有布氏硬度(HB)、洛氏硬度(HR)和维氏硬度(HV)。

2. 化学成分对钢材性能的影响

化学成分对钢材性能的影响见表7-2。

表7-2　　　　　　　　　　　化学成分对钢材性能的影响

化学成分	化学成分对钢材性能的影响	备　注
碳(C)	含碳量在0.8％以下时,随含碳量的增加,钢的强度和硬度提高,塑性和韧性降低;但当含碳量大于1.0％时,随含碳量增加,钢的强度反而下降。含碳量增加时,钢的焊接性能变差,尤其当含碳量大于0.3％时,钢的可焊性显著降低	建筑钢材的含碳量不可过高,但是在用途上允许时,可用含碳量较高的钢,最高可达0.6％

(续)

化学成分	化学成分对钢材性能的影响	备　注
硅(Si)	硅含量在1.0%以下时,可提高钢的强度、疲劳极限、耐腐蚀性及抗氧化性,对塑性和韧性影响不大,但可焊性和冷加工性能有所影响。硅可作为合金元素,用以提高合金钢的强度	硅是有益元素,通常碳素钢中硅含量小于0.3%,低合金钢含硅量小于1.8%
锰(Mn)	锰可提高钢材的强度、硬度及耐磨性。能消减硫和氧引起的热脆性,改善钢材的热工性能。锰可作为合金元素,提高钢材的强度	锰是有益元素,通常锰含量在1%~2%
硫(S)	硫引起钢材的"热脆性",会降低钢材的各种机械性能,使钢材的可焊性、冲击韧性、耐疲劳性和抗腐蚀性等均降低	硫是有害元素,建筑钢材的含硫量应尽可能减少,一般要求含硫量小于0.045%
磷(P)	磷引起钢材的"冷脆性",磷含量提高,钢材的强度、硬度、耐磨性和耐蚀性提高,塑性、韧性和可焊性显著下降	磷是有害元素,建筑用钢要求含磷量小于0.045%
氧(O)	含氧量增加,使钢材的机械强度降低、塑性和韧性降低,促进时效,还能使热脆性增加,焊接性能变差	氧是有害元素,建筑钢材的含氧量应尽可能减少,一般要求含氧量小于0.03%
氮(N)	氮使钢材的强度提高,塑性特别是韧性显著下降。氮会加剧钢的时效敏感性和冷脆性,使可焊变差。但在铝、铌、钒等元素的配合下,可细化晶粒,改善钢的性能,故可作为合金元素	建筑钢材的含氮量应尽可能减少,一般要求含氮量小于0.008%

三、常用建筑钢材的技术指标

1. 普通碳素结构钢的技术指标

(1)普通碳素结构钢的化学成分、力学及工艺性能见表7-3～表7-5。

表7-3　　　　　　　　　　　　　碳素结构钢的化学成分

牌号	统一数字代号①	等级	厚度(或直径)/mm	脱氧方法	化学成分(质量分数)(%),不大于				
					C	Si	Mn	P	S
Q195	U11952	—	—	F、Z	0.12	0.30	0.50	0.035	0.040
Q215	U12152	A	—	F、Z	0.15	0.35	1.20	0.045	0.050
	U12155	B							0.045

（续）

牌号	统一数字代号①	等级	厚度(或直径)/mm	脱氧方法	化学成分(质量分数)(%),不大于				
					C	Si	Mn	P	S
Q235	U12352	A	—	F、Z	0.22	0.35	1.40	0.045	0.050
	U12355	B			0.20②				0.045
	U12358	C		Z	0.17			0.040	0.040
	U12359	D		TZ				0.035	0.035
Q275	U12752	A	—	F、Z	0.24	0.35	1.50	0.045	0.050
	U12755	B	≤40	Z	0.21			0.045	0.045
			>40		0.22				
	U12758	C	—	Z	0.20			0.040	0.040
	U12759	D		TZ				0.035	0.035

注:①表中为镇静钢、特殊镇静钢牌号的统一数字,沸腾钢牌号的统一数字代号如下:

Q195F——U11950;

Q215AF——U12150,Q215BF——U12153;

Q235AF——U12350,Q235BF——U12353;

Q275AF——U12750。

②经需方同意,Q235B的碳含量可不大于 0.22%。

表 7-4　　　　　　　　　　　　碳素结构钢的冷弯试验

牌号	试样方向	冷弯试验,B=2a①,180°	
		钢材厚度(直径)②/mm	
		≤60	>60~100
		弯心直径 d	
Q195	纵	0	—
	横	0.5a	—
Q215	纵	0.5a	1.5a
	横	a	2a
Q235	纵	a	2a
	横	1.5a	2.5a
Q275	纵	1.5a	2.5a
	横	2a	3a

注:①B 为试样宽,a 为试样厚度。

②钢材厚度大于 100mm 时,弯曲试验由双方协商确定。

表 7-5　　　　　　　　　　　碳素结构钢的拉伸、冲击性能

牌号	等级	屈服强度① R_{eH}/(N/mm²),不小于						抗拉强度② R_m/(N/mm²)	断后伸长率 A(%),不小于					冲击试验(V型缺口)	
		厚度(或直径)/mm							厚度(或直径)/mm					温度/℃	冲击吸收功(纵向)/J 不小于
		≤16	>16~40	>40~60	>60~100	>100~150	>150~200		≤40	>40~60	>60~100	>100~150	>150~200		
Q195	—	195	185	—	—	—	—	315~430	33						
Q215	A	215	205	195	185	175	165	335~450	31	30	29	27	26	—	—
	B													+20	27
Q235	A	235	225	215	215	195	185	370~500	26	25	24	22	21	—	—
	B													+20	27③
	C													0	
	D													-20	
Q275	A	275	265	255	245	225	215	410~540	22	21	20	18	17	—	—
	B													+20	27
	C													0	
	D													-20	

注:①Q195 的屈服强度值仅供参考,不作交货条件。

　　②厚度大于 100mm 的钢材,抗拉强度下限允许降低 20N/mm²。宽带钢(包括剪切钢板)抗拉强度上限不作交货条件。

　　③厚度小于 25mm 的 Q235B 级钢材,如供方能保证冲击吸收功值合格,经需方同意,可不做检验。

(2)碳素结构钢的特性及应用。

1)Q195 钢。强度不高,塑性、韧性、加工性能与焊接性能较好。主要用于轧制薄板和盘条等。

2)Q215 钢。用途与 Q195 钢基本相同,由于其强度稍高,还大量用做管坯、螺栓等。

3)Q235 钢。既有较高的强度,又有较好的塑性和韧性,可焊性也好,在建筑工程中应用最广泛,大量用于制作钢结构用钢、钢筋和钢板等。其中 Q235A 级钢,一般仅适用于承受静荷载作用的结构,Q235C 和 Q235D 级钢可用于重要的焊接结构。另外,由于 Q235D 级钢含有足够的形成细晶粒结构的元素,同时对硫、磷有害元素控制严格,故其冲击韧性好,有较强的抵抗振动、冲击荷载能力,尤其适用于负温条件。

4)Q275 钢。强度、硬度较高,耐磨性较好,但塑性、冲击韧性和可焊性差。不宜用于建筑结构,主要用于制作机械零件和工具等。

2. 低合金高强度结构钢的技术指标

(1)牌号及化学成分。钢的牌号由代表屈服强度的汉语拼音字母、屈服强度数值、质量等级符号三个部分组成。

钢的牌号及化学成分(熔炼分析)应符合表 7-6 的规定。

表 7-6　　　　　　　　　　　　钢的牌号及化学成分

牌号	质量等级	化学成分①②（质量分数）（%）														
		C	Si	Mn	P	S	Nb	V	Ti	Cr	Ni	Cu	N	Mo	B	Als
							不大于									不小于
Q345	A	≤0.20	≤0.50	≤1.70	0.035	0.035	0.07	0.15	0.20	0.30	0.50	0.30	0.012	0.10	—	—
	B	≤0.20			0.035	0.035										
	C	≤0.20			0.030	0.030										0.015
	D	≤0.18			0.030	0.025										0.015
	E	≤0.18			0.025	0.020										0.015
Q390	A	≤0.20	≤0.50	≤1.70	0.035	0.035	0.07	0.20	0.20	0.30	0.50	0.30	0.015	0.10	—	—
	B				0.035	0.035										
	C				0.030	0.030										0.015
	D				0.030	0.025										0.015
	E				0.025	0.020										0.015
Q420	A	≤0.20	≤0.50	≤1.70	0.035	0.035	0.07	0.20	0.20	0.30	0.80	0.30	0.015	0.20	—	—
	B				0.035	0.035										
	C				0.030	0.030										0.015
	D				0.030	0.025										0.015
	E				0.025	0.020										0.015

（续）

牌号	质量等级	化学成分a,b,c（质量分数）（%）														
		C	Si	Mn	P	S	Nb	V	Ti	Cr	Ni	Cu	N	Mo	B	Als
							不大于									不小于
Q460	C	≤0.20	≤0.60	≤1.80	0.030	0.030	0.11	0.20	0.20	0.30	0.80	0.55	0.015	0.20	0.004	0.015
	D				0.030	0.025										
	E				0.025	0.020										
Q500	C	≤0.18	≤0.60	≤1.80	0.030	0.030	0.11	0.12	0.20	0.60	0.80	0.55	0.015	0.20	0.004	0.015
	D				0.030	0.025										
	E				0.025	0.020										
Q550	C	≤0.18	≤0.60	≤2.00	0.030	0.030	0.11	0.12	0.20	0.80	0.80	0.80	0.015	0.30	0.004	0.015
	D				0.030	0.025										
	E				0.025	0.020										
Q620	C	≤0.18	≤0.60	≤2.00	0.030	0.030	0.11	0.12	0.20	0.80	0.80	0.80	0.015	0.30	0.004	0.015
	D				0.030	0.025										
	E				0.025	0.020										
Q690	C	≤0.18	≤0.60	≤2.00	0.030	0.030	0.11	0.12	0.20	1.00	0.80	0.80	0.015	0.30	0.004	0.015
	D				0.030	0.025										
	E				0.025	0.020										

注：①型材及棒材P,S含量可提高0.005%,其中A级钢上限可为0.045%。
②当细化晶粒元素组合加入时,20(Nb+V+Ti)≤0.22%,20(Mo+Cr)≤0.30%。

(2)各牌号除 A 级钢以外的钢材，当以热轧、控轧状态交货时，其最大碳当量值应符合表 7-7 的规定；当以正火、正火轧制、正火加回火状态交货时，其最大碳当量值应符合表 7-8 的规定；当以热机械轧制(TMCP)或热机械轧制加回火状态交货时，其最大碳当量值应符合表 7-9 的规定。碳当量(CEV)应由熔炼分析成分并采用下式计算。

$$CEV=C+Mn/6+(Cr+Mo+V)/5+(Ni+Cu)/15$$

表 7-7　　　　　　　　热轧、控轧状态交货钢材的碳当量

牌　号	碳当量(CEV)(%)		
	公称厚度或直径 ≤63mm	公称厚度或直径 >63mm~250mm	公称厚度>250mm
Q345	≤0.44	≤0.47	≤0.47
Q390	≤0.45	≤0.48	≤0.48
Q420	≤0.45	≤0.48	≤0.48
Q460	≤0.46	≤0.49	—

表 7-8　　　　　正火、正火轧制、正火加回火状态交货钢材的碳当量

牌　号	碳当量(CEV)(%)		
	公称厚度 ≤63mm	公称厚度 >63mm~120mm	公称厚度 >120mm~250mm
Q345	≤0.45	≤0.48	≤0.48
Q390	≤0.46	≤0.48	≤0.49
Q420	≤0.48	≤0.50	≤0.52
Q460	≤0.53	≤0.54	≤0.55

表 7-9　　热机械轧制(TMCP)或热机械轧制加回火状态交货钢材的碳当量

牌　号	碳当量(CEV)(%)		
	公称厚度 ≤63mm	公称厚度 >63mm~120mm	公称厚度 >120mm~150mm
Q345	≤0.44	≤0.45	≤0.45
Q390	≤0.46	≤0.47	≤0.47
Q420	≤0.46	≤0.47	≤0.47

(续)

牌　号	碳当量(CEV)(%)		
	公称厚度 ≤63mm	公称厚度 >63～120mm	公称厚度 >120～150mm
Q460	≤0.47	≤0.48	≤0.48
Q500	≤0.47	≤0.48	≤0.48
Q550	≤0.47	≤0.48	≤0.48
Q620	≤0.48	≤0.49	≤0.49
Q690	≤0.49	≤0.49	≤0.49

(3)热机械轧制(TMCP)或热机械轧制加回火状态交货钢材的碳含量不大于0.12%时,可采用焊接裂纹敏感性指数(Pcm)代替碳当量评估钢材的可焊性。Pcm应由熔炼分析成分并采用下式计算,其值应符合表7-10的规定。

$$Pcm=C+Si/30+Mn/20+Cu/20+Ni/60+Cr/20+Mo/15+V/10+5B$$

经供需双方协商,可指定采用碳当量或焊接裂纹敏感性指数作为衡量可焊性的指标,当未指定时,供方可任选其一。

表 7-10　热机械轧制(TMCP)或热机械轧制加回火状态交货钢材 Pcm 值

牌　　号	Pcm(%)	牌　　号	Pcm(%)
Q345	≤0.20	Q500	≤0.25
Q390	≤0.20	Q550	≤0.25
Q420	≤0.20	Q620	≤0.25
Q460	≤0.20	Q690	≤0.25

(4)低合金高强度结构钢的特性及应用。由于合金元素的细晶强化作用和固深强化等作用,使低合金高强度结构钢与碳素结构钢相比,既具有较高的强度,同时又有良好的塑性、低温冲击韧性、可焊性和耐蚀性等特点,是一种综合性能良好的建筑钢材。

Q345级钢是钢结构的常用牌号,Q390也是推荐使用的牌号。与碳素结构钢Q235相比,低合金高强度结构钢 Q345 的强度更高,等强度代换时可以节省钢材15%～25%,并减轻结构自重。另外,Q345 具有良好的承受动荷载能力和耐疲劳性。低合金高强度结构钢广泛应用于钢结构和钢筋混凝土结构中,特别是大型结构、重型结构、大跨度结构、高层建筑、桥梁工程、承受动荷载和冲击荷载的结构。

3. 优质碳素结构钢技术指标

(1)优质碳素结构钢的化学成分允许偏差见表7-11所示。

表 7-11　　　　　　　　　钢材(或坯)的化学成分允许偏差

组　别	化学成分(%)不大于	
	P	S
优质钢	0.035	0.035
高级优质钢	0.030	0.030
特级优质钢	0.025	0.020

(2)优质碳素结构钢的力学性能。用热处理(正火)毛坯制成的试样测定钢材的纵向力学性能(不包括冲击吸收功)见表 7-12 所示。

表 7-12　　　　　　　　　优质碳素结构钢的力学性能

牌号	试样毛坯尺寸/mm	推荐热处理/(℃)			力学性能					钢材交货状态硬度 HBS 10/3000 不大于	
		正火	淬火	回火	σ_b/MPa	σ_s/MPa	δ_5(%)	ψ(%)	A_{KU_2}(J)	未热处理钢	退火钢
					不	小	于				
08F	25	930	—	—	295	175	35	60	—	131	—
10F	25	930	—	—	315	185	33	55	—	137	—
15F	25	920	—	—	355	205	29	55	—	143	—
08	25	930	—	—	325	195	33	60	—	131	—
10	25	930	—	—	335	205	31	55	—	137	—
15	25	920	—	—	375	225	27	55	—	143	—
20	25	910	—	—	410	245	25	55	—	156	—
25	25	900	870	600	450	275	23	50	71	170	—
30	25	880	860	600	490	295	21	50	63	179	—
35	25	870	850	600	530	315	20	45	55	197	—
40	25	860	840	600	570	335	19	45	47	217	187
45	25	850	840	600	600	355	16	40	39	229	197
50	25	830	830	600	630	375	14	40	31	241	207
55	25	820	820	600	645	380	13	35	—	255	217
60	25	810	—	—	675	400	12	35	—	255	229
65	25	810	—	—	695	410	10	30	—	255	229
70	25	790	—	—	715	420	9	30	—	269	229

（续）

牌号	试样毛坯尺寸/mm	推荐热处理/(℃)			力学性能					钢材交货状态硬度 HBS 10/3000 不大于	
		正火	淬火	回火	σ_b/MPa	σ_s/MPa	δ_5(%)	ψ(%)	A_{KU_2}/J	未热处理钢	退火钢
					不	小		于			
75	试样	—	820	480	1080	880	7	30	—	285	241
80	试样	—	820	480	1080	930	6	30	—	285	241
85	试样	—	820	480	1130	980	6	30	—	302	255
15Mn	25	920			410	245	26	55	—	163	—
20Mn	25	910			450	275	24	50		197	—
25Mn	25	900	870	600	490	295	22	50	71	207	—
30Mn	25	880	860	600	540	315	20	45	63	217	187
35Mn	25	870	850	600	560	335	18	45	55	229	197
40Mn	25	860	840	600	590	355	17	45	47	229	207
45Mn	25	850	840	600	620	375	15	40	39	241	217
50Mn	25	830	830	600	645	390	13	40	31	255	217
60Mn	25	810	—	—	695	410	11	35	—	269	229
65Mn	25	830	—	—	735	430	9	30	—	285	229
70Mn	25	790	—	—	785	450	8	30	—	285	229

注：1. 对于直径或厚度小于 25mm 的钢材，热处理是在与成品截面尺寸相同的试样毛坯上进行。

2. 表中所列正火推荐保温时间不少于 30min，空冷；淬火推荐保温时间不少于 30min，75、80 和 85 钢油冷，其余钢水冷。回火推荐保温时间不少于 1h。

3. 表中所列的力学性能仅适用于截面尺寸不大于 80mm 的钢材。对于大于 80mm 的钢材，允许其断后伸长率和断面收缩率比表中数值分别降低 2%（绝对值）及 5%（绝对值）。

4. 切削加工用钢材或冷拔坯料用钢材的交货状态硬度应符合表中规定。

4. 耐候结构钢

耐候钢是通过添加少量的合金元素 Cu、P、Cr、Ni 等，使其在金属基体表面上形成保护层，以提高耐大气腐蚀性能的钢。

（1）耐候结构钢的牌号和化学成分（熔炼分析）应符合表 7-13 的规定。

表 7-13 耐候结构钢牌号和化学成分

牌号	化学成分(质量分数)(%)								其他元素
	C	Si	Mn	P	S	Cu	Cr	Ni	
Q265GNH	≤0.12	0.10~0.40	0.20~0.50	0.07~0.12	≤0.020	0.20~0.45	0.30~0.65	0.25~0.50⑤	①,②
Q295GNH	≤0.12	0.10~0.40	0.20~0.50	0.07~0.12	≤0.020	0.25~0.45	0.30~0.65	0.25~0.50⑤	①,②
Q310GNH	≤0.12	0.25~0.75	0.20~0.50	0.07~0.12	≤0.020	0.25~0.50	0.30~1.25	≤0.65	①,②
Q355GNH	≤0.12	0.20~0.75	≤1.00	0.07~0.15		0.25~0.55	0.30~1.25	≤0.65	①,②
Q235NH	≤0.13⑥	0.10~0.40	0.20~0.60	≤0.030	≤0.030	0.25~0.55	0.40~0.80	≤0.65	①,②
Q295NH	≤0.15	0.10~0.50	0.30~1.00	≤0.030	≤0.030	0.25~0.55	0.30~0.80	≤0.65	①,②
Q355NH	≤0.16	≤0.50	0.50~1.50	≤0.030	≤0.030	0.25~0.55	0.40~0.80	≤0.65	①,②
Q415NH	≤0.12	≤0.65	≤1.10	≤0.025	≤0.030④	0.20~0.55	0.30~1.25	0.12~0.65①	①,②,③
Q460NH	≤0.12	≤0.65	≤1.50	≤0.025	≤0.030④	0.20~0.55	0.30~1.25	0.12~0.65①	①,②,③
Q500NH	≤0.12	≤0.65	≤2.0	≤0.025	≤0.030⑤	0.20~0.55	0.30~1.25	0.12~0.65⑤	①,②,③
Q550NH	≤0.16	≤0.65	≤2.0	≤0.025	≤0.030④	0.20~0.55	0.30~1.25	0.12~0.65⑤	①,②,③

注:①为了改善钢的性能,可以添加一种或一种以上的微量合金元素:Nb 0.015%~ 0.060%,V0.02%~0.12%,Ti0.02%~0.10%,At≥0.020%,若上述元素组合 使用时,应至少保证其中一种元素含量达到上述化学成分的下限规定。

②可以添加下列合金元素:Mo≤0.30%,Zr≤0.15%。

③Nb、V、Ti 等三种合金元素的添加总量不应超过 0.22%。

④供需双方协商,S 含量可以不大于 0.008%。

⑤供需双方协商,Ni 含量的下限可不做要求。

⑥供需双方协商,C 的含量可以不大于 0.15%。

(2)力学性能和工艺性能。

1)耐候结构钢的力学性能和工艺性能应符合表 7-14 的规定。

表 7-14 　　　　　　　耐候结构钢的力学性能和工艺性能

牌　　号	拉伸试验									180°弯曲试验弯心直径		
	下屈服强度 R_{eL}/(N/mm²)不小于				抗拉强度 R_{cn} /(N/mm²)	断后伸长率 A(%) 不小于						
	≤16	>16~40	>40~60	>60		≤16	>16~40	>40~60	>60	≤6	>6~16	>16
Q235NH	235	225	215	215	360~510	25	25	24	23	a	a	2a
Q295NH	295	285	275	255	430~560	24	24	23	22	a	2a	3a
Q295GNH	295	285	—	—	430~560	24	24	—	—	a	2a	3a
Q355NH	355	345	335	325	490~630	27	22	21	20	a	2a	3a
Q355GNH	355	345	—	—	490~630	22	22	—	—	a	2a	3a
Q415NH	415	405	395	—	520~680	22	22	20	—	a	2a	3a
Q460NH	460	450	440	—	570~730	20	20	19	—	a	2a	3a
Q500NH	500	490	480	—	600~760	18	16	15	—	a	2a	3a
Q550NH	550	540	530	—	620~780	16	16	15	—	a	2a	3a
Q265GNH	265	—	—	—	≥410	27	—	—	—	a	—	—
Q310GNH	310	—	—	—	≥450	26	—	—	—	a	—	—

注:当屈服现象不明显时,可以采用 $R_{P0.2}$。a 为钢材厚度。

2)耐候结构钢的冲击性能应符合表 7-15 的规定。

表 7-15 　耐候结构钢的冲击性能

质量等级	V 型缺口冲击试验[①]		
	试样方向	温度/℃	冲击吸收能量 KV₂/J
A		—	—
B		+20	≥47
C	纵向	0	≥34
D		−20	≥34
E		−40	≥27[②]

注:①冲击试样尺寸为 10mm×10mm×55mm。

　　②经供需双方协商,平均冲击功值可以≥60J。

5.桥梁用结构钢

(1)钢的牌号及化学成分(熔炼分析)应符合表 7-16 的规定。推荐使用的钢牌号及化学成分(熔炼分析)应符合表 7-17 的规定。

表7-16　　桥梁结构钢的牌号及化学成分

牌号	质量等级	C	Si	Mn	P	S	Nb	V	Ti	Cr	Ni	Cu	Mo	B	N	Als
					不大于											不小于
Q235q	C	≤0.17	≤0.35	≤1.40	0.030	0.030	—	—	—	0.30	0.30	0.30	—	—	0.012	0.015
	D				0.025	0.025										
	E				0.020	0.020										
Q345q	C	≤0.20	≤0.55	0.90~1.70	0.030	0.025	0.06	0.08	0.03	0.80	0.50	0.55	0.20	—	0.012	0.015
	D	≤0.18			0.025	0.020										
	E				0.020	0.010										
Q370q	C	≤0.18	≤0.55	1.00~1.70	0.030	0.025	0.06	0.08	0.03	0.80	0.50	0.55	0.20	0.004	0.012	0.015
	D				0.025	0.020										
	E				0.020	0.010										
Q420q	C	≤0.18	≤0.55	1.00~1.70	0.030	0.025	0.06	0.08	0.03	0.80	0.70	0.55	0.35	0.004	0.012	0.015
	D				0.025	0.020										
	E				0.020	0.010										
Q460q	C	≤0.18	≤0.55	1.00~1.80	0.030	0.020	0.060	0.080	0.03	0.80	0.70	0.55	0.35	0.004	0.012	0.015
	D				0.025	0.015										
	E				0.020	0.010										

表 7-17　　　　　　　　　　　　　推荐使用的钢牌号及化学成分

化学成分（质量分数）（%）

牌号	质量等级	C	Si	Mn①	P	S	Nb	V	Ti	Cr	Ni	Cu	Mo	B	N	Als
										不大于						
Q500q	D	≤0.18	≤0.55	1.00~1.70	0.025	0.015	0.06	0.08	0.03	0.80	1.00	0.55	0.40	0.004	0.012	0.015
	E	≤0.18	≤0.55	1.00~1.70	0.020	0.010	0.06	0.08	0.03	0.80	1.00	0.55	0.40	0.004	0.012	0.015
Q550q	D	≤0.18	≤0.55	1.00~1.70	0.025	0.015	0.06	0.08	0.03	0.80	1.00	0.55	0.40	0.004	0.012	0.015
	E	≤0.18	≤0.55	1.00~1.70	0.020	0.010	0.06	0.08	0.03	0.80	1.00	0.55	0.40	0.004	0.012	0.015
Q620q	D	≤0.18	≤0.55	1.00~1.70	0.025	0.015	0.06	0.08	0.03	0.80	1.00	0.55	0.40	0.004	0.012	0.015
	E	≤0.18	≤0.55	1.00~1.70	0.020	0.010	0.06	0.08	0.03	0.80	1.00	0.55	0.40	0.004	0.012	0.015
Q690q	D	≤0.18	≤0.55	1.00~1.70	0.025	0.015	0.09	0.08	0.03	0.80	1.00	0.55	0.40	0.004	0.012	0.015
	E	≤0.18	≤0.55	1.00~1.70	0.020	0.010	0.09	0.08	0.03	0.80	1.00	0.55	0.40	0.004	0.012	0.015

注：① 当碳含量不大于 0.12%时，Mn 含量上限可达到 2.00%。

(2)桥梁用结构钢的力学性能应符合表 7-18 的规定。推荐使用的桥梁用结构钢牌号,其力学性能应符合表 7-19 的规定。

表 7-18　　　　　　　　　　　　　　　钢的力学性能

牌号	质量等级	拉伸试验[1,2]				V 型冲击试验[3]	
		下屈服强度 R_{cL}/MPa		抗拉强度 R_m/MPa	断后伸长率 A(%)	试验温度 /℃	冲击吸收能量 KV_2/J
		厚度/mm					
		≤50	>50～100				
		不小于					不小于
Q235q	C	235	225	400	26	0	34
	D					−20	
	E					−40	
Q345q[4]	C	345	335	490	20	0	47
	D					−20	
	E					−40	
Q370q[4]	C	370	360	510	20	0	47
	D					−20	
	E					−40	
Q420q[4]	C	420	410	540	19	0	47
	D					−20	
	E					−40	
Q460q	C	460	450	570	17	0	47
	D					−20	
	E					−40	

注:1. 当屈服不明显时,可测量 $R_{p0.2}$ 代替下屈服强度。

2. 钢板及钢带的拉伸试验取横向试样,型钢的拉伸试验取纵向试样。

3. 冲击试验取纵向试样。

4. 厚度不大于 16mm 的钢材,断后伸长率提高 1%(绝对值)。

表 7-19　　　　　　　　推荐使用的桥梁用结构钢牌号的力学性能

牌号	质量等级	拉伸试验[1,2]				V 型冲击试验[3]	
		下屈服强度 R_{cL}/MPa		抗拉强度 R_m/MPa	断后伸长率 A(%)	试验温度 /℃	冲击吸收能量 KV_2/J
		厚度/mm					
		≤50	>50~100				
		不小于					不小于
Q500q	D	500	480	600	16	−20	47
	E					−40	
Q550q	D	550	530	660	16	−20	47
	E					−40	
Q620q	D	620	580	720	15	−20	47
	E					−40	
Q690q	D	690	650	770	16	−20	47
	E					−40	

注:1. 当屈服不明显时,可测量 $R_{p0.2}$ 代替下屈服强度。
　　2. 拉伸试验取横向试样。
　　3. 冲击试验取纵向试样。

(3)工艺性能。桥梁用结构钢的弯曲试验应符合表 7-20 的规定,弯曲试验后试样弯曲外表面无肉眼可见裂纹。当供方保证时,可不做弯曲试验。

表 7-20　　　　　　　　桥梁用结构钢的弯曲试验

180°弯曲试验①	
厚度≤16mm	厚度>16mm
$d=2a$	$d=3a$

注:d 为弯心直径,a 为试样厚度。
　　①钢板和钢带取横向试样。

第二节　钢　　筋

钢筋是由轧钢厂将炼钢厂生产的钢锭经专用设备和工艺制成的条状材料。钢筋抗拉能力强,在混凝土中加入钢筋,使钢筋和混凝土黏结成一整体,构成钢筋混凝土构件,就能弥补混凝土的不足。

一、钢筋的分类、级别、牌号

1. 钢筋的分类

(1)按化学成分可分为:热轧碳素钢和普通低合金钢,其中热轧碳素钢可分为低碳钢(C<0.25%)、中碳钢(0.25%<C<0.6%)和高碳钢(C>0.6%)。

(2)按加工工艺可分为:①热轧钢筋;②热处理钢筋;③冷拉钢筋;④钢丝。

2. 钢筋的牌号

钢筋的牌号分为 HPB235、HRB335、HRB400、HRB500 级,HPB235 级钢筋为光圆钢筋,热轧直条光圆钢筋强度等级代号为 R235。低碳热轧圆盘条按其屈服强度代号为 Q195、Q215、Q235,供建筑用钢筋为 Q235。HRB335、HRB400、HRB500 级为热轧带肋钢筋,其中 Q 为"屈服"的汉语拼音字头,H、R、B 分别为热轧(Hot rolled)、带肋(Ribbed)、钢筋(Bars)三个词的英文首位字母。

(1)交货质量:钢筋可按实际质量或理论质量交货。

(2)质量允许偏差:根据需方要求,钢筋按质量偏差交货时,其实际质量与理论质量的允许偏差应符合表 7-21 的规定。

表 7-21　　　　热轧钢筋的实际质量与理论质量的允许偏差

公称直径(mm)	实际质量与理论质量的偏差(%)
6~12	±7
14~20	±5
22~50	±4

二、热轧钢筋

1. 热轧光圆钢筋

热轧光圆钢筋是经热轧成型,横截面通常为圆形,表面光滑的成品钢筋。

(1)分级、牌号。

1)钢筋按屈服强度特征值分为 235、300 级。

2)钢筋牌号的构成及其含义见表 7-22。钢筋牌号及化学成分(熔炼分析)应符合表 7-23 的规定。

表 7-22　　　　　　　热轧光圆钢筋牌号构成及其含义

产品名称	牌号	牌号构成	英文字母含义
热轧光圆钢筋	HPB235	由 HPB+屈服强度特征值构成	HPB 为热轧光圆钢筋的英文(Hot rolled Plain Bars)缩写
	HPB300		

表 7-23　　　　　　　　　热轧光圆钢筋牌号及化学成分

牌号	化学成分(质量分数)(%)　不大于				
	C	Si	Mn	P	S
HPB235	0.22	0.30	0.65	0.045	0.050
HPB300	0.25	0.55	1.50		

(2)公称直径范围及推荐直径。钢筋的公称直径范围为 6～22mm,推荐的钢筋公称直径为 6mm、8mm、10mm、12mm、16mm、20mm。

(3)力学性能、工艺性能。

1)钢筋的屈服强度 R_{eL}、抗拉强度 R_m、断后伸长率 A、最大力总伸长率 A_{gt} 等力学性能特征值应符合表 7-24 的规定。表 7-24 所列各力学性能特征值,可作为交货检验的最小保证值。

表 7-24　　　　　　　　　热轧光圆钢筋力学性能

牌号	R_{eL} /MPa	R_m /MPa	A (%)	A_{gt} (%)	冷弯试验 180° d—弯芯直径 a—钢筋公称直径
	不小于				
HPB235	235	370	25.0	10.0	$d=a$
HPB300	300	420			

2)根据供需双方协议,伸长率类型可从 A 或 A_{gt} 中选定。如伸长率类型未经协议确定,则伸长率采用 A,仲裁检验时采用 A_{gt}。

3)弯曲性能。按表 7-24 规定的弯芯直径弯曲 180°后,钢筋受弯曲部位表面不得产生裂纹。

2. 热轧带肋钢筋

(1)分类、牌号。

1)钢筋按屈服强度特征值分为 335、400、500 级。

2)钢筋牌号的构成及其含义见表 7-25。钢筋牌号及化学成分和碳当量(熔炼分析)应符合表 7-28 的规定,根据需要,钢中还可加入 V、Nb、Ti 等元素。

表 7-25　　　　　　　　　钢筋牌号的构成及其含义

类　别	牌　号	牌号构成	英文字母含义
普通热轧钢筋	HRB 335	由 HRB+屈服强度特征值构成	HRB 为热轧带肋钢筋的英文(Hot rolled Ribbed Bars)缩写
	HRB 400		
	HRB 500		

（续）

类　别	牌　号	牌号构成	英文字母含义
细晶粒热轧钢筋	HRBF 335 HRBF 400 HRBF 500	由 HRBF＋屈服强度特征值构成	HRBF—在热轧带肋钢筋的英文缩写后加"细"的英文(Fine)首位字母

表 7-26　　　　　　　　　　　钢筋牌号及化学成分和碳当量

牌　号	化学成分(质量分数)(%),不大于					
	C	Si	Mn	P	S	C_{eq}
HRB 335 HRBF 335	0.25	0.80	1.60	0.045	0.045	0.52
HRB 400 HRBF 400						0.54
HRB 500 HRBF 500						0.55

（2）公称直径范围及推荐直径。钢筋的公称直径范围为 6～50mm,推荐使用的钢筋公称直径为 6mm、8mm、10mm、12mm、16mm、20mm、25mm、32mm、40mm、50mm。

（3）力学性能。钢筋的屈服强度 R_{eL}、抗拉强度 R_m、断后伸长率 A、最大力总伸长率 A_{gt} 等力学性能特征值应符合表 7-27 的规定。表 7-27 所列各力学性能特征值,可作为交货检验的最小保证值。

表 7-27　　　　　　　　　　　钢筋力学性能

牌　号	R_{eL}/MPa	R_m/MPa	A(%)	A_{gt}(%)
	不小于			
HRB 335	335	455	17	7.5
HRB 400 HRBF 400	400	540	16	
HRB 500 HRBF 500	500	630	16	

（4）弯曲性能。按表 7-28 规定的弯芯直径弯曲 180°后,钢筋受弯曲部位表面

不得产生裂纹。

表 7-28　　　　　　　　　　　　　　钢筋弯曲性能　　　　　　　　　　　　mm

牌　　号	公称直径 d	弯芯直径
HRB 335 HRBF 335	6～25	3d
	28～40	4d
	>40～50	5d
HRB 400 HRBF 400	6～25	4d
	28～40	5d
	>40～50	6d
HRB 500 HRBF 500	6～25	6d
	28～40	7d
	>40～50	8d

三、热处理钢筋

1. 预应力混凝土用钢棒

(1)分类、代号与标记。

1)分类。按钢棒表面形状分为光圆钢棒、螺旋槽钢棒、螺旋肋钢棒、带肋钢棒四种。表面形状、类型按用户要求选定。

2)代号。

预应力混凝土用钢棒　　　　　PCB

光圆钢棒　　　　　　　　　　P

螺旋槽钢棒　　　　　　　　　HG

螺旋肋钢棒　　　　　　　　　HR

带肋钢棒　　　　　　　　　　R

普通松弛　　　　　　　　　　N

低松弛　　　　　　　　　　　L

3)标记。预应力混凝土用钢棒应按下列顺序进行标记:预应力钢棒、公称直径、公称抗拉强度、代号、延性级别(延性 35 或延性 25)、松弛(N 或 L)、标准号。如公称直径为 9mm,公称抗拉强度为 1420MPa,35 级延性,低松弛预应力混凝土用螺旋槽钢棒,其标记为:PCB 9-1420-35-L-HG-GB/T 5223.3。

(2)尺寸、质量和性能。

1)钢棒的公称直径、横截面积、质量应符合表 7-29 的规定。

2)钢棒应进行拉伸试验,其抗拉强度、延伸强度应符合表 7-29 的规定;伸长特性要求(包括延性级别和相应伸长率)应符合表 7-30 的规定。经拉伸试验后,目视视察,钢棒应显出缩颈韧性断口。

3)钢棒应进行弯曲试验(螺旋槽钢棒、带肋钢棒除外),其性能符合表 7-29 的规定。

表 7-29　　　　　　　钢棒的公称直径、横截面积、质量及性能

表面形状类型	公称直径 D_0 /mm	公称横截面积 S_a /mm²	横截面积 S/mm² 最小	横截面积 S/mm² 最大	每米参考质量 /(g/m)	抗拉强度 R_m 不小于 /MPa	规定非比例延伸强度 $R_{p0.2}$ 不小于 /MPa	弯曲性能 性能要求	弯曲性能 弯曲半径/mm
光圆	6	28.3	26.8	29.0	222	对所有规格钢棒 1080 1230 1420 1570	对所有规格钢棒 930 1080 1280 1420	反复弯曲不少于4次/180°	15
	7	38.5	36.3	39.5	302				20
	8	50.3	47.5	51.5	394				20
	10	78.5	74.1	80.4	616				25
	11	95.0	93.1	97.4	746			弯曲160°~180°后弯曲处无裂纹	弯芯直径为钢棒公称直径的10倍
	12	113	106.8	115.8	887				
	13	133	130.3	136.3	1044				
	14	154	145.6	157.8	1209				
	16	201	190.2	206.0	1578				
螺旋槽	7.1	40	39.0	41.7	314			—	
	9	64	62.4	66.5	502				
	10.7	90	87.5	93.6	707				
	12.6	125	121.5	129.9	981				
螺旋肋	6	28.3	26.8	29.	222			反复弯曲不少于4次/180°	15
	7	38.5	36.3	39.5	302				20
	8	50.3	47.5	51.5	394				20
	10	78.5	74.1	80.4	616				25
	12	113	106.8	115.8	888			弯曲160°~180°后弯曲处无裂纹	弯芯直径为钢棒公称直径的10倍
	14	154	145.6	157.8	1209				
带肋	6	28.3	26.8	29.0	222				
	8	50.3	47.5	51.5	394				
	10	78.5	74.1	80.4	616				
	12	113	106.8	115.8	887				
	14	154	145.6	157.8	1209				
	16	201	190.2	206.0	1578				

表 7-30　　　　　　　　　　　　伸长特性要求

延性级别	最大力总伸长率,A_{gt}（%）	断后伸长率($L_0=8d_n$) A(%) 不小于
延性 35	3.5	7.0
延性 25	2.5	5.0

注:1. 日常检验可用断后伸长率,仲裁试验以最大力总伸长率为准。

　　2. 最大力伸长率标距 $L_0=200mm$。

　　3. 断后伸长率标距 L_0 为钢棒公称直径的 8 倍,$L_0=8d_n$。

（4）钢棒应进行初始应力为 70% 公称抗拉强度时 1000h 的松弛试验。假如需方有要求,也应测定初始应力为 60% 和 80% 公称抗拉强度时 1000h 的松弛道,其松弛值符合表 7-31 的规定。

表 7-31　　　　　　　　　　　　最大松弛值

初始应力为 公称抗拉强度的百分数(%)	1000h 松弛值(%)	
	普通松弛/N	低松弛/L
70	4.0	2.0
60	2.0	1.0
80	9.0	4.5

2. 钢筋混凝土用余热处理钢筋

钢筋混凝土用余热处理钢筋是指低合金高强度结构钢经热轧后立即穿水,进行表面控制冷却,然后利用芯部余热自身完成回火处理所得的成品钢筋。余热处理带肋钢筋的级别为 HRB 400 级,强度等级代号为 KL400(其中 K 为"控制"的汉语拼音字头)。

（1）公称直径范围及推荐直径。钢筋的公称直径范围为 8～40mm,推荐的钢筋公称直径为 8、10、12、16、20、25、32 和 40mm。

（2）带肋钢筋的表面形状及尺寸允许偏差

1）月牙肋钢筋表面形状如图 7-5 所示。

2）余热处理 HRB 400 级钢筋,采用月牙肋表面形状,其尺寸及允许偏差应符合表7-32的规定。

表 7-32　　　　余热处理 HRB 400 级钢筋尺寸及允许偏差　　　　mm

公称直径	内径 d 公称尺寸	内径 d 允许偏差	横肋高 h 公称尺寸	横肋高 h 允许偏差	纵肋高 h_1 公称尺寸	纵肋高 h_1 允许偏差	横肋宽 b	纵肋宽 a	间距 l 公称尺寸	间距 l 允许偏差	横肋末端最大间隙(公称周长的10%弦长)
8	7.7		0.8	+0.4 −0.2	0.8		0.5	1.5	5.5		2.5
10	9.6		1.0	+0.4 −0.3	1.0	±0.5	0.6	1.5	7.0		3.1
12	11.5	±0.4	1.2		1.2		0.7	1.5	8.0		3.7
14	13.4		1.4	±0.4	1.4		0.8	1.8	9.0	±0.5	4.3
16	15.4		1.5		1.5	±0.8	0.9	1.8	10.0		5.0
18	17.3		1.6	+0.5 −0.4	1.6		1.0	2.0	10.0		5.6
20	19.3		1.7	±0.5	1.7		1.2	2.0	10.0		6.2
22	21.3	±0.5	1.9		1.9		1.3	2.5	10.5		6.8
25	24.2		2.1	±0.6	2.1	±0.9	1.5	2.5	12.5	±0.8	7.7
28	27.2		2.2		2.2		1.7	3.0	12.5		8.6
32	31.0	±0.6	2.4	+0.8 −0.7	2.4		1.9	3.0	14.0		9.9
36	35.0		2.6	+1.0 −0.8	2.6	±1.1	2.1	3.5	15.0	±1.0	11.1
40	38.7	±0.7	2.9	±1.1	2.9		2.2	3.5	15.0		12.4

注：1. 纵肋斜角 θ 为 0°～30°。

　　2. 尺寸 a、b 为参考数据。

(3)牌号及化学成分。钢的牌号及化学成分(熔炼分析)应符合表 7-33 的规定。

表 7-33　　　　钢筋混凝土用余热处理钢筋牌号及化学成分

表面形状	钢筋级别	强度代号	牌号	化学成分(%) C	Si	Mn	P	S
							不大于	
月牙肋	HRB 400	KL 400	20MnSi	0.17~0.25	0.40~0.80	1.20~1.60	0.045	0.045

四、冷轧带肋钢筋

冷轧带肋钢筋是热轧圆盘条经冷轧后,在其表面带有沿长度方向均匀分布的三面或二面横肋的钢筋。冷轧带肋钢筋的牌号由 CRB 和钢筋的抗拉强度最小值构成。C、R、B 分别为冷轧(cold rolled)、带肋(Ribbed)、钢筋(Bar)三个词的英文首位字母。冷轧带肋钢筋分为 CRB550、CRB650、CRB800、CRB970 四个牌号。CRB550 为普通钢筋混凝土用钢筋,其他牌号为预应力混凝土用钢筋。

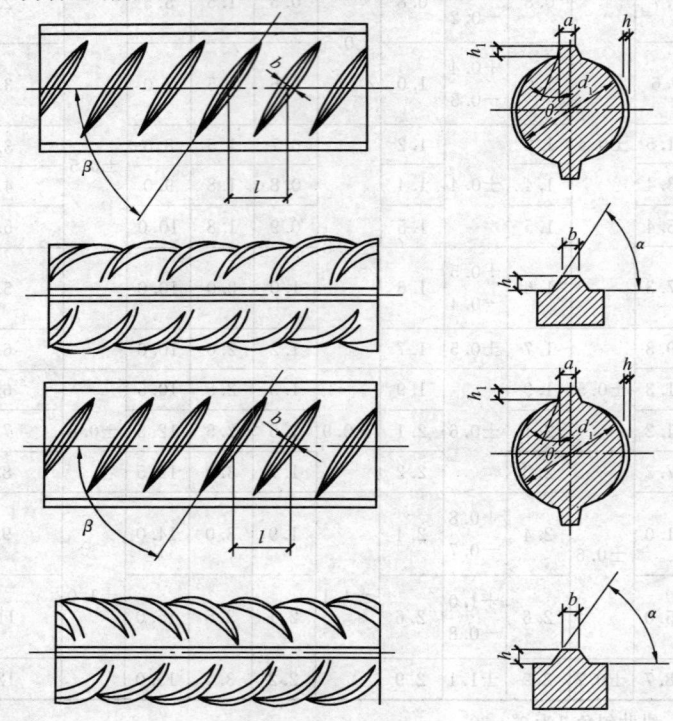

图 7-5　月牙肋钢筋表面及截面形状

d—钢筋内径;h—横肋高度;h_1—纵肋高度;a—纵肋顶宽;b—横肋顶宽;
α—横肋斜角;β—横肋与轴线夹角;θ—纵肋斜角;l—横肋间距

1. 尺寸、外形、质量及允许偏差

(1)公称直径范围。CRB550 钢筋的公称直径范围为 4～12mm。CRB650 及以上牌号钢筋的公称直径为 4mm、5mm、6mm。

(2)尺寸、质量及允许偏差。三面肋和二面肋钢筋的尺寸、质量及允许偏差应符合表 7-34 的规定。

表 7-34　　　　　　三面肋和二面肋钢筋的尺寸、质量及允许偏差

公称直径 d /mm	公称横截面积 /mm²	质量		横肋中点高		横肋 1/4 处高 $h_{1/4}$ /mm	横肋顶宽 b /mm	横肋间隙		相对肋面积 f_r 不小于
		理论质量 /(kg/m)	允许偏差 (%)	h /mm	允许偏差 /mm			l /mm	允许偏差 (%)	
4	12.6	0.099		0.30		0.24		4.0		0.036
4.5	15.9	0.125		0.32		0.26		4.0		0.039
5	19.6	0.154		0.32		0.26		4.0		0.039
5.5	23.7	0.186		0.40		2.32		5.0		0.039
6	28.3	0.222		0.40	+0.10 −0.05	0.32		5.0		0.039
6.5	33.2	0.261		0.46		0.37		5.0		0.045
7	38.5	0.302		0.46		0.37		5.0		0.045
7.5	44.2	0.347		0.55		0.44		6.0		0.045
8	50.3	0.395	±4	0.55		0.44	~0.2d	6.0	±15	0.045
8.5	56.7	0.445		0.55		0.44		7.0		0.045
9	63.6	0.499		0.75		0.60		7.0		0.52
9.5	70.8	0.556		0.75		0.60		7.0		0.52
10	78.5	0.617		0.75	±0.10	0.60		7.0		0.52
10.5	86.5	0.579		0.75		0.60		7.4		0.52
11	95.0	0.745		0.85		0.63		7.4		0.056
11.5	103.3	0.845		0.85		0.76		8.4		0.056
12	113.1	0.885		0.85		0.76		8.4		0.056

注：1. 横肋 1/4 处高，横肋顶宽供孔型设计用。

　　2. 二面肋钢筋允许有高度不大于 0.5h 的纵肋。

　2. 主要技术要求

　（1）牌号和化学成分。CRB550、CRB650、CRB800、CRB970 钢筋用盘条的参考牌号及化学成分（熔炼分析）见表 7-35，60 钢的 Ni、Cr、Cu 含量（质量分数）各不大于 0.25%。

表 7-35　　　　　　　　冷轧带肋钢筋用盘条的参考牌号和化学成分

钢筋牌号	盘条牌号	化学成分(质量分数)(%)					
		C	Si	Mn	V、Ti	S	P
CRB 550	Q215	0.09～0.15	≤0.30	0.25～0.55	—	≤0.050	≤0.045
CRB 650	Q235	0.14～0.22	≤0.30	0.30～0.65	—	≤0.050	≤0.045
CRB 800	24MnTi	0.19～0.27	0.17～0.37	1.20～1.60	Ti:0.01～0.05	≤0.045	≤0.045
	20MnSi	0.17～0.25	0.40～0.80	1.20～1.60		≤0.045	≤0.045
CRB 970	41MnSiV	0.37～0.45	0.60～1.10	1.00～1.40	V:0.05～0.12	≤0.045	≤0.045
	60	0.57～0.65	0.17～0.37	0.50～0.80		≤0.035	≤0.035

(2)力学性能和工艺性能。

1)钢筋的力学性能和工艺性能应符合表 7-36 的规定。当进行弯曲试验时，受弯曲部位表面不得产生裂纹。反复弯曲试验的弯曲半径应符合表 7-37 的规定。

表 7-36　　　　　　　　　力学性能和工艺性能

牌号	$R_{p0.2}$/MPa 不小于	R_m/MPa 不小于	伸长率(%) 不小于		弯曲试验 180°	反复弯曲次数	应力松弛 初始应力应相当于公称抗拉强度的 70%
			$A_{11.3}$	A_{100}			1000h 松弛率(%) 不大于
CRB 550	500	550	8.0	—	$D=3d$		
CRB 650	585	650	—	4.0		3	8
CRB 800	720	800	—	4.0		3	8
CRB 970	875	970	—	4.0		3	8

注：表中 D 为弯心直径，d 为钢筋公称直径。

表 7-37　　　　　　　　反复弯曲试验的弯曲半径　　　　　　　　　　mm

钢筋公称直径	4	5	6
弯曲半径	10	15	15

3. 冷轧带肋钢筋检验项目

钢筋出厂检验的试验项目、取样方法、试验方法应符合表 7-38 的规定。

表 7-38　　　　　　　　　　钢筋的试验项目、取样方法

序号	试验项目	试验数量	取样方法
1	拉伸试验	每盘1个	
2	弯曲试验	每批2个	
3	反复弯曲试验	每批2个	在每(任)盘中随机切取
4	应力松弛试验	定期1个	
5	尺寸	逐盘	—
6	表面	逐盘	—
7	质量偏差	每盘1个	

注：1. 供方在保证 $\sigma_{0.2}$ 合格的条件下，可不逐盘进行 $\sigma_{0.2}$ 的试验。

　　2. 表中试验数量栏中的"盘"指生产钢筋的"原料盘"。

五、建筑用钢筋进场验收与复试

1. 建筑钢筋表面质量

建筑钢筋表面质量见表 7-39。

表 7-39　　　　　　　　　　建筑钢筋表面质量

钢筋种类	表　面　质　量
热轧钢筋	表面不得有裂缝、结疤和折叠,如有凸块不得超过螺纹高度,其他缺陷的高度和深度不得大于所在部位的允许偏差
热处理钢筋	表面无肉眼可见裂纹、结疤、折叠,如有凸块不得超过横肋高度,表面不得沾有油污
冷拉钢筋	表面不得有裂纹和局部缩颈
碳素钢丝	表面不得有裂纹、小刺、机械损伤、氧化铁皮和油迹、允许有浮锈
刻痕钢丝	表面不得有裂纹、分层、铁锈、结疤,但允许有浮锈
钢绞线	不得有折断、横裂和相互交叉的钢丝,表面不得有润滑剂、油渍、允许有轻微浮锈,但不得有锈麻坑

2. 钢筋力学性能复验

钢筋力学性能复验见表 7-40。

表 7-40　　　　　　　　　　　　　　钢筋力学性能复验

钢筋种类	验收批钢筋组成	每批数量	取样数量	复验与判定
热轧钢筋	①每批应由同一牌号、同一炉罐号、同一规格、同一交货状态的钢筋组成;②同一钢号的混合批,不超过 6 个炉罐号	≤60t	在任意 2 根钢筋上,分别从每根上切取 1 根拉力试件和 1 根冷弯试件	如果某一项试验结果不符合标准要求,则从同一批中再任取双倍数量的试件进行该不合格项目的复验,复验结果(包括该项试验所要求的任一指标),即使一个指标不合格,则整批不合格
热处理钢筋	①每批由同一外形截面尺寸、同一热处理制度、同一炉罐号钢筋组成;②同钢号混合批不超过 10 个炉罐号	≤60t	取 10% 的盘数(不少于 25 盘),每盘取 1 个拉力试件	
碳素刻痕钢丝	同一钢号、同一形状尺寸、同一交货状态		取 5% 的盘数(但不少于 3 盘),优质钢丝取 10%(不少于 3 盘),每盘取 1 个拉力和 1 个弯曲试件	如有某一项试验结果不符合标准要求,则从同一批中再任取双倍数量的试件进行该不合格项目的复验,复验结果(包括该项试验所要求的任一指标),即使一个指标不合格,则整批不合格
钢绞线	同一钢号、同一规格、同一生产工艺	≤60t	任取 3 盘,每盘取 1 根拉力试件	
冷拉钢筋	同级别,同直径	≤20t	任取 2 根钢筋,分别从每根上切取 1 根拉力和 1 根冷弯试件	当有一项试验不合格时,应另取双倍数量试件重做各项试验,仍有一项不合格时,则为不合格

3. 钢筋的化学成分检验

钢筋在加工过程中发现脆断、焊接性能不良或力学性能显著不正常等现象,应根据现行国家有关标准对该批钢筋进行化学成分检验或其他专项检验。

钢筋的化学成分检验通常是分批进行含碳量及碳当量、含硫量、含磷量的检验。

化学成分检验结果,国产钢筋应符合相应钢筋标准的规定。进口钢筋含碳量

≤0.3%、碳当量≤0.55%、硫、磷含量均≤0.05%。

对有抗震要求的框架结构纵向受力钢筋检验所得的抗拉强度实测值 σ_b 和屈服强度实测值 σ_s 的比值不应小于 1.25。钢筋的屈服强度实测值与钢筋的强度标准值的比值 $\sigma_s/\sigma_{标}$，按一级抗震设计时不应大于 1.25，按二级抗震设计时不应大于 1.4，要求计算 $\sigma_b/\sigma_{标}$ 和 $\sigma_s/\sigma_{标}$。

钢筋集中加工的规定：钢筋在工厂或施工现场集中加工，应由加工单位出具钢筋的质量证明书，还应出具钢筋加工后的出厂合格证以及有关的试验报告单。

第三节 钢丝与钢绞线

一、冷拔低碳钢丝

冷拔低碳钢丝是低碳钢热轧圆盘条径一次或多次冷拔制成的以盘供货的钢丝，其代号为 CDW（"CDW"为 Cold-Drawn Wire 的英文字头）。

冷拔低碳钢丝分为甲、乙两级。甲级冷拔低碳钢丝适用于作预应力筋；乙级冷拔低碳钢丝适用于作焊接网、焊接骨架、箍筋和构造钢筋。

冷拔低碳钢丝的力学性能应符合表 7-41 的规定。

表 7-41　　　　　　冷拔低碳钢丝的力学性能

级别	公称直径 d/mm	抗拉强度 R_a/MPa 不小于	断后伸长率 A_{100} (%)不小于	反复弯曲次数 /(次/180°)不小于
甲级	5.0	650	3.0	4
		600		
	4.0	700	2.5	
		650		
乙级	3.0、4.0、5.0、6.0	550	2.0	

注：甲级冷拔低碳钢丝作预应力筋用时，如经机械调直则抗拉强度标准值应降低 50MPa。

二、预应力混凝土用钢丝

1. 分类及代号

（1）钢丝按加工状态分为冷拉钢丝和消除应力钢丝两类。冷拉钢丝是用盘条通过拔丝模或轧辊经冷加工而成产品，以盘卷供货的钢丝。消除应力钢丝按松弛性能又分为低松弛级钢丝和普通松弛级钢丝，钢丝在塑性变形下（轴应变）进行的短时热处理，得到的应是低松弛钢丝。钢丝通过矫直工序后在适当温度下进行的短时热处理，得到的应是普通松弛钢丝。其代号为：

冷拉钢丝　　　　WCD

低松弛钢丝   WLR

普通松弛钢丝   WNR

(2)钢丝按外形分为光圆、螺旋肋、刻痕三种,其代号为:

光圆钢丝   P

螺旋肋钢丝   H

刻痕钢丝   I

螺旋肋钢丝是钢丝表面沿着长度方向上具有规则间隔的肋条(图7-6)。

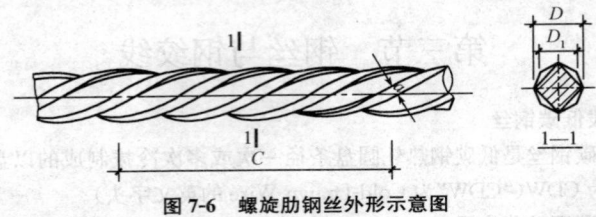

图7-6 螺旋肋钢丝外形示意图

刻痕钢丝是钢丝表面没着长度方向上具有规则间隔的压痕(图7-7)。

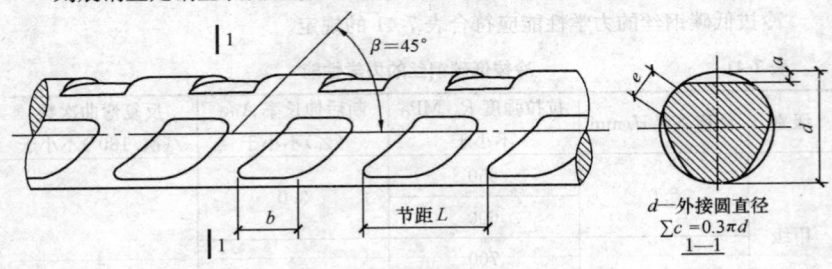

图7-7 三面刻痕钢丝外形示意图

2. 尺寸外形、质量及允许偏差

(1)光圆钢丝的尺寸及允许偏差应符合表 7-42 的规定。每米质量参见表 7-42,计算钢丝每米参考质量时钢的密度为 $7.85\mathrm{g/cm^3}$。

(2)螺旋肋钢丝的尺寸及允许偏差应符合表 7-43 的规定,外形见图 7-6,钢丝的公称横截面积,每米参考质量与光圆钢丝相同。

表 7-42   光圆钢丝尺寸及允许偏差、每米参考质量

公称直径 d_n /mm	直径允许偏差 /mm	公称横截面积 S_n /mm²	每米参考质量 /(g/m)
3.00	±0.04	7.07	55.5
4.00		12.57	98.6

（续）

公称直径 d_n /mm	直径允许偏差 /mm	公称横截面积 S_n /mm²	每米参考质量 /(g/m)
5.00	±0.05	19.63	154
6.00		28.27	222
6.25		30.68	241
7.00		38.48	302
8.00	±0.06	50.26	394
9.00		63.62	499
10.00		78.54	616
12.00		113.1	888

表 7-43 螺旋肋钢丝的尺寸及允许偏差

公称直径 d_n/mm	螺旋肋数量（条）	基圆尺寸		外轮廓尺寸		单肋尺寸	螺旋肋导程 C/mm
		基圆直径 D_1/mm	允许偏差 /mm	外轮廓直径 D/mm	允许偏差 /mm	宽度 a/mm	
4.00	4	3.85	±0.05	4.25	±0.05	0.90～1.30	24～30
4.80	4	4.60		5.10		1.30～1.70	28～36
5.00	4	4.80		5.30			
6.00	4	5.80		6.30		1.60～2.00	30～38
6.25	4	6.00		6.70			30～40
7.00	4	7.73		7.46		1.80～2.20	35～45
8.00	4	7.75		8.45	±0.10	2.00～2.40	40～50
9.00	4	8.75		9.45		2.10～2.70	42～52
10.00	4	9.75		10.45		2.50～3.00	45～58

（3）三面刻痕钢丝的尺寸及允许偏差应符合表 7-44 的规定，外形见图 7-7。钢丝的横截面积、每米参考质量与光圆钢丝相同。三条痕中的其中一条倾斜方向与其他两条相反。

表 7-44　　　　　　　三面刻痕钢丝尺寸及允许偏差

| 公称直径 d_n/mm | 刻痕深度 | | 刻痕长度 | | 节距 | |
	公称深度 a/mm	允许偏差/mm	公称长度 b/mm	允许偏差/mm	公称节距 L/mm	允许偏差/mm
≤5.00	0.12	±0.05	3.5	±0.05	5.5	±0.05
>5.00	0.15		5.0		8.0	

注:公称直径指横截面积等同于光圆钢丝横截面积时所对应的直径。

(4)根据需方要求可生产表 7-42～表 7-44 以外规格的钢丝。

(5)光圆及螺旋肋钢丝的不圆度不得超出其直径公差的 1/2。

(6)盘重。每盘钢丝由一根组成,其盘重不小于 500kg,允许有 10%的盘数小于 500kg 但不小于 100kg。

(7)盘内径。

1)冷拉钢丝的盘内径应不小于钢丝公称直径的 100 倍。

2)消除应力钢丝的盘内径不小于 1700mm。

三、预应力混凝土用钢绞线

预应力混凝土用钢绞线是由冷拉光圆钢丝及刻痕钢丝捻制的用于预应力混凝土结构的钢绞线。

1. 分类与代号

钢绞线按结构分为 5 类。其代号为:

用两根钢丝捻制的钢绞线　　　　　　　1×2

用三根钢丝捻制的钢绞线　　　　　　　1×3

用三根刻痕钢线捻制的钢绞线　　　　　1×3I

用七根钢丝捻制的标准型钢绞线　　　　1×7

用七根钢丝捻制又经模拔的钢绞线　　　(1×7)C

2. 尺寸、外形、质量及允许偏差

(1)1×2 结构钢绞线的尺寸及允许偏差、每米参考质量应符合表 7-45 的规定,外形见图 7-8。

(2)1×3 结构钢绞线尺寸及允许偏差、每米参考质量应符合表 7-46 的规定,外形见图 7-9。

(3)1×7 结构钢绞线尺寸及允许偏差、每米参考质量应符合表 7-47 的规定,外形见图 7-10。

(4)经供需双方协商,可提供表 7-45～表 7-47 以外规格的钢绞线。

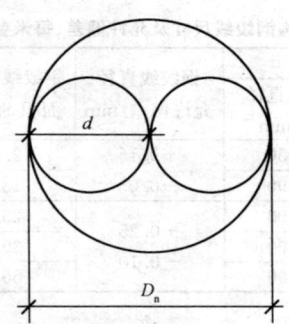

图 7-8 1×2 结构钢绞线外形示意图

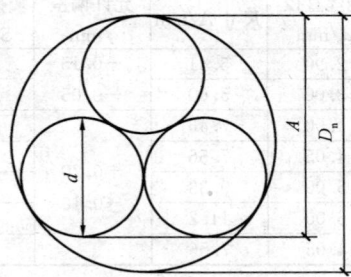

图 7-9 1×3 结构钢绞线外形示意图

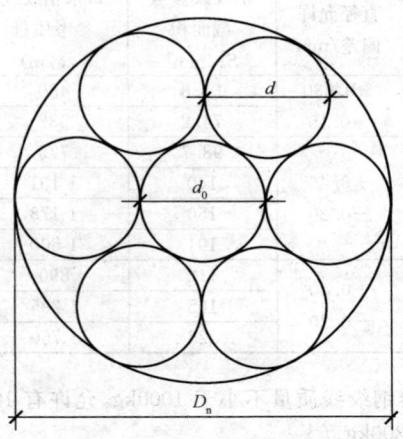

图 7-10 1×7 结构钢绞线外形示意图

表 7-45　　　　　　1×2 结构钢绞线尺寸及允许偏差、每米参考质量

钢绞线结构	公称直径		钢绞线直径允许偏差/mm	钢绞线参考截面积 S_n/mm²	每米钢绞线参考质量/(g/m)
	钢绞线直径 D_n/mm	钢丝直径 d/mm			
1×2	5.00	2.50	+0.15 −0.05	9.82	77.1
	5.80	2.90		13.2	104
	8.00	4.00	+0.25 −0.10	25.1	197
	10.00	5.00		39.3	309
	12.00	6.00		56.5	444

表 7-46　　　　　　1×3 结构钢绞线尺寸及允许偏差、每米参考质量

钢绞线结构	公称直径		钢绞线测量尺寸 A/mm	测量尺寸 A 允许偏差/mm	钢绞线参考截面积 S_n/mm²	每米钢绞线参考质量/(g/m)
	钢绞线直径 D_n/mm	钢丝直径 d/mm				
1×3	6.20	2.90	5.41	+0.15 −0.05	19.8	155
	6.50	3.00	5.60		21.2	166
	8.60	4.00	7.46	+0.20 −0.10	37.7	296
	8.74	4.05	7.56		38.6	303
	10.80	5.00	9.33		58.9	462
	12.90	6.00	11.2		84.8	666
1×3 I	8.74	4.05	7.56		38.6	303

表 7-47　　　　　　1×7 结构钢绞线的尺寸及允许偏差、每米参考质量

钢绞线结构	公称直径 D_n/mm	直径允许偏差/mm	钢绞线参考截面积 S_n/mm²	每米钢绞线参考质量/(g/m)	中心钢丝直径 d_0 加大范围(%) 不小于
1×7	9.50	+0.630 −0.15	54.8	430	2.5
	11.10		74.2	582	
	12.70	+0.40 −0.20	98.7	775	
	15.20		140	1 101	
	15.70		150	1 178	
	17.80		191	1 500	
(1×7)C	12.70	+0.40 −0.20	112	890	
	15.20		165	1 295	
	18.00		223	1 750	

（5）盘重：每盘卷钢绞线质量不小于 1000kg，允许有 10%的盘卷质量小于 1000kg，但不能小于 300kg。

（6）盘径：钢绞线盘卷内径不小于 750mm，卷宽为 750mm±50mm，或 600mm ±50mm。供方应在质量证明在书中注明盘卷尺寸。

3. 力学性能

(1)1×2 结构钢绞线的力学性能应符合表 7-48 规定。

表 7-48　　　　　　　　　　　　1×2 结构钢绞线力学性能

钢绞线结构	钢绞线公称直径 D_n/mm	抗拉强度 R_m/MPa 不小于	整根钢绞线的最大力 F_m/kN 不小于	规定非比例延伸力 $F_{p0.2}$/kN 不小于	最大力总伸长率 ($L_0 \geqslant 400mm$) A_{gt}(%) 不小于	应力松弛性能	
						初始负荷相当于公称最大力的百分数 (%)	1000h 后应力松弛率 r(%) 不大于
1×2	5.00	1570	15.4	13.9	对所有规格	对所有规格	对所有规格
		1720	16.9	15.2			
		1860	18.3	16.5			
		1960	19.2	17.3			
	5.80	1570	20.7	18.6		60	1.0
		1720	22.7	20.4			
		1860	24.6	22.1			
		1960	25.9	23.3	3.5	70	2.5
	8.00	1470	36.9	33.2			
		1570	39.4	35.5			
		1720	43.2	38.9		80	4.5
		1860	46.7	42.0			
		1960	49.2	44.3			
	10.00	1470	57.8	52.0			
		1570	61.7	55.5			
		1720	67.6	60.8			
		1860	73.1	65.8			
		1960	77.0	69.3			
	12.00	1470	83.1	74.8			
		1570	88.7	79.8			
		1720	97.2	87.5			
		1860	105	94.5			

注:规定非比例延伸力 $F_{p0.2}$ 值不小于整根钢绞线公称最大力 F_m 的 90%。

(2)1×3 结构钢绞线的力学性能应符合表 7-49 规定。

表 7-49   1×3 结构钢绞线力学性能

钢绞线结构	钢绞线公称直径 D_n/mm	抗拉强度 R_m/MPa 不小于	整根钢绞线的最大力 F_m/kN 不小于	规定非比例延伸力 $F_{p0.2}$/kN 不小于	最大力总伸长率 ($L_0 \geqslant 400$mm) A_{pt}(%) 不小于	应力松弛性能	
						初始负荷相当于公称最大力的百分数 (%)	1000h 后应力松弛率 r(%) 不大于
1×3	6.20	1570	31.1	28.0	对所有规格	对所有规格	对所有规格
		1720	34.1	30.7			
		1860	36.8	33.1			
		1960	38.8	34.9			
	6.50	1570	33.3	30.0		60	1.0
		1720	36.5	32.9			
		1860	39.4	35.5			
		1960	41.6	37.4			
	8.60	1470	55.4	49.9	3.5	70	2.5
		1570	59.2	53.3			
		1720	64.8	58.3			
		1860	70.1	63.1			
		1960	73.9	66.5			
	8.74	1570	60.6	54.5			
		1670	64.5	58.1			
		1860	71.8	64.6			
	10.80	1470	86.6	77.9		80	4.5
		1570	92.5	83.3			
		1720	101	90.9			
		1860	110	99.0			
		1960	115	104			
	12.90	1470	125	113			
		1570	133	120			
		1720	146	131			
		1860	158	142			
		1960	166	149			
1×3I	8.74	1570	60.6	54.5			
		1670	64.5	58.1			
		1860	71.8	64.6			

注:规定非比例延伸力 $F_{p0.2}$ 值不小于整根钢绞线公称最大力 F_m 的 90%。

(3)1×7结构钢绞线的力学性能应符合表7-50规定。

表 7-50　　　　　　　　　　　　1×7 结构钢绞线力学性能

钢绞线结构	钢绞线公称直径 D_n/mm	抗拉强度 R_m/MPa 不小于	整根钢绞线的最大力 F_m/kN 不小于	规定非比例延伸力 $F_{p0.2}$/kN 不小于	最大力总伸长率 $(L_0 \geqslant 400mm)$ A_{pt}(%) 不小于	应力松弛性能	
						初始负荷相当于公称最大力的百分数(%)	1000h后应力松弛率 r(%) 不大于
1×7	9.50	1720	94.3	84.9	对所有规格	对所有规格	对所有规格
		1860	102	91.8			
		1960	107	96.3		60	1.0
	11.10	1720	128	115			
		1860	138	124			
		1960	145	131	3.5		
	12.70	1720	170	153		70	2.5
		1860	184	166			
		1960	193	174			
	15.20	1470	206	185			
		1570	220	198			
		1670	234	211			
		1720	241	217		80	4.5
		1860	260	234			
		1960	274	247			
	15.70	1770	266	239			
		1860	279	251			
	17.80	1720	327	294			
		1860	353	318			
(1×7)I	12.70	1860	208	187			
	15.20	1820	300	270			
	18.00	1720	384	346			

注：规定非比例延伸力 $F_{p0.2}$ 值不小于整根钢绞线公称最大力 F_m 的 90%。

(4)供方每一交货批钢绞线的实际强度不能高于其抗拉强度级别200MPa。

(5)钢绞线弹性模量为(195±10)GPa,但不作为交货条件。

(6)根据供货协议,可以提供表7-48～表7-50以外的强度级别的钢绞线。

(7)允许使用推算法确定1000h松弛率。

第四节　型　　钢

　　建筑中的主要承重结构,常使用各种规格的型钢来组成各种形式的钢结构。钢结构常用的型钢有圆钢、方钢、扁钢、工字钢、槽钢、角钢等。型钢由于截面形式合理,材料在截面上的分布对受力有利,且构件间的连接方便,所以型钢是钢结构中采用的主要钢材。钢结构用钢的钢种和牌号,主要根据结构的重要性、荷载特征、结构形式、应力状态、连接方法、钢材厚度和工作环境等因素选择。对于承受动力荷载或振动荷载的结构、处于低温环境的结构,应选择韧性好、脆性临界温度低的钢材。对于焊接结构应选择焊接性能好的钢材。我国钢结构用热轧型钢主要采用的是碳素结构和低合金强度结构钢。

一、热轧钢棒

　　热轧钢棒包括直径为5.5～310mm的热轧圆钢边和边长为5.5～200mm的热轧方钢;厚度为3～60mm,宽度为10～200mm,截面为矩形的一般用途热轧扁钢;对边距离为8～70mm的热轧六角钢和对边距离为16～40mm的热轧八角钢;厚度为4～100mm,宽度为10～310mm,截面为矩形的热轧工具钢扁钢。

　　1. 截面形状

　　(1)热轧圆钢和方钢的截面形状见图7-11。

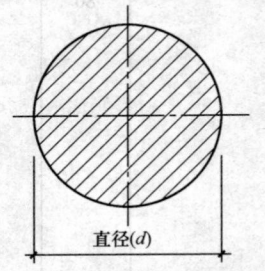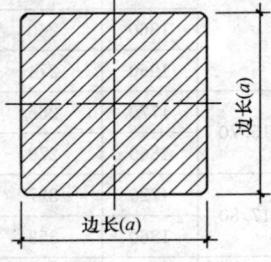

图7-11　热轧圆钢和方钢截面形状

　　(2)热轧扁钢及热轧工具钢扁钢的截面形状见图7-12。

　　(3)热轧六角钢和热轧八角钢的截面形状见图7-13。

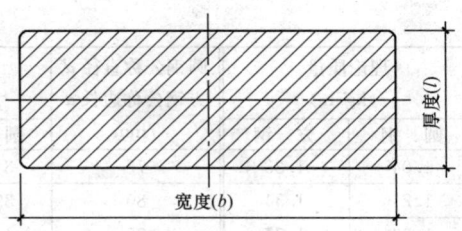

图 7-12　热轧扁钢及热轧工具钢扁钢的截面形状

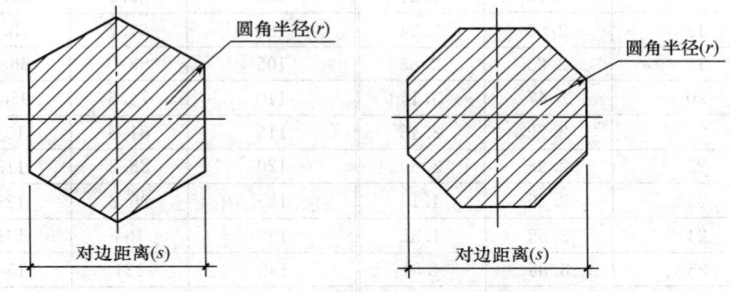

图 7-13　热轧六角钢和热轧八角钢截面

2. 截面尺寸、质量及允许偏差

(1)尺寸及质量。

1)热轧圆钢和方钢的尺寸及理论质量应符合表 7-51 的规定。

表 7-51　　　　　　热轧圆钢和方钢的尺寸及理论质量

圆钢公称直径 d 方钢边公称长 a /mm	理论质量 /(kg/m)		圆钢公称直径 d 方钢公称边长 a /mm	理论质量 /(kg/m)	
	圆　钢	方　钢		圆　钢	方　钢
5.5	0.186	0.237	53	17.3	22.0
6	0.222	0.283	55	18.6	23.7
6.5	0.260	0.332	56	19.3	24.6
7	0.302	0.385	58	20.7	26.4
8	0.395	0.502	60	22.2	28.3
9	0.499	0.636	63	24.5	31.2
10	0.617	0.785	65	26.0	33.2
11	0.746	0.950	68	28.5	36.3
12	0.888	1.13	70	30.2	38.5

材料员一本通

圆钢公称直径 d 方钢边公称长 a /mm	理论质量 /(kg/m)		圆钢公称直径 d 方钢公称边长 a /mm	理论质量 /(kg/m)	
	圆 钢	方 钢		圆 钢	方 钢
13	1.04	1.33	75	34.7	44.2
14	1.21	1.54	80	39.5	50.2
15	1.39	1.77	85	44.5	56.7
16	1.58	2.01	90	49.9	63.6
17	1.78	2.27	95	55.6	70.8
18	2.00	2.54	100	61.7	78.5
19	2.23	2.83	105	68.0	86.5
20	2.47	3.14	110	74.6	95.0
21	2.72	3.46	115	81.5	104
22	2.98	3.80	120	88.8	113
23	3.26	4.15	125	96.3	123
24	3.55	4.52	130	104	133
25	3.85	4.91	140	121	154
26	4.17	5.31	150	139	177
27	4.49	5.72	160	158	201
28	4.83	6.15	170	178	227
29	5.18	6.60	180	200	254
30	5.55	7.06	190	223	283
31	5.92	7.54	200	247	314
32	6.31	8.04	210	272	
33	6.71	8.55	220	298	
34	7.13	9.07	230	326	
35	7.55	9.62	240	335	
36	7.99	10.2	250	385	
38	8.90	11.3	260	417	
40	9.86	12.6	270	449	
42	10.9	13.8	280	483	
45	12.5	15.9	290	518	
48	14.2	18.1	300	555	
50	15.4	19.6	310	592	

注:表中钢的理论质量是按密度为 $7.85g/cm^3$ 计算。

2)热轧扁钢的尺寸及理论质量应符合表 7-52 的规定。

表7-52　热轧扁钢的理论质量

理论质量/(kg/m)

公称宽度/mm	厚度/mm																								
	3	4	5	6	7	8	9	10	11	12	14	16	18	20	22	25	28	30	32	36	40	45	50	56	60
10	0.24	0.31	0.39	0.47	0.55	0.63																			
12	0.28	0.38	0.47	0.57	0.66	0.75																			
14	0.33	0.44	0.55	0.66	0.77	0.88																			
16	0.38	0.50	0.63	0.75	0.88	1.00	1.13	1.26																	
18	0.42	0.57	0.71	0.85	0.99	1.13	1.27	1.41																	
20	0.47	0.63	0.78	0.94	1.10	1.26	1.41	1.57	1.73	1.88															
22	0.52	0.69	0.86	1.04	1.21	1.38	1.55	1.73	1.90	2.07															
25	0.59	0.78	0.98	1.18	1.37	1.57	1.77	1.96	2.16	2.36	2.75	3.14													
28	0.66	0.88	1.10	1.32	1.54	1.76	1.98	2.20	2.42	2.64	3.08	3.52													
30	0.71	0.94	1.18	1.41	1.65	1.88	2.12	2.36	2.59	2.83	3.30	3.77	4.24	4.71											
32	0.75	1.00	1.26	1.51	1.76	2.01	2.26	2.51	2.76	3.01	3.52	4.02	4.52	5.02											
35	0.82	1.10	1.37	1.65	1.92	2.20	2.47	2.75	3.02	3.30	3.85	4.40	4.95	5.50	6.04	6.87	7.69								
40	0.94	1.26	1.57	1.88	2.20	2.51	2.83	3.14	3.45	3.77	4.40	5.02	5.65	6.28	6.91	7.85	8.79	9.42	10.05						
45	1.06	1.41	1.77	2.12	2.47	2.83	3.18	3.53	3.89	4.24	4.95	5.65	6.36	7.07	7.77	8.83	9.89	10.60	11.30	12.72					
50	1.18	1.57	1.96	2.36	2.75	3.14	3.53	3.93	4.32	4.71	5.50	6.28	7.06	7.85	8.64	9.81	10.99	11.78	12.56	14.13	15.70				
55		1.73	2.16	2.59	3.02	3.45	3.89	4.32	4.75	5.18	6.04	6.91	7.77	8.64	9.50	10.79	12.09	12.95	13.82	15.54	17.27	19.43			
60		1.88	2.36	2.83	3.30	3.77	4.24	4.71	5.18	5.65	6.59	7.54	8.48	9.42	10.36	11.78	13.19	14.13	15.07	16.96	18.84	21.20			
65		2.04	2.55	3.06	3.57	4.08	4.59	5.10	5.61	6.12	7.14	8.16	9.18	10.20	11.23	12.76	14.29	15.31	16.33	18.37	20.41	22.96			
70		2.20	2.75	3.30	3.85	4.40	4.95	5.50	6.04	6.59	7.69	8.79	9.89	10.99	12.09	13.74	15.39	16.49	17.58	19.78	21.98	24.73			

（续）

理论质量/（kg/cm）　厚度/mm

公称宽度/mm	3	4	5	6	7	8	9	10	11	12	14	16	18	20	22	25	28	30	32	36	40	45	50	56	60
75		2.36	2.94	3.53	4.12	4.71	5.30	5.89	6.48	7.06	8.24	9.42	10.60	11.78	12.95	14.72	16.48	17.66	18.84	21.20	23.55	26.49			
80		2.51	3.14	3.77	4.40	5.02	5.65	6.28	6.91	7.54	8.79	10.05	11.30	12.56	13.82	15.70	17.58	18.84	20.10	22.61	25.12	28.26	31.40		
85			3.34	4.00	4.67	5.34	6.01	6.67	7.34	8.01	9.34	10.68	12.01	13.34	14.68	16.68	18.68	20.02	21.35	24.02	26.69	30.03	33.36	37.37	40.04
90			3.53	4.24	4.95	5.65	6.36	7.06	7.77	8.48	9.89	11.30	12.72	14.13	15.54	17.66	19.78	21.20	22.61	25.43	28.26	31.79	35.32	39.56	42.39
95			3.73	4.47	5.22	5.97	6.71	7.46	8.20	8.95	10.44	11.93	13.42	14.92	16.41	18.64	20.88	22.37	23.86	26.85	29.83	33.56	37.29	41.76	44.74
100			3.92	4.71	5.50	6.28	7.06	7.85	8.64	9.42	10.99	12.56	14.13	15.70	17.27	19.62	21.98	23.55	25.12	28.26	31.40	35.32	39.25	43.96	47.10
105			4.12	4.95	5.77	6.59	7.42	8.24	9.07	9.89	11.54	13.19	14.84	16.48	18.13	20.61	23.08	24.73	26.38	29.67	32.97	37.09	41.21	46.16	49.46
110			4.32	5.18	6.04	6.91	7.77	8.64	9.50	10.36	12.09	13.82	15.54	17.27	19.00	21.59	24.18	25.90	27.63	31.09	34.54	38.86	43.18	48.36	51.81
120				5.65	6.59	7.54	8.48	9.42	10.36	11.30	13.19	15.07	16.96	18.84	20.72	23.55	26.38	28.26	30.14	33.91	37.68	42.39	47.10	52.75	56.52
125				5.89	6.87	7.85	8.83	9.81	10.79	11.78	13.74	15.70	17.66	19.62	21.59	24.53	27.48	29.44	31.40	35.32	39.25	44.16	49.06	54.95	58.88
130				6.12	7.14	8.16	9.18	10.20	11.23	12.25	14.29	16.33	18.37	20.41	22.45	25.51	28.57	30.62	32.66	36.74	40.82	45.92	51.02	57.15	61.23
140					7.69	8.79	9.89	10.99	12.09	13.19	15.39	17.58	19.78	21.98	24.18	27.48	30.77	32.97	35.17	39.56	43.96	49.46	54.95	61.54	65.94
150					8.24	9.42	10.60	11.78	12.95	14.13	16.48	18.84	21.20	23.55	25.90	29.44	32.97	35.32	37.68	42.39	47.10	52.99	58.88	65.94	70.65
160					8.79	10.05	11.30	12.56	13.82	15.07	17.58	20.10	22.61	25.12	27.63	31.40	35.17	37.68	40.19	45.22	50.24	56.52	62.80	70.34	75.36
180					9.89	11.30	12.72	14.13	15.54	16.96	19.78	22.61	25.43	28.26	31.09	35.32	39.56	42.39	45.22	50.87	56.52	63.58	70.65	79.13	84.78
200					10.99	12.56	14.13	15.70	17.27	18.84	21.98	25.12	28.26	31.40	34.54	39.25	43.96	47.10	50.24	56.52	62.80	70.65	78.50	87.92	94.20

注：1. 表中的粗线用以划分扁钢的组别。
第1组：理论质量≤19 kg/m；
第2组：理论质量＞19 kg/m。
2. 表中的理论质量按密度为 7.85 g/cm³ 计算。

3)热轧六角钢和热轧八角钢的尺寸及理论质量应符合表 7-53 的规定。

表 7-53　　　　　　　热轧六角钢和热轧八角钢的尺寸及理论质量

对边距离 s/mm	截面面积 A/cm²		理论质量/(kg/m)	
	六角钢	八角钢	六角钢	八角钢
8	0.5543	—	0.435	—
9	0.7015	—	0.551	—
10	0.866	—	0.680	—
11	1.048	—	0.823	—
12	1.247	—	0.979	—
13	1.464	—	1.05	—
14	1.697	—	1.33	—
15	1.949	—	1.53	—
16	2.217	2.120	1.74	1.66
17	2.503	—	1.96	—
18	2.806	2.683	2.20	2.16
19	3.126	—	2.45	—
20	3.464	3.312	2.72	2.60
21	3.819		3.00	
22	4.192	4.008	3.29	3.15
23	4.581	—	3.60	—
24	4.988	—	3.92	—
25	5.413	5.175	4.25	4.05
26	5.854	—	4.60	—
27	6.314	—	4.96	—
28	6.790	6.492	5.33	5.10
30	7.794	7.452	6.12	5.85
32	8.868	8.479	6.96	6.66

（续）

对边距离 s/mm	截面面积 A/cm^2		理论质量/(kg/m)	
	六角钢	八角钢	六角钢	八角钢
34	10.011	9.572	7.86	7.51
36	11.223	10.731	8.81	8.42
38	12.505	11.956	9.82	9.39
40	13.86	13.250	10.88	10.40
42	15.28	—	11.99	—
45	17.54	—	13.77	—
48	19.95	—	15.66	—
50	21.65	—	17.00	—
53	24.33	—	19.10	—
56	27.16	—	23.32	—
58	29.13	—	22.87	—
60	31.18	—	24.50	—
63	34.37	—	26.98	—
65	36.59	—	28.72	—
68	40.04	—	31.43	—
70	42.43	—	33.30	—

注：表中的理论质量按密度 7.83g/cm³ 计算。

表中截面面积(A)计算公式：$A=\frac{1}{4}ns^2\tan\frac{\varphi}{2}\times\frac{1}{100}$

六角形：$A=\frac{3}{2}s^2\tan30°\times\frac{1}{100}\approx0.866s^2\times\frac{1}{100}$

八角形：$A=2s^2\tan22°30'\times\frac{1}{100}\approx0.828s^2\times\frac{1}{100}$

式中　n——正 n 边形边数；

φ——正 n 边形圆内角，$\varphi=360/n$。

4)热轧工具钢扁钢的尺寸及理论质量应符合表 7-54 的规定。

5)经供需双方协商，并在合同中注明，也可供应上述表中未规定的其他尺寸的钢棒。

6)钢棒一般按实际质量交货。经供需双方协商，并在合同中注明，可按理论质量交货。

表 7-54

热轧工具钢扁钢的尺寸及理论重量

扁钢公称厚度/mm，理论重量/(kg/m)

公称宽度/mm	4	6	8	10	13	16	18	20	23	25	28	32	36	40	45	50	56	63	71	80	90	100
10	0.31	0.47	0.63																			
13	0.41	0.61	0.82	1.02																		
16	0.50	0.75	1.00	1.26	1.63																	
20	0.63	0.94	1.26	1.57	2.04	2.51	2.83															
25	0.79	1.18	1.57	1.96	2.55	3.14	3.53	3.93	4.51													
32	1.00	1.51	2.01	2.51	3.27	4.02	4.52	5.02	5.78	6.28	7.03											
40	1.26	1.88	2.51	3.14	4.08	5.02	5.65	6.28	7.22	7.85	8.79	10.05	11.30									
50	1.57	2.36	3.14	3.93	5.10	6.28	7.07	7.85	9.03	9.81	10.99	12.56	14.13	15.70	17.66							
63	1.98	2.97	3.96	4.95	6.43	7.91	8.90	9.89	11.37	12.36	13.85	15.83	17.80	19.78	22.25	24.73	27.69					
71	2.23	3.34	4.46	5.57	7.25	8.92	10.03	11.15	12.82	13.93	15.61	17.84	20.06	22.29	25.08	27.87	31.21	35.11				
80	2.51	3.77	5.02	6.28	8.16	10.05	11.30	12.56	14.44	15.70	17.58	20.10	22.61	25.12	28.26	31.40	35.17	39.56	44.59			
90	2.83	4.24	5.65	7.07	9.18	11.30	12.72	14.13	16.25	17.66	19.78	22.61	25.43	28.26	31.79	35.33	39.56	44.51	50.16	56.52		
100	3.14	4.71	6.28	7.85	10.21	12.56	14.13	15.70	18.06	19.63	21.98	25.12	28.26	31.40	35.33	39.25	43.96	49.46	55.74	62.80	70.65	
112	3.52	5.28	7.03	8.79	11.43	14.07	15.83	17.58	20.22	21.98	24.62	28.13	31.65	35.17	39.56	43.96	49.24	55.39	62.42	70.34	79.13	87.92
125	3.93	5.89	7.85	9.81	12.76	15.70	17.66	19.63	22.57	24.53	27.48	31.40	35.33	39.25	44.16	49.06	54.95	61.82	69.67	78.50	88.31	98.13
140	4.40	6.59	8.79	10.99	14.29	17.58	19.78	21.98	25.28	27.48	30.77	35.17	39.56	43.96	49.46	54.95	61.54	69.24	78.03	87.92	98.91	109.90
160	5.02	7.54	10.05	12.56	16.33	20.10	22.61	25.12	28.89	31.40	35.17	40.19	45.22	50.24	56.52	62.80	70.34	79.13	89.18	100.48	113.04	125.60
180	5.65	8.48	11.30	14.13	18.37	22.61	25.43	28.26	32.50	35.33	39.56	45.22	50.87	56.52	63.59	70.65	79.13	89.02	100.32	113.04	127.17	141.30
200	6.28	9.42	12.56	15.70	20.41	25.12	28.26	31.40	36.11	39.25	43.96	50.24	56.52	62.80	70.65	78.50	87.92	98.91	111.47	125.60	141.30	157.00
224	7.03	10.55	14.07	17.58	22.86	28.13	31.65	35.17	40.44	43.96	49.24	56.27	63.30	70.34	79.13	87.92	98.47	110.78	124.85	140.67	158.26	175.84
250	7.85	11.78	15.70	19.63	25.51	31.40	35.33	39.25	45.14	49.06	54.95	62.80	70.65	78.50	88.31	98.13	109.90	123.64	139.34	157.00	176.63	196.25
280	8.79	13.19	17.58	21.98	28.57	35.17	39.56	43.96	50.55	54.95	61.54	70.34	79.13	87.92	98.91	109.90	123.09	138.47	156.06	175.84	197.82	219.80
310	9.73	14.60	19.47	24.34	31.64	38.94	43.80	48.67	55.97	60.84	68.14	77.87	87.61	97.34	109.51	121.68	136.28	153.31	172.78	194.68	219.02	243.35

注：表中的理论重量是按密度 7.85g/cm³ 计算，对于高合金钢计算理论重量时，应采用相应牌号的密度进行计算。

(2)尺寸及允许偏差。

1)热轧圆钢和方钢的尺寸允许偏差应符合表 7-55 的规定。尺寸允许偏差组别应在相应产品标准或订货合同中注明,未注明时按第 3 组允许偏差执行。

表 7-55　　　　　　　　　热轧圆钢和方钢的尺寸允许偏差　　　　　　　　　mm

截面公称尺寸 (圆钢直径或方钢边长)	尺寸允许偏差		
	1 组	2 组	3 组
5.5~7	±0.20	±0.30	±0.40
>7~20	±0.25	±0.35	±0.40
>20~30	±0.30	±0.40	±0.50
>30~50	±0.40	±0.50	±0.60
>50~80	±0.60	±0.70	±0.80
>80~110	±0.90	±1.00	±1.10
>110~150	±1.20	±1.30	±1.40
>150~200	±1.60	±1.80	±2.00
>200~280	±2.00	±2.50	±3.00
>280~310	—	—	±5.00

2)热轧扁钢的尺寸允许偏差应符合表 7-56 的规定。尺寸允许偏差组别应在相应产品标准或订货合同中注明,未注明时按第 2 组允许偏差执行。

表 7-56　　　　　　　　　热轧扁钢的尺寸允许偏差　　　　　　　　　mm

宽　　度			厚　　度		
公称尺寸	允许偏差		公称尺寸	允许偏差	
	1 组	2 组		1 组	2 组
10~50	+0.3 -0.9	+0.5 -1.0	3~16	+0.3 -0.5	+0.2 -0.4
>50~75	+0.4 -1.2	+0.6 -1.3			
>75~100	+0.7 -1.7	+0.9 -1.8	>16~60	+1.5% -3.0%	+1.0% -2.5%
>100~150	+0.8% -1.8%	+1.0% -2.0%			
>150~200	供需双方协商				

注:在同一截面任意两点测量的厚度差不得大于厚度公差的 50%。

3)热轧六角钢和热轧八角钢的尺寸允许偏差应符合表 7-57 的规定。应在相应产品标准或订货合同中注明尺寸允许偏差组别,未注明时按第 3 组允许偏差执行。经供需双方协商,并在合同中注明,可按正偏差轧制,此时热轧六角钢和热轧八角钢的尺寸允许偏差应为表 7-57 所列该尺寸六角钢和八角钢的公差。

表 7-57　　　　热轧六角钢和热轧八角钢的尺寸允许偏差　　　　mm

对边距离 s	允许偏差		
	1 组	2 组	3 组
≥8～17	±0.25	±0.35	±0.40
>17～20	±0.25	±0.35	±0.40
>21～30	±0.30	±0.40	±0.50
>30～50	±0.40	±0.50	±0.60
>50～70	±0.60	±0.70	±0.80

4)热轧工具钢扁钢的尺寸允许偏差应符合表 7-58 的规定。

5)经供需双方协商,并在合同中注明,可供应表 7-55～表 7-58 规定之外的尺寸允许偏差的钢棒。

表 7-58　　　　热轧工具钢扁钢的尺寸允许偏差　　　　mm

宽度及允许偏差		厚度及允许偏差	
公称宽度	允许偏差　不大于	公称厚度	允许偏差　不大于
10	+0.70	≥4～6	+0.40
>10～18	+0.80	>6～10	+0.50
>18～30	+1.2	>10～14	+0.60
>30～50	+1.6	>14～25	+0.80
>50～80	+2.3	>25～30	+1.2
>80～160	+2.5	>30～60	+1.4
>160～200	+2.8	>60～100	+1.6
>200～250	+3.0		
>250～310	+3.2		

3. 长度及允许偏差

(1)热轧圆钢和方钢的通常长度及短尺长度应符合表 7-59 的规定。

表 7-59　　　　热轧圆钢和方钢通常长度及短尺长度

钢　类	通常长度		短尺长度/m　不小于
	截面公称尺寸/mm	钢棒长度/m	
普通质量钢	≤25	4～12	2.5
	>25	3～12	
优质及特殊质量钢	全部规格	2～12	1.5
	碳素和合金工具钢 ≤75	2～12	1.0
	>75	1～8	0.5(包括高速工具全部规格)

(2)热轧扁钢的通常长度及短尺长度应符合表 7-60 的规定。

表 7-60　　　　　　热轧扁钢通常长度及短尺长度

钢　类		通常长度/m	长度允许偏差	短尺长度
普通质量钢	1 组(理论质量≤19kg/m)	3～9	钢棒长度≤4m, +30m；4 ～ 6m, +50mm；>6m,+70mm	≥1.5m
	2 组(理论质量>19kg/m)	3～7		
优质及特殊质量钢		2～6		

(3)热轧六角钢和热轧八角钢的通常长度及短尺长度应符合表 7-61 的规定。

表 7-61　　　热轧六角钢和热轧八角钢通常长度及短尺长度

钢　类	通常长度/m	短尺长度/m
普通质量钢	3～8	≥2.5
优质及特殊质量钢	2～6	≥1.5

(4)热轧工具钢扁钢的通常长度及短尺长度应符合表 7-62 的规定。按定尺长度交货的热轧工具钢扁钢,其长度允许偏差为+250mm。

表 7-62　　　　热轧工具钢扁钢通常长度及短尺长度

公称宽度/mm	通常长度/m	短尺长度/m
≤50	≥2.0	≥1.5
>50～70	≥2.0	≥0.75
>70	≥1.0	—

(5)经供需双方协商,并在合同中注明,可供应表中规定之外长度的钢棒。定尺或倍尺长度应在合同中注明,其长度允许偏差为+50mm(不包括热轧扁钢)。

(6)短尺长度钢棒交货量不得超过该批钢棒总质量的 10%。

4. 外形

(1)热轧圆钢和方钢。

1)热轧圆钢和方钢以直条交货。经供需双方协商,亦可以盘卷交货。

2)圆钢的不圆度及方钢对角线长度应符合表 7-63 的规定。圆钢不圆度是指同一横截面最大直径和最小直径之差。

表 7-63　　　　　热轧圆钢不圆度及方钢对角线长度　　　　　mm

圆钢公称直径 d	不圆度　不大于	方钢公称边长 a	对角线长度　不小于
≤50	公称直径公差的 50%	<50	公称边长的 1.33 倍
>50~80	公称直径公差的 65%	≥50	公称边长的 1.29 倍
>80	公称直径公差的 70%	工具钢全部规格	公称边长的 1.29 倍

3)方钢不方便,应在同一横截面内,任何两边长之差不得大于公称边长公差的 50%,两对角线长度之差不得大于公称边长公差的 70%。

4)热轧圆钢和方钢的弯曲度应符合表 7-64 的规定。弯曲度组别应在相应产品标准或订货合同中注明,未注明者按第 2 组执行。经供需双方协商,并在合同中注明,也可供应表 7-64 规定之外的弯曲度。

表 7-64　　　　　热轧圆钢和方钢弯曲度　　　　　mm

组　　别	弯曲度　不大于	
	每米弯曲度	总弯曲度
1组	2.5	钢棒长度的 0.25%
2组	4	钢棒长度的 0.40%

5)热轧圆钢和方钢不得有显著扭转。

6)热轧圆钢和方钢两端的切斜度不得大于该圆钢公称直径或方钢公称边长的 30%。用剪切机剪切的热轧圆钢和方钢端头允许有局部变形。

(2)热轧扁钢和热轧工具钢扁钢

1)热轧扁钢的弯曲度应符合表 7-65 的规定。热轧工具钢扁钢及宽度>150mm 的热轧扁钢的弯曲度每米不得超过 5mm,总弯曲度不得大于总长度的 0.50%。热轧工具钢扁钢的侧面弯曲度(镰刀弯)每米不得超过 5mm,总侧面弯曲度不得大于总长度的 0.50%。

表 7-65　　　　　热轧扁圆弯曲度　　　　　mm

精度级别	弯曲度　不大于	
	每米弯曲度	总弯曲度
1组	2.5	钢棒长度的 0.25%
2组	4	钢棒长度的 0.40%

注:宽度>150mm 的热轧扁钢,每米弯曲度不大于 5mm,总弯曲不大于钢棒长度的 0.50%。

2)端头应剪切正直。热轧工具钢扁钢两端的毛刺应清除,但不大于 5mm 的毛刺允许存在。用压力机剪切的热轧工具钢扁钢,其两端允许有局部变形。热轧扁钢的切斜不得大于以下规定:宽度≤100mm 的热轧扁钢,不得大于 6mm;宽度

＞100mm 的热轧扁钢,不得大于 8mm。

　　3)热轧扁钢和热轧工具钢扁钢不得有显著扭转。热轧工具钢扁钢在同一截面上两对角线长度差不得大于扁钢的宽度偏差。热轧工具钢扁钢允许有稍带钝边。

　　4)热轧扁钢和热轧工具钢扁钢的截面形状不正如图 7-14 所示。其最大允许尺寸 C 值应符合表 7-66 中的规定。

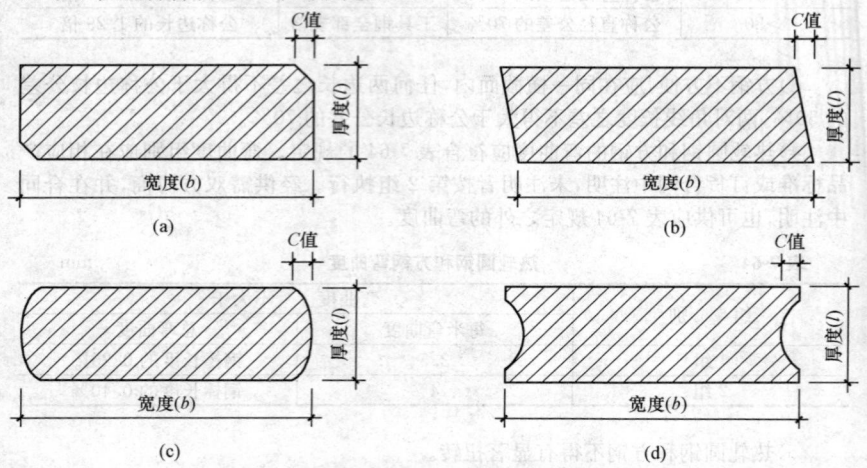

图 7-14　热轧扁钢和热轧工具钢扁钢截面形状不正图示

表 7-66　　　　热轧扁钢和热轧工具钢扁钢允许的截面不正(C)值　　　　mm

热轧扁钢厚度	最大允许尺寸(C)值
≤5	1
＞5～10	厚度的 20%
＞10	厚度的 15%,最大值为 3.5

　　(3)热轧六角钢和热轧八角钢。

　　1)热轧六角钢和热轧八角钢在同一截面上任何两个对边距离之差,不得超过公差的 70%。

　　2)热轧六角钢和热轧八角钢的边缘圆角半径 r,可由供方参照表 7-67 所列数值在生产中用轧辊孔型控制,不作交货检查依据。

表 7-67　　　　热轧六角钢和热轧八角钢的边缘圆角半径　　　　mm

对边距离 s	最大圆角半径 r
8～14	1.0
15～25	1.5
26～50	2.0
＞50	3.0

3)热轧六角钢和热轧八角钢的弯曲度应符合表 7-68 的规定,弯曲度组别应在相应产品标准或订货合同中注明。

表 7-68　　　　　　热轧六角钢和热轧八角钢的弯曲度　　　　　　mm

组　　别	每米弯曲度　不大于	总弯曲度　不大于
1	2.5	钢棒伸长度的 0.25%
2	4	钢棒长度的 0.4%
3	6	钢棒长度的 0.6%

4)热轧六角钢和热轧八角钢的端头应剪切正直,切斜长度不得大于钢材对边距离的 30%,用剪切机剪切端头允许有局部变形。

5)热轧六角钢和热轧八角钢不得有显著扭转。

二、热轧型钢

热轧型钢包括热轧等边角钢、热轧不等边角钢、热轧 L 型钢及腿部内侧有斜度的热轧工字钢和热轧槽钢(以下简称型钢)。

1. 尺寸、外形、质量及允许偏差

(1)尺寸及表示方法。

1)型钢的截面图示及标注符号见图 7-15～图 7-19。

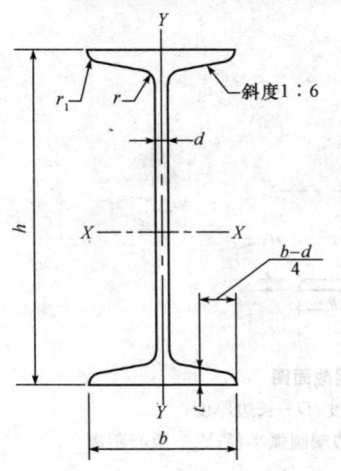

图 7-15　工字钢截面图

h—高度;b—腿宽度;d—腰厚度;

t—平均腿厚度;r—内圆弧半径;

r_1—腿端圆弧半径

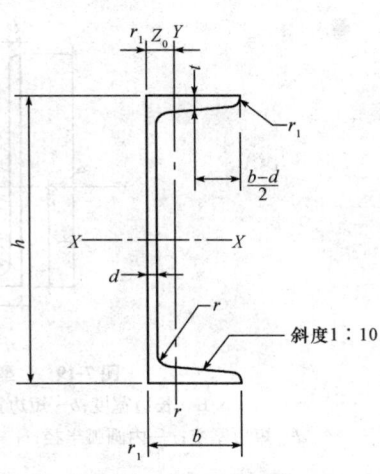

图 7-16　槽钢截面图

h—高度;b—腿宽度;d—腰厚度;

t—平均腿厚度;r—内圆弧半径;

r_1—腿端圆弧半径;

Z_0—YY 轴与 Y_1Y_1 轴间距

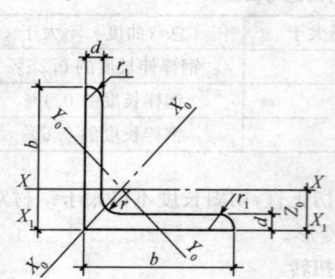

图 7-17　等边角钢截面图
b—边宽度；d—边厚度；
r—内圆弧半径；r_1 边端圆弧半径；
Z_0—重心距离

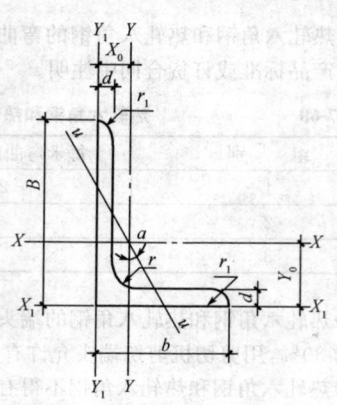

图 7-18　不等边角钢截面图
B—长边宽度；b—短边宽度；d—边厚度；
r—内圆弧半径；r_1—边端圆弧半径；
X_0—重心距离；Y_0—重心距离

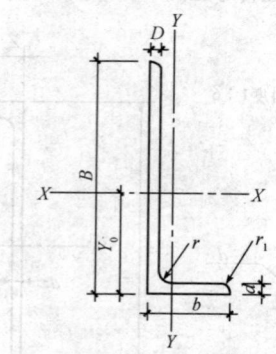

图 7-19　L 型钢截面图
B—长边宽度；b—短边宽度；D—长边厚度；
d—短边厚变；r—内圆弧半径；r_1—边端圆弧半径；Y_0—重心距离

　　2)型钢的截面尺寸、截面面积、理论质量及截面特性参数应分别符合表 7-67
~表 7-73 的规定。

表 7-69 工字钢截面尺寸、截面面积、理论质量及截面特性

型号	截面尺寸/mm						截面面积/cm²	理论质量/(kg/m)	惯性矩/cm⁴		惯性半径/cm		截面模数/cm³	
	h	b	d	t	r	r_1			I_x	I_y	i_x	i_y	W_x	W_y
10	100	68	4.5	7.6	6.5	3.3	14.345	11.261	245	33.0	4.14	1.52	49.0	9.72
12	120	74	5.0	8.4	7.0	3.5	17.818	13.987	436	46.9	4.95	1.62	72.7	12.7
12.6	126	74	5.0	8.4	7.0	3.5	18.118	14.223	488	46.9	5.20	1.61	77.5	12.7
14	140	80	5.5	9.1	7.5	3.8	21.516	16.890	712	64.4	5.76	1.73	102	16.1
16	160	88	6.0	9.9	8.0	4.0	26.131	20.513	1 130	93.1	6.58	1.89	141	21.2
18	180	94	6.5	10.7	8.5	4.3	30.756	24.143	1 660	122	7.36	2.00	185	26.0
20a	200	100	7.0	11.4	9.0	4.5	35.578	27.929	2 370	158	8.15	2.12	237	31.5
20b	200	102	9.0	11.4	9.0	4.5	39.578	31.069	2 500	169	7.96	2.06	250	33.1
22a	220	110	7.5	12.3	9.5	4.8	42.128	33.070	3 400	225	8.99	2.31	309	40.9
22b	220	112	9.5	12.3	9.5	4.8	46.528	36.524	3 570	239	8.78	2.27	325	42.7
24a	240	116	8.0	13.0	10.0	5.0	47.741	37.477	4 570	280	9.77	2.42	381	48.4
24b	240	118	10.0	13.0	10.0	5.0	52.541	41.245	4 800	297	9.57	2.38	400	50.4
25a	250	116	8.0	13.0	10.0	5.0	48.541	38.105	5 020	280	10.2	2.40	402	48.3
25b	250	118	10.0	13.0	10.0	5.0	53.541	42.030	5 280	309	9.94	2.40	423	52.4

(续一)

型号	截面尺寸/mm						截面面积/cm²	理论质量/(kg/m)	惯性矩/cm⁴		惯性半径/cm		截面模数/cm³	
	h	b	d	t	r	r_1			I_x	I_y	i_x	i_y	W_x	W_y
27a	270	122	8.5	13.7	10.5	5.3	54.554	42.825	6 550	345	10.9	2.51	485	56.6
27b		124	10.5				59.954	47.064	6 870	366	10.7	2.47	509	58.9
28a	280	122	8.5				55.404	43.492	7 110	345	11.3	2.50	508	56.6
28b		124	10.5				61.004	47.888	7 480	379	11.1	2.49	534	61.2
30a	300	126	9.0	14.4	11.0	5.5	61.254	48.084	8 950	400	12.1	2.55	597	63.5
30b		128	11.0				67.254	52.794	9 400	422	11.8	2.50	627	65.9
30c		130	13.0				73.254	57.504	9 850	445	11.6	2.46	657	68.5
32a	320	130	9.5	15.0	11.5	5.8	67.156	52.717	11 100	460	12.8	2.62	692	70.8
32b		132	11.5				73.556	57.741	11 600	502	12.6	2.61	726	76.0
32c		134	13.5				79.956	62.765	12 200	544	12.3	2.61	760	81.2
36a	360	136	10.0	15.8	12.0	6.0	76.480	60.037	15 800	552	14.4	2.69	875	81.2
36b		138	12.0				83.680	65.689	16 500	582	14.1	2.64	919	84.3
36c		140	14.0				90.880	71.341	17 300	612	13.8	2.60	962	87.4
40a	400	142	10.5	16.5	12.5	6.3	86.112	67.598	21 700	660	15.9	2.77	1 090	93.2
40b		144	12.5				94.112	73.878	22 800	692	15.6	2.71	1 140	96.2
40c		146	14.5				102.112	80.158	23 900	727	15.2	2.65	1 190	99.6

（续二）

型号	截面尺寸 /mm						截面面积 /cm²	理论质量 /(kg/m)	惯性矩 /cm⁴		惯性半径 /cm		截面模数 /cm³	
	h	b	d	t	r	r_1			I_x	I_y	i_x	i_y	W_x	W_y
45a		150	11.5				102.446	80.420	32 200	855	17.7	2.89	1 430	114
45b	450	152	13.5	18.0	13.5	6.8	111.446	87.485	33 800	894	17.4	2.84	1 500	118
45c		154	15.5				120.446	94.550	35 300	938	17.1	2.79	1 570	122
50a		158	12.0				119.304	93.654	46 500	1 120	19.7	3.07	1 860	142
50b	500	160	14.0	20.0	14.0	7.0	129.304	101.504	48 600	1 170	19.4	3.01	1 940	146
50c		162	16.0				139.304	109.354	50 600	1 220	19.0	2.96	2 080	151
55a		166	12.5				134.185	105.335	62 900	1 370	21.6	3.19	2 290	164
55b	550	168	14.5				145.185	113.970	65 600	1 420	21.2	3.14	2 390	170
55c		170	16.5				156.185	122.605	68 400	1 480	20.9	3.08	2 490	175
56a		166	12.5	21.0	14.5	7.3	135.435	106.316	65 600	1 370	22.0	3.18	2 340	165
56b	560	168	14.5				146.635	115.108	68 500	1 490	21.6	3.16	2 450	174
56c		170	16.5				157.835	123.900	71 400	1 560	21.3	3.16	2 550	183
63a		176	13.0				154.658	121.407	93 900	1 700	24.5	3.31	2 980	193
63b	630	178	15.0	22.0	15.0	7.5	167.258	131.298	98 100	1 810	24.2	3.29	3 160	204
63c		180	17.0				179.858	141.189	120 000	1 920	23.8	3.27	3 300	214

注：表中 r、r_1 的数据用于孔型设计，不做交货条件。

表 7-70　槽钢截面尺寸、截面面积、理论质量及截面特性

型号	截面尺寸/mm h	b	d	t	r	r1	截面面积 /cm²	理论质量 /(kg/m)	惯性矩/cm⁴ I_x	I_y	I_{y1}	惯性半径/cm i_x	i_y	截面模数/cm³ W_x	W_y	重心距离/cm Z_0
5	50	37	4.5	7.0	7.0	3.5	6.928	5.438	26.0	8.30	20.9	1.94	1.10	10.4	3.55	1.35
6.3	63	40	4.8	7.5	7.5	3.8	8.451	6.634	50.8	11.9	28.4	2.45	1.19	16.1	4.50	1.36
6.5	65	40	4.3	7.5	7.5	3.8	8.547	6.709	55.2	12.0	28.3	2.54	1.19	17.0	4.59	1.38
8	80	43	5.0	8.0	8.0	4.0	10.248	8.045	101	16.6	37.4	3.15	1.27	25.3	5.79	1.43
10	100	48	5.3	8.5	8.5	4.2	12.748	10.007	198	25.6	54.9	3.95	1.41	39.7	7.80	1.52
12	120	53	5.5	9.0	9.0	4.5	15.362	12.059	346	37.4	77.7	4.75	1.56	57.7	10.2	1.62
12.6	126	53	5.5	9.0	9.0	4.5	15.692	12.318	391	38.0	77.1	4.95	1.57	62.1	10.2	1.59
14a	140	58	6.0	9.5	9.5	4.8	18.516	14.535	564	53.2	107	5.52	1.70	80.5	13.0	1.71
14b	140	60	8.0	9.5	9.5	4.8	21.316	16.733	609	51.1	121	5.35	1.59	87.1	14.1	1.67
16a	160	63	6.5	10.0	10.0	5.0	21.962	17.24	866	73.3	144	6.28	1.83	108	16.3	1.80
16b	160	65	8.5	10.0	10.0	5.0	25.162	19.752	935	83.4	161	6.10	1.82	117	17.6	1.75
18a	180	68	7.0	10.5	10.5	5.2	25.699	20.174	1270	98.6	190	7.04	1.96	141	20.0	1.88
18b	180	70	9.0	10.8	10.5	5.2	29.299	23.000	1370	111	210	6.84	1.95	152	21.5	1.84

（续一）

型号	截面尺寸/mm						截面面积/cm²	理论质量/(kg/m)	惯性矩/cm⁴			惯性半径/cm		截面模数/cm³		重心距离/cm
	h	b	d	t	r	r_1			I_x	I_y	I_{y1}	i_x	i_y	W_x	W_y	Z_0
20a	200	73	7.0	11.0	11.0	5.5	28.837	22.637	1780	128	244	7.86	2.11	178	24.2	2.01
20b	200	75	9.0	11.0	11.0	5.5	32.837	25.777	1910	144	268	7.64	2.09	191	25.9	1.95
22a	220	77	7.0	11.5	11.5	5.8	31.846	24.999	2390	158	298	8.67	2.23	218	28.2	2.10
22b	220	79	9.0	11.5	11.5	5.8	36.246	28.453	2570	176	326	8.42	2.21	234	30.1	2.03
24a	240	78	7.0	12.0	12.0	6.0	34.217	26.860	3050	174	325	9.45	2.25	254	30.5	2.10
24b	240	80	9.0	12.0	12.0	6.0	39.017	30.628	3280	194	355	9.17	2.23	274	32.5	2.03
24c	240	82	11.0	12.0	12.0	6.0	43.817	34.396	3510	213	388	8.96	2.21	293	34.4	2.00
25a	250	78	7.0	12.0	12.0	6.0	34.917	27.410	3370	176	322	9.82	2.24	270	30.6	2.07
25b	250	80	9.0	12.0	12.0	6.0	39.917	31.335	3530	196	353	9.41	2.22	282	32.7	1.98
25c	250	82	11.0	12.0	12.0	6.0	44.917	35.260	3690	218	384	9.07	2.21	295	35.9	1.92
27a	270	82	7.5	12.5	12.5	6.2	39.284	30.838	4360	216	393	10.5	2.34	323	35.5	2.13
27b	270	84	9.5	12.5	12.5	6.2	44.684	35.077	4690	239	428	10.3	2.31	347	37.7	2.06
27c	270	86	11.5	12.5	12.5	6.2	50.084	39.316	5020	261	467	10.1	2.28	372	39.8	2.03

（续二）

型号	截面尺寸/mm						截面面积/cm²	理论质量/(kg/m)	惯性矩/cm⁴			惯性半径/cm		截面模数/cm³		重心距离/cm
	h	b	d	t	r	r_1			I_x	I_y	I_{y1}	i_x	i_y	W_x	W_y	Z_0
28a	280	82	7.5	12.5	12.5	6.2	40.034	31.427	4760	218	388	10.9	2.33	340	35.7	2.10
28b	280	84	9.5	12.5	12.5	6.2	45.634	35.823	5130	242	428	10.6	2.30	366	37.9	2.02
28c	280	86	11.5	12.5	12.5	6.2	51.234	40.219	5500	268	463	10.4	2.29	393	40.3	1.95
30a	300	85	7.5	13.5	13.5	6.8	43.902	34.463	6050	260	467	11.7	2.43	403	41.1	2.17
30b	300	87	9.5	13.5	13.5	6.8	49.902	39.173	6500	289	515	11.4	2.41	433	44.0	2.13
30c	300	89	11.5	13.5	13.5	6.8	55.902	43.883	6950	316	560	11.2	2.38	463	46.4	2.09
32a	320	88	8.0	14.0	14.0	7.0	48.513	38.083	7600	305	552	12.5	2.50	475	46.5	2.24
32b	320	90	10.0	14.0	14.0	7.0	54.913	43.107	8140	336	593	12.2	2.47	509	49.2	2.16
32c	320	92	12.0	14.0	14.0	7.0	61.313	48.131	8690	374	643	11.9	2.47	543	52.6	2.09
36a	360	96	9.0	16.0	16.0	8.0	60.910	47.814	11900	455	818	14.0	2.73	660	63.5	2.44
36b	360	98	11.0	16.0	16.0	8.0	68.110	53.466	12700	497	880	13.6	2.70	703	66.9	2.37
36c	360	100	13.0	16.0	16.0	8.0	75.310	59.118	13400	536	948	13.4	2.67	746	70.0	2.34
40a	400	100	10.5	18.0	18.0	9.0	75.068	58.928	17600	592	1070	15.3	2.81	879	78.8	2.49
40b	400	102	12.5	18.0	18.0	9.0	83.068	65.208	18600	640	114	15.0	2.78	932	82.5	2.44
40c	400	104	14.5	18.0	18.0	9.0	91.068	71.488	19700	688	1220	14.7	2.75	986	86.2	2.42

注：表中 r、r_1 的数据用于孔型设计，不做交货条件。

表 7-71　等边角钢截面尺寸、截面面积、理论质量及截面特性

型号	截面尺寸/mm			截面面积 /cm²	理论质量 /(kg/m)	外表面积 /(m²/m)	惯性矩 /cm⁴				惯性半径 /cm			截面模数 /cm³			重心距离 /cm
	b	d	r				I_x	I_{x1}	I_{x0}	I_{y0}	i_x	i_{x0}	i_{y0}	W_x	W_{x0}	W_{y0}	Z_0
2	20	3	3.5	1.132	0.889	0.078	0.40	0.81	0.63	0.17	0.59	0.75	0.39	0.29	0.45	0.20	0.60
	20	4		1.459	1.145	0.077	0.50	1.09	0.78	0.22	0.58	0.73	0.38	0.36	0.55	0.24	0.64
2.5	25	3		1.432	1.124	0.098	0.82	1.57	1.29	0.34	0.76	0.95	0.49	0.46	0.73	0.33	0.73
	25	4		1.859	1.459	0.097	1.03	2.11	1.62	0.43	0.74	0.93	0.48	0.59	0.92	0.40	0.76
3.0	30	3	4.5	1.749	1.373	0.117	1.46	2.71	2.31	0.61	0.91	1.15	0.59	0.68	1.09	0.51	0.85
	30	4		2.276	1.786	0.117	1.84	3.63	2.92	0.77	0.90	1.13	0.58	0.87	1.37	0.62	0.89
3.6	36	3		2.109	1.656	0.141	2.58	4.68	4.09	1.07	1.11	1.39	0.71	0.99	1.61	0.76	1.00
	36	4		2.756	2.163	0.141	3.29	6.25	5.22	1.37	1.09	1.38	0.70	1.28	2.05	0.93	1.04
	36	5		3.382	2.654	0.141	3.95	7.84	6.24	1.65	1.08	1.36	0.70	1.56	2.45	1.00	1.07
4	40	3	5	2.359	1.852	0.157	3.59	6.41	5.69	1.49	1.23	1.55	0.79	1.23	2.01	0.96	1.09
	40	4		3.086	2.422	0.157	4.60	8.56	7.29	1.91	1.22	1.54	0.79	1.60	2.58	1.19	1.13
	40	5		3.791	2.976	0.156	5.53	10.74	8.76	2.30	1.21	1.52	0.78	1.96	3.10	1.39	1.17
4.5	45	3		2.659	2.088	0.177	5.17	9.12	8.20	2.14	1.40	1.76	0.89	1.58	2.58	1.24	1.22
	45	4		3.486	2.736	0.177	6.65	12.18	10.56	2.75	1.38	1.74	0.89	2.05	3.32	1.54	1.26
	45	5		4.292	3.369	0.176	8.04	15.2	12.74	3.33	1.37	1.72	0.88	2.51	4.00	1.81	1.30
	45	6		5.076	3.985	0.176	9.33	18.36	14.76	3.89	1.36	1.70	0.8	2.95	4.64	2.06	1.33

（续一）

型号	截面尺寸/mm			截面面积/cm²	理论质量/(kg/m)	外表面积/(cm²/m)	惯性矩/cm⁴				惯性半径/cm			截面模数/cm³			重心距离/cm
	b	d	r				I_x	I_{x1}	I_{x0}	I_{y0}	i_x	i_{x0}	i_{y0}	W_x	W_{x0}	W_{y0}	Z_0
5	50	3	5.5	2.971	2.332	0.197	7.18	12.5	11.37	2.98	1.55	1.96	1.00	1.96	3.22	1.57	1.34
		4		3.897	3.059	0.197	9.35	16.69	14.70	3.82	1.54	1.94	0.99	2.56	4.16	1.96	1.38
		5		4.803	3.770	0.196	11.21	20.90	17.79	4.64	1.53	1.92	0.98	3.13	5.03	2.31	1.42
		6		5.688	4.465	0.196	13.05	25.14	20.68	5.42	1.52	1.91	0.98	3.68	5.85	2.63	1.46
5.6	56	3	6	3.343	2.624	0.221	10.19	17.56	16.14	4.24	1.75	2.20	1.13	2.48	4.08	2.02	1.48
		4		4.390	3.446	0.220	13.18	23.43	20.92	5.46	1.73	2.18	1.11	3.24	5.28	2.52	1.53
		5		5.415	4.251	0.220	16.02	29.33	25.42	6.61	1.72	2.17	1.10	3.97	6.42	2.98	1.57
		6		6.420	5.040	0.220	18.69	35.26	29.66	7.73	1.71	2.15	1.10	4.68	7.49	3.40	1.61
		7		7.404	5.812	0.219	21.23	41.23	33.63	8.82	1.69	2.13	1.09	5.36	8.49	3.80	1.64
		8		8.367	6.568	0.219	23.63	47.24	37.37	9.89	1.68	2.11	1.09	6.03	9.44	4.16	1.68
6	60	5	6.5	5.829	4.576	0.236	19.89	36.05	31.57	8.21	1.85	2.33	1.19	4.59	7.44	3.48	1.67
		6		6.914	5.427	0.235	23.25	43.33	36.89	9.60	1.83	2.31	1.18	5.41	8.70	3.98	1.70
		7		7.977	6.262	0.235	26.44	50.65	41.92	10.96	1.82	2.29	1.17	6.21	9.88	4.45	1.74
		8		9.020	7.081	0.235	29.47	58.02	46.66	12.28	1.81	2.27	1.17	6.98	11.00	4.88	1.78

（续二）

| 型号 | 截面尺寸/mm | | | 截面面积/cm² | 理论质量/(kg/m) | 外表面积/(m²/m) | 惯性矩/cm⁴ | | | | 惯性半径/cm | | | 截面模数/cm³ | | | 重心距离/cm |
	b	d	r				I_x	I_{x1}	I_{x0}	I_{y0}	i_x	i_{x0}	i_{y0}	W_x	W_{x0}	W_{y0}	Z_0
6.3	63	4	7	4.978	3.907	0.248	19.03	33.35	30.17	7.89	1.96	2.46	1.26	4.13	6.78	3.29	1.70
		5		6.143	4.822	0.248	23.17	41.73	36.77	9.57	1.94	2.45	1.25	5.08	8.25	3.90	1.74
		6		7.288	5.721	0.247	27.12	50.14	43.03	11.20	1.93	2.43	1.24	6.00	9.66	4.46	1.78
		7		8.412	6.603	0.247	30.87	58.60	48.96	12.79	1.92	2.41	1.23	6.88	10.99	4.98	1.82
		8		9.515	7.469	0.247	34.46	67.11	54.56	14.33	1.90	2.40	1.23	7.75	12.25	5.47	1.85
		10		11.657	9.151	0.246	41.09	84.31	64.85	17.33	1.88	2.36	1.22	9.39	14.56	6.36	1.93
7	70	4	8	5.570	4.372	0.275	26.39	45.74	41.80	10.99	2.18	2.74	1.40	5.14	8.44	4.17	1.86
		5		6.875	5.397	0.275	32.21	57.21	51.08	13.31	2.16	2.73	1.39	6.32	10.32	4.95	1.91
		6		8.160	6.406	0.275	37.77	68.73	59.93	15.61	2.15	2.71	1.38	7.48	12.11	5.67	1.95
		7		9.424	7.398	0.275	43.09	80.29	68.35	17.82	2.14	2.69	1.38	8.59	13.81	6.34	1.99
		8		10.667	8.373	0.274	48.17	91.92	76.37	19.98	2.12	2.68	1.37	9.68	15.43	6.98	2.03
7.5	75	5	9	7.412	5.818	0.295	39.97	70.56	63.30	16.63	2.33	2.92	1.50	7.32	11.94	5.77	2.04
		6		8.797	6.905	0.294	46.95	84.55	74.38	19.51	2.31	2.90	1.49	8.64	14.02	6.67	2.07
		7		10.160	7.976	0.294	53.57	98.71	84.96	22.18	2.30	2.89	1.48	9.93	16.02	7.44	2.11

（续三）

| 型号 | 截面尺寸/mm | | | 截面面积/cm² | 理论质量/(kg/m) | 外表面积/(m²/m) | 惯性矩/cm⁴ | | | | 惯性半径/cm | | | 截面模数/cm³ | | | 重心距离/cm |
	b	d	r				I_x	I_{x1}	I_{x0}	I_{y0}	i_x	i_{x0}	i_{y0}	W_x	W_{x0}	W_{y0}	Z_0
9	90	12	10	20.306	15.940	0.352	149.22	293.76	236.21	62.22	2.71	3.41	1.75	23.57	37.12	16.49	2.67
		10		17.167	13.476	0.353	128.58	244.07	203.90	53.26	2.74	3.45	1.76	20.07	32.04	14.52	2.59
		9		15.566	12.219	0.353	117.72	219.39	186.17	48.66	2.75	3.46	1.77	18.27	29.35	13.46	2.56
		8		13.944	10.946	0.353	106.47	194.80	168.97	43.97	2.76	3.48	1.78	16.42	26.55	12.35	2.52
		7		12.301	9.656	0.354	94.83	170.30	150.47	39.18	2.78	3.50	1.78	14.54	23.64	11.19	2.48
		6		10.637	8.350	0.354	82.77	145.87	131.26	34.28	2.79	3.51	1.80	12.61	20.63	9.95	2.44
8	80	10	9	15.126	11.874	0.313	88.43	171.74	140.09	36.77	2.42	3.04	1.56	15.64	24.76	11.08	2.35
		9		13.725	10.774	0.314	81.11	154.31	128.67	33.61	2.43	3.06	1.56	14.25	22.73	10.29	2.31
		8		12.303	9.658	0.314	73.49	136.97	116.60	30.39	2.44	3.08	1.57	12.83	20.61	9.46	2.27
		7		10.860	8.525	0.314	65.58	119.70	104.07	27.09	2.46	3.10	1.58	11.37	18.40	8.58	2.23
		6		9.397	7.376	0.314	57.35	102.50	90.98	23.72	2.47	3.11	1.59	9.87	16.08	7.65	2.19
		5		7.912	6.211	0.315	48.79	85.36	77.33	20.25	2.48	3.13	1.60	8.34	13.67	6.66	2.15
7.5	75	10	9	14.126	11.089	0.293	71.98	141.71	113.92	30.05	2.26	2.84	1.46	13.64	21.48	9.56	2.22
		9		12.825	10.068	0.294	66.10	127.30	104.71	27.48	2.27	2.86	1.46	12.43	19.75	8.89	2.18
		8		11.503	9.030	0.294	59.96	112.97	95.07	24.86	2.28	2.88	1.47	11.20	17.93	8.19	2.15

（续四）

型号	截面尺寸/mm			截面面积/cm²	理论质量/(kg/m)	外表面积/(m²/m)	惯性矩/cm⁴				惯性半径/cm			截面模数/cm³			重心距离/cm
	b	d	r				I_x	I_{x1}	I_{x0}	I_{y0}	i_x	i_{x0}	i_{y0}	W_x	W_{x0}	W_{y0}	Z_0
10	100	6	12	11.932	9.366	0.393	114.95	200.07	181.98	47.92	3.10	3.90	2.00	15.68	25.74	12.69	2.67
		7		13.796	10.830	0.393	131.86	233.54	208.97	54.74	3.09	3.89	1.99	18.10	29.55	14.26	2.71
		8		15.638	12.276	0.393	148.24	267.09	235.07	61.41	3.08	3.88	1.98	20.47	33.24	15.75	2.76
		9		17.462	13.708	0.392	164.12	300.73	260.30	67.95	3.07	3.86	1.97	22.79	36.81	17.18	2.80
		10		19.261	15.120	0.392	179.51	334.48	284.68	74.35	3.05	3.84	1.96	25.06	40.26	18.54	2.84
		12		22.800	17.898	0.391	208.90	402.34	330.95	86.84	3.03	3.81	1.95	29.48	46.80	21.08	2.91
		14		26.256	20.611	0.391	236.53	470.75	374.06	99.00	3.00	3.77	1.94	33.73	52.90	23.44	2.99
		16		29.627	23.257	0.390	262.53	539.80	414.16	110.89	2.98	3.74	1.94	37.82	58.57	25.63	3.06
11	110	7	12	15.196	11.928	0.433	177.16	310.64	280.94	73.38	3.41	4.30	2.20	22.05	36.12	17.51	2.96
		8		17.238	13.535	0.433	199.46	355.20	316.49	82.42	3.40	4.28	2.19	24.95	40.69	19.39	3.01
		10		21.261	16.690	0.432	242.19	445.60	384.39	99.98	3.38	4.25	2.17	30.60	49.42	22.91	3.09
		12		25.200	19.782	0.431	282.55	534.60	448.17	116.93	3.35	4.22	2.15	36.05	57.62	26.15	3.16
		14		29.056	22.809	0.431	320.71	625.16	508.01	133.40	3.32	4.18	2.14	41.31	65.31	29.14	3.24

（续五）

型号	截面尺寸/mm			截面面积/cm²	理论质量/(kg/m)	外表面积/(cm²/m)	惯性矩/cm⁴				惯性半径/cm			截面模数/cm³			重心距离/cm
	b	d	r				I_x	I_{x1}	I_{x0}	I_{y0}	i_x	i_{x0}	i_{y0}	W_x	W_{x0}	W_{y0}	Z_0
12.5	125	8		19.750	15.504	0.492	297.03	521.01	470.89	123.16	3.88	4.88	2.50	32.52	53.28	25.86	3.37
		10		24.373	19.133	0.491	361.67	651.93	573.89	149.46	3.85	4.85	2.48	39.97	64.93	30.62	3.45
		12		28.912	22.696	0.491	423.16	783.42	671.44	174.88	3.83	4.82	2.46	41.17	75.96	35.03	3.53
		14		33.367	26.193	0.490	481.65	915.61	763.73	199.57	3.80	4.78	2.45	54.16	86.41	39.13	3.61
		16		37.739	29.625	0.489	537.31	1048.62	850.98	223.65	3.77	4.75	2.43	60.93	96.28	42.96	3.68
14	140	10	14	27.373	21.488	0.551	514.65	915.11	815.27	212.04	4.34	5.46	2.78	50.58	82.56	39.20	3.82
		12		32.512	25.522	0.551	603.68	1099.28	958.79	248.57	4.31	5.43	2.76	59.80	96.85	45.02	3.90
		14		37.567	29.490	0.550	688.81	1284.22	1093.56	284.06	4.28	5.40	2.75	68.75	110.47	50.45	3.98
		16		42.539	33.393	0.549	770.24	1470.07	1221.81	318.67	4.26	5.36	2.74	77.46	123.42	55.55	4.06
15	150	8		23.750	18.644	0.592	521.37	899.55	827.49	215.25	4.69	5.90	3.01	47.36	78.02	38.14	3.99
		10		29.373	23.058	0.591	637.50	1125.09	1012.79	262.21	4.66	5.87	2.99	58.35	95.49	45.51	4.08
		12		34.912	27.406	0.591	748.85	1351.26	1189.97	307.73	4.63	5.84	2.97	69.04	112.19	52.38	4.15
		14		40.367	31.688	0.590	855.64	1578.25	1359.30	351.98	4.60	5.80	2.95	79.45	128.16	58.83	4.23
		15		43.063	33.804	0.590	907.39	1692.10	1441.09	373.69	4.59	5.78	2.95	84.56	135.87	61.90	4.27
		16		45.739	35.905	0.589	958.08	1806.21	1521.02	395.14	4.58	5.77	2.94	89.59	143.40	64.89	4.31

（续六）

型号	截面尺寸/mm			截面面积 /cm²	理论质量 /(kg/m)	外表面积 /(m²/m)	惯性矩 /cm⁴				惯性半径 /cm			截面模数 /cm³			重心距离 /cm
	b	d	r				I_x	I_{x1}	I_{x0}	I_{y0}	i_x	i_{x0}	i_{y0}	W_x	W_{x0}	W_{y0}	Z_0
16	160	10	16	31.502	24.729	0.630	779.53	1365.33	1237.30	321.76	4.98	6.27	3.20	66.70	109.36	52.76	4.31
		12		37.441	29.391	0.630	916.58	1639.57	1455.68	377.49	4.95	6.24	3.18	78.98	128.67	60.74	4.39
		14		43.296	33.987	0.629	1048.36	1914.68	1665.02	431.70	4.92	6.20	3.16	90.95	147.17	68.24	4.47
		16		49.067	38.518	0.629	1175.08	2190.82	1865.57	484.59	4.89	6.17	3.14	102.63	164.89	75.31	4.55
18	180	12	16	42.241	33.159	0.710	1321.35	2332.80	2100.10	542.61	5.59	7.05	3.58	100.82	165.00	78.41	4.89
		14		48.896	38.383	0.709	1514.48	2723.48	2407.42	621.53	5.56	7.02	3.56	116.25	189.14	88.38	4.97
		16		55.467	43.542	0.709	1700.99	3115.29	2703.37	698.60	5.54	6.98	3.55	131.13	212.40	97.83	5.05
		18		61.055	48.634	0.708	1875.12	3502.43	2988.24	762.01	5.50	6.94	3.51	145.64	234.78	105.14	5.13
20	200	14	18	54.642	42.894	0.788	2103.55	3734.10	3343.26	863.83	6.20	7.82	3.98	144.70	236.40	111.82	5.46
		16		62.013	48.680	0.788	2366.15	4270.39	3760.89	971.41	6.18	7.79	3.96	163.65	265.93	123.96	5.54
		18		69.301	54.401	0.787	2620.64	4808.13	4164.54	1076.74	6.15	7.75	3.94	182.22	294.48	135.52	5.62
		20		76.505	60.056	0.787	2867.30	5347.51	4554.55	1180.04	6.12	7.72	3.93	200.42	322.06	146.55	5.69
		24		90.661	71.168	0.785	3338.25	6457.16	5294.97	1381.53	6.07	7.64	3.90	236.17	374.41	166.65	5.87

（续七）

型号	截面尺寸/mm			截面面积/cm²	理论质量/(kg/m)	外表面积/(m²/m)	惯性矩/cm⁴				惯性半径/cm			截面模数/cm³			重心距离/cm
	b	d	r				I_x	I_{x1}	I_{x0}	I_{y0}	i_x	i_{x0}	i_{y0}	W_x	W_{x0}	W_{y0}	Z_0
22	220	16	21	68.664	53.901	0.866	3187.36	5681.62	5063.73	1310.99	6.81	8.59	4.37	199.55	325.51	153.81	6.03
		18		76.752	60.250	0.866	3534.30	6395.93	5615.32	1453.27	6.79	8.55	4.35	222.37	360.97	168.29	6.11
		20		84.756	66.533	0.865	3871.49	7112.04	6150.08	1592.90	6.76	8.52	4.34	244.77	395.34	182.16	6.18
		22		92.676	72.751	0.865	4199.23	7830.19	6668.37	1730.10	6.73	8.48	4.32	266.78	428.66	195.45	6.26
		24		100.512	78.902	0.864	4517.83	8550.57	7170.55	1865.11	6.70	8.45	4.31	288.39	460.94	208.21	6.33
		26		108.264	84.987	0.864	4827.58	9273.39	7656.98	1998.17	6.68	8.41	4.30	309.62	492.21	220.49	6.41
25	250	18	24	87.842	68.956	0.985	5268.22	9379.11	8369.04	2167.41	7.74	9.76	4.97	290.12	473.42	224.03	6.84
		20		97.045	76.180	0.984	5779.34	10426.97	9181.94	2376.74	7.72	9.73	4.95	319.66	519.41	242.85	6.92
		24		115.201	90.433	0.983	6763.93	12529.74	10742.67	2785.19	7.66	9.66	4.92	377.34	607.70	278.38	7.07
		26		124.154	97.461	0.982	7238.08	13585.18	11491.33	2984.84	7.63	9.62	4.90	405.50	650.05	295.19	7.15
		28		133.022	104.422	0.982	7700.60	14463.62	12219.39	3181.81	7.61	9.58	4.89	433.22	691.23	311.42	7.22
		30		141.807	111.318	0.981	8151.80	15705.30	12927.26	3376.34	7.58	9.55	4.88	460.51	731.28	327.12	7.30
		32		150.508	118.149	0.981	8592.01	16770.41	13615.32	3568.71	7.56	9.51	4.87	487.39	770.20	342.33	7.37
		35		163.402	128.271	0.980	9232.44	18374.95	14611.16	3863.72	7.52	9.46	4.86	526.97	826.97	364.30	7.48

注：截面图中的 $r_1=1/3d$ 及表中 r 的数据用于孔型设计，不做交货条件。

表7-72　　　　　　　　　　不等边角钢截面尺寸、截面面积、理论质量及截面特性

型号	截面尺寸/mm				截面面积/cm²	理论质量/(kg/m)	外表面积/(m²/m)	惯性矩/cm⁴					惯性半径/cm			截面模数/cm³			tanα	重心距离/cm	
	B	b	d	r				I_x	I_{x1}	I_y	I_{y1}	I_u	i_x	i_y	i_u	W_x	W_y	W_u		X_0	Y_0
2.5/1.6	25	16	3	3.5	1.162	0.912	0.080	0.70	1.56	0.22	0.43	0.14	0.78	0.44	0.34	0.43	0.19	0.16	0.392	0.42	0.86
			4		1.499	1.176	0.079	0.88	2.09	0.27	0.59	0.17	0.77	0.43	0.34	0.55	0.24	0.20	0.381	0.46	1.86
3.2/2	32	20	3	3.5	1.492	1.171	0.102	1.53	3.27	0.46	0.82	0.28	1.01	0.55	0.43	0.72	0.30	0.25	0.382	0.49	0.90
			4		1.939	1.522	0.101	1.93	4.37	0.57	1.12	0.35	1.00	0.54	0.42	0.93	0.39	0.32	0.374	0.53	1.08
4/2.5	40	25	3	4	1.890	1.484	0.127	3.08	5.39	0.93	1.59	0.56	1.28	0.70	0.54	1.15	0.49	0.40	0.385	0.59	1.12
			4		2.467	1.936	0.127	3.93	8.53	1.18	2.14	0.71	1.36	0.69	0.54	1.49	0.63	0.52	0.381	0.63	1.32
4.5/2.8	45	28	3	5	2.149	1.687	0.143	4.45	9.10	1.34	2.23	0.80	1.44	0.79	0.61	1.47	0.62	0.51	0.383	0.64	1.37
			4		2.806	2.203	0.143	5.69	12.13	1.70	3.00	1.02	1.42	0.78	0.60	1.91	0.82	0.66	0.380	0.68	1.47
5/3.2	50	32	3	5.5	2.431	1.908	0.161	6.24	12.49	2.02	3.31	1.20	1.60	0.91	0.70	1.84	0.80	0.68	0.404	0.73	1.51
			4		3.177	2.494	0.160	8.02	16.65	2.58	4.45	1.53	1.59	0.90	0.69	2.39	1.06	0.87	0.402	0.77	1.60
5.6/3.6	56	36	3	6	2.743	2.153	0.181	8.88	17.54	2.92	4.70	1.73	1.80	1.03	0.79	2.32	1.05	0.87	0.408	0.80	1.65
			4		3.590	2.818	0.180	11.45	23.39	3.76	6.33	2.23	1.79	1.02	0.79	3.03	1.37	1.13	0.408	0.85	1.78
			5		4.415	3.466	0.180	13.86	29.25	4.49	7.94	2.67	1.77	1.01	0.78	3.71	1.65	1.36	0.404	0.88	1.82

(续一)

型号	B	b	d	r	截面面积/cm²	理论质量/(kg/m)	外表面积/(m²/m)	I_x	I_{x1}	I_y	I_{y1}	I_u	i_x	i_y	i_u	W_x	W_y	W_u	tanα	X_0	Y_0
								惯性矩/cm⁴					惯性半径/cm			截面模数/cm³				重心距离/cm	
8/5	80	50	8	8	9.867	7.745	0.254	62.83	136.41	18.85	34.32	11.38	2.52	1.38	1.07	11.92	5.03	4.16	0.381	1.25	2.73
			7		8.724	6.848	0.255	56.16	119.33	16.96	29.82	10.18	2.54	1.39	1.08	10.58	4.48	3.70	0.384	1.21	2.69
			6		7.560	5.935	0.255	49.49	102.53	14.95	25.41	8.85	2.56	1.41	1.08	9.25	3.91	3.20	0.387	1.18	2.65
			5		6.375	5.005	0.255	41.96	85.21	12.82	21.06	7.66	2.56	1.42	1.10	7.78	3.32	2.74	0.388	1.14	2.60
7.5/5	75	50	10	8	11.590	9.098	0.244	62.71	140.80	21.96	43.43	13.10	2.33	1.38	1.06	12.79	6.04	4.99	0.423	1.36	2.52
			8		9.467	7.431	0.244	52.39	112.50	18.53	34.23	10.87	2.35	1.40	1.07	10.52	4.99	4.10	0.429	1.29	2.44
			6		7.260	5.699	0.245	41.12	84.30	14.70	25.37	8.54	2.38	1.42	1.08	8.12	3.88	3.19	0.435	1.21	2.40
			5		6.125	4.808	0.245	34.86	70.00	12.61	21.04	7.41	2.39	1.44	1.10	6.83	3.30	2.74	0.435	1.17	2.36
7/4.5	70	45	7	7.5	7.657	6.011	0.225	37.22	79.99	12.01	21.84	7.16	2.20	1.25	0.97	8.03	3.57	2.94	0.402	1.13	2.32
			6		6.647	5.218	0.225	32.54	68.35	10.62	18.58	6.35	2.21	1.26	0.98	6.95	3.12	2.59	0.404	1.09	2.28
			5		5.609	4.403	0.225	27.95	57.10	9.13	15.39	5.40	2.23	1.28	0.98	5.92	2.65	2.19	0.407	1.06	2.24
			4		4.547	3.570	0.226	23.17	45.92	7.55	12.26	4.40	2.26	1.29	0.98	4.86	2.17	1.77	0.410	1.02	2.15
6.3/4	63	40	7	7	6.802	5.339	0.201	26.53	58.07	8.24	15.47	4.97	1.98	1.10	0.86	6.40	2.78	2.29	0.389	1.03	2.12
			6		5.908	4.638	0.201	23.36	49.98	7.29	13.12	4.34	1.96	1.11	0.86	5.59	2.43	1.99	0.393	0.99	2.08
			5		4.993	3.920	0.202	20.02	41.63	6.31	10.86	3.76	2.00	1.12	0.87	4.74	2.07	1.71	0.396	0.95	2.04
			4		4.058	3.185	0.202	16.49	33.50	5.23	8.63	3.12	2.02	1.14	0.88	3.87	1.70	1.40	0.398	0.92	1.87

（续二）

型号	截面尺寸/mm				截面面积/cm²	理论质量/(kg/m)	外表面积/(m²/m)	惯性矩/cm⁴					惯性半径/cm			截面模数/cm³			tanα	重心距离/cm	
	B	b	d	r				I_x	I_{x1}	I_y	I_{y1}	I_u	i_x	i_y	i_u	W_x	W_y	W_u		X_0	Y_0
9/5.6	90	56	5	9	7.212	5.661	0.287	60.45	121.52	18.32	29.53	10.98	2.90	1.59	1.23	9.92	4.21	3.49	0.385	1.25	2.91
			6		8.557	6.717	0.286	71.03	145.59	21.42	35.58	12.90	2.88	1.58	1.23	11.74	4.96	4.13	0.384	1.29	2.95
			7		9.880	7.756	0.286	81.01	169.60	24.36	41.71	14.67	2.86	1.57	1.22	13.49	5.70	4.72	0.382	1.33	3.00
			8		11.183	8.779	0.286	91.03	194.17	27.15	47.93	16.34	2.85	1.56	1.21	15.27	6.41	5.29	0.380	1.36	3.04
10/6.3	100	63	6	10	9.617	7.550	0.320	99.06	199.71	30.94	50.50	18.42	3.21	1.79	1.38	14.64	6.35	5.25	0.394	1.43	3.24
			7		11.111	8.722	0.320	113.45	233.00	35.26	59.14	21.00	3.20	1.78	1.38	16.88	7.29	6.02	0.394	1.47	3.28
			8		12.534	9.878	0.319	127.37	266.32	39.39	67.88	23.50	3.18	1.77	1.37	19.08	8.21	6.78	0.394	1.50	3.32
			10		15.467	12.142	0.319	153.81	333.06	47.12	85.73	28.33	3.15	1.74	1.35	23.32	9.98	8.24	0.387	1.58	3.40
10/8	100	80	6	10	10.637	8.350	0.354	107.04	199.83	61.24	102.68	31.65	3.17	2.40	1.72	15.19	10.16	8.37	0.627	1.97	2.95
			7		12.301	9.656	0.354	122.73	233.20	70.08	119.98	36.17	3.16	2.39	1.72	17.52	11.71	9.60	0.626	2.01	3.0
			8		13.944	10.946	0.353	137.92	266.61	78.58	137.37	40.58	3.14	2.37	1.71	19.81	13.21	10.80	0.625	2.05	3.04
			10		17.167	13.476	0.353	166.87	333.63	94.65	172.48	49.10	3.12	2.35	1.69	24.24	16.12	13.12	0.622	2.13	3.12
11/7	110	70	6	10	10.637	8.350	0.354	133.37	265.78	42.92	69.08	25.36	3.54	2.01	1.54	17.85	7.90	6.53	0.403	1.57	3.53
			7		12.301	9.656	0.354	153.00	310.07	49.01	80.82	28.95	3.53	2.00	1.53	20.60	9.09	7.50	0.402	1.61	3.57

(续三)

型号	B	b	d	r	截面面积/cm²	理论质量/(kg/m)	外表面积/(m²/m)	I_x	I_{x1}	I_y	I_{y1}	I_u	i_x	i_y	i_u	W_x	W_y	W_u	$\tan\alpha$	X_0	Y_0
11/7	110	70	8	10	13.944	10.946	0.353	172.04	354.39	54.87	92.70	32.45	3.51	1.98	1.53	23.30	10.25	8.45	0.401	1.65	3.62
			10		17.167	13.476	0.353	208.39	443.13	65.88	116.83	39.20	3.48	1.96	1.51	28.54	12.48	10.29	0.397	1.72	3.70
12.5/8	125	80	7	11	14.096	11.066	0.403	227.98	454.99	74.42	120.32	43.81	4.02	2.30	1.76	26.86	12.01	9.92	0.408	1.80	4.01
			8		15.989	12.551	0.403	256.77	519.99	83.49	137.85	49.15	4.01	2.28	1.75	30.41	13.56	11.18	0.407	1.84	4.06
			10		19.712	15.474	0.402	312.04	650.09	100.67	173.40	59.45	3.98	2.26	1.74	37.33	16.56	13.64	0.404	1.92	4.14
			12		23.351	18.330	0.402	364.41	780.39	116.67	209.67	69.35	3.95	2.24	1.72	44.01	19.43	16.01	0.400	2.00	4.22
14/9	140	90	8	12	18.038	14.160	0.453	365.64	730.53	120.69	195.79	70.83	4.50	2.59	1.98	38.48	17.34	14.31	0.411	2.04	4.50
			10		22.261	17.475	0.452	445.50	913.20	140.03	245.92	85.82	4.47	2.56	1.96	47.31	21.22	17.48	0.409	2.12	4.58
			12		26.400	20.724	0.451	521.59	1096.09	169.79	296.89	100.21	4.44	2.54	1.95	55.87	24.95	20.54	0.406	2.19	4.66
			14		30.456	23.908	0.451	594.10	1279.26	192.10	348.82	114.13	4.42	2.51	1.94	64.18	28.54	23.52	0.403	2.27	4.74
15/9	150	90	8	12	18.839	14.788	0.473	442.05	898.35	122.80	195.96	74.14	4.84	2.55	1.98	43.86	17.47	14.48	0.364	1.97	4.92
			10		23.261	18.260	0.472	539.24	1122.85	148.62	246.26	89.86	4.81	2.53	1.97	53.97	21.38	17.69	0.362	2.05	5.01
			12		27.600	21.666	0.471	632.08	1347.50	172.85	297.46	104.95	4.79	2.50	1.95	63.79	25.14	20.80	0.359	2.12	5.09
			14		31.856	25.007	0.471	720.77	1572.38	195.62	349.74	119.53	4.76	2.48	1.94	73.33	28.77	23.84	0.356	2.20	5.17
			15		33.952	26.652	0.471	763.62	1684.93	206.50	376.33	126.67	4.74	2.47	1.93	77.99	30.53	25.33	0.354	2.24	5.21
			16		36.027	28.281	0.470	805.51	1797.55	217.07	403.24	133.72	4.73	2.45	1.93	82.60	32.27	26.82	0.352	2.27	5.25

（续四）

型号	截面尺寸/mm				截面面积/cm²	理论质量/(kg/m)	外表面积/(cm²/m)	惯性矩/cm⁴					惯性半径/cm			截面模数/cm³			tanα	重心距离/cm	
	B	b	d	r				I_x	I_{x1}	I_y	I_{y1}	I_u	i_x	i_y	i_u	W_x	W_y	W_u		X_0	Y_0
16/10	160	100	10	13	25.315	19.872	0.512	668.69	1362.89	205.03	336.59	121.74	5.14	2.85	2.19	62.13	25.56	21.92	0.390	2.28	5.24
			12		30.054	23.592	0.511	784.91	1635.56	239.06	405.94	142.33	5.11	2.82	2.17	73.49	31.28	25.79	0.388	2.36	5.32
			14		34.709	27.247	0.510	896.30	1908.50	271.20	476.42	162.23	5.08	2.80	2.16	84.56	35.83	29.56	0.385	2.43	5.40
			16		39.281	30.835	0.510	1003.04	2181.79	301.60	548.22	182.57	5.05	2.77	2.16	95.33	40.24	33.44	0.382	2.51	5.48
18/11	180	110	10	14	28.373	22.273	0.571	956.25	1940.40	278.11	447.22	166.50	5.80	3.13	2.42	78.96	32.49	26.88	0.376	2.44	5.89
			12		33.712	26.440	0.571	1124.72	2328.38	325.03	538.94	194.87	5.78	3.10	2.40	93.53	38.32	31.66	0.374	2.52	5.98
			14		38.967	30.589	0.570	1286.91	2716.60	369.55	631.95	222.30	5.75	3.08	2.39	107.76	43.97	36.32	0.372	2.59	6.06
			16		44.139	34.649	0.569	1443.06	3105.15	411.85	726.46	248.94	5.72	3.06	2.38	121.64	49.44	40.87	0.369	2.67	6.14
20/12.5	200	125	12	14	37.912	29.761	0.641	1570.90	3193.85	483.16	787.74	285.79	6.44	3.57	2.74	116.73	49.99	41.23	0.392	2.83	6.54
			14		43.867	34.436	0.640	1800.97	3726.17	550.83	922.47	326.58	6.41	3.54	2.73	134.65	57.44	47.34	0.390	2.91	6.62
			16		49.739	39.045	0.639	2023.35	4258.86	615.44	1058.86	366.21	6.38	3.52	2.71	152.18	64.89	53.32	0.388	2.99	6.70
			18		55.526	43.588	0.639	2238.30	4792.00	677.19	1197.13	404.83	6.35	3.49	2.70	169.33	71.74	59.18	0.385	3.06	6.78

注：截面图中的 $r_1=1/3d$ 及表中 r 的数据用于孔型设计，不做交货条件。

表 7-73　　　　　　L 型钢截面尺寸、截面面积、理论质量及截面特性

型　　号	截面尺寸/mm						截面面积 /cm²	理论质量 /(kg/m)	惯性矩 I_x /cm⁴	重心距离 Y_o/cm
	B	b	D	d	r	r_1				
L250×90×9×13				9	13			33.4	26.2	2 190	8.64
L250×90×10.5×15	250	90	10.5	15			38.5	30.3	2 510	8.76
L250×90×11.5×16			11.5	16	15	7.5	41.7	32.7	2 710	8.90
L300×100×10.5×15	300	100	10.5	15			45.3	35.6	4 290	10.6
L300×100×11.5×16			11.5	16			49.0	38.5	4 630	10.7
L350×120×10.5×16	350	120	10.5	16			54.9	43.1	7 110	12.0
L350×120×11.5×18			11.5	18			60.4	47.4	7 780	12.0
L400×120×11.5×23	400	120	11.5	23	20	10	71.6	56.2	11 900	13.3
L450×120×11.5×25	450	120	11.5	25			79.5	62.4	16 800	15.1
L500×120×12.5×33	500	120	12.5	33			98.6	77.4	25 500	16.5
L500×120×13.5×35			13.5	35			105.0	82.8	27 100	16.6

（2）尺寸、外形及允许偏差。

1）型钢的尺寸、外形及允许偏差应符合表 7-74～表 7-76 的规定。根据需方要求，型钢的尺寸、外形及允许偏差也可按照供需双方协议。

2）工字钢的腿端外缘钝化、槽钢的腿端外缘和肩钝化不应使直径等于 0.18t 的圆棒通过，角钢的边端外角和顶角钝化不应使直径等于 0.18d 的圆棒通过。

3）工字钢、槽钢的外缘斜度和弯腰挠度、角钢的顶端直角在距端头不小于 750mm 处检查。

4）工字钢、槽钢平均腿厚度（t）的允许偏差为±0.06t，在车削轧辊时在轧辊上检查。

5）根据双方协议，相对于工字钢垂直轴的腿的不对称度，不应超过腿宽公差之半。

6）型钢不应有明显的扭转。

（3）长度及允许偏差。

1）角钢的通常长度为 4000～19000mm，其他型钢的通常长度为 5000～19000mm。根据需方要求也可供应其他长度的产品。

2)定尺长度允许偏差按表 7-77 的规定。

表 7-74 工字钢、槽钢尺寸、外形允许偏差 mm

	高度	允许偏差	图示
高度(h)	<100	±1.5	
	100~<200	±2.0	
	200~<400	±3.0	
	≥400	±4.0	
腿宽度(b)	<100	±1.5	
	100~<150	±2.0	
	150~<200	±2.5	
	200~<300	±3.0	
	300~<400	±3.5	
	≥400	±4.0	
腰厚度(d)	<100	±0.4	
	100~<200	±0.5	
	200~<300	±0.7	
	300~<400	±0.8	
	≥400	±0.9	
外缘斜度(T)		$T \leqslant 1.5\%b$ $2T \leqslant 2.5\%b$	

（续）

弯腰挠度（W）	$W \leqslant 0.15d$	
弯曲度	工字钢	每米弯曲度≤2mm 总弯曲度≤总长度 的 0.20%	适用于上下、左右大弯曲
	槽钢	每米弯曲度≤3mm 总弯曲度≤总长度 的 0.30%	

表 7-75　　　　　　　　角钢尺寸、外形允许偏差　　　　　　　　mm

项　目		允许偏差		图　示
		等边角钢	不等边角钢	
边宽度 （B,b）	边宽度①≤56	±0.8	±0.8	
	>56~90	±1.2	±1.5	
	>90~140	±1.8	±2.0	
	>140~200	±2.5	±2.5	
	>200	±3.5	±3.5	
边厚度 （d）	边宽度①≤56	±0.4		
	>56~90	±0.6		
	>90~140	±0.7		
	>140~200	±1.0		
	>200	±1.4		
顶端直角		$\alpha \leqslant 50'$		

（续）

项　目	允许偏差		图　示
	等边角钢	不等边角钢	
弯曲度	每米弯曲度≤3mm 总弯曲度≤总长度 的0.30%		适用于上下、左右大弯曲

注：①不等边角钢按长边宽度 B。

表 7-76　　　　　L型钢尺寸、外形允许偏差　　　　　mm

项　目			允许偏差	图　示
边度度(B,b)			±4.0	
边厚度	长边厚度(D)		+1.6 -0.4	
	短边厚度(d)	≤20	+2.0 -0.4	
		>20~30	+2.0 -0.5	
		>30~35	+2.5 -0.6	
垂直度(T)			$T≤2.5\%b$	
长边平直度(W)			$W≤0.15D$	
弯曲度			每米弯曲度≤3mm 总弯曲度≤总长度 的0.30%	适用于上下、左右大弯曲

表 7-77　　　　　　　　　　　　　型钢的长度允许偏差

长度/mm	允许偏差/mm
≤8000mm	+50 0
>8000mm	+80 0

（4）质量及允许偏差。

1）型钢应按理论质量交货，理论质量按密度为 7.85g/cm³ 计算。经供需双方协商并在合同注明，亦可按实际质量交货。

2）根据双方协议，型钢的每米质量允许偏差不应超过$^{+3}_{-5}$%。

3）型钢的截面面积计算公式按表 7-78 所示。

表 7-78　　　　　　　　　　　　　截面面积的计算方法

型钢种类	计算公式
工字钢	$hd+2t(b-d)+0.615(r^2-r_1^2)$
槽钢	$hd+2t(b-d)+0.349(r^2-r_1^2)$
等边角钢	$d(2b-d)+0.215(r^2-2r_1^2)$
不等边角钢	$d(B+b-d)+0.215(r^2-2r_1^2)$
L 型钢	$BD+d(b-D)+0.215(r^2-r_1^2)$

2. 表面质量

（1）型钢表面不应有裂缝、折叠、结疤、分层和夹杂。

（2）型钢表面允许有局部发纹、凹坑、麻点、刮痕和氧化铁皮压入等缺陷存在，但不应超出型钢尺寸的允许偏差。

（3）型钢表面缺陷允许清除，清除处应圆滑无棱角，但不应进行横向清除。清除宽度不应小于清除深度的五倍，清除后的型钢尺寸不应超出尺寸的允许偏差。

（4）型钢不应有大于 5mm 的毛刺。

第五节　　建筑钢材的验收、贮运及防护

一、建筑钢材进场验收

钢材进场时必须有钢材生产厂质量检验部门提供的产品合格证。产品合格证的内容包括：钢种、规格、数量、机械性能（屈服点、抗拉强度、冷弯、延伸率）、化学成分（碳、磷、硅、锰、硫、钒等）的数据及结论、出厂日期、检验部门的印章、合格

证的编号。合格证要求填写齐全，不得漏填或错填。同时须填明批量。合格证必须与进场钢材种类、规格相对应。

钢材的经销单位必须是经建材主管部门认证的单位。

二、建筑钢材的贮运

建筑钢材由于质量大、长度大，运输前必须了解所运建筑钢材的长度和单捆质量，以便安排运输车辆和吊车。

建筑钢材应按不同的品种、规格分别堆放。在条件允许的情况下，建筑钢材应尽可能存放在库房或料棚内（特别是有精度要求的冷拉、冷拔等钢材），若采用露天存放，则料场应选择地势较高而又平坦的地面，经平整、夯实、预设排水沟道、安排好垛底后方能使用。为避免因潮湿环境而引起的钢材表面锈蚀现象，雨雪季节建筑钢材要用防雨材料覆盖。

施工现场堆放的建筑钢材应注明"合格"、"不合格"、"在检"、"待检"等产品质量状态，注明钢材生产企业名称、品种规格、进场日期及数量等内容，并以醒目标识标明，工地应由专人负责建筑钢材收货和发料。

三、建筑钢材的防护

1. 防腐

钢材表面与周围介质发生作用而引起破坏的现象称作腐蚀（锈蚀）。腐蚀不仅使钢材有效截面积均匀减小，还会产生局部锈坑，引起应力集中；腐蚀也会显著降低钢的强度、塑性、韧性等力学性能。

根据钢材与环境介质的作用原理，腐蚀可分为化学腐蚀和电化学腐蚀。化学腐蚀是指钢材与周围介质（如氧气、二氧化碳、二氧化硫和水等）直接发生化学作用，生成疏松的氧化物而引起的腐蚀。钢材由不同的晶体组织构成，并含有杂质，由于这些成分的电极电位不同，当有电解质溶液（如水）存在时，就在钢材表面形成许多微小的局部原电池，形成电化学腐蚀。

钢材在大气中的腐蚀，实际上是化学腐蚀和电化学腐蚀共同作用所致，但以电化学腐蚀为主。

钢材的腐蚀既有内因（材质），又有外因（环境介质的作用），因此要防止或减少钢材的腐蚀可以从改变钢材本身的易腐蚀性，隔离环境中的侵蚀性介质或改变钢材表面的电化学过程三方面入手。

2. 防火

钢是不燃性材料，但这并不表明钢材能够抵抗火灾。耐火试验与火灾案例调查表明：以失去支持能力为标准，无保护层时钢柱和钢屋架的耐火极限只有0.25h，而裸露钢梁的耐火极限仅为0.15h。温度在200℃以内，可以认为钢材的性能基本不变；超过300℃以后，弹性模量、屈服点和极限强度均开始显著下降，应变急剧增大；到达600℃时已失去承载能力。所以，没有防火保护层的钢结构是不耐火的。

钢结构防火保护的基本原理是采用绝热或吸热材料，阻隔火焰和热量，推迟钢结构的升温速率。防火方法以包覆法为主，即以防火涂料、不燃性板材或混凝土和砂浆将钢构件包裹起来。

第六节　建筑其他金属制品

一、铝、铝合金及其制品

建筑工程中除了大量使用钢材外，铝及铝合金也被广泛的应用于装饰装修工程及轻型结构中。

1. 铝及铝合金简介

铝在自然界以化合物的形式存在。铝矾土是提炼铝的主要原料。铝在地壳中的含量为 8.13％，仅次于氧和硅，居第三位。

纯铝为银白色轻金属，密度为 2.70g/cm³，是钢材的 1/3，熔点低，仅为 660℃。铝的化学性质活泼，易与氧化合形成氧化铝膜，使铝具有一定的耐腐蚀性。其强度、硬度较低（σ_b=80～100MPa，HB=17～44），塑性好（δ_{10}=40％，φ=80％）。

铝的电极电位较低，如与高电极电位的金属接触，并有电解质存在时，会形成原电池反应，引起电化学腐蚀。因此，铝合金门窗等铝合金制品的连接件，应采用不锈钢件。

纯铝还可压延成极薄的铝箔（0.006～0.0025mm），它具有极高的反射率（87％～97％），是理想的绝热、装饰、隔蒸汽材料。另外，铝还可作为涂料的银色填料或生产加气剂的主要原料。

为了提高铝的强度等力学性质，可加入镁、锰、硅、铜等合金元素，形成铝合金。铝合金已成现代建筑中广泛应用，如用作梁、柱、屋架等结构材料；用作幕墙、门窗、外墙板、屋面板等装修材料。

铝及铝合金的主要缺点是弹性模量低，只有钢材的 1/3，热膨胀系数大，约为钢材的 2 倍，因此铝合金刚度较低，温度变形较大，在结构设计中应予以考虑；耐热性低，焊接连接需采用惰性气体保护焊等焊接新技术，技术难度大。

2. 铝合金的分类

（1）按加工方法分类。按铝合金加工方法可以分为铸造铝合金和变形铝合金两类。

所谓变形铝合金就是通过冲压、弯曲、辊轧等工艺使其组织、形状发生变化的铝合金。热处理非强化型铝合金是不能用淬火等方法提高强度的铝合金，如铝-锰合金、铝-镁合金。热处理强化型铝合金是能用热处理的方法提高强度的铝合金。

各种变形铝合金的牌号分别用汉语拼音字母和顺序号表示，顺序号不直接表示合金元素的含量。代表各种变形铝合金的汉语拼音字母如下：

LF——防锈铝合金（称简防锈铝）；

LY——硬铝合金（简称硬铝）；

LC——超硬铝合金（简称超硬铝）；

　　LD——锻铝合金(简称锻铝)；

　　LT——特殊铝合金。

　　(2)按合金元素分类。常用铝合金如防锈铝中的 Al-Mn 合金、Al-Mg 合金，热处理强化铝合金中的 Al-Mg-Si 合金、Al-Zn-Mg 合金、Al-Cu-Mg 合金及 Al-Zn-Mg-Cu 合金。

　　3. 建筑工程用铝合金的性能

　　建筑工程中应用最为广泛的铝合金是 Al-Mg-Si 铝合金，国际上通常以 6063 牌号为其代表。

　　6063 铝合金相当于我国的锻铝 LD31。我国铝合金的状态用汉语拼音表示，如"R"表示热轧，"CS"表示淬火及人工时效，"M"表示退火等。LD31 铝合金的化学成分及力学性能见表 7-79。

　　表 7-79 说明 LD31 具有与低碳钢相近的屈服强度和抗拉强度，但质量比钢轻 2/3，所以比强度远远超过低碳钢，是高层建筑、大跨度建筑的理想结构材料。

　　铝合金的弹性模量低[低碳钢 $E=(2.0\sim2.1)\times10^5\,\mathrm{MPa}$]，应用中可通过挤压成型做成各种断面的空心型材，以提高刚度，弥补弹性模量的不足。

表 7-79　　　　　　LD31(6063)铝合金的化学成分及力学性能

化学成分(%)	Cu	Si	Fe	Mn	Mg	Zn	Cr	Ti	Al	其他
	≤0.1	0.2~0.6	≤0.35	≤0.1	0.45~0.9	≤0.1	≤0.1	≤0.1	余量	≤0.15

力学性能	合金状态	抗拉强度 σ_b (MPa)	屈服强度 $\sigma_{0.2}$ (MPa)	伸长率 δ (%)	弹性模量 (MPa)	膨胀系数 (1/℃)	密度 (kg/m³)
	RCS	155	110	8			
	R	205	175	8	0.69×10^5	23.4×10^{-6}	2690
	CS	205	175	10			

　　4. 常用铝合金制品

　　常用铝合金制品主要有铝合金门窗、铝合金装饰板等。

　　(1)铝合金门窗。铝合金门窗是将经过表面处理后的铝合金型材，经过一定工艺加工成门窗框构件，再加连接件、密封件、五金件等组合而成的。

　　(2)铝合金装饰板。铝合金装饰板的品种和规格很多，按表面处理方式可分为阳极氧化处理板和喷涂处理板；按装饰效果可分为波纹板、压型板、花纹板、浅花纹板等；按色彩分为银色、亚银色、米黄色、金色、古铜色、蓝色等多种颜色。

　　二、铜及铜合金制品

　　1. 铜及铜合金的成分和产品形状

　　铜及铜合金的成分和产品形状见表 7-80。

表7-80　　　加工铜的化学成分和产品形状

组别	序号	名称	代号	Cu+Ag	化学成分① (%)												产品形状
					P	Ag	Bi②	Sb②	As②	Fe	Ni	Pb	Sn	S	Zn	O	
纯铜	1	一号铜	T1	99.95	0.001	—	0.001	0.002	0.002	0.005	—	0.003	0.002	0.005	—	0.002	板、带、箔、管、棒、线、型
	2	二号铜	T2②	99.90	0.001	—	0.001	0.002	0.002	0.005	0.02	0.005	0.005	0.005	—	—	板、带、箔、管、棒、线
	3	三号铜	T3	99.70	—	—	0.002	—	—	—	—	0.01	—	—	—	—	板、带、箔、管、棒、线
无氧铜	4	零号无氧铜	TU00④[C10100]	CU 99.99	0.0003	0.0025	0.0001	0.0004	0.0005	0.0010	0.0010	0.0005	0.0002	0.0015	0.0001	0.0005	板、带、箔、管、棒、线
	5	一号无氧铜	TU1				Sn:0.0003　Te:0.0002　Mn:0.00005　Cd:0.0001										板、带、箔、管、棒、线
	6	二号无氧铜	TU2	99.97	0.002	—	0.001	0.002	0.002	0.004	0.002	0.003	0.002	0.004	0.003	0.002	板、带、箔、管、棒、线
磷脱氧铜	7	一号脱氧铜	TP1[C12000]	99.95	0.002	—	0.001	0.002	0.002	0.004	0.002	0.004	0.004	0.004	—	0.003	板、带、管
	8	二号脱氧铜	TP2[C12200]	99.90	0.004~0.012	—	0.001	0.005	—	—	—	—	—	—	—	—	板、带、箔、管
银铜	9	0.1银铜	TAg0.1	Cu 99.5	—	0.06~0.12	0.002	0.005	0.01	0.05	0.2	0.01	0.05	0.01	—	0.1	板、带、线

注：①经双方协商，可限制本表中未规定的元素或要求严格限制表中规定的元素。

②As、Bi、Sb可不分析，但供方必须保证不大于界限值。

③经双方协商，可供应P小于或等于0.001%的导电用T2铜。

④YUO[C10100]铜量为差减法所得。

2. 铜板材的牌号、状态、规格

铜板材的牌号、状态、规格见表 7-81。

表 7-81　　　　　　　　铜板材的牌号、状态、规格

牌　号	状　态	规　格/mm		
		厚　度	宽　度	长　度
T2、T3、TP1 TP2、TU1、TU2	R	4～60	≤3000	≤6000
	M、Y4 Y2、Y	0.2～12	≤3000	≤6000
H96、H80	M、Y			
H90	M、Y2、Y	0.2～1.0		
H70、H65	M、Y4 Y2、Y、T			
H68	R	4～60	≤3000	≤6000
	M、Y4 Y2、Y、T	0.2～1.0		
H62	R	4～60		
	M、Y2 Y、T	0.2～1.0		
H59	R	4～60		
	M、Y	0.2～10		
HPb59-1	R	4～60		
	M、Y2、Y	0.2～10		
HMn58-2	M、Y2、Y	4～60	≤3000	≤6000
HSn62-1	R	0.2～10		
	M、Y2、Y			
HMn55-3-1、HMn57-3-1 HA160-1-1、HA167-2.5 HA166-6-3-2、HNi65-5	R	4～40	≤1000	≤2000
QSn6.5-0.1	R	9～50		
	M、Y4、Y2、Y、T	0.2～12	≤600	≤2000
QSn6.5-0.4、QSn4-3 QSn4-0.3、QSn7-0.2	M、Y、T			

材料员一本通

牌　号	状　态	规　格/mm		
		厚　度	宽　度	长　度
BA16-1.5、BAl13-3	Y、CS	0.5～12	≤600	≤1500
BZn15-20	M、Y₂、Y、T	0.5～10	≤600	≤1500
B5、B19	R	7～60	≤2000	≤4000
BFe10-1-1、BFe30-1-1	M、Y	0.5～10	≤600	≤1500
QA15	M、Y	0.4～12	≤1000	≤2000
QA17	Y₂、Y			
QA19-2	M、Y			
QA19-4	Y			

注：经供需双方协商，可以供应其他规格的板材。

3. 铜板材的力学性能

铜板材的力学性能见表 7-82。

表 7-82　　　　　　　　铜板材的力学性能

牌　号	状态	拉　伸　试　验			硬　度　试　验	
		厚　度 /mm	抗拉强度 σb /MPa	伸长率 δ₁₀ （%）	厚度/mm	维氏硬度 HV
T2、T3 TP1、TP2 TU1、TU2	R	4～14	≥195	≥30	—	—
	M	0.3～10	≥205	≥30	≥0.3	55～100
	Y₄		215～275	≥25		
	Y₂		245～345	≥8		75～120
	Y		≥295	—		≥80
H96	M	0.3～10	≥215	≥30	—	—
	Y		≥320	≥3		
H90	M	0.3～10	≥245	≥35	—	
	Y₂		330～440	≥5		
	Y		≥390	≥3		
H80	M	0.3～10	≥265	≥50		
	Y		≥390	≥3		
H68	R	4～14	≥290	≥40		
H70 H68 H65	M	0.3～10	≥290	≥40	≥0.3	
	Y₄		325～410	≥35		75～215
	Y₂		340～460	≥25		85～145
	Y		390～530	≥10		105～175
	T		≥490	≥3		≥145

(续)

| 牌　号 | 状　态 | 拉　伸　试　验 | | | 硬　度　试　验 | |
		厚　度 /mm	抗拉强度 σ_b /MPa	伸长率 δ_{10} （%）	厚度/mm	维氏硬度 HV
H62	R	4～14	≥290	≥30	—	—
	M	0.3～10	≥290	≥35	≥0.3	—
	Y_2		350～470	≥20		85～145
	Y		410～630	≥10		105～175
	T		≥585	≥2.5		≥145
H59	R	4～14	≥290	25	—	—
	M	0.3～10	≥290	≥10	≥0.3	—
	Y		≥410	≥5		≥130
HPb59-1	R	4～14	≥370	≥18	—	—
	M	0.3～10	≥340	≥25		
	Y_2		390～490	≥12		
	Y		≥440	≥5		
BZn15-20	M	0.5～10	≥340	≥35	—	—
	Y_2		440～570	≥5		
	Y		540～690	≥1.5		
	T		640	≥1		
B5	R	7～14	≥215	≥20	—	—
	M	0.5～10	≥215	≥30	—	—
	Y		≥370	≥10		
B19	R	7～14	≥295	≥20	—	—
	M	0.5～10	≥290	≥25	—	—
	Y		≥390	≥3		
BFe10-1-1	R	7～14	≥275	≥20	—	—
	M	0.5～10	≥275	≥28	—	—
	Y		≥370	≥3		
BFe30-1-1	R	7～14	≥345	≥15	—	—
	M	0.5～10	≥370	≥20	—	—
	Y		≥530	≥3		
BA16-1.5	Y	0.5～12	≥535	≥3		
BA13-3	CS		≥635	≥5		

第八章　建筑墙体及屋面材料

第一节　砌　　块

一、砌块简介

砌块为建筑用人造块材,外形多为直角六面体,也有各种异形的。按照砌块系列中主规格高度的大小,砌块可分为小型砌块、中型砌块和大型砌块。按砌块有无孔洞或空心率大小可分为实心砌块和空心砌块。无孔洞或空心率小于25%的砌块称为实心砌块,如蒸压加气混凝土砌块等。空心率大于或等于25%的砌块称为空心砌块,如普通混凝土小型空心砌块、粉煤灰小型空心砌块等。

用轻集料混凝土制成的砌块称为轻集料混凝土砌块,常结合骨料名称命名,如陶粒混凝土砌块、煤渣混凝土砌块等。用多孔混凝土或多孔硅酸盐混凝土制成的砌块称为多孔混凝土砌块,目前常用品种有蒸压加气混凝土砌块。

砌块产品具有保护耕地、节约能源,充分利用地方资源和工业废渣,劳动生产率高,建筑综合功能和效益好等优点,符合可持续发展的要求。砌块的尺寸较大,施工效率较高,已成为我国增长速度最快、应用范围最广的新型墙体材料。

砌块产品的专用术语:

(1)长:直角六面体的砌块一般设计使用状态水平面长边尺寸。

(2)宽:直角六面体的砌块一般设计使用状态水平面短边尺寸。

(3)高:直角六面体的砌块一般设计使用状态竖向尺寸。

(4)外壁:空心砌块与墙面平行的外层部分。

(5)肋:空心砌块孔与孔之间的间隔部分以及外壁与外壁之间的连接部分。

(6)铺浆面:砌块承受垂直荷载且朝上的面,空心砌块指壁和肋较宽的面。

(7)坐浆面:砌块承受垂直荷载且朝下的面,空心砌块指壁和肋较窄的面。

二、普通混凝土小型空心砌块

普通混凝土小型空心砌块是混凝土小型空心砌块中的主要品种之一,它是以水泥、粗骨料(石子)、细骨料(砂)、水为主要原材料,必要时加入外加剂,按一定比例(质量比)计量配料、搅拌、成型、养护而成的建筑砌块。

1. 规格尺寸

(1)普通混凝土小型空心砌块主规格尺寸为390mm×190mm×190mm,其他规格尺寸可由供需双方协商。

(2)最小外壁厚应不小于 30mm,最小肋厚应不小于 25mm。

(3)空心率应不小于 25%。

(4)普通混凝土小型空心砌块尺寸允许偏差应符合表 8-1 要求。

表 8-1　　　　　　　　　　　**尺寸允许偏差**　　　　　　　　　　　mm

项目名称	优等品(A)	一等品(B)	合格品(C)
长　度	±2	±3	±3
宽　度	±2	±3	±3
高　度	±2	±3	+3 −4

2. 外观质量

普通混凝土小型空心砌块的外观质量见表 8-2。

表 8-2　　　　　　　　　　　**外观质量**

项目名称			优等品(A)	一等品(B)	合格品(C)
弯曲/mm		不大于	2	2	3
掉角缺棱	个数(个)	不多于	0	2	2
	三个方向投影尺寸的最小值/mm	不大于	0	20	30
裂纹延伸的投影尺寸累计/mm		不大于	0	20	30

3. 相对含水率

普通混凝土小型空心砌块的相对含水率见表 8-3。

表 8-3　　　　　　　　　　　**相对含水率**

使用地区	潮　湿	中　　等	干　燥
相对含水率　不大于	45	40	35

注:潮湿系指年平均相对湿度大于 75% 的地区;中等系指年平均相对湿度 50%～75% 的地区;干燥系指年平均相对湿度小于 50% 的地区。

4. 强度等级

普通混凝土小型空心砌块的强度等级见表 8-4。

表 8-4	强度等级	MPa

强度等级	砌块抗压强度	
	平均值不小于	单块最小值不小于
MU3.5	3.5	2.8
MU5.0	5.0	4.0
MU7.5	7.5	6.0
MU10.0	10.0	8.0
MU15.0	15.0	12.0
MU20.0	20.0	16.0

5. 抗冻、抗渗性能

普通混凝土小型空心砌块抗冻、抗渗性能见表 8-5、表 8-6。

表 8-5	抗渗性	mm
项目名称	指　标	
水面下降高度	三块中任一块不大于 10	

表 8-6	抗冻性		
使用环境条件		抗冻等级	指　标
非采暖地区		不规定	
采暖地区	一般环境	F15	强度损失≤25%
	干湿交替环境	F25	质量损失≤5%

注:非采暖地区指最冷月份平均气温高于-5℃的地区;采暖地区指最冷月份平均气温
　　低于或等于-5℃的地区。

三、轻集料混凝土小型空心砌块

轻集料混凝土小型空心砌块是以水泥、轻集料、水为主要原材料,按一定比例
(质量比)计量配料、搅拌、成型、养护而成的一种轻质墙体材料。

1. 规格尺寸及尺寸偏差

(1)轻集料混凝土小型空心砌块,主规格尺寸为 390mm×190mm×190mm,
其他规格尺寸可由供需双方商定。

(2)轻集料混凝土小型空心砌块尺寸允许偏差见表 8-7。

表 8-7　　　　　　　　　　　尺寸允许偏差

项目名称	一等品	合格品
长度/mm	±2	±3
宽度/mm	±2	±3
高度/mm	±2	±3

注:1. 承重砌块最小外壁厚不应小于 30mm,肋厚不应小于 25mm。
　　2. 保温砌块最小外壁厚和肋厚不宜小于 20mm。

2. 外观质量

轻集料混凝土小型空心砌块外观质量要求见表 8-8。

表 8-8　　　　　　　　　　　外观质量

项目名称		一等品	合格品
缺棱掉角:			
个数	不多于	0	2
3 个方向投影的最小尺寸/mm	不大于	0	30
裂缝延伸投影的累计尺寸/mm	不大于	0	30

3. 吸水率、相对含水率和干缩率

(1)轻集料混凝土小型空心砌块的吸水率不应大于 20%。

(2)轻集料混凝土小型空心砌块的相对含水率和干缩率见表 8-9。

表 8-9　　　　　　　　　吸水率、相对含水率和干缩率

干缩率(%)	相对含水率(%)		
	潮　湿	中　等	干　燥
<0.03	45	40	35
0.03~0.045	40	35	30
>0.045~0.065	35	30	25

注:1. 潮湿系指年平均相对湿度大于 75% 的地区;中等系指年平均相对湿度 50%~
　　75% 的地区;干燥系指年平均相对湿度小于 50% 的地区。

　　2. 相对含水率即砌块出厂含水率与吸水率之比 $W=\dfrac{w_1}{w_2}\times100$

4. 强度等级

轻集料混凝土小型空心砌块的强度等级见表 8-10。

表 8-10　　　　　　　　　　**强度等级**

强度等级/MPa	砌块抗压强度/MPa		密度等级范围
	平均值	最小值	
1.5	≥1.5	1.2	≤600
2.5	≥2.5	2.0	≤800
3.5	≥3.5	2.8	≤1200
5.0	≥5.0	4.0	
7.5	≥7.5	6.0	≤1400
10.0	≥10.0	8.0	

5. 抗冻性能

轻集料混凝土小型空心砌块的抗冻性能见表 8-11。

表 8-11　　　　　　　　　　**抗冻性能**

使用环境条件	抗冻等级	质量损失(%)	强度损失(%)
非采暖地区	F15		
采暖地区:相对湿度≤60%	F25		
相对湿度>60%	F35	≤5	≤25
水位变化、干湿循环或粉煤灰掺量≥取代水泥量50%	≥F50		

四、粉煤灰混凝土小型空心砌块

粉煤灰混凝土小型空心砌块是以粉煤灰、水泥、集料、水为主要组分(也可加入外加剂等)制成的混凝土小型空心砌块,以下简称砌块,代号为 FHB。

1. 分类

(1)类别。按砌块孔的排数分为:单排孔(1)、双排孔(2)和多排孔(D)三类。

(2)规格。主规格尺寸为 390mm×190mm×190mm,其他规格尺寸可由供需双方商定。

(3)等级。

1)按砌块密度等级分为:600、700、800、900、1000、1200 和 1400 七个等级。

2)按砌块抗压强度分为:MU3.5、MU5、MU7.5、MU10、MU15 和 MU20 六个等级。

2. 尺寸偏差和外观质量

粉煤灰混凝土小型空心砌块尺寸允许偏差和外观质量应符合表 8-12 的规定。

表 8-12 尺寸允许偏差和外观质量

项 目		指 标
尺寸允许偏差/mm	长度	±2
	宽度	±2
	高度	±2
最小外壁厚,不小于/mm	用于承重墙体	30
	用于非承重墙体	20
肋厚,不小于/mm	用于承重墙体	25
	用于非承重墙体	15
缺棱掉角	个数,不多于/个	2
	3 个方向投影的最小值,不大于/mm	20
裂缝延伸投影的累计尺寸,不大于/mm		20
弯曲,不大于/mm		2

2. 密度等级

粉煤灰混凝土小型空心砌块密度等级应符合表 8-13 的规定。

表 8-13 密度等级 kg/m³

密度等级	砌块块体密度的范围
600	≤600
700	610～700
800	710～800
900	810～900
1000	910～1000
1200	1010～1200
1400	1210～1400

3. 强度等级

粉煤灰混凝土小型空心砌块强度等级应符合表 8-14 的规定。

表 8-14	强度等级		MPa
强度等级	砌块抗压强度		
	平均值不小于	单块最小值不小于	
MU3.5	3.5	2.8	
MU5	5.0	4.0	
MU7.5	7.5	6.0	
MU10	10.0	8.0	
MU15	15.0	12.0	
MU20	20.0	16.0	

4. 相对含水率

粉煤灰混凝土小型空心砌块相对含水率应符合表 8-15 的规定。

表 8-15	相对含水率		%
使用地区	潮湿	中等	干燥
相对含水率不大于	40	35	30

注：1. 相对含水率即砌块含水率与吸水率之比：

$$W = 100 \times \frac{w_1}{w_2}$$

2. 使用地区的湿度条件：

潮湿——系指年平均相对湿度大于 75% 的地区；

中等——系指年平均相对湿度 50%～75% 的地区；

干燥——系指年平均相对湿度小于 50% 的地区。

5. 抗冻性

粉煤灰混凝土小型空心砌块抗冻性应符合表 8-16 的规定。

表 8-16	抗冻性		%
使用条件	抗冻指标	质量损失率	强度损失率
夏热冬暖地区	F15		
夏热冬冷地区	F25	≤5	≤25
寒冷地区	F35		
严寒地区	F50		

五、蒸压加气混凝土砌块

蒸压加气混凝土砌块是以水泥、石灰、砂、粉煤灰、矿渣、发气剂、气泡稳定剂和调节剂等为主要原料,经磨细、计量配料、搅拌、浇注、发气膨胀、静停、切割、蒸压养护、成品加工和包装等工序制成的多孔混凝土制品。产品分为粉煤灰蒸压加气混凝土砌块和砂蒸压加气混凝土砌块两种。具有质轻、高强、保温、隔热、吸声、防火、可锯、可刨等特点。

1. 规格尺寸

蒸压加气混凝土砌块的规格尺寸见表 8-17 所示。

表 8-17　　　　　　　　　　砌块的规格尺寸　　　　　　　　　　mm

长度 L	宽度 B	高度 H
600	100　120　125 150　180　200 240　250　300	200　240　250　300

注:如需要其他规格,可由供需双方协商解决。

2. 尺寸偏差和外观

蒸压加气混凝土砌块的尺寸偏差和外观见表 8-18。

表 8-18　　　　　　　　　　尺寸偏差和外观

项　　　目				优等品(A)	合格品(B)
尺寸允许偏差/mm		长度	L	±3	±4
		宽度	B	±1	±2
		高度	H	±1	±2
缺棱掉角	最小尺寸不得大于/mm			0	30
	最大尺寸不得大于/mm			0	70
	大于以上尺寸的缺棱掉角个数,不多于(个)			0	2
裂纹长度	贯穿一棱二面的裂纹长度不得大于裂纹所在面的裂纹方向尺寸总的和的			0	1/3
	在一面上的裂纹长度不得大于裂纹方向尺寸的			0	1/2
	大于以上尺寸的裂纹条数,不多于(条)			0	2
焊裂、粘模和损坏深度不得大于/mm				10	30
平面弯曲				不允许	
表面疏松、层裂				不允许	
表面油污				不允许	

(注: 指标)

3. 抗压强度

蒸压加气混凝土砌块的抗压强度应符合表 8-19 的规定。

表 8-19　　　　　　　　　　　砌块的立方体抗压强度　　　　　　　　　　MPa

强度级别	立方体抗压强度	
	平均值不小于	单组最小值不小于
A1.0	1.0	0.8
A2.0	2.0	1.6
A2.5	2.5	2.0
A3.5	3.5	2.8
A5.0	5.0	4.0
A7.5	7.5	6.0
A10.0	10.0	8.0

4. 强度级别

蒸压加气混凝土的强度级别应符合表 8-20 的规定。

表 8-20　　　　　　　　　　　砌块的强度级别

干密度级别		B03	B04	B05	B06	B07	B08
强度级别	优等品（A）	A1.0	A2.0	A3.5	A5.0	A7.5	A10.0
	合格品（B）			A2.5	A3.5	A5.0	A7.5

5. 干燥收缩、抗冻性和导热系数

蒸压加气混凝土砌块的干燥收缩、抗冻性和导热系数见表 8-21。

表 8-21　　　　　　　　　干燥收缩、抗冻性和导热系数

干密度级别			B03	B04	B05	B06	B07	B08
干燥收缩值	标准法/（mm/m）　≤		0.50					
	快速法/（mm/m）　≤		0.80					
抗冻性	质量损失（%）　　≤		5.0					
	冻后强度 /MPa≥	优等品（A）	0.8	1.6	2.8	4.0	6.0	8.0
		合格品（B）			2.0	2.8	4.0	6.0
导热系数（干态）/[W/(m·K)]　≤			0.10	0.12	0.14	0.16	0.18	0.20

注：规定采用标准法、快速法测定砌块干燥收缩值，若测定结果发生矛盾不能判定时，则以标准法测定的结果为准。

六、石膏砌块

1. 石膏砌块的分类

石膏砌块的分类见表 8-22。

表 8-22 石膏砌块的分类

项　目	内　容
按结构分	石膏空心砌块、石膏实心砌块
按来源分	天然石膏砌块、化学石膏砌块
按防潮性能分	普通石膏砌块、防潮石膏砌块

2. 产品标记

(1)标记方法。标记的顺序为：产品名称、类别代号、规格尺寸和标准号。

(2)标记示例。用天然石膏做原料制成的长度为 666mm、高度为 500mm、厚度为 80mm 的普通石膏空心砌块，标记为：

石膏砌块 KTP　666×500×80　JC/T 698—1998

3. 石膏砌块的技术要求

(1)石膏砌块的规格尺寸见表 8-23。

表 8-23 规格尺寸 mm

项　目	尺　寸
长　度	666
高　度	500
厚　度	60、80、90、100、110、120

(2)石膏砌块的外观质量要求见表 8-24。

表 8-24 外观质量要求

项　目	指　标
缺　角	同一砌块不得多于 1 处，缺角尺寸应小于 30mm×30mm
板面裂纹	非贯穿裂纹不得多于 1 条，裂纹长度小于 30mm，宽度小于 1mm
油　污	不允许
气　孔	直径 5～10mm 的，不多于 2 处；>10mm 的，不允许

(3)石膏砌块的尺寸允许偏差见表 8-25。

表 8-25　　　　　　　　　　　尺寸偏差　　　　　　　　　　　　mm

项　目	规　格	尺寸偏差
长　度	666	±3
高　度	500	±2
厚　度	60、80、90、100、110、120	±1.5

(4)石膏砌块的表观密度、断裂荷载、软化系数见表 8-26。

表 8-26　　　　　石膏砌块的表观密度、断裂荷载、软化系数

项　目	内　容
表观密度	实心砌块的表观密度应不小于 1000kg/m³，空心砌块的表观密度应不大于 700kg/m³。单块砌块质量应不大于 30kg
断裂荷载	石膏砌块应有足够的机械强度，断裂荷载值应小于 1.5kN
软化系数	石膏砌块的软化系数应不低于 0.6(该指标仅适用于防潮石膏砌块)

七、装饰混凝土砌块

1. 分类

(1)按装饰效果分为彩色砌块、劈裂砌块、凿毛砌块、条纹砌块、磨光砌块、鼓形砌块、模塑砌块、露集料砌块、仿旧砌块。

(2)按用途分为砌体装饰砌块(代号 M_q)和贴面装饰砌块(代号 F_q)。

2. 标记

装饰混凝土砌块按下列顺序进行标注:装饰效果名称、类型、规格尺寸($L×B×H$)、强度等级、抗渗性、标准编号。示例:

(1)规格尺寸 390mm×190mm×190mm、强度等级为 MU 10、防水型劈裂砌体装饰砌块的标记为:

劈裂砌块 M_q 390mm×190×190　MU 10　F　JC/T 641—2008

(2)规格尺寸 390mm×240mm×50mm、普通型凿毛贴面装饰砌块的标记为:

凿毛砌块 F_q　390×240×50　P　JC/T 641—2008

3. 技术要求

(1)装饰混凝土砌块基本尺寸见表 8-27。

表 8-27　　　　　　　　　　基本尺寸　　　　　　　　　　　mm

长度 L		390,290,190
宽度 B	砌体装饰砌块 M_q	290,240,190,140,90
	贴面装饰砌块 F_q	30～90
高度 H		190,90

注:其他规格尺寸可由供需双方商定。

（2）装饰混凝土砌块的外观质量应符合表 8-28 的规定。

表 8-28　　　　　　　　　　　外观质量

项　　　　目			指标
弯曲,不大于/mm			2
裂纹	装饰面		无
	其他面	裂纹延伸的投影长度累计不超过长度尺寸的百分数(%)	5.0
		条数,不多于/条	1
缺棱掉角	装饰面	长度不超过边长的百分数(%)	1.5
		棱个数,不多于/个	1
		相邻两边长度不超过边长百分率(%)	0.77
		角个数,不多于/个	1
	其他面	长度不超过边长的百分数(%)	5.0
		棱角个数,不多于/个	2

注:经两次饰面加工和有特殊装饰要求的装饰砌块,不受此规定限制。

（3）装饰混凝土砌块的尺寸允许偏差应符合表 8-29 的规定。

表 8-29　　　　　　　　　　　尺寸允许偏差　　　　　　　　　　mm

项　　　　目	指　　标
长度、高度和宽度	±2.0

注:经两次饰面加工和有特殊装饰要求的装饰砌块,不受此规定限制。

（4）强度等级。

1）砌体装饰砌块的抗压强度应符合表 8-30 的规定。

2）贴面装饰砌块强度以抗折强度表示,平均值应不小于 4.0MPa,单块最小值应不小于 3.2MPa。

表 8-30　　　　　　　　　　　抗压强度　　　　　　　　　　MPa

强度等级	抗压强度	
	平均值不小于	单块最小值不小于
MU10	10.0	8.0
MU15	15.0	12.0
MU20	20.0	16.0
MU25	25.0	20.0
MU30	30.0	24.0
MU35	35.0	28.0
MU40	40.0	32.0

(5)装饰混凝土砌块相对含水率应符合表 8-31 的规定。

表 8-31　　　　　　　　　　　　　相对含水率　　　　　　　　　　　　%

使用地区	潮湿	中等	干燥
相对含水率不大于	40	35	30

注:1. 相对含水率即装饰砌块含水率与吸水率之比:

$$W = 100 \times \frac{w_1}{w_2}$$

　　2. 使用地区的湿度条件:

　　　　潮湿——指年平均相对湿度大于 75% 的地区;

　　　　中等——指年平均相对湿度 50%～75% 的地区;

　　　　干燥——指年平均相对湿度小于 50% 的地区。

(6)装饰混凝土砌块的抗渗性应符合表 8-32 的规定。

表 8-32　　　　　　　　　　　　　抗渗性　　　　　　　　　　　　　mm

项目	指标	
	普通型(P)	防水型(F)
水面下降高度	—	≤10

(7)装饰混凝土砌块的抗冻性应符合表 8-33 的规定。

表 8-33　　　　　　　　　　　　　抗冻性　　　　　　　　　　　　　%

使用条件	抗冻指标	质量损失率	强度损失率
夏热冬暖地区	F15		
夏热冬冷地区	F35	≤5	≤20
寒冷地区	F50		
严寒地区	F75		

第二节　砌　墙　砖

一、烧结普通砖

烧结普通砖是指以黏土、页岩、煤矸石、粉煤灰为主要原料经焙烧而成的砖。

1. 分类

按主要原料砖分为黏土砖(N)、页岩砖(Y)、煤矸石砖(M)和粉煤灰砖(F)。

2. 主要技术要求

(1)尺寸偏差。烧结普通砖的尺寸允许偏差应符合表 8-34 规定。

表 8-34　　　　　　　　　　　　　尺寸允许偏差　　　　　　　　　　　　　　mm

公称尺寸	优等品		一等品		合格品	
	样本平均偏差	样本极差≤	样本平均偏差	样本极差≤	样本平均偏差	样本极差≤
240	±2.0	6	±2.5	7	±3.0	8
115	±1.5	5	±2.0	6	±2.5	7
53	±1.5	4	±1.6	5	±2.0	6

(2)外观质量。烧结普通砖的外观质量应符合表 8-35 的规定。

表 8-35　　　　　　　　　　　　　　外观质量

项　　目		优等品	一等品	合格品
两条面高度差	不大于	2	3	4
弯曲	不大于	2	3	4
杂质凸出高度	不大于	2	3	4
缺棱掉角的三个破坏尺寸	不得同时大于	5	20	30
裂纹长度	不大于			
a. 大面上宽度方向及其延伸至条面的长度		30	50	80
b. 大面上长度方向及其延伸至顶面的长度或		50	80	100
条顶面上水平裂纹的长度				
完整面	不得少于	一条面和一顶面	一条面和一顶面	—
颜色		基本一致	—	—

注:1. 为装饰而施加的色差、凹凸纹、拉毛、压花等不算作缺陷。

　　2. 凡有下列缺陷之一者,不得称为完整面:

　　　(1)缺损在条面或顶面上造成的破坏面尺寸同时大于 10mm×10mm。

　　　(2)条面或顶面上裂纹宽度大于 1mm,其长度超过 30mm。

　　　(3)压陷、粘底、焦花在条面或顶面上的凹陷或凸出超过 2mm,区域尺寸同时大于 10mm×10mm。

(3)强度等级。烧结普通砖的强度应符合表 8-36 规定。

表 8-36　　　　　　　　　　　　　　强度等级　　　　　　　　　　　　　　MPa

强度等级	抗压强度平均值 $\bar{f}\geqslant$	变异系数 $\delta\leqslant0.21$	变异系数 $\delta>0.21$
		强度标准值 $f_k\geqslant$	单块最小抗压强度值 $f_{min}\geqslant$
MU30	30.0	22.0	25.0
MU25	25.0	18.0	22.0
MU20	20.0	14.0	16.0
MU15	15.0	10.0	12.0
MU10	10.0	6.5	7.5

(4)抗风化性能。

1)风化区的划分见表 8-37。

2)严重风化区中的 1、2、3、4、5 地区的砖必须进行冻融试验,其他地区的砖的抗风化性能符合表 8-38 规定时可不做冻融试验,否则,必须进行冻融试验。

3)冻融试验后,每块砖样不允许出现裂纹、分层、掉皮、缺棱、掉角等冻坏现象;质量损失不得大于 2%。

表 8-37   风化区划分

名称 \ 类型	严重风化区		非严重风化区	
省份	1. 黑龙江省	11. 河北省	1. 山东省	11. 福建省
	2. 吉林省	12. 北京市	2. 河南省	12. 台湾省
	3. 辽宁省	13. 天津市	3. 安徽省	13. 广东省
	4. 内蒙古自治区		4. 江苏省	14. 广西壮族自治区
	5. 新疆维吾尔自治区		5. 湖北省	15. 海南省
	6. 宁夏回族自治区		6. 江西省	16. 云南省
	7. 甘肃省		7. 浙江省	17. 西藏自治区
	8. 青海省		8. 四川省	18. 上海市
	9. 陕西省		9. 贵州省	19. 重庆市
	10. 山西省		10. 湖南省	

表 8-38   抗风化性能

砖种类 \ 项目	严重风化区				非严重风化区			
	5h 沸煮吸水率(%)≤		饱和系数≤		5h 沸煮吸水率(%)≤		饱和系数≤	
	平均值	单块最大值	平均值	单块最大值	平均值	单块最大值	平均值	单块最大值
黏土砖	18	20	0.85	0.87	19	20	0.88	0.90
粉煤灰砖	21	23			23	25		
页岩砖	16	18	0.74	0.77	18	20	0.78	0.80
煤矸石砖	16	18			18	20		

注:粉煤灰掺入量(体积比)小于 30%时,抗风化性能指标按黏土砖规定。

(5)泛霜和石灰爆裂。烧结普通砖的泛霜和石灰爆裂要求见表 8-39。

表 8-39　　　　　　　　　　　　泛霜、爆裂要求

项　目	内　容
泛　霜	每块砖样应符合下列规定： 优等品：无泛霜。 一等品：不允许出现中等泛霜。 合格品：不允许出现严重泛霜
石灰爆裂	优等品：不允许出现最大破坏尺寸大于 2mm 的爆裂区域。 一等品： (1)最大破坏尺寸大于 2mm，且小于等于 10mm 的爆裂区域，每组砖样不得多于 15 处。 (2)不允许出现最大破坏尺寸大于 10mm 的爆裂区域。 合格品： (1)最大破坏尺寸大于 2mm 且小于等于 15mm 的爆裂区域，每组砖样不得多于 15 处。其中大于 10mm 的不得多于 7 处。 (2)不允许出现最大破坏尺寸大于 15mm 的爆裂区域

二、炉渣砖

炉渣砖是以炉渣为主要原料，掺入适量(水泥、电石渣)石灰、石膏，经混合、压制成型、蒸养或蒸压养护而成的。炉渣砖主要用于一般建筑物的墙体和基础部位。炉渣是煤燃烧后的残渣。

1. 分类

炉渣砖按抗压强度分为 MU25、MU20、MU15 三等级。

(1)规格。

1)砖的外形为直角六面体。

2)砖的公称尺寸为：长度 240mm，宽度 115mm，高度 53mm。其他规格尺寸由供需双方协商确定。

(2)标记。炉渣砖按名称(LZ)、强度等级以及标准编号顺序进行编写。

示例：强度等级为 MU20 的炉渣砖标记为：

LZ　MU20　JC/T 525—2007。

2. 主要技术要求

(1)尺寸允许偏差。尺寸允许偏差应符合表 8-40 的规定。

表 8-40　　　　　　　　　　　尺寸允许偏差　　　　　　　　　　　　mm

项目名称	合格品
长　度	±2.0
宽　度	±2.0
高　度	±2.0

(2)外观质量。外观质量应符合表 8-41。

表 8-41　　　　　　　　　　　外观质量　　　　　　　　　　　mm

项目名称		合格品
弯曲		不大于 2.0
缺棱掉角	个数/个	≤1
	三个方向投影尺寸的最小值	≤10
完整面		不少于一条面和一顶面
裂缝长度： a. 大面上宽度方向及其延伸到条面的长度 b. 大面上长度方向及其延伸到顶面上的长度或条、顶面水平裂纹的长度		不大于 30 不大于 50
层裂		不允许
颜色		基本一致

(3)强度。强度应符合表 8-42 的规定。

表 8-42　　　　　　　　　　　强度等级　　　　　　　　　　　MPa

强度等级	抗压强度平均值 $\overline{f}\geqslant$	变异系数 $\delta\leqslant0.21$	变异系数 $\delta>0.21$
		强度标准值 $f_k\geqslant$	单块最小抗压强度 $f_{min}\geqslant$
MU25	25.0	19.0	20.0
MU20	20.0	14.0	16.0
MU15	15.0	10.0	12.0

(4)抗冻性。抗冻性应符合表 8-43 的规定。

表 8-43　　　　　　　　　　　抗冻性

强度等级	冻后抗压强度/MPa 平均值不小于	单块砖的干质量损失(%) 不大于
MU25	22.0	2.0
MU20	16.0	2.0
MU15	12.0	2.0

(5)碳化性能。碳化性能应符合表 8-44 的规定。

表 8-44　　　　　　　　　　　碳化性能

强度等级	碳化后强度/MPa 平均值不小于
MU25	22.0
MU20	16.0
MU15	12.0

(6)抗渗性。用于清水墙的砖,其抗渗性应满足表 8-45 的规定。

表 8-45　　　　　　　　　　　　　　　抗渗性　　　　　　　　　　　　　mm

项目名称	指标
水面下降高度	三块中任一块不大于 10

三、烧结多孔砖

1. 分类

按主要原料烧结多孔砖可分为黏土砖(N)、页岩砖(Y)、煤矸石砖(M)和粉煤灰砖(F)。

2. 主要技术要求

(1)尺寸偏差。烧结多孔砖的尺寸偏差应符合表 8-46 的要求。

表 8-46　　　　　　　　　　　　　　　尺寸偏差　　　　　　　　　　　　mm

尺　寸	优等品		一等品		合格品	
	样本平均偏差	样本极差≤	样本平均偏差	样本极差≤	样本平均偏差	样本极差≤
290、240	±2.0	6	±2.5	7	±3.0	8
190、180、175、140、115	±1.5	5	±2.0	6	±2.5	7
90	±1.3	4	±1.7	5	±2.0	6

(2)外观质量。烧结多孔砖的外观质量应符合表 8-47 的要求。

表 8-47　　　　　　　　　　　　　　　外观质量　　　　　　　　　　　　mm

项　目	优等品	一等品	合格品
1. 颜色(一条面和一顶面)	一致	基本一致	—
2. 完整面　　　　　　　　　　　　不得少于	一条面和一顶面	一条面和一顶面	—
3. 缺棱掉角的三个破坏尺寸不得同时大于	15	20	30
4. 裂纹长度　　　　　　　　　　　　不大于			
(1)大面上深入孔壁 15mm 以上宽度方向及其延伸到条面的长度	60	80	100
(2)大面上深入孔壁 15mm 以上长度方向及其延伸到顶面的长度	60	100	120
(3)条顶面上的水平裂纹	80	100	120
5. 杂质在砖面上造成的凸出高度　　　不大于	3	4	5

注:1. 为装饰而施加的色差、凹凸纹、拉毛、压花等不算缺陷。

　　2. 凡有下列缺陷之一者,不能称为完整面:

　　　(1)缺损在条面或顶面上造成的破坏面尺寸同时大于 20mm×30mm。

　　　(2)条面或顶面上裂纹宽度大于 1mm,其长度超过 70mm。

　　　(3)压陷、焦花、粘底在条面或顶面上的凹陷或凸出超过 2mm,区域尺寸同时大于 20mm×30mm。

(3)强度等级。烧结多孔砖的强度等级应符合表 8-48 的要求。

表 8-48　　　　　　　　　　　　　强度等级　　　　　　　　　　　　MPa

强度等级	抗压强度平均值 f≥	变异系数 δ≤0.21 强度标准值 f_k≥	变异系数>0.21 单块最小抗压强度值 f_{min}≥
MU30	30.0	22.0	25.0
MU25	25.0	18.0	22.0
MU20	20.0	14.0	16.0
MU15	15.0	10.0	12.0
MU10	10.0	6.5	7.5

(4)烧结多孔砖的孔型孔洞率及孔洞排列应符合表 8-49 的要求。

表 8-49　　　　　　　　　　　孔型孔洞率及孔洞排列

产品等级	孔　型	孔洞率(%)≥	孔洞排列
优等品	矩形条孔或矩形孔	25	交错排列,有序
一等品			
合格品	矩形孔或其他孔形		—

注:1. 所有孔宽 b 应相等,孔长 L≤50mm。
　　2. 孔洞排列上下、左右应对称,分布均匀,手抓孔的长度方向尺寸必须平行于砖的条面。
　　3. 矩形孔的孔长 L、孔宽 b 满足式 L≥3b 时,为矩形条孔。

(5)泛霜。烧结多孔砖的泛霜应符合表 8-50 的要求。

表 8-50　　　　　　　　　　　　　泛　霜

项　目	内　容
泛霜	每块砖样应符合下列规定: 优等品:无泛霜。 一等品:不允许出现中等泛霜。 合格品:不允许出严重泛霜。

(6)石灰爆裂。烧结多孔砖的石灰爆裂应符合表 8-51 的规定。

表 8-51　　　　　　　　　　　　　　　　石灰爆裂

项　目	内　容
石灰爆裂	优等品:不允许出现最大破坏尺寸大于 2mm 的爆裂区域 一等品: (1)最大破坏尺寸大于 2mm 且小于等于 10mm 的爆裂区域,每组砖样不得多于 15 处。 (2)不允许出现最大破坏尺寸大于 10mm 的爆裂区域。 合格品: (1)最大破坏尺寸大于 2mm 且小于等于 15mm 的爆裂区域,每组砖样不得多于 15 处。其中大于 10mm 的不得多于 7 处。 (2)不允许出现最大破坏尺寸大于 15mm 的爆裂区域

(7)抗风化性能。

1)风化区的划分见表 8-37。

2)严重风化区中的 1、2、3、4、5 地区的砖必须进行冻融试验,其他地区砖的抗风化性能符合表 8-52 规定时可不做冻融试验,否则必须进行冻融试验。

3)冻融试验后,每块砖样不允许出现裂纹、分层、掉皮、缺棱掉角等冻坏现象。

表 8-52　　　　　　　　　　　　　　　抗风化性能

项目 砖种类	严重风化区				非严重风化区			
	5h 沸煮吸水率(%)≤		饱和系数≤		5h 沸煮吸水率(%)≤		饱和系数≤	
	平均值	单块最大值	平均值	单块最大值	平均值	单块最大值	平均值	单块最大值
黏土砖	21	23	0.85	0.87	23	25	0.88	0.90
粉煤灰砖	23	25			30	32		
页岩砖	16	18	0.74	0.77	18	20	0.78	0.80
煤矸石砖	19	21			21	23		

注:粉煤灰掺入量(体积比)小于 30% 时按黏土砖规定判定。

四、粉煤灰砖

粉煤灰砖是以粉煤灰、石灰或水泥为主要原料,掺加适量石膏、外加剂、颜料和骨料等,经坯料制备、成型、高压或常压蒸气养护而制成的实心砖。

1. 分类、规格、等级、标记

粉煤灰砖按砖的颜色分为本色(N)和彩色(Co)两类。

粉煤灰砖的外形为直角六面体。砖的公称尺寸为:长 240mm、宽 115mm、高 53mm。

粉煤灰砖的等级：

(1)强度等级分为 MU30、MU25、MU20、MU15、MU10。

(2)质量等级根据尺寸偏差、外观质量、强度等级、干燥收缩分为优等品(A)、一等品(B)、合格品(C)。

粉煤灰砖的产品标记：粉煤灰砖产品标记按产品名称(FB)、颜色、强度等级、质量等级、标准编号顺序编写。

示例：强度等级为 20 级、优等品的彩色粉煤灰砖标记为：FB　Co　20　A　JC 239—2001。

2. 主要技术要求

(1)尺寸偏差和外观应符合表 8-53 的规定。

(2)色差：色差应不显著。

表 8-53　　　　　　　　　　尺寸偏差和外观　　　　　　　　　　mm

项　目		指　标		
		优等品(A)	一等品(B)	合格品(C)
尺寸允许偏差：				
	长	±2	±3	±4
	宽	±2	±3	±4
	高	±1	±2	±3
对应高度差	≤	1	2	3
缺棱掉角的最小破坏尺寸	≤	10	15	20
完整面	不少于	二条面和一顶面或二顶面和一条面	一条面和一顶面	一条面和一顶面
裂纹长度	≤			
(1)大面上宽度方向的裂纹		30	50	70
(包括延伸到条面上的长度)				
(2)其他裂纹		50	70	100
层裂		不允许		

注：在条面或顶面上破坏面的两个尺寸同时大于 10mm 和 20mm 者为非完整面。

(3)粉煤灰砖的强度指标应符合表 8-54 的规定。

表 8-54　　　　　　　　　　　粉煤灰砖强度指标　　　　　　　　　　　MPa

强度等级	抗压强度		抗折强度	
	10 块平均值≥	单块值≥	10 块平均值≥	单块值≥
MU30	30.0	24.0	6.2	5.0
MU25	25.0	20.0	5.0	4.0
MU20	20.0	16.0	4.0	3.2
MU15	15.0	12.0	3.3	2.6
MU10	10.0	8.0	2.5	2.0

（4）抗冻性。粉煤灰砖的抗冻性应符合表 8-55 的要求。

表 8-55　　　　　　　　　　　粉煤灰砖抗冻性

强度等级	抗压强度/MPa 平均值≥	砖的干质量损失（%） 单块值≤
MU30	24.0	
MU25	20.0	
MU20	16.0	2.0
MU15	12.0	
MU10	8.0	

（5）干缩收缩和碳化性能。

1）干燥收缩：干燥收缩值：优等品和一等品应不大于 0.65mm/m；合格品应不大于 0.75mm/m。

2）碳化性能：碳化系数 K_c≥0.8

五、烧结空心砖

1. 定义

烧结空心砖是以黏土、页岩、煤矸石、粉煤灰为主要原料，经焙烧而成的主要用于建筑物非承重部位的块体材料。烧结空心砖的外形为直角六面体，其长度、宽度、高度的尺寸有：390mm、290mm、240mm、190mm、180（175）mm、140mm、115mm、90mm。其他规格尺寸由供需双方协商确定。

2. 主要技术要求

（1）烧结空心砖的尺寸允许偏差应符合表 8-56 的要求。

表 8-56　　　　　　　　　　尺寸允许偏差　　　　　　　　　　mm

尺　寸	优等品		一等品		合格品	
	样本平均偏差	样本极差≤	样本平均偏差	样本极差≤	样本平均偏差	样本极差≤
>300	±2.5	6.0	±3.0	7.0	±3.5	8.0
>200~300	±2.0	5.0	±2.5	6.0	±3.0	7.0
100~200	±1.5	4.0	±2.0	5.0	±2.5	6.0
<100	±1.5	3.0	±1.7	4.0	±2.0	5.0

(2)烧结空心砖的外观质量应符合表 8-57 的要求。

表 8-57　　　　　　　　　　外观质量　　　　　　　　　　mm

项　　目		优等品	一等品	合格品
(1)弯曲	≤	3	4	5
(2)缺棱掉角的三个破坏尺寸不得同时	>	15	30	40
(3)垂直度差	≤	3	4	5
(4)未贯穿裂纹长度	≤			
1)大面上宽度方向及其延伸到条面的长度		不允许	100	120
2)大面上长度方向或条面上水平面方向的长度		不允许	120	140
(5)贯穿裂纹长度				
1)大面上宽度方向及其延伸到条面的长度		不允许	40	60
2)壁、肋沿长度方向、宽度方向及其水平方向的长度		不允许	40	60
(6)肋、壁内残缺长度	≤	不允许	40	60
(7)完整面　　　　　　　　　不少于		一条面和一大面	一条面或一大面	—

注:凡有下列缺陷之一者,不能称为完整面:
　　(1)缺损在大面、条面上造成的破坏面尺寸同时大于 20mm×30mm。
　　(2)大面、条面上裂纹宽度大于 1mm,其长度超过 70mm。
　　(3)压陷、粘底、焦花在大面、条面上的凹陷或凸出超过 2mm,区域尺寸同时大于 20mm×30mm。

(3)烧结空心砖的强度等级应符合表 8-58 的规定。

表 8-58　　　　　　　　　　强度等级

强度等级	抗压强度(MPa)			密度等级范围 /(kg/m³)
	抗压强度平均值	变异系数 $\delta \leqslant 0.21$	变异系数 $\delta > 0.21$	
	$f \geqslant$	强度标准值 $f_k \geqslant$	单块最小抗压强度值 f_{min}	
MU10.0	10.0	7.0	8.0	
MU7.5	7.5	5.0	5.8	
MU5.0	5.0	3.5	4.0	≤1100
MU3.5	3.5	2.5	2.8	
MU2.5	2.5	1.6	1.8	≤800

(4)烧结空心砖的密度等级应符合表 8-59 的规定。

表 8-59　　　　　　　　　　　　密度等级　　　　　　　　　　　kg/m³

密度等级	5 块密度平均值
800	≤800
900	801～900
1000	901～1000
1100	1001～1100

(5)烧结空心砖的孔洞率和孔洞排数应符合表 8-60 的规定。

表 8-60　　　　　　　　　　孔洞排列及其结构　　　　　　　　kg/m³

等　级	孔洞排列	孔洞排数(排)		孔洞率(%)
		宽度 方向	高度方向	
优等品	有序交错排列	$b \geqslant 200mm$　≥7 $b < 200mm$　≥5	≥2	≥40
一等品	有序排列	$b \geqslant 200mm$　≥5 $b < 200mm$　≥4	≥2	
合格品	有序排列	≥3	—	

注:b 为宽度的尺寸。

(6)泛霜。每块烧结空心砖应符合下列规定:

1)优等品:无泛霜。

2)一等品:不允许出现中等泛霜。

3)合格品:不允许出现严重泛霜。

(7)石灰爆裂。每组烧结空心砖应符合下列规定:

1)优等品:不允许出现最大破坏尺寸大于 2mm 的爆裂区域。

2)一等品:

①最大破坏尺寸大于 2mm 且小于等于 10mm 的爆裂区域,每组砖和砌块不得多于 15 处;

②不允许出现最大破坏尺寸大于 10mm 的爆裂区域。

3)合格品:

①最大破坏尺寸大于 2mm 且小于等于 15mm 的爆裂区域,每组砖和砌块不得多于 15 处。其中大于 10mm 的不得多于 7 处;

②不允许出现最大破坏尺寸大于 15mm 的爆裂区域。

(8)每组烧结空心砖的吸水率平均值应符合表 8-61 的规定。

表 8-61　　　　　　　　　　　　　　　　吸水率　　　　　　　　　　　　　　　%

等　级	吸水率　≤	
	黏土砖和砌块、页岩砖和砌块、煤矸石砖和砌块	粉煤灰砖和砌块
优等品	16.0	20.0
一等品	18.0	22.0
合格品	20.0	24.0

注:粉煤灰掺入量(体积比)小于 30% 时,按黏土砖和砌块规定判定。

六、非烧结垃圾尾矿砖

非烧结垃圾尾矿砖是以淤泥、建筑垃圾、焚烧垃圾等为主要原料,掺入少量水泥、石膏、石灰、外加剂、胶结剂等胶凝材料,经粉碎、搅拌、压制成型、蒸压、蒸养或自然养护而成的一种实心非烧结垃圾尾矿砖。

非烧结垃圾尾矿砖可作为一般房屋建筑墙体的材料。

1. 分类

非烧结垃圾尾矿砖按抗压强度分为 MU25、MU20、MU15 三个等级。

(1)规格。非烧结垃圾尾矿砖的外形为矩形体,砖的公称尺寸为:长 240mm,宽 115mm,厚 53mm。其他规格尺寸由供需双方协商确定。

(2)标记。非烧结垃圾尾矿砖按名称(UFB)、强度等级以及标准编号顺序进行标记。

示例:强度等级为 MU20 的非烧结垃圾尾矿砖标记为:UFB　MU20　JC/T 422—2007。

2. 主要技术要求

(1)尺寸偏差。非烧结垃圾尾矿砖尺寸偏差应符合表 8-62 规定。

表 8-62　　　　　　　　　　　　　　　　尺寸偏差　　　　　　　　　　　　　　mm

项目名称	合格品
长　　度	±2.0
宽　　度	±2.0
高　　度	±2.0

(2)外观质量。非烧结垃圾尾矿砖外观质量应符合表 8-63。

表 8-63　　　　　　　　　　　　　外观质量　　　　　　　　　　　　mm

项目名称		合格品
弯曲		不大于 2.0
缺棱掉角	个数/个	≤1
	三个方向投影尺寸的最小值	≤10
完整面		不少于一条面和一顶面
裂缝长度 a. 大面上宽度方向及其延伸到条面的长度		不大于 30
b. 大面上长度方向及其延伸到顶面上的长度或条、顶面水平裂纹的长度		不大于 50
层裂		不允许
颜色		基本一致

(3)强度。非烧结垃圾尾矿砖强度等级应符合表 8-64 的规定。

表 8-64　　　　　　　　　　　　　强度等级　　　　　　　　　　　　MPa

强度等级	抗压强度平均值 $\bar{f}\geqslant$	变异系数 $\delta\leqslant0.21$ 强度标准值 $f_k\geqslant$	变异系数 $\delta\geqslant0.21$ 单块最小抗压强度 $f_{min}\geqslant$
MU25	25.0	19.0	20.0
MU20	20.0	14.0	16.0
MU15	15.0	10.0	12.0

(4)抗冻性。非烧结垃圾尾矿砖抗冻性应符合表 8-65 的规定。

表 8-65　　　　　　　　　　　　　抗冻性

强度等级	冻后抗压强度平均值不小于/MPa	单块砖的干质量损失不大于(%)
MU25	22.0	2.0
MU20	16.0	2.0
MU15	12.0	2.0

(5)碳化性能。非烧结垃圾尾矿砖碳化性能应符合表 8-66 的规定。

表 8-66　　　　　　　　　　　　　碳化性能　　　　　　　　　　　　MPa

强度等级	碳化后强度平均值不小于
MU25	22.0
MU20	16.0
MU15	12.0

第三节　屋　面　瓦

一、烧结瓦

烧结瓦是由黏土或其他无机非金属原料,经成型、烧结等工艺处理,用于建筑物屋面覆盖及装饰用的板状或块状烧结制品。通常根据形状、表面状态及吸水率不同来进行分类和具体产品命名。

1. 分类

(1)品种。根据形状分为平瓦、脊瓦、三曲瓦、双筒瓦、鱼鳞瓦、牛舌瓦、板瓦、筒瓦、滴水瓦、沟头瓦、J形瓦、S形瓦、波形瓦和其他异形瓦及其配件、饰件。

根据表面状态可分为有釉(含表面经加工处理形成装饰薄膜层)瓦和无釉瓦。

根据吸水率不同分为Ⅰ类瓦、Ⅱ类瓦、Ⅲ类瓦、青瓦。

(2)规格。

1)规格及结构尺寸由供需双方协定,规格以长和宽的外形尺寸表示。

2)通常规格及结构尺寸

①通常规格及主要结构尺寸见表8-67。

表8-67　　　　　　　　通常规格及主要结构尺寸　　　　　　　　　　mm

产品类别	规　格	基　本　尺　寸							
		厚度	瓦槽深度	边筋高度	搭接部分长度		瓦　爪		后爪有效高度
					头　尾	内外槽	压制瓦	挤出瓦	
平瓦	400×240～360×220	10～20	≥10	≥3	50～70	25～40	具有四个瓦爪	保证两个后爪	≥5
脊瓦	L≥300 b≥180	h 10～20		l_1 25～35			d >b/4		h_1 ≥5
三曲瓦、双筒瓦、鱼鳞瓦、牛舌瓦	300×200～150×150	8～12	同一品种、规格瓦的曲度或弧度应保持基本一致						
板瓦、筒瓦、滴水瓦、沟头瓦	430×350～110×50	8～16							
J形瓦、S形瓦	320×320～250×250	12～20	谷深 c≥35,头尾搭接部分长度50～70,左右搭接部分长度30～50						
波形瓦	420×330	12～20	瓦脊高度≤35,头尾搭接部分长度 30～70,内外槽搭接部分长度 25～40						

注:表中字母含义参见《烧结瓦》(GB/T 21149—2007)。

②瓦之间以及和配件、饰件搭配使用时应保证搭接合适。

③对以拉挂为主铺设的瓦,应有 1~2 个孔,能有效拉挂的孔 1 个以上,钉孔或钢丝孔铺设后不能漏水。

④瓦的正面或背面可以有以加固、挡水等为目的的加强筋、凹凸纹等。

⑤需要粘接的部位不能附着大量釉以致妨碍粘接。

(3)等级。相同品种、物理性能合格的产品,根据尺寸偏差和外观质量分为优等品(A)和合格品(C)两个等级。

(4)标记。瓦的标记按品种、等级、规格和标准编号顺序编写。

例:外形尺寸 305mm×205mm、合格品、Ⅲ类有釉平瓦的标记为:

釉平瓦Ⅲ　C　305×205　GB/T 21149—2007。

2. 主要技术要求

(1)尺寸允许偏差。烧结瓦尺寸允许偏差应符合表 8-68 的规定。

表 8-68　　　　　　　　　　　　尺寸允许偏差　　　　　　　　　　　　　　mm

外形尺寸范围	优等品	合格品
$L(b) \geqslant 350$	±4	±6
$250 \leqslant L(b) < 350$	±3	±5
$200 \leqslant L(b) < 250$	±3	±4
$L(b) < 200$	±1	±3

(2)外观质量。

1)表面质量。烧结瓦表面质量应符合表 8-69 的规定。

表 8-69　　　　　　　　　　　　　　表面质量

缺 陷 项 目		优等品	合格品
有釉类瓦	无釉类瓦		
缺釉、斑点、落脏、棕眼、熔洞、图案缺陷、烟熏、釉缕、釉泡、釉裂	斑点、起包、熔洞、麻面、图案缺陷、烟熏	距 1m 处目测不明显	距 2m 处目测不明显
色差、光泽差	色差	距 2m 处目测不明显	

2)变形。烧结瓦最大允许变形应符合表 8-70 的规定。

表 8-70　　　　　　　　　　　最大允许变形　　　　　　　　　　　mm

产品类别		优等品	合格品
平瓦、波形瓦	≤	3	4
三曲瓦、双筒瓦、鱼鳞瓦、牛舌瓦	≤	2	3
脊瓦、板瓦、筒瓦、滴水瓦、沟头瓦、J 形瓦、S 形瓦 ≤	最大外形尺寸 $L \geqslant 350$	5	7
	$250 < L < 350$	4	6
	$L \leqslant 250$	3	5

3)裂纹。烧结瓦裂纹长度允许范围应符合表 8-71 的规定。

表 8-71　　　　　　　　　　裂纹长度允许范围　　　　　　　　　　mm

产品类别	裂纹分类	优等品	合格品
平瓦、波形瓦	未搭接部分的贯穿裂纹	不允许	
	边筋裂纹	不允许	
	搭接部分的贯穿裂纹	不允许	不得延伸至搭接部分的 1/2 处
	非贯穿裂纹	不允许	≤30
脊瓦	未搭接部分的贯穿裂纹	不允许	
	搭接部分的贯穿裂纹	不允许	不得延伸至搭接部分的 1/2 处
	非贯穿裂纹	不允许	≤30
三曲瓦、双筒瓦、鱼鳞瓦、牛舌瓦	贯穿裂纹	不允许	
	非贯穿裂纹	不允许	不得超过对应边长的 6%
板瓦、筒瓦、滴水瓦、沟头瓦、J 形瓦、S 形瓦	未搭接部分的贯穿裂纹	不允许	
	搭接部分的贯穿裂纹	不允许	
	非贯穿裂纹	不允许	≤30

4)磕碰、釉粘。烧结瓦磕碰、釉粘的允许范围应符合表 8-72 的规定。

表 8-72　　　　　　　　　　磕碰、釉粘的允许范围　　　　　　　　　　mm

产品类别	破坏部位	优等品	合格品
平瓦、脊瓦、板瓦、筒瓦、滴水瓦、沟头瓦、J 形瓦、S 形瓦、波形瓦	可见面	不允许	破坏尺寸不得同时大于 10×10
	隐蔽面	破坏尺寸不得同时大于 12×12	破坏尺寸不得同时大于 18×18

（续）

产品类别	破坏部位	优等品	合格品
三曲瓦、双筒瓦、鱼鳞瓦、牛舌瓦	正面	不允许	
	背面	破坏尺寸不得同时大于 5×5	破坏尺寸不得同时大于 10×10
平瓦、波形瓦	边筋	不允许	
	后爪	不允许	

5) 石灰爆裂。烧结瓦石灰爆裂允许范围应符合表 8-73 的规定。

表 8-73　　　　　　　　　石灰爆裂允许范围　　　　　　　　　　mm

缺陷项目	优等品	合格品
石灰爆裂	不允许	破坏尺寸不大于 5

6) 欠火、分层。烧结瓦各等级的瓦均不允许有欠火、分层缺陷存在。

二、钢丝网石棉水泥小波瓦

1. 规格

钢丝网石棉水泥小波瓦产品的横断面形状如图 8-1 所示,其规格尺寸见表 8-74。

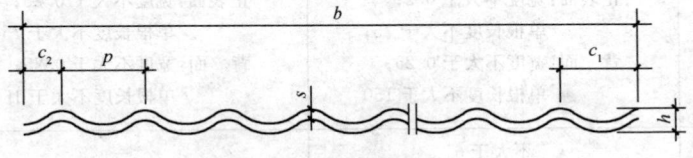

图 8-1　钢丝网石棉水泥小波瓦

表 8-74　　　　　　　　　　　　　　　规格尺寸

长 l /mm	宽 b /mm	厚 s /mm	波距 p /mm	波高 h /mm	波数 n 个	边距 mm		参考质量 /kg
						c_1	c_2	
1800	720	6.0	63.5	16	11.5	58	27	27
		7.0						20
		8.5						24

2. 等级

(1) 按抗折力钢丝网石棉水泥小波瓦分为三个等级 GW 330、GW 280、GW 250。

(2)按外观质量钢丝网石棉水泥小波瓦分为:一等品(B)、合格品(C)。

3. 代号

钢丝网石棉水泥小波瓦的代号为 GSBW。

4. 标记

钢丝网石棉水泥小波瓦标记按代号、规格尺寸、等级和标准编号顺序标记。如钢丝网石棉水泥小波瓦长度 1800mm、宽度 720mm、厚度 6.0mm、GW 250 级、一等品标记为:GSBW　1800×720×6.0　GW 250 B　JC/T 851—2008。

3. 主要技术要求

(1)外观质量。钢丝网石棉水泥小波瓦应表面平整、边缘整齐,不得有断裂、表面露网、露丝、分层与夹杂物等,并应符合表 8-75 规定。

表 8-75　　　　　　　　　　　　　　外观质量　　　　　　　　　　　　　　mm

项目	一等品(B)	合格品(C)
掉角	沿瓦长度方向不大于100,沿瓦宽度方向不大于 35	沿瓦长度方向不大于 100,沿瓦宽度方向不大于 45
	单张瓦的掉角不多于 1 个	
掉边	宽度不大于 10	宽度不大于 15
	因成型造成的下列之一裂纹	
裂纹	正表面:宽度不大于 0.2; 　　　单根长度不大于 75; 背　面:宽度不大于 0.25; 　　　单根长度不大于 150	正表面:宽度不大于 0.25; 　　　单根长度不大于 75; 背　面:宽度不大于 0.25; 　　　单根长度不大于 150
方正度	不大于 6	—

(2)尺寸偏差。钢丝网石棉水泥小波瓦尺寸允许偏差应符合表 8-76 规定。

表 8-76　　　　　　　　　　　　　　尺寸偏差　　　　　　　　　　　　　　mm

长 度	宽 度	厚 度			波 高	波 距	边 距
		6.0	7.0	8.5			
±10	±5	+0.5 -0.3	+0.5 -0.3	+0.5 -0.3	≥16	±2	±3

(3)物理力学性能。钢丝网石棉水泥小波瓦物理力学性能应符合表 8-77 规定。

表 8-77　　　　　　　　　　　　　　物理力学性能

等　　级		GW 330	GW 280	GW 250
抗折力　L	横向/(N/m)	3300	2800	2500
	纵向/N	330	320	310
吸水率(%)　　　　≤		25		
抗冻性		经 25 次冻融循环不得有起层、剥落		
不透水性		瓦背面允许出现泅斑,但不得出现水滴		
抗冲击性		冲击两次后,被击处正、反两面均无龟裂、剥落及贯通孔		

注:"L"为变量检验程序中的标准低限。

第九章　建筑防水材料

第一节　防水卷材

一、沥青防水卷材

1. 石油沥青纸胎油毡

石油沥青纸胎油毡是以石油沥青浸渍原纸，再涂盖其两面，表面涂或撒隔离材料所制成的卷材。

(1)分类和标记。

1)分类。油毡按卷重和物理性能分为Ⅰ型、Ⅱ型、Ⅲ型。

2)规格。油毡幅宽为 1000mm，其他规格可由供需双方商定。

3)标记。按名称、类型和标准号顺序标记。

示例：Ⅲ型石油沥青纸胎油毡标记为：油毡Ⅲ型 GB 326—2007。

4)用途。

①Ⅰ、Ⅱ型油毡适用于辅助防水、保护隔离层、临时性建筑防水、防潮及包装等。

②Ⅲ型油毡适用于屋面工程的多层防水。

(2)技术要求。

1)卷重。每卷油毡的卷重应符合表 9-1 的规定。

表 9-1　　　　　　　　　　　　卷重

类　　型	Ⅰ型	Ⅱ型	Ⅲ型
卷重/(kg/卷) ≥	17.5	22.5	28.5

2)面积、外观。石油沥青纸胎油毡的面积、外观应符合表 9-2 的规定。

表 9-2　　　　　　　　石油沥青纸胎油毡面积、外观

序号	项目	内容说明
1	面积	每卷油毡的总面积为(20±0.3)m²
2	外观	(1)成卷油毡应卷紧、卷齐，端里面进外出不得超过 10mm。 (2)成卷油毡在(10~45)℃任一产品温度下展开，在距卷芯 1000mm 长度外不应有 10mm 以上的裂纹或黏结。 (3)纸胎必须浸透，不应有未被浸透的浅色斑点，不应有胎基外露和涂油不匀

(续)

序号	项目	内容说明
2	外观	(4)毡面不应有孔洞、硌伤，长度 20mm 以上的疙瘩、浆糊状粉浆、水迹，不应有距卷芯 1000mm 以外长度 100mm 以上的折纹、折皱；20mm 以内的边缘裂口或长 20mm、深 20mm 以内的缺边不应超过 4 处。 (5)每卷油毡中允许有一处接头，其中较短的一段长度不应少于 2500mm，接头处应剪切整齐，并加长 150mm，每批卷材中接头不应超过 5%

3)物理性能。油毡的物理性能应符合表 9-3 规定。

表 9-3　　　　　　　　　　　　　　　物理性能

项　目		指　标		
		Ⅰ 型	Ⅱ 型	Ⅲ 型
单位面积浸涂材料总量/(g/m²) ≥		600	750	1000
不适水性	压力/MPa ≥	0.02	0.02	0.10
	保持时间/min ≥	20	30	30
吸水率(%) ≤		3.0	2.0	1.0
耐热度		(85±2)℃，2h 涂盖层无滑动、流淌和集中性气泡		
拉力(纵向)/(N/50mm) ≥		240	270	340
柔度		(18±2)℃，绕 φ20 棒或弯板无裂纹		

注：Ⅲ型产品物理性能要求为强制性的，其余为推荐性的。

2. 石油沥青玻璃纤维胎防水卷材

石油沥青玻璃纤维胎防水卷材以玻纤毡为胎基，浸涂石油沥青，两面覆以隔离材料制成的防水卷材。

(1)分类和标记。

1)类型。

①单位面积质量分为 15、25 号。

②按上表面材料分为 PE 膜、砂面，也可按生产厂要求采用其他类型的上表面材料。

③按力学性能分为 Ⅰ、Ⅱ型。

2)规格。

①卷材公称宽度为 1m。

②卷材公称面积为 10m²、20m²。

3)标记。按名称、型号、单位面积质量、上表面材料、面积和标准编号顺序标记。

示例:面积 20m²、砂面、25 号Ⅰ型石油沥青玻纤胎防水卷材标记为:沥青玻纤胎卷材Ⅰ25 号砂面 20m²——GB/T 14686—2008。

(2)技术要求。

1)尺寸偏差。

①宽度允许偏差为:宽度标称值±3%。

②面积允许偏差为:不小于面积标称值的−1%。

2)外观。

①成卷卷材应卷紧、卷齐,端面里进外出不得超过 10mm。

②胎基必须浸透,不应有未被浸透的浅色斑点,不应有胎基外露和涂油不均。

③卷材表面应平整,无机械损伤、疙瘩、气泡、孔洞、粘着等可见缺陷。

④20mm 以内的边缘裂口或长 50mm、深 20mm 以内的缺边不超过四处。

⑤成卷卷材在 10~45℃的任一产品温度下,应易于展开,无裂纹或黏结,在距卷芯 1000mm 长度外不应有 10mm 以上的裂纹或黏结。

⑥每卷接头处不应超过 1 个,接头应剪切整齐,并加长 150mm 作为搭接。

3)单位面积质量。单位面积质量应符合表 9-4 的规定。

表 9-4　　　　　　　　　　　　　　　　单位面积质量

标号	15 号		25 号	
上表面材料	PE 膜面	砂面	PE 膜面	砂面
单位面积质量/(kg/m²)　　≥	1.2	1.5	2.1	2.4

4)材料性能。材料性能应符合表 9-5 的规定。

表 9-5　　　　　　　　　　　　　　　材料性能

序号	项目		指标	
			Ⅰ 型	Ⅱ 型
1	可溶物含量/(g/m²)　　≥	15 号	700	
		25 号	1200	
		试验现象	胎基不燃	
2	拉力/(N/50mm)　　≥	纵向	350	500
		横向	250	400
3	耐热性		85℃	
			无滑动、流消、滴落	

（续）

序号	项目		指标	
			Ⅰ型	Ⅱ型
4	低温柔性		10℃	5℃
			无裂缝	
5	不透水性		0.1MPa,30min 不透水	
6	钉杆撕裂强度/N ≥		40	50
7	热老化	外观	无裂纹、无起泡	
		拉力保持率(%) ≥	85	
		质量损失率(%) ≤	2.0	
		低温柔性	15℃	10℃
			无裂缝	

3. 塑性体改性沥青防水卷材

塑性体改性沥青防水卷材是以聚酯毡、玻纤毡、玻纤增强聚酯毡为胎基，以无规聚丙烯(APP)或聚烯烃类聚合物(APAO、APO 等)作石油沥青改性剂，两面覆以隔离材料所制成的防水卷材。

(1)分类。

1)按胎基分为聚酯毡(PY)、玻纤毡(G)、玻纤增强聚酯毡(PYG)。

2)按上表面隔离材料分为聚乙烯膜(PE)、细砂(S)、矿物粒料(M)。下表面隔离材料为细砂(S)、聚乙烯膜(PE)。细砂为粒径不超过 0.60mm 的矿物颗粒。

3)按材料性能分Ⅰ型和Ⅱ型。

(2)规格。

1)卷材公称宽度为 1000mm。

2)聚酯毡卷材公称厚度为 3mm、4mm、5mm。

3)玻纤毡卷材公称厚度为 3mm、4mm。

4)玻纤增强聚酯毡卷材公称厚度为 5mm。

5)每卷卷材公称面积为 7.5m^2、10m^2、15m^2。

(3)标记。按名称、型号、胎基、上表面材料、下表面材料、厚度、面积和标准编号顺序标记。

示例：10m^2 面积、3mm 厚上表面为矿物粒料、下表面为聚乙烯膜聚酯毡Ⅰ型塑性体改性沥青防水卷材标记为：APP I PY M PE 3 10 GB 18243—2008。

(4)用途。

1)塑性体改性沥青防水卷材适用于工业与民用建筑的屋面和地下防水工程。

2)玻纤增强聚酯毡卷材可用于机械固定单层防水,但需通过抗风荷载试验。

3)玻纤毡卷材适用于多层防水中的底层防水。

4)外露使用应采用上表面隔离材料为不透明的矿物粒料的防水卷材。

5)地下工程防水应采用表面隔离材料为细砂的防水卷材。

(5)主要技术要求。

1)单位面积质量、面积及厚度。单位面积质量、面积及厚度应符合表 9-6 的规定。

表 9-6　　　　　　　　　　　　单位面积质量、面积及厚度

规格(公称厚度)/mm		3			4			5		
上表面材料		PE	S	M	PE	S	M	PE	S	M
下表面材料		PE	PE、S		PE	PE、S		PE	PE、S	
面积 /(m²/卷)	公称面积	10、15			10、7.5			7.5		
	偏差	±0.10			±0.10			±0.10		
单位面积质量/(kg/m²)≥		3.3	3.5	4.0	4.3	4.5	5.0	5.3	5.5	6.0
厚度 /mm	平均值≥	3.0			4.0			5.0		
	最小单值	2.7			3.7			4.7		

2)外观。

①成卷卷材应卷紧卷齐,端面里进外出不得超过 10mm。

②成卷卷材在 4～60℃任一产品温度下展开,在距卷芯 1000mm 长度外不应有 10mm 以上的裂纹或黏结。

③胎基应浸透,不应有未被浸渍处。

④卷材表面应平整,不允许有孔洞、缺边和裂口、疙瘩,矿物粒料粒度应均匀一致并紧密地粘附于卷材表面。

⑤每卷卷材接头处不应超过一个,较短的一段长度不应少于 1000mm,接头应剪切整齐,并加长 150mm。

3)材料性能。材料性能应符合表 9-7 要求。

表 9-7　　　　　　　　　　　　材料性能

序号	项　　目		指　标				
			I		II		
			PY	G	PY	G	PYG
1	可溶物含量/(g/m²) ≥	3mm	2100				—
		4mm	2900				

（续）

序号	项 目		指　标				
			Ⅰ		Ⅱ		
			PY	G	PY	G	PYG
1	可溶物含量/(g/m²) ≥	5mm	3500				
		试验现象	—	胎基不燃	—	胎基不燃	—
2	耐热性	℃	110		130		
		≤mm	2				
		试验现象	无流淌、滴落				
3	低温柔性/℃		—7		—15		
			无裂缝				
4	不透水性 30min		0.3MPa	0.2MPa	0.3MPa		
5	拉力	最大峰拉力/(N/50mm)≥	500	350	800	500	900
		次高峰拉力/(N/50mm)≥	—	—	—	—	800
		试验现象	拉伸过程中，试件中部无沥青涂盖层开裂或与胎基分离现象				
6	延伸率	最大峰时延伸率(%)≥	25	—	40	—	
		第二峰时延伸率(%)≥	—	—	—	—	15
7	浸水后质量增加(%) ≥	PE、S	1.0				
		M	2.0				
8	热老化	拉力保持率(%)≥	90				
		延伸率保持率(%)≥	80				
		低温柔性/℃	—2		—10		
			无裂缝				
		尺寸变化率(%)≤	0.7	—	0.7	—	0.3
		质量损失(%)≤	1.0				
9	接缝剥离强度/(N/mm)≥		1.0				
10	钉杆撕裂强度①/N≥		—	—	—	—	300
11	矿物粒料粘附性②/g≤		2.0				
12	卷材下表面沥青涂盖层厚度③/mm≥		1.0				

（续）

序号	项　目		指　　　标				
			Ⅰ		Ⅱ		
			PY	G	PY	G	PYG
13	人工气候加速老化	外观	无滑动、流淌、滴落				
		拉力保持率（%）≥	80				
		低温柔性/℃	−2		−10		
			无裂缝				

注：①仅适用于单层机械固定施工方式卷材。
　　②仅适用于矿物粒料表面的卷材。
　　③仅适用于热熔施工的卷材。

4. 弹性体改性沥青防水卷材

弹性体改性沥青防水卷材是以聚酯毡、玻纤毡、玻纤增强聚酯毡为胎基，以苯乙烯-丁二烯-苯乙烯（SBS）热塑性弹性体作石油沥青改性剂，两面覆以隔离材料所制成的防水卷材。

（1）分类。

1）按胎基分为聚酯毡（PY）、玻纤毡（G）、玻纤增强聚酯毡（PYG）。

2）按上表面隔离材料分为聚乙烯膜（PE）、细砂（S）、矿物粒料（M）。下表面隔离材料为细砂（S）、聚乙烯膜（PE）。细砂为粒径不超过 0.60mm 的矿物颗粒。

3）按材料性能分为Ⅰ型和Ⅱ型。

（2）规格。

1）卷材公称宽度为 1000mm。

2）聚酯毡卷材公称厚度为 3mm、4mm、5mm。

3）玻纤毡卷材公称厚度为 3mm、4mm。

4）玻纤增强聚酯毡卷材公称厚度为 5mm。

5）每卷卷材公称面积为 7.5m²、10m²、15m²。

（3）标记。按名称、型号、胎基、上表面材料、下表面材料、厚度、面积和标准编号顺序标记。

示例：10m² 面积、3mm 厚上表面为矿物粒料、下表面为聚乙烯膜聚酯毡Ⅰ型弹性体改性沥青防水卷材标记为：SBS Ⅰ PY M PE 3 10 GB 18242—2008。

（4）用途。

1）弹性体改性沥青防水卷材主要适用于工业与民用建筑的屋面和地下防水工程。

2）玻纤增强聚酯毡卷材可用于机械固定单层防水，但需通过抗风荷载试验。

3）玻纤毡卷材适用于多层防水中的底层防水。

4)外露使用采用上表面隔离材料为不透明的矿物粒料的防水卷材。

5)地下工程防水采用表面隔离材料为细砂的防水卷材。

(5)主要技术要求。

1)单位面积质量、面积及厚度。单位面积质量、面积及厚度应符合表 9-8 的规定。

表 9-8　　　　　　　　　　　　单位面积质量、面积及厚度

规格(公称厚度)/mm		3			4			5		
上表面材料		PE	S	M	PE	S	M	PE	S	M
下表面材料		PE	PE、S		PE	PE、S		PE	PE、S	
面积 /(m²/卷)	公称面积	10、15			10、7.5			7.5		
	偏差	±0.10			±0.10			±0.10		
单位面积质量/(kg/m²)≥		3.3	3.5	4.0	4.3	4.5	5.0	5.3	5.5	6.0
厚度 /mm	平均值≥	3.0			4.0			5.0		
	最小单值	2.7			3.7			4.7		

2)外观。

①成卷卷材应卷紧卷齐,端面里进外出不得超过 10mm。

②成卷卷材在 4～50℃任一产品温度下展开,在距卷芯 1000mm 长度外不应有 10mm 以上的裂纹或黏结。

③胎基应浸透,不应有未被浸渍处。

④卷材表面应平整,不允许有孔洞、缺边或裂口、疙瘩,矿物粒料粒度应均匀一致并紧密地粘附于卷材表面。

⑤每卷卷材接头处不应超过一个,较短的一段长度不应少于 1000mm,接头应剪切整齐,并加长。

3)材料性能。材料性能应符合表 9-9 要求。

表 9-9　　　　　　　　　　　　　　　材料性能

序号	项　　目		指　　　标				
			I		II		
			PY	G	PY	G	PYG
1	可溶物含量/(g/m²) ≥	3mm	2100				—
		4mm	2900				—
		5mm	3500				
		试验现象	—	胎基不燃	—	胎基不燃	—

(续)

序号	项目		指标				
			I		II		
			PY	G	PY	G	PYG
2	耐热性	℃	90		105		
		≤mm	2				
		试验现象	无流淌、滴落				
3	低温柔性/℃		−20		−25		
			无裂缝				
4	不透水性 30min		0.3MPa	0.2MPa	0.3MPa		
5	拉力	最大峰拉力/(N/50mm) ≥	500	350	800	500	900
		次高峰拉力/(N/50mm) ≥	—	—	—	—	800
		试验现象	拉伸过程中,试件中部无沥青涂盖层开裂或与胎基分离现象				
6	延伸率	最大峰时延伸率(%) ≥	30		40		—
		第二峰时延伸率(%) ≥	—		—		15
7	浸水后质量增加(%) ≥	PE、S	1.0				
		M	2.0				
8	热老化	拉力保持率(%) ≥	90				
		延伸率保持率(%) ≥	80				
		低温柔性/℃	−15		−20		
			无裂缝				
		尺寸变化率(%) ≤	0.7	—	0.7	—	0.3
		质量损失(%) ≤	1.0				
9	渗油性	张数 ≥	2				
10	接缝剥离强度/(N/mm) ≥		1.5				
11	钉杆撕裂强度① /N ≥		—				300
12	矿物粒料粘附性② /g ≤		2.0				
13	卷材下表面沥青涂盖层厚度③ /mm ≥		1.0				
14	人工气候加速老化	外观	无滑动、流淌、滴落				
		拉力保持率(%) ≥	80				
		低温柔性/℃	−15		−20		
			无裂缝				

注:①仅适用于单层机械固定施工方式卷材。

②仅适用于矿物粒料表面的卷材。

③仅适用于热熔施工的卷材。

5. 自粘聚合物改性沥青防水卷材

自粘聚合物改性沥青防水卷材是以自粘聚合物改性沥青为基料，非外露使用的无胎基或采用聚酯胎基增强的本体自粘防水卷材。

(1)自粘聚合物改性沥青防水卷材的分类、规格和标记见表 9-10。

表 9-10　　　　　　　　自粘聚合物改性沥青防水卷材分类、规格、标记

序号	项目	内　　　　容
1	分类	(1)按有无胎基增强分为无胎基(N类)、聚酯胎基(PY类)。 1)N类按上表面材料分为聚乙烯膜(PE)、聚酯膜(PET)、无膜双面自粘(D)。 2)PY类按上表面材料分为聚乙烯膜(PE)、细砂(S)、无膜双面自粘(D)。 (2)按性能分为Ⅰ型和Ⅱ型，卷材厚度为 2.0mm 的 PY 类只有Ⅰ型
2	规格	(1)卷材公称宽度为 1000mm、2000mm。 (2)卷材公称面积为 10m²、15m²、20m²、30m²。 (3)卷材的厚度为： 1)N 类：1.2mm、1.5mm、2.0mm； 2)PY 类：2.0mm、3.0mm、4.0mm。 (4)其他规格可由供需双方商定
3	标记	(1)标记方法。按名称、类、型、上表面材料、厚度、面积、标准编号顺序标记。 (2)示例：20m²、2.0mm 聚乙烯膜面Ⅰ型 N 类　　自粘聚合物改性沥青防水卷材标记为：自粘卷材 N Ⅰ PE 2.0 20 GB 23441—2009

(2)自粘聚合物改性沥青防水卷材主要技术要求。

1)面积、单位面积质量、厚度。

①面积不小于产品面积标记值的 99%。

②N 类卷材单位面积质量、厚度应符合表 9-11 规定。

③PY 类卷材单位面积质量、厚度应符合表 9-12 规定。

④由供需双方商定的规格，厚度 N 类不得小于 1.2mm，PY 类不得小于 2.0mm。

表 9-11　　　　　　　　N 类卷材单位面积质量、厚度

厚度规格/mm		1.2	1.5	2.0
上表面材料		PE、PET、D	PE、PET、D	PE、PET、D
单位面积质量/(kg/m²)　≥		1.2	1.5	2.0
厚度/mm	平均值　≥	1.2	1.5	2.0
	最小单值	1.0	1.3	1.7

表 9-12   **PY 类卷材单位面积质量、厚度**

厚度规格/mm		2.0		3.0		4.0	
上表面材料		PE、D	S	PE、D	S	PE、D	S
单位面积质量/(kg/m²) ≥		2.1	2.2	3.1	3.2	4.1	4.2
厚度/mm	平均值 ≥	2.0		3.0		4.0	
	最小单值	1.8		2.7		3.7	

2)外观。

①成卷卷材应卷紧卷齐,端里面进外出不得超过 20mm。

②成卷卷材在 4~45℃任一产品温度下展开,在距卷芯 1000mm 长度外不应有裂纹或长度 10mm 以上的粘结。

③PY 类产品,其胎基应浸透,不应有未被浸渍的浅色条纹。

④卷材表面应平整,不允许有孔洞、结块、气泡、缺边和裂口,上表面为细砂的,细砂应均匀一致并紧密地粘附于卷材表面。

⑤每卷卷材接头不应超过一个,较短的一段长度不应少于 1000mm,接头应剪切整齐,并加长 150mm。

3)物理力学性能。

①N 类卷材物理力学性能应符合表 9-13 规定。

②PY 类卷材物理力学性能应符合表 9-14 规定。

表 9-13   **N 类卷材物理力学性能**

序号	项目			指 标				D
				PE		PET		
				Ⅰ	Ⅱ	Ⅰ	Ⅱ	
1	拉伸性能	拉力/(N/50mm) ≥		150	200	150	200	—
		最大拉力时延伸率(%) ≥		200		30		—
		沥青断裂延伸率(%) ≥		250		150		450
		拉伸时现象		拉伸过程中,在膜断裂前无沥青涂盖层与膜分离现象				
2	钉杆撕裂强度/N ≥			60	110	30	40	—
3	耐热性			70℃滑动不超过 2mm				
4	低温柔性/℃			−20	−30	−20	−30	−20
				无裂纹				

（续）

序号	项目		指标				
			PE		PET		D
			I	II	I	II	
5	不透水性		0.2MPa,120min 不透水				—
6	剥离强度/(N/mm)≥	卷材与卷材	1.0				
		卷材与铝板	1.5				
7	钉杆水密性		通过				
8	渗油性/张数 ≤		2				
9	持粘性/min ≥		20				
10	热老化	拉力保持率(%) ≥	80				
		最大拉力时延伸率(%) ≥	200		30		400(沥青层断裂延伸率)
		低温柔性/℃	—18	—28	—18	—28	—18
			无裂纹				
		剥离强度卷材与铝板/(N/mm) ≥	1.5				
11	热稳定性	外观	无起鼓、皱褶、滑动、流淌				
		尺寸变化(%) ≤	2				

表 9-14　　　　　　　　PY 类卷材物理力学性能

序号	项目			指标	
				I	II
1	可溶物含量/(g/m²) ≥		2.0mm	1300	—
			3.0mm	2100	
			4.0mm	2900	
2	拉伸性能	拉力/(N/50mm) ≥	2.0mm	350	—
			3.0mm	450	600
			4.0mm	450	800
		最大拉力时延伸率(%) ≥		30	40

(续)

序号	项 目		指 标	
			I	II
3	耐热性		70℃无滑动、流淌、滴落	
4	低温柔性/℃		−20	−30
			无裂纹	
5	不透水性		0.3MPa,120min 不透水	
6	剥离强度/(N/mm) ≥	卷材与卷材	1.0	
		卷材与铝板	1.5	
7	钉杆水密性		通过	
8	渗油性/张数 ≤		2	
9	持粘性/min ≥		15	
10	热老化	最大拉力时延伸率(%) ≥	30	40
		低温柔性/℃	−18	−28
			无裂纹	
		剥离强度 卷材与铝板/(N/mm) ≥	1.5	
		尺寸稳定性(%) ≤	1.5	1.0
11	自粘沥青再剥离强度/(N/mm) ≥		1.5	

6. 铝箔面石油沥青防水卷材

铝箔面石油沥青防水卷材是以玻纤毡为胎基,浸涂石油沥青,其上表面用压纹铝箔,下表面采用细砂或聚乙烯膜作为隔离处理的防水卷材。

(1)铝箔面石油沥青防水卷材的分类,规格和标记见表 9-15。

表 9-15   铝箔面石油沥青防水卷材分类、规格和标记

序 号	项 目	内容说明
1	分类	产品分为 30、40 两个标号
2	规格	卷材幅宽为 1000mm
3	标记	按名称、标号和标准号的顺序标记。 示例:30 号铝箔面石油沥青防水卷材标记为: 铝箔面卷材 30 JC/T 504—2007

(2)铝箔面石油沥青防水卷材主要技术要求。

1)卷重。卷材的单位面积质量应符合表 9-16 规定,卷重为单位面积质量乘以面积。

表 9-16　　　　　　　　　　　　单位面积质量

标　号	30 号	40 号
单位面积质量 kg/m² ≥	2.85	3.80

2)厚度。30 号铝箔面卷材的厚度不小于 2.4mm,40 号铝箔面卷材的厚度不小于 3.2mm。

3)面积。卷材的面积偏差不超过标称面积的 1%。

4)外观。

①成卷卷材应卷紧卷齐,卷筒两端厚度差不得超过 5mm,端面里进外出不超过 10mm。

②成卷卷材在 10～45℃任一产品温度下展开,在距卷芯 1000mm 长度外不应有 10mm 以上的裂纹或黏结。

③胎基应浸透,不应有未被浸渍的条纹,铝箔应与涂盖材料粘结牢固,不允许有分层和气泡现象,铝箔表面应花纹整齐,无污迹、折皱、裂纹等缺陷,铝箔应为轧制铝,不得采用塑料镀铝膜。

④在卷材覆铝箔的一面沿纵向留 70～100mm 无铝箔的搭接边,在搭接边上可撒细砂或覆聚乙烯膜。

⑤卷材表面平整,不允许有孔洞、缺边和裂口。

⑥每卷材接头不多于 1 处,其中较短的一段不应少于 2500mm,接头应剪切整齐,并加长 150mm。

5)物理性能。卷材的物理性能应符合表 9-17 的要求。

表 9-17　　　　　　　　　　　　物理性能

项　目		指　标	
		30 号	40 号
可溶物含量/(g/m²)	≥	1550	2050
拉力/(N/50mm)	≥	450	500
柔度/℃		5	
		绕半径 35 mm 圆弧无裂纹	
耐热度		(90±2)℃,2 h 涂盖层无滑动,无起泡、流淌	
分　层		(50±2)℃,7 d 无分层现象	

二、高分子防水卷材

1. 三元丁橡胶防水卷材

(1)三元丁橡胶防水卷材的定义、等级、标记、用途见表 9-18。

表 9-18　　　　　　　　　　　定义、等级、标记、用途

项目	内　　　容
定义	三元丁橡胶防水卷材是以废旧丁基橡胶为主,加入丁酯作改性剂,丁醇作促进剂加工制成的无胎卷材(简称"三元丁卷材")
等级	产品按物理力学性能分为一等品(B)和合格品(C)
标记	产品按产品名称、厚度、等级、标准编号顺序标记。 示例:厚度为 1.2mm,一等品的三元丁橡胶防水卷材标记为: 三元丁卷材 1.2　B　JC/T 645
用途	三元丁橡胶防水卷材适用于工业与民用建筑及构筑物的防水,尤其适用于寒冷及温差变化较大地区的防水工程。

(2)三元丁橡胶防水卷材的主要技术要求。

1)规格尺寸见表 9-19。

表 9-19　　　　　　　　　　　　　　规格尺寸

厚度/mm	宽度/mm	长度/m	厚度/mm	宽度/mm	长度/m
1.2 1.5	1000	20 10	2.0	1000	10

注:其他规格尺寸由供需双方协商确定。

2)尺寸允许偏差见表 9-20。

表 9-20　　　　　　　　　　　　　　尺寸允许偏差

项　　目	尺寸允许偏差
厚度/mm	±0.1
长度/m	不允许出现负值
宽度/mm	不允许出现负值

注:1.2mm 厚规格不允许出现负偏差。

(3)外观。

1)成卷卷材应卷紧卷齐,端面里进外出不得超过 10mm。

2)成卷卷材在环境温度为低温弯折性规定的温度以上时应易于展开。

3)卷材表面应平整,不允许有孔洞、缺边、裂口和夹杂物。

4)每卷卷材的接头不应超过一个。较短的一段不应少于 2500mm,接头处应剪整齐,并加长 150mm。一等品中,有接头的卷材不得超过批量的 3%。

(4)物理力学性能。三元丁橡胶防水卷材的物理力学性能见表 9-21。

表 9-21　　　　　　　　　　物理力学性能

产　品　等　级			一等品	合格品
不透水性	压力/MPa	≥	0.3	
	保持时间/min	≥	90,不透水	
纵向拉伸强度/MPa		≥	2.2	2.0
纵向断裂伸长率(%)		≥	200	150
低温弯折性(-30℃)			无裂纹	
耐碱性	纵向拉伸强度的保持率(%)	≥	80	
	纵向断裂伸长的保持率(%)	≥	80	
热老化处理	纵向拉伸强度保持率[(80±2)℃,168h](%)	≥	80	
	纵向断裂伸长保持率[(80±2)℃,168h](%)	≥	70	
热处理尺寸变化率[(80±2)℃,168h](%)		≤	-4,+2	
人工加速气候老化 27 周期	外观		无裂纹,无气泡,不粘结	
	纵向拉伸强度的保持率(%)	≥	80	
	纵向断裂伸长的保持率(%)	≥	70	
	低温弯折性		-20℃,无裂缝	

2. 聚氯乙烯防水卷材

(1)聚氯乙烯防水卷材的分类、规格、标记见表 9-22。

表 9-22　　　　　　　　　　分类、规格、标记

项　目	内　　　容
分类	(1)产品按有无复合层分类。无复合层的为 N 类,用纤维单面复合的为 L 类,织物内增强的为 W 类。 (2)每类产品按理化性能分为 Ⅰ型和Ⅱ型
规格	(1)卷材长度规格为 10m、15m、20m。 (2)厚度规格为 1.2mm、1.5mm、2.0mm。 (3)其他长度、厚度规格可由供需双方商定,厚度规格不得小于 1.2mm

（续）

项　目	内　容
标记	（1）标记方法。按产品名称（代号 PVC 卷材）、外露或非外露使用、类、型、厚度、长×宽和标准号顺序标记。 （2）标记示例。长度 20m、宽度 1.2m、厚度 1.5mm 的Ⅱ型 L 类外露使用聚氯乙烯防水卷材标记为： 　　PVC 卷材外露 L Ⅱ 1.5/20×1.2 GB 12952—2003

（2）聚氯乙烯防水卷材的主要技术要求。

1）尺寸偏差。

①长度、宽度不小于规定值的 99.5%。

②厚度偏差和最小单值见表 9-23。

表 9-23   厚　　度   mm

厚　　度	允许偏差	最小单值
1.2	±0.10	1.00
1.5	±0.15	1.30
2.0	±0.20	1.70

2）外观。

①卷材的接头不多于 1 处，其中较短的一段长度不少于 1.5m，接头应剪切整齐并加长 150mm。

②卷材表面应平整，边缘整齐，无裂纹、孔洞、粘结、气泡和疤痕。

3）理化性能。

①N 类无复合层的卷材应符合表 9-24 的规定。

②L 类纤维单面复合及 W 类织物内增强的卷材应符合表 9-25 的规定。

表 9-24   N 类卷材理化性能

序号	项　　目		Ⅰ 型	Ⅱ 型
1	拉伸强度/MPa	不小于	8.0	12.0
2	断裂伸长率（%）	不小于	200	250
3	热处理尺寸变化率（%）	不大于	3.0	2.0
4	低温弯折性		−20℃无裂纹	−25℃无裂纹
5	抗穿孔性		不渗水	
6	不透水性		不透水	

（续）

序号	项　目		Ⅰ 型	Ⅱ 型
7	剪切状态下的粘合性/(N/mm)　　不小于		3.0 或卷材破坏	
8	热老化处理	外观	无起泡、裂纹、粘结和孔洞	
		拉伸强度变化率(%)	±25	±20
		断裂伸长率变化率(%)		
		低温弯折性	−15℃无裂纹	−20℃无裂纹
9	耐化学侵蚀	拉伸强度变化率(%)	±25	±20
		断裂伸长率变化率(%)		
		低温弯折性	−15℃无裂纹	−20℃无裂纹
10	人工气候加速老化	拉伸强度变化率(%)	±25	±20
		断裂伸长率变化率(%)		
		低温弯折性	−15℃无裂纹	−20℃无裂纹

注：非外露使用可以不考核人工气候加速老化性能。

表 9-25　　　　　　　　　　L 类及 W 类卷材理化性能

序号	项　目		Ⅰ型	Ⅱ型
1	拉力/(N/cm)　　不小于		100	160
2	断裂伸长率(%)　　不小于		150	200
3	热处理尺寸变化率(%)　　不大于		1.5	1.0
4	低温弯折性		−20℃无裂纹	−25℃无裂纹
5	抗穿孔性		不渗水	
6	不透水性		不透水	
7	剪切状态下的粘合性 /(N/mm)　　不小于	L 类	3.0 或卷材破坏	
		W 类	6.0 或卷材破坏	
8	热老化处理	外观	无起泡、裂纹、粘结和孔洞	
		拉力变化率(%)	±25	±20
		断裂伸长率变化率(%)		
		低温弯折性	−15℃无裂纹	−20℃无裂纹
9	耐化学侵蚀	拉力变化率(%)	±25	±20
		断裂伸长率变化率(%)		
		低温弯折性	−15℃无裂纹	−20℃无裂纹

（续）

序号	项　目		Ⅰ型	Ⅱ型
10	人工气候加速老化	拉力变化率(%)	±25	±20
		断裂伸长率变化率(%)		
		低温弯折性	−15℃无裂纹	−20℃无裂纹

注：非外露使用可以不考核人工气候加速老化性能。

3. 再生胶油毡

(1)规格。再生胶油毡的规格见表9-26。

表 9-26　　　　　　　　　　　　　　　　　　规　　格

厚度/mm	幅度/mm	卷长/m
1.2±0.2	1000±10	20±0.3

注：如需特殊规格可由供需双方商定。

(2)外观质量。

1)成卷的油毡应卷紧，两端平齐。

2)表面无孔洞、皱褶或刻痕等缺陷。

3)每平方米油毡上，直径为 3～5mm 的疙瘩不得超过 3 个，直径为 3～5mm 的气泡或因气泡破裂而造成的痕迹不得超过 3 个。

4)每卷油毡接头不得超过 1 处，短的 1 块不得小于 3m，并应比规格长 150mm。

5)撒布材料应均匀，油毡铺开后不应有粘结现象。

(3)物理性能。再生胶油毡的物理性能应符合表 9-27 的规定。

表 9-27　　　　　　　　　　　　　　　　　　物理性能

项　目		指　标
抗拉强度[(20±2)℃，纵向]/MPa	不小于	0.784
延伸率[(20±2)℃纵向](%)	不小于	120
低温柔性(−20℃，1h，φ1 金属丝对折)		无裂纹
不透水性(动水压法，保持 90min)/MPa	不小于	0.294
耐热度(120℃下加热 5h)		不起泡，不发粘
吸水性[(18±2)℃，24h](%)	不大于	0.5

4. 氯化聚乙烯-橡胶共混防水卷材

(1)分类。按物理力学性能分为 S 型和 N 型。

（2）标记。

1）标记方法。产品按产品名称、类型、厚度、标准号顺序标记。

2）标记示例。厚度为 1.5mm 的 S 型氯化聚乙烯-橡胶共混防水卷材标记为：

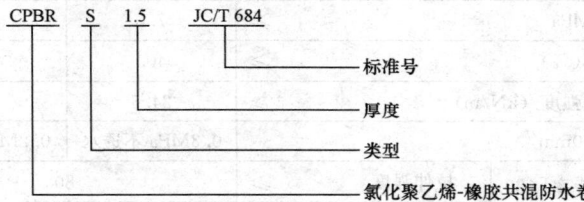

（3）氯化聚乙烯-橡胶共混防水卷材的主要技术要求。

1）规格尺寸及允许偏差应符合表 9-28 和表 9-29 的规定。

表 9-28　　　　　　　　　　　　　规格尺寸

厚度/mm	宽度/mm	长度/m
1.0,1.2,1.5,2.0	1000,1100,1200	20

表 9-29　　　　　　　　　　　　　尺寸偏差

厚度允许偏差（%）	宽度与长度允许偏差
+15 −10	不允许出现负值

2）外观质量。

①表面平整，边缘整齐。

②表面缺陷应不影响防水卷材使用，并符合表 9-30 规定。

表 9-30　　　　　　　　　　　　　外观质量

项　目	外观质量要求
折　痕	每卷不超过 2 处，总长不大于 20mm
杂　质	不允许有大于 0.5mm 颗粒
胶　块	每卷不超过 6 处，每处面积不大于 4mm²
缺　胶	每卷不超过 6 处，每处不大于 7mm²，深度不超过卷材厚度的 30%
接　头	每卷不超过 1 处，短段不得少于 3000mm，并应加长 150mm 备作搭接

3）物理力学性能见表 9-31。

表 9-31　　　　　　　　　　　物理力学性能

项　　目			指　　标	
			S 型	N 型
拉伸强度/MPa		≥	7.0	5.0
断裂伸长率(%)		≥	400	250
直角形撕裂强度/(kN/m)		≥	24.5	20.0
不透水性,30min			0.3MPa 不透水	0.2MPa 不透水
热老化保持率[(80±2)℃,168h](%)	拉伸强度	≥	80	
	断裂伸长率	≥	70	
脆性温度		≤	−40℃	−20℃
臭氧老化(5PPhm,168h×40℃,静态)			伸长率 40%无裂纹	伸长率 20%无裂纹
粘结剥离强度(卷材与卷材)	kN/m	≥	2.0	
	浸水 168h,保持率(%)	≥	70	
热处理尺寸变化率(%)		≤	+1	+2
			−2	−4

第二节　防水涂料

一、聚氯乙烯弹性防水涂料

1. 分类及标记

(1)分类。PVC 防水涂料按施工方式分为热塑型(J 型)和热熔型(G 型)两种类型。

PVC 防水涂料按耐热和低温性能分为 801 和 802 两个型号。

"80"代表耐热温度为 80℃,"1"、"2"代表低温柔性温度分别为"−10℃"、"−20℃"。

(2)产品标记。

1)标记方法。产品按名称、类型、型号、标准号为顺序进行标记。

2)标记示例。

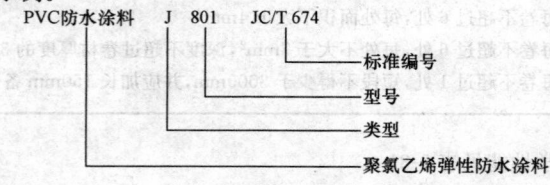

2. 主要技术要求

(1)外观要求。

1)J 型防水涂料应为黑色均匀粘稠状物,无结块、无杂质。

2)G 型防水涂料应为黑色块状物,无焦渣等杂物,无流淌现象。

(2)性能指标。聚氯乙烯弹性防水涂料的物理力学性能应符合表 9-32 的规定。

表 9-32　　　　　　　　　PVC 防水涂料的物理力学性能

项　　目		技术指标	
		801	802
密度/(g/cm³)		规定值①±0.1	
耐热性(80℃,5h)		无流淌、起泡和滑动	
低温柔性(℃,φ20)		—10	—20
		无裂纹	
断裂伸长率(%)　≥	无处理	350	
	加热处理	280	
	紫外线处理	280	
	碱处理	280	
恢复率(%)　　≥		70	
不透水性(0.1MPa,30min)		不渗水	
粘结强度/MPa　≥		0.20	

注:①规定值是指企业标准或产品说明所规定的密度值。

3. 包装、标志、运输与贮存

(1)包装。产品采用带盖的铁桶或塑料桶包装。

(2)标志。包装桶立面应涂刷牢固明显的标志,内容包括:生产厂名、厂址、产品名称、标准号、质量、商标、生产日期或生产批号、有效期限。

(3)贮存与运输。贮存温度 0～35℃,该产品从生产之日起有效贮存期不得少于半年。

贮存与运输应防止日晒、撞击、勿近热源。

二、聚氨酯防水涂料

1. 分类及标记

(1)分类:产品按组分分为单组分(S)、多组分(M)两种。产品按拉伸性能分为Ⅰ、Ⅱ两类。

(2)标记:按产品名称、组分、类和标准号顺序标记。示例:Ⅰ类单组分聚氨酯防水涂料标记为:PU 防水涂料 SI GB/T 19250—2003。

2. 外观要求

聚氨酯防水涂料产品为均匀黏稠体,无凝胶、结块。

3. 性能指标

(1)单组分聚氨酯防水涂料的物理力学性能应符合表 9-33 的规定。

表 9-33　　　　　　　　　单组分聚氨酯防水涂料物理力学性能

序号	项　　　　　目			I	II
1	拉伸强度/MPa		≥	1.9	2.45
2	断裂伸长率(%)		≥	550	450
3	撕裂强度/(N/mm)		≥	12	14
4	低温弯折性/℃		≤	−40	
5	不透水性(0.3MPa,30min)			不透水	
6	固体含量(%)		≥	80	
7	表干时间/h		≤	12	
8	实干时间/h		≤	24	
9	加热伸缩率(%)		≤	1.0	
			≥	−4.0	
10	潮湿基面粘结强度①/MPa		≥	0.50	
11	定伸时老化	加热老化		无裂纹及变形	
		人工气候老化②		无裂纹及变形	
12	热处理	拉伸强度保持率(%)		80~150	
		断裂伸长率(%)	≥	500	400
		低温弯折性/℃	≤	−35	
13	碱处理	拉伸强度保持率(%)		60~150	
		断裂伸长率(%)	≥	500	400
		低温弯折性/℃	≤	−35	
14	酸处理	拉伸强度保持率(%)		80~150	
		断裂伸长率(%)	≥	500	400
		低温弯折性/℃	≤	−35	
15	人工气候老化①	拉伸强度保持率(%)		80~150	
		断裂伸长率(%)	≥	500	400
		低温弯折性/℃	≤	−35	

注:①仅用于地下工程潮湿基面时要求。

　　②仅用于外露使用的产品。

（2）多组分聚氨酯防水涂料物理力学性能见表 9-34。

表 9-34　　　　　　　多组分聚氨酯防水涂料物理力学性能

序号	项　　　目			I	II
1	拉伸强度/MPa		≥	1.9	2.45
2	断裂伸长率（%）		≥	450	450
3	撕裂强度/（N/mm）		≥	12	14
4	低温弯折性/℃		≤	−35	
5	不透水性（0.3MPa,30min）			不透水	
6	固体含量（%）		≥	92	
7	表干时间/h		≤	8	
8	实干时间/h		≤	24	
9	加热伸缩率（%）		≤	1.0	
			≥	−4.0	
10	潮湿基面粘结强度①/MPa		≥	0.50	
11	定伸时老化	加热老化		无裂纹及变形	
		人工气候老化②		无裂纹及变形	
12	热处理	拉伸强度保持率（%）		80～150	
		断裂伸长率（%）	≥	400	
		低温弯折性/℃	≤	−30	
13	碱处理	拉伸强度保持率（%）		60～150	
		断裂伸长率（%）	≥	400	
		低温弯折性/℃	≤	−30	
14	酸处理	拉伸强度保持率（%）		80～150	
		断裂伸长率（%）	≥	400	
		低温弯折性/℃	≤	−30	
15	人工气候老化②	拉伸强度保持率（%）		80～150	
		断裂伸长率（%）	≥	400	
		低温弯折性/℃	≤	−30	

注：①仅用于地下工程潮湿基面时要求。
　　②仅用于外露使用的产品。

三、聚合物水泥防水涂料

聚合物水泥防水涂料是以丙烯酸酯、乙烯-乙酸乙烯酯等聚合物乳液和水泥为主要原料,加入填料及其他助剂配制而成,经水分挥发和水泥水化反应固化成膜的双组分水性防水涂料。

1. 分类和标记

(1)类型。按物理力学性能分为Ⅰ型、Ⅱ型和Ⅲ型。Ⅰ型适用于活动量较大的基层,Ⅱ型和Ⅲ型适用于活动量较小基层。

(2)标记。按下列顺序标记:产品名称、类型、标准号。

示例:Ⅰ型聚合物水泥防水涂料标记为:JS防水涂料Ⅰ　GB/T 23445—2009

2. 主要技术要求

(1)外观。两组分经分别搅拌后,其液体组分应为无杂质、无凝胶的均匀乳液;固体组分应无杂质、无结块的粉状。

(2)物理力学性能。物理力学性能应符合表9-35的要求。

表 9-35　　　　　　　　　　　　　　　　物理力学性能

序号	试验项目			技术指标		
				Ⅰ型	Ⅱ型	Ⅲ型
1	固体含量(%)		≥	70	70	70
2	拉伸强度	无处理/MPa	≥	1.2	1.8	1.8
		加热处理后保持率(%)	≥	80	80	80
		碱处理后保持率(%)	≥	60	70	70
		浸水处理后保持率(%)	≥	60	70	70
		紫外线处理后保持率(%)	≥	80	—	—
3	断裂伸长率	无处理(%)	≥	200	80	30
		加热处理(%)	≥	150	65	20
		碱处理(%)	≥	150	65	20
		浸水处理(%)	≥	150	65	20
		紫外线处理(%)	≥	150	—	—
4	低温柔性(φ10棒)			−10℃ 无裂纹		
5	粘结强度	无处理/MPa	≥	0.5	0.7	1.0
		潮湿基层/MPa	≥	0.5	0.7	1.0
		碱处理/MPa	≥	0.5	0.7	1.0
		浸水处理/MPa	≥	0.5	0.7	1.0
6	不透水性(0.3MPa,30min)			不透水	不透水	不透水
7	抗渗性(砂浆背水面)/MPa		≥	—	0.6	0.8

（3）自闭性。自闭性是提防水涂膜在水的作用下，经物理和化学反应使涂膜裂缝自行愈合、封闭的性能，以规定条件下涂膜裂缝自封闭的时间表示。自闭性为可选项目，指标由供需双方商定。

四、聚合物乳液建筑防水涂料

聚合物乳液建筑防水涂料是以聚合物乳液为主要原料，加入其他添加剂而制得的单组分水乳型防水涂料。

1. 分类和标记

（1）分类。按物理性能分为Ⅰ类和Ⅱ类。Ⅰ类产品不用于外露场合。

（2）标记。按下列顺序标记：名称、分类、标准编号。

示例：Ⅰ类聚合物乳液建筑防水涂料标记为：

聚合物乳液建筑防水涂料Ⅰ　JC/T 864—2008。

2. 主要技术要求

（1）外观。聚合物乳液建筑防水涂料经搅拌后无结块，呈均匀状态。

（2）物理力学性能。聚合物乳液建筑防水涂料物理力学性能应符合表 9-36要求。

表 9-36　　　　　　　　　　　　　物理力学性能

序号	试验项目			指　标	
				Ⅰ	Ⅱ
1	拉伸强度/MPa		≥	1.0	1.5
2	断裂延伸率(%)		≥	300	
3	低温柔性(绕 ϕ10mm 棒弯 180°)			−10℃，无裂纹	−20℃，无裂纹
4	不透水性(0.3MPa，30min)			不透水	
5	固体含量(%)		≥	65	
6	干燥时间/h	表干时间	≤	4	
		实干时间	≤	8	
7	处理后的拉伸强度保持率(%)	加热处理	≥	80	
		碱处理	≥	60	
		酸处理	≥	40	
		人工气候老化处理[①]		—	80～150
8	处理后的断裂延伸率(%)	加热处理	≥	200	
		碱处理	≥		
		酸处理	≥		
		人工气候老化处理[①]	≥	—	200

（续）

序号	试验项目			指　标	
				I	II
9	加热伸缩率（%）	伸长	≤	1.0	
		缩短	≤	1.0	

注：①仅用于外露使用产品。

3. 包装、标志、运输与贮存

(1)包装。

1)贮存于清洁、干燥、密闭的塑料桶或内衬塑料袋的铁桶中。

2)包装好的产品应附有产品合格证和产品使用说明。

(2)标志。包装桶的立面应有牢固明显的标志，内容包括：产品标记、生产厂名、厂址、产品净重、商标、生产日期、生产批号、有效日期、运输和贮存条件。

(3)运输。聚合物乳液建筑防水涂料为非易燃易爆材料，可按一般货物运输。运输时，应防冻，防止雨淋、曝晒、挤压、碰撞，保持包装完好无损。

(4)贮存。

1)存放时应保证通风、干燥、防止日光直接照射，贮存温度不应低于 0℃。

2)自生产之日起，贮存期至少为 6 个月。超过贮存期，可按规定进行检验，结果符合要求仍可使用。

五、溶剂型橡胶沥青防水涂料

1. 外观要求

溶剂型橡胶沥青防水涂料外观应为黑色、黏稠状、细腻、均匀胶状液体。

2. 主要技术要求

溶剂型橡胶沥青防水涂料的物量力学性能应符合表 9-37 的规定。

表 9-37　　　　　　　　　　物理力学性能

项　目		技术指标	
		一等品	合格品
固体含量（%）	≥	48	
抗裂性	基层裂缝/mm	0.3	0.2
	涂膜状态	无裂纹	
低温柔性（φ10,2h）		−15℃	−10℃
		无裂纹	
粘结性/MPa	≥	0.20	
耐热性（80℃,5h）		无流淌、鼓泡、滑动	
不透水性（0.2MPa,30min）		不渗水	

3. 标志、包装、贮存及运输

(1)标志:出厂产品应标有生产厂名称、地址、产品名称、标记、生产日期、净质量、并附产品合格证和产品使用说明书。

(2)包装:溶剂型橡胶沥青防水涂料应用带盖的铁桶(内有塑料袋)或塑料桶包装,每桶净质量为 200kg、50kg 或 25kg 规格。

(3)运输:本产品系易燃品,在运输过程中应不得接触明火和曝晒,不得碰撞和扔、摔。

(4)贮存:产品应贮存于干燥、通风及阴凉的仓库内。在正常贮存条件下,自生产之日起贮存期为 1 年。

六、建筑表面用有机硅防水剂

1. 分类与标记

(1)分类。建筑表面用有机硅防水剂分为水性(W)和溶剂型(S)两种。

(2)标记。

1)标记方法。按产品名称、类型、标准编号顺序标记。

2)标记示例。水性建筑表面用有机硅防水剂标记为:

建筑表面用有机硅防水剂 W JC/T 902—2002。

2. 主要技术要求

(1)外观要求。建筑表面用有机硅防水剂无沉淀及漂浮物,呈均匀状态。

(2)性能指标。建筑表面用有机硅防水剂的理化性能应符合表 9-38 的规定。

表 9-38　　　　　　　　　　　理化性能

序号	项　目		指　标	
			W	S
1	pH 值		规定值±1	
2	固体含量(%)	不小于	20	5
3	稳定性		无分层、无漂油、无明显沉淀	
4	吸水率比(%)	不大于	20	
5	渗透性　　　不大于	标准状态	2mm、无水迹、无变色	
		热处理	2mm、无水迹、无变色	
		低温处理	2mm、无水迹、无变色	
		紫外线处理	2mm、无水迹、无变色	
		酸处理	2mm、无水迹、无变色	
		碱处理	2mm、无水迹、无变色	

注:1、2、3 项为未稀释的产品性能,规定值在生产企业说明书中告知用户。

第三节　密封材料

一、硅酮建筑密封胶

1. 分类、级别

(1)硅酮建筑密封胶的分类见表 9-39。

表 9-39　　　　　　　　　　　　分　类

项　目	内　容
分　类	(1)硅酮建筑密封胶按固化机理分为两种类型： A 型——胶酸(酸性) B 型——脱醇(中性) (2)硅酮建筑密封胶按用途分为两种类别： G 类——镶装玻璃用 F 类——建筑接缝用 不适用于建筑幕墙和中空玻璃

(2)建筑表面用有机硅防水剂按位移能力分为 25、20 两个级别,见表 9-40。

表 9-40　　　　　　　　　密封胶级别　　　　　　　　　(%)

级　别	试验拉压幅度	位移能力
25	±25	25
20	±20	20

2. 主要技术要求

(1)外观要求。

1)建筑表面用有机硅防水剂应为细腻、均匀膏状物,不应有气泡、结皮和凝胶。

2)建筑表面用有机硅防水剂的颜色与供需双方商定的样品相比,不得有明显差异。

(2)技术指标。硅酮建筑密封胶的理化性能应符合表 9-41 的规定。

表 9-41　　　　　　　　　　理化性能

序号	项　目	技术指标			
		25HM	20HM	25LM	20LM
1	密度/(g/cm³)	规定值±0.1			

（续）

序号	项　目		技术指标			
			25HM	20HM	25LM	20LM
2	下垂度/mm	垂直	≤3			
		水平	无变形			
3	表干时间/h		≤3①			
4	挤出性/(mL/min)		≥80			
5	弹性恢复率(%)		≥80			
6	拉伸模量/MPa	23℃	>0.4		≤0.4	
		−20℃	或>0.6		和≤0.6	
7	定伸粘结性		无破坏			
8	紫外线辐照后粘结性②		无破坏			
9	冷拉-热压后粘结性		无破坏			
10	浸水后定伸粘结性		无破坏			
11	质量损失率(%)		≤10			

注：①允许采用供需双方商定的其他指标值。

②此项仅适用于 G 类产品。

3. 包装、运输及贮运

(1)硅酮建筑密封胶采用支装或桶装,包装容器应密闭。

(2)包装箱或包装桶除应有规定的标志外,还应有防雨、防潮、防日晒、防撞击标志。产品出厂时应附有产品合格证。

(3)运输时应防止日晒雨淋,撞击、挤压包装,产品按非危险品运输。

(4)产品应在干燥、通风、阴凉的场所贮存,贮存温度不超过 27℃。

(5)产品自生产之日起,保质期不少于 6 个月。

二、建筑用硅酮结构密封胶

1. 分类

(1)产品分单组分型和双组分型,用组成产品的组分数数字标记。

(2)按产品适用基材分以下类别,用代号表示：

类别代号　　　适用基材

M　　　金属

C　　　水泥砂浆、混凝土

G　　　玻璃

Q　　　其他

2. 主要技术要求

(1)外观要求。

1)产品应为细腻、均匀膏状物、无结块、凝胶、结皮及不易迅速分散的析出物。

2)双组分结构胶的两组分颜色应有明显区别。

(2)技术指标。建筑用硅酮结构密封胶的物理力学性能应符合表 9-42 的规定。

表 9-42　　　　　　　　　　　　　产品物理力学性质

项　　目			技术指标
下垂度	垂直放置/mm	≤	3
	水平放置		不变形
挤出性/s		≤	10
适用期①/min			20
表干时间/h		≤	3
邵氏硬度			30～60
拉伸粘结性	拉伸粘结强度/MPa	标准条件	0.45
		90℃	0.45
	≥	−30℃	0.45
		浸水后	0.45
		水—紫外线光照后	0.45
	粘结破坏面积(%)	≤	5
热老化	热失重(%)	≥	10
	龟裂		无
	粉化		无

注：①仅适用于双组分产品。

3. 包装、标志、贮存及运输

(1)包装：单组分结构胶用密封的管状包装，外包装用纸箱或其他材料包装，每箱产品内应附一份产品合格证。双组分结构胶应分别装入两个密闭桶内，组成一组单元包装，每组单元包装应附一份产品合格证。批检验应附出厂检验单。

(2)标志：包装容器外应标明：生产厂名称及厂址、产品名称、产品标记、生产日期、产品生产批号、贮存期、包装产品净容量、产品颜色、产品使用说明。

(3)贮存及运输。

1)本产品为非易燃易爆材料，可按一般非危险品运输。

2)贮存运输中应防止日晒、雨淋,防止撞击、挤压产品包装。

3)贮存温度不高于 27℃,贮存期不少于 6 个月,或按生产厂保证期限。

三、建筑窗用弹性密封胶

建筑窗用弹性密封胶是以硅酮、改性硅酮、聚硫、聚氨酯、丙烯酸酯、丁基、丁苯、氯丁等合成高分子材料为主要成分的弹性密封胶。

1. 系列

建筑窗用弹性密封胶按基础聚合物划分系列,见表 9-43。

表 9-43　　　　　　　　　　　　　　产品系列

系列代号	密封胶基础聚合物
SR	硅酮聚合物
MS	改性硅酮聚合物
PS	聚硫橡胶
PU	聚氨酯甲酸酯
AC	丙烯酸酯聚合物
BU	丁基橡胶
CR	氯丁橡胶
SB	丁苯橡胶

注:以其他聚合物为基础的密封胶,标记取聚合物适用代号。

2. 级别

按建筑窗用弹性密封胶允许承受接缝位移能力,分为 1 级(±30%),2 级(±20%),3 级(±5%～±10%)三个级别。

3. 类别

按建筑窗用弹性密封胶适用基材分为以下类别,见表 9-44。

表 9-44　　　　　　　　　　　　　　类别

类别代号	适用基材
M	金属
C	混凝土、水泥砂浆
G	玻璃
Q	其他

4. 类别

建筑窗用弹性密封胶按适用季节分为以下型别:

S 型——夏季施工型；

W 型——冬季施工型；

A 型——全年施工型。

5. 品种

建筑窗用弹性密封胶按固化机理可分为四个品种，见表 9-45。

表 9-45　　　　　　　　　　　　　　品种

品种代号	固化形式
K	湿气固化、单组分
E	水乳液干燥固化、单组分
Y	溶剂挥发固化、单组分
Z	化学反应固化、多组分

6. 标记

建筑物用弹性密封胶按系列、级别、类别、型别、品种、标准号的顺序标记。

示例：位移能力 1 级；适用金属、混凝土、玻璃基材；全年施工型；湿气固化硅碉密封胶的标记为：SR 1 MCG A K JC/T 485—2007。

7. 主要技术要求

(1)外观。

1)建筑用弹性密封胶不应有结块、凝胶、结皮及不易迅速均匀分散的析出物。

2)颜色应与供需双方商定的样品相符。多组分产品各组分的颜色间应有明显差异。

(2)物理力学性能。物理力学性能应符合表 9-46 要求。

表 9-46　　　　　　　　　　物理力学性能要求

序号	项目		1 级	2 级	3 级
1	密度/(g/cm³)		规定值±0.1		
2	挤出性/(mL/min)	≥	50		
3	适用期/h	≥	3		
4	表干时间/h	≤	24	48	72
5	下垂度/mm	≤	2	2	2
6	拉伸黏结性能/MPa	≤	0.40	0.50	0.60
7	低温贮存稳定性①		无凝胶、离析现象		
8	初期耐水性①		不产生浑浊		

（续）

序号	项目		1级	2级	3级
9	污染性①		不生产污染		
10	热空气-水循环后定伸性能(%)		100	60	25
11	水-紫外线辐照后定伸性能(%)		100	60	25
12	低温柔性/℃		−30	−20	−10
13	热空气-水循环后弹性恢复率(%) ≥		60	30	5
14	位伸-压缩循环性能	耐久性能级	9030	8020,7020	7010,7005
		粘结破坏面积(%) ≤	25		

注：①仅对乳液(E)品种产品。

四、石材用建筑密封胶

1. 分类、级别和标记

(1)品种。

1)按聚合物分为硅硐(SR)、改性硅硐(MS)、聚氨酯(PU)等。

2)按组分分为单组分型(1)和双组分型(2)。

(2)级别。按位移能力分为 12.5、20、25、50 级别，见表 9-47。

表 9-47　　　　　　　　　　密封胶级别

级别	试验拉压幅度(%)	位移能力(%)
12.5	±12.5	12.5
20	±20	20
25	±25	25
50	±50	50

(3)次级别。

1)20、25、50 级密封胶按拉伸模量分为低模量(LM)和高模量(HM)两个次级别。

2)12.5 级密封胶按弹性恢复率不小于 40% 为弹性体(E)，50、25、20、12.5E 密封胶为弹性密封胶。

(4)标记。按下列顺序标记：名称、品种、级别、次级别、标准编号。

示例：高模量 25 级位移能力的石材用单组分硅硐密封胶标记为：石材密封胶 1 SR 25 HM GB/T 23261—2009。

2. 技术要求

(1)外观。

1)密封胶应为细腻、均匀膏状物或黏稠体，不应有气泡、结块、结皮或凝胶，无不易分散的析出物。

2)双组分密封胶的各组分的颜色应有明显差异。产品的颜色也可由供需双方商定,产品的颜色与供需双方商定的样品相比,不得有明显差异。

(2)物理力学性能。

1)双组分密封胶的适用期由供需双方商定。

2)密封胶物理力学性能应符合表 9-48 的规定。

表 9-48 物理力学性能

序号	项目		技术指标						
			50LM	50HM	25LM	25HM	20LM	20HM	12.5E
1	下垂度/mm	垂直 ≤	3						
		水平	无变形						
2	表干时间/h ≤		3						
3	挤出性/(mL/min) ≥		80						
4	弹性恢复率(%) ≥		80						40
5	拉伸模量/MPa	+23℃	≤0.4 和	>0.4 或	≤0.4 和	>0.4 或	≤0.4 和	>0.4 或	—
		−20℃	≤0.6	>0.6	≤0.6	>0.6	≤0.6	>0.6	
6	定伸粘结性		无破坏						
7	冷拉热压后粘结性		无破坏						
8	浸水后定伸粘结性		无破坏						
9	质量损失(%) ≤		5.0						
10	污染性/mm	污染宽度 ≤	2.0						
		污染深度 ≤	2.0						

3. 标志、包装、运输和贮存

(1)标志。最小包装上应有牢固的不褪色标志,内容包括:产品名称(含组分名称)、产品标记、生产日期、批号及贮存期、净含量、生产厂名及厂址、商标、使用说明及注意事项。

(2)包装。采用支装或桶装,包装容器应紧闭。包装桶或包装箱除应有本点(1)中规定的标志外,还应有防雨、防潮、防日晒、防撞击标志。

(3)运输。运输时应防止日晒雨淋、撞击、挤压包装。

(4)贮存。在干燥、通风、阴凉的场所贮存,贮存温度不超过 27℃。在正常运输、贮存条件下,贮存期自生产日起至少为 6 个月。

五、彩色涂层钢板用建筑密封胶

1. 分类

(1)密封胶按聚合物区分,如:硅酮类——代号 SR、聚氨酯类——代号 PU、聚硫类——代号 PS、硅酮改性类——代号 MS 等。

(2)密封胶按组分分为单组分(Ⅰ)和多组分(Ⅱ)

2. 主要技术要求

(1)外观要求。

1)彩色涂层钢用建筑密封胶应为细腻、均匀膏状物,不应有气泡、结皮或凝胶。

2)彩色涂层钢用建筑密封胶的颜色与供需双方商定的样品相比,不得有明显差异。多组分产品各组分的颜色应有明显差异。

(2)技术指标。彩色涂层钢用建筑密封胶的物理力学性能应符合表 9-49 的规定。

表 9-49　　　　　　　　　　　　　　物理力学性能

项　目		技术指标				
		25LM	25HM	20LM	20HM	12.5E
下垂度/mm	垂直	≤3				
	水平	无变形				
表干时间/h		≤3				
挤出性/(mL/min)		≥80				
弹性恢复率(%)		≥80		≥60		≥40
拉伸模量/MPa	23℃ −20℃	≤0.4 和≤0.6	>0.4 或>0.6	≤0.4 或≤0.6	>0.4 或>0.6	—
定伸粘结性		无破坏				
浸水后定伸粘结性		无破坏				
热压-冷拉后的粘结性		无破坏				
剥离粘结性	剥离强度 /(N/mm)	≥1.0				
	粘结破坏 面积(%)	≤25				
紫外线处理		表面无粉化、龟裂,−25℃无裂纹				

六、幕墙玻璃接缝用密封胶

1. 级别分类

(1)密封胶按位移能力分为 25、20 两个级别,见表 9-50。

表 9-50　　　　　　　　　　　　　　密封胶级别

级　　别	试验拉压幅度(%)	位移能力(%)
25	±25.0	25
20	±25.0	20

　(2)密封胶按拉伸模量分为低模量(LM)和高模量(HM)两个级别。

　(3)25、20 级密封胶为弹性密封胶

　2. 主要技术要求

　(1)外观要求。

　1)幕墙玻璃接缝用密封胶应为细腻、均匀膏状物,不应有气泡、结皮或凝胶。

　2)幕墙玻璃接缝用密封胶的颜色与供需双方商定的样品相比,不得有明显差异。多组分密封胶各组分的颜色应有明显差异。

　(2)技术指标。幕墙玻璃接缝用密封胶的物理力学性能应符合表 9-51 的规定。

表 9-51　　　　　　　　　　　　　　物理力学性能

项　　目		技术指标			
		25LM	25HM	20LM	20HM
下垂度/mm	垂直	≤3			
	水平	无变形			
挤出性/(mL/min)		≥80			
表干时间/h		≤3			
弹性恢复率(%)		≥80			
拉伸模量/MPa	标准条件	≤0.4 和≤0.6	>0.4 或>0.6	≤0.4 和≤0.6	>0.4 或>0.6
	-20℃				
定伸粘结性		无破坏			
热压-冷拉后的粘结性		无破坏			
浸水光照后的定伸粘结性		无破坏			
质量损失率(%)		≤10			

　七、混凝土建筑接缝用密封胶

　1. 级别分类

　(1)密封胶按位移能力分为 25、20、12.5、7.5 四个级别,见表 9-52。

表 9-52　　　　　　　　　　　密封胶级别

级别	试验拉压幅度（%）	位移能力（%）	级别	试验拉压幅度（%）	位移能力（%）
25	±25	25	12.5	±12.5	±12.5
20	±20	20	7.5	±7.5	7.5

（2）25 级和 20 级密封胶按拉伸模量分为低模量（LM）和高模量（HM）两个次级别。

（3）12.5 级密封胶按弹性恢复率又分为弹性和塑性两个次级别：

1）恢复率不小于 40% 的密封胶为弹性密封胶（E），恢复率小于 40% 的密封胶为塑性密封胶（P）。

2）25 级、20 级和 12.5E 级密封胶称为弹性密封胶；12.5P 级和 7.5P 级密封胶称为塑性密封胶。

2．主要技术要求

（1）外观要求。

1）混凝土建筑接缝用密封胶应为细腻、均匀膏状物或黏稠液体，不应有气泡、结皮或凝胶。

2）混凝土建筑接缝用密封胶的颜色与供需双方商定的样品相比，不得有明显差异。多组分密封胶各组分的颜色应有明显差异。

（2）技术指标。混凝土建筑接缝用密封胶的物理力学性能应符合表 9-53 的规定。

表 9-53　　　　　　　　　　　物理力学性能

项　　目			技术指标						
			25LM	25HM	20LM	20HM	12.5E	12.5P	7.5P
流动性	下垂度（N 型）/mm	垂直	≤3						
		水平	≤3						
	流平性（S 型）		光滑平整						
挤出性/（mL/min）			≥80						
弹性恢复率（%）			≥80		≥60		≥40	<40	<40
拉伸粘结性	拉伸模量/MPa	23℃	≤0.4	>0.4	≤0.4	>0.4	—		
		−20℃	和≤0.6	或>0.6	和≤0.6	或>0.6	—		
	断裂伸长率（%）		—					≥100	≥20
定性粘结性			无破坏					—	

(续)

项　　目	技术指标						
	25LM	25HM	20LM	20HM	12.5E	12.5P	7.5P
浸水后定伸粘结性	无破坏					—	
热压-冷拉后粘结性	无破坏					—	
拉伸-压缩后粘结性						无破坏	
浸水后断裂伸长率(%)	—					≥100	≥20
质量损失率①(%)	≤10						
体积收缩率(%)	≤25②					≤25	

注:①乳胶型和溶剂型产品不测质量损失率。
　　②仅适用于乳胶型和溶剂型产品。

3. 标志、包装、贮存及运输

(1)标志:产品最小单元包装上应有牢固的不褪色标志,内容包括:产品名称(含组分名称)、商标、生产日期、批号及保质期、净质量或净容量、制造方名称、使用说明及注意事项、溶剂型产品应有明显的易燃标志。

(2)包装:产品采用支装或桶装,包装容器应密闭。包装桶或包装箱除有规定的标志外,还应有防雨、防潮、防晒、防撞击等标志。

(3)贮存:产品应在干燥、通风、阴凉的场所贮存,贮存温度不超过27℃,水乳型产品的最低贮存温度应大于5℃。产品自生产之日起,保质期不少于6个月。

(4)运输:溶剂型产品和水乳型产品按非危险物品运输,运输时应防止日晒、雨淋、撞击、挤压。水乳型产品运输时应采取防冻措施。

溶剂型产品的运输应符合有关规定。

八、中空玻璃用弹性密封胶

1. 分类与分级

(1)按基础聚合物分类,聚硫类代号PS,硅酮类代号SR。

(2)按位移能力和模量分级。位移能力±25%高模量级,代号25HM;位移能力±20%高模量级,代号20HM;位移能力±12.5%弹性级,代号12.5E。

2. 主要技术要求

(1)外观要求。

1)中空玻璃用弹性密封胶不应有粗粒、结块和结皮,无不易迅速均匀分散的析出物。

2)中空玻璃用弹性密封胶双组分产品,两组分颜色应有明显的差别。

(2)技术指标。中空玻璃用弹性密封胶的物理性能应符合表9-54的规定。

表 9-54　　　　　　　　　　　　中空玻璃密封胶物理性能

项　目		技术指标				
		PS类		SR类		
		20HM	12.5E	25HM	20HM	12.5E
密度/(g/cm³)	A组分	规定值±0.1				
	B组分	规定值±0.1				
粘度(Pa·s)	A组分	规定值±10%				
	B组分	规定值±10%				
挤出性(仅单组分)/s	≤	10				
适用期/min	≥	30				
表干时间/h	≤	2				
下垂度	垂直放置/min ≤	3				
	水平放置	不变形				
弹性恢复率(%)	≥	60%	40%	80%	60%	40%
拉伸模量/MPa	23℃ −20℃	>0.4 或>0.6	—	>0.6 或>0.4		—

3. 包装、贮存及运输

(1)两组分应分别包装。包装桶应密闭。用于机械自动涂胶的产品,包装桶规格应符合设备要求。

(2)包装桶上应有防雨、防潮、防日晒、不许倒置标志。

(3)产品应在干燥、通风、阴凉场所贮存,贮存温度不超过 27℃,保质期不少于 6 个月。

(4)产品运输时应防止日晒、撞击和挤压包装。用于机械自动涂胶机的产品包装桶外应有防撞击、防挤压变形的措施。

九、聚氯乙烯建筑防水接缝材料

1. 分类及型号

(1)PVC 接缝材料按施工工艺分为两种类型:

1)J 型。是指用热塑法施工的产品,俗称聚氯乙烯胶泥。

2)G 型。是指用热熔法施工的产品,俗称塑料油膏。

(2)PVC 接缝材料分为两个型号,耐热性 80℃和低温柔性−10℃为 801,耐热性 80℃和低温柔性−20℃为 802。

2. 主要技术要求

(1)外观要求。

1)J 型。PVC 接缝材料为均匀黏稠状物,无结块,无杂质。

2)G 型。PVC 接缝材料为黑色块状物,无焦渣等杂物、无流淌现象。

(2)技术指标。聚氯乙烯建筑防水接缝材料的物理力学性能应符合表 9-55 的规定。

表 9-55　　　　　　　　　　　　　　产品物理力学性能

项　　目		技术要求	
		801	802
密度/(g/cm³)		规定值±0.1①	
下垂度(80℃)/mm　　　　　　　　　　≤		4	
低温柔性	温度/℃	−10	−20
	柔性	无裂缝	
拉伸粘结性	最大拉伸强度/MPa	0.02~0.15	
	最大伸长率(%)　　　　　　　≥	300	
浸水拉伸性	最大拉伸强度/MPa	0.02~0.15	
	最大伸长率(%)　　　　　　　≥	250	
恢复率(%)　　　　　　　　　　　　　≥		80	
挥发率②(%)　　　　　　　　　　　　≤		3	

注:①规定值是指企业标准或产品说明书所规定的密度值。

　　②挥发率仅限于 G 型 PVC 接缝材料。

3. 包装、贮存及运输

(1)包装:J 型产品的包装可用密封的铁桶;G 型产品可用双层塑料袋包装或其他容器。

(2)运输:本产品按一般货物运输,运输时,应防止阳光直晒或雨淋,禁止接近热源和火源,防止挤压、碰撞,保持包装完好无损。

(3)贮存:产品应贮存于干燥及阴凉的仓库内。贮存期为一年,超过一年需经检验合格后,仍可使用。

十、建筑用防霉密封胶

1. 等级分类

(1)建筑用防霉密封胶按位移能力、模量分三个等级:

位移能力±20%低模量级,代号 20LM。

位移能力±20%高模量级,代号 20HM。

位移能力±12.5％弹性级,代号 12.5E。

(2)耐霉等级:0 级、1 级。

2. 主要技术要求

(1)外观要求。

1)外观:建筑用防霉密封胶不应有未分散颗粒、结块、结皮和液体物析出。

2)防霉性能:防霉等级为 0 级、1 级。

(2)技术指标。建筑用防霉密封胶的物理性能应符合表 9-56 的规定。

表 9-56　　　　　　　　　　　　物理性能

项　　目		技术指标		
		20LM	20HM	12.5E
密度(g/cm³)		规定值±0.1		
表干时间/h		≤3		
挤出性/s		≤10		
下垂度/mm		≤3		
弹性恢复率(%)		≥60		
拉伸模量/MPa	23℃ −20℃	≤0.4 和≤0.6	>0.4 或>0.6	—
热压-冷拉后粘结性		±20%,不破坏	±20%,不破坏	±12.5%,不破坏
定伸粘结性		不破坏		
浸水后定伸粘结性		不破坏		

3. 包装、贮存及运输

(1)密封胶采用适于挤注施工的密封包装,如金属管、塑料管、复合纸管或塑料复合膜软包装等。

(2)硬管包装净容量推荐为 300mL;软包装净容量推荐为 300mL、600mL。定量包装容量负偏差值应不大于 5mL,总体容量不允许负偏差。

(3)外包装用纸箱,纸箱上标明产品名称、数量、批号及制造方名称,注明防雨、防潮、防日晒、不许挤压和倒置。

(4)产品应在干燥、通风、阴凉场所贮存,贮存温度不超过 27℃,自生产之日起,产品保质期不少于 6 个月。

(5)产品运输时应防止雨淋、日晒、撞击挤压和倒置包装。

十一、建筑防水沥青嵌缝油膏

1. 分类

油膏按耐热性和低温柔性分为 702 和 801 两个标号。

2. 主要技术要求

(1)外观要求。建筑防水沥青嵌缝油膏应为黑色均匀膏状,无结块和未浸透的填料。

(2)技术指标。建筑防水沥青嵌缝油膏的物理力学性能应符合表 9-57 的规定。

表 9-57　　　　　　　　　　　　　　物理力学性能

序号	项　　目		技术指标	
			702	801
1	密度/(g/cm³)		规定值①±0.1	
2	施工度/mm　　　　　　　　　≥		22.0	20.0
3	耐热性	温度/℃	70	80
		下垂值/mm ≤	4.0	
4	低温柔性	温度(℃)	-20	-10
		粘结状况	无裂纹和剥离现象	
5	拉伸粘结性(%)　　　　　　　≥		125	
6	浸水后拉伸粘结性(%)　　　　≥		125	
7	渗出性	渗出幅度/mm	5	
		渗出张数/张 ≤	4	
8	挥发性(%)　　　　　　　　　≤		2.8	

注:①规定值由厂方提供或供需双方商定。

第十章 建筑装饰装修材料

第一节 饰面材料

一、饰面砖

1. 陶瓷马赛克

陶瓷马赛克是用于装饰与保护建筑物地面及墙面的由多块小砖(表面面积不大于 55cm²)拼贴成联的陶瓷砖。

(1)分类、规格及等级。

1)分类。陶瓷马赛克按表面性质分为有釉、无釉两种;按砖联分为单色、混色和拼花三种。

2)规格。单块砖边长不大于 95mm,表面面积不大于 55cm²;砖联分正方形、长方形和其他形状。特殊要求可由供需双方商定。

3)等级。陶瓷马赛克按尺寸允许偏差和外观质量分为优等品和合格品两个等级。

(2)技术要求。

1)尺寸允许偏差。

①单块陶瓷马赛克尺寸允许偏差应符合表 10-1 的规定。

表 10-1   单块陶瓷马赛克尺寸允许偏差   mm

项 目	允许偏差	
	优等品	合格品
长度和宽度	±0.5	±1.0
厚度	±0.3	±0.4

②每联陶瓷马赛克的线路、联长的尺寸允许偏差应符合表 10-2 的规定。

表 10-2   每联陶瓷马赛克线路、联长的尺寸允许偏差   mm

项 目	允许偏差	
	优等品	合格品
线路	±0.6	±1.0
联长	±1.5	±2.0

注:特殊要求由供需双方商定。

2)外观质量。

①最大边长不大于 25mm 的陶瓷马赛克外观质量的允许范围应符合表 10-3 的规定。

表 10-3　　最大边长不大于 25mm 的陶瓷马赛克外观质量允许范围

序号	缺陷名称	表示方法	单位	缺陷允许范围				备　　注
				优等品		合格品		
				正面	背面	正面	背面	
1	夹层、釉裂、开裂			不允许				
2	斑点、粘疤、起泡、坯粉、麻面、波纹、缺釉、桔釉、棕眼、落脏、溶洞			不明显		不严重		
3	缺角	斜边长		<2.0	<4.0	2.0~3.5	4.0~5.5	正背面缺角不允许在同一角部。正面只允许缺角 1 处
		深　度		不大于砖厚的 2/3				
4	缺边	长　度	mm	<3.0	<6.0	3.0~5.0	6.0~8.0	正背面缺边不允许出现在同一侧面。同一侧面边不允许有 2 处缺边;正面只允许 2 处缺边
		宽　度		<1.5	<2.5	1.5~2.0	2.5~3.0	
		深　度		<1.5	<2.5	1.5~2.0	2.5~3.0	
5	变形	翘　曲		不明显				
		大小头		0.2		0.4		

②最大边长大于 25mm 的陶瓷马赛克外观质量的允许范围应符合表 10-4 的规定。

表 10-4　　最大边长大于 25mm 的陶瓷马赛克外观质量允许范围

序号	缺陷名称	表示方法	单位	缺陷允许范围				备　　注
				优等品		合格品		
				正面	背面	正面	背面	
1	夹层、釉裂、开裂			不允许				
2	斑点、粘疤、起泡、坯粉、麻面、波纹、缺釉、桔釉、棕眼、落脏、溶洞		mm	不明显				不严重

（续）

序号	缺陷名称	表示方法	单位	缺陷允许范围				备　注
				优等品		合格品		
				正面	背面	正面	背面	
3	缺角	斜边长	mm	<2.3	<4.5	2.3～4.3	4.5～6.5	正背面缺角不允许在同一角部。正面只允许缺角1处
		深度		不大于砖厚的2/3				
4	缺边	长度		<4.5	<8.0	4.5～7.0	8.0～10.0	正背面缺边不允许出现在同一侧面。同一侧面不允许有2处缺边；正面只允许2处缺边
		宽度		<1.5	<3.0	1.5～2.0	3.0～3.5	
		深度		<1.5	<2.5	1.5～2.0	2.5～3.5	
5	变形	翘曲		0.3		0.5		
		大小头		0.6		1.0		

2. 陶瓷砖

陶瓷砖是由黏土和其他无机非金属原料制造的用于覆盖墙面和地面的薄板制品，其是在室温下通过挤压或干压或其他方法成型，干燥后，在满足性能要求的温度下烧制而成。砖是有釉(GL)或无釉(UGL)的，而且是不可燃的、不怕光的。

（1）分类。按照陶瓷砖的成型方法和吸水率进行分类，这种分类与产品的使用无关，见表 10-5。

表 10-5　　　　　　　　　陶瓷砖按成型方法和吸水率分类表

成型方法	Ⅰ类 $E \leqslant 3\%$	Ⅱa类 $3\% < E \leqslant 6\%$	Ⅱb类 $6\% < E \leqslant 10\%$	Ⅲ类 $E > 10\%$
A(挤压)	AⅠ类	AⅡa1类[①]	AⅡb1类[①]	AⅢ类
		AⅡa2类[①]	AⅡb2类[①]	
B(干压)	BⅠa类 瓷质砖 $E \leqslant 0.5\%$	BⅡa类 细炻砖	BⅡb类 炻质砖	BⅢ类[②] 陶质砖
	BⅠb类 炻瓷砖 $0.5\% < E \leqslant 3\%$			
C(其他)	CⅠ类	CⅡa类	CⅡb类	CⅢ类

注：①AⅡa类和AⅡb类按照产品不同性能分为两个部分。

②BⅢ类仅包括有釉砖，此类不包括吸水率大于10%的干压成型无釉砖。

（2）性能。在表 10-6 中列出了不同用途陶瓷砖的产品性能要求。

表10-6　　　　　　　　　　　　不同用途陶瓷砖的产品性能要求

性　　能	地　　砖		墙　　砖	
尺寸和表面质量	室内	室外	室内	室外
长度和宽度	×	×	×	×
厚度	×	×	×	×
边直度	×	×	×	×
直角度	×	×	×	×
表面平整度（弯曲度和翘曲度）	×	×	×	×
物理性能	室内	室外	室内	室外
吸水率	×	×	×	×
破坏强度	×	×	×	×
断裂模数	×	×	×	×
无釉砖耐磨深度	×	×		
有釉砖表面耐磨性	×	×		
线性热膨胀	×	×	×	×
抗热震性	×	×	×	×
有釉砖抗釉裂性	×	×	×	×
抗冻性①		×		×
摩擦系数	×	×		
湿膨胀	×	×	×	×
小色差	×	×	×	×
抗冲击性	×	×		
抛光砖光泽度	×		×	
化学性能	室内	室外	室内	室外
有釉砖耐污染性	×	×	×	×
无釉砖耐污染性	×	×	×	×
耐低浓度酸和碱化学腐蚀性	×	×	×	×
耐高浓度酸和碱化学腐蚀性	×	×	×	×
耐家庭化学试剂和游泳池盐类化学腐蚀性	×	×	×	×
有釉砖铅和镉的溶出量	×	×	×	×

注：①砖在有冰冻情况下使用时。

二、饰面板

1. 金属饰面板

(1)铝合金装饰板：铝合金制品是由铝加入镁、锰等合金元素制成的坯料，经挤压轧制成形、表面氧化处理而成。铝合金质轻、耐腐蚀、耐磨、韧性好。

1)分类。铝合金装饰板按表面处理方式可分为阳极氧化处理板和喷涂处理板；按装饰效果可分为波纹板、压型板、花纹板、浅花纹板等；按色彩可分为银色、亚银色、米黄色、金色、古铜色、蓝色等多种颜色。

①铝及铝合金花纹板花纹代号、花纹图案、牌号、状态及规格见表10-7。

表 10-7　　　　铝及铝合金花纹板花纹代号、花纹图案、牌号、状态及规格

花纹代号	花纹图案	牌　号	状态	底板厚度	筋高	宽度	长度
				mm			
1号	方格型	2A12	T4	1.0～3.0	1.0		
2号	扁豆型	2A11、5A02、5052	H234	2.0～4.0	1.0		
		3105、3003	H194				
3号	五条型	1×××、3003	H194	1.5～4.5	1.0		
		5A02、5052、3105、5A43、3003	O、H114				
4号	三条型	1×××、3003	H194	1.5～4.5	10		
		2A11、5A02、5052	H234			1000～1600	2000～10000
5号	指针型	1×××	H194	1.5～4.5	1.0		
		5A02、5052、5A43	O、H114				
6号	菱形	2A11	H234	3.0～8.0	0.9		
7号	四条型	6061	O	2.0～4.0	1.0		
		5A02、5052	O、H234				
8号	三条型	1×××	H114、H234、H194	1.0～4.5	0.3		
		3003	H114、H194				
		5A02、5052	O、H114、H194				
9号	星月型	1×××	H114、H234、H194	1.0～4.0	0.7		
		2A11	H194				
		2A12	T4	1.0～3.0			
		3003	H114、H234、H194	1.0～4.0			
		5A02、5052	H114、H234、H194				

注：1. 要求其他合金、状态及规格时，应由供需双方协商并在合同中注明。

2. 2A11、2A12合金花纹板双面可带有1A50合金包覆层，其每面包覆层平均厚度应不小于底板公称厚度的4%。

②铝及铝合金波纹板牌号、状态、波型代号及规格见表10-8。

表 10-8　　　　　　铝及铝合金波纹板牌号、状态、波型代号及规格

牌　　　号	状态	波型代号	规格/mm				
			坯料厚度	长度	宽度	波高	波距
1050A、1050、1060、1070A、1100、1200、3003	H18	波 20-106	0.60～1.00	2000～10000	1115	20	106
		波 33-131			1008	33	131

注:需方需要其他波型时,可供需双方协商并在合同中注明。

③铝及铝合金压型板型号、板型、牌号、状态及规格见表10-9。

表 10-9　　　　　　铝及铝合金压型板的型号、板型、牌号、状态、规格

型　　号	牌　　号	状　　态	规格/mm				
			波　高	波　距	坯料厚度	宽　度	长　度
V25-150 Ⅰ	1050A、1050、1060、1070A、1100、1200、3003、5005	H18	25	150	0.6～1.0	635	1700～6200
V25-150 Ⅱ						935	
V25-150 Ⅲ						970	
V25-150 Ⅳ						1170	
V60-187.5		H16、H18	60	187.5	0.9～1.2	826	1700～6200
V25-300		H16	25	300	0.6～1.0	985	1700～5000
V35-115 Ⅰ		H16、H18	35	115	0.7～1.2	720	≥1700
V35-115 Ⅱ						710	
V35-125		H16、H18	35	125	0.7～1.2	807	≥1700
V130-550		H16、H18	130	550	1.0～1.2	625	≥6000
V173		H16、H18	173	—	0.9～1.2	387	≥1700
Z295		H18	—	—	0.6～1.0	295	1200～2500

注:需方需要其他规格或板型的压型板时,供需双方协商。

④铝及铝合金箔牌号、状态及规格应符合表10-10 的规定。

表 10-10　　　　　　铝及铝合金箔牌号、状态及规格

牌　　号		状　　态	规格尺寸/mm	
			厚　　度	宽　　度
1×××系列牌号	1100、1200	O、H22、H14、H24、H16、H26、H18、H19	0.006～0.200	40.0～2000.0
	其他	O、H18		

（续）

牌　号	状　态	规格尺寸/mm	
		厚　度	宽　度
2A11、2A12、2024	O、H18	0.030~0.200	
3003	O	0.030~0.200	
	H14、H24	0.050~0.200	
	H16、H26	0.100~0.200	
	H18	0.020~0.200	
4A13	O、H18	0.030~0.200	
5A02	O	0.030~0.200	50.0~1000.0
	H16、H26	0.100~0.200	
	H18	0.020~0.200	
5052	O	0.030~0.200	
	H14、H24	0.050~0.200	
	H16、H26	0.100~0.200	
	H18	0.050~0.200	
5082、5083	O、H18、H38	0.100~0.200	
8011、8011A、8079	O、H22、H14、H24、H16、H26、H18、H19	0.006~0.200	40.0~2000.0
8006	O、H18		

注：经过供需双方协商，可供应其他牌号、状态、规格的铝箔。

2）技术要求。

①铝及铝合金花纹板室温力学性能见表 10-11。

表 10-11　　　　　　　　铝及铝合金花纹板的力学性能

花纹代号	牌号	状态	抗拉强度 R_m/(N/mm^2)	规定非比例延伸强度 $R_{p0.2}$/(N/mm^2)	断后伸长率 A_{50}(%)	弯曲系数
			不小于			
1号、9号	2A12	T4	405	255	10	—
2号、4号、6号、9号	2A11	H234、H194	215	—	3	—

(续)

花纹代号	牌号	状态	抗拉强度 R_m/(N/mm²)	规定非比例延伸强度 $R_{p0.2}$/(N/mm²)	断后伸长率 A_{50}(%)	弯曲系数
			不小于			
4号、8号、9号	3003	H114、H234	120	—	4	4
		H194	140	—	3	8
3号、4号、5号、8号、9号	1×××	H114	80	—	4	2
		H194	100	—	3	6
3号、7号	5A02、5052	O	≤150	—	14	3
2号、3号		H114	180	—	3	3
2号、4号、7号、8号、9号		H194	195	—	3	8
3号	5A43	O	≤100	—	15	4
		H114	120	—	4	2
7号	6061	O	≤150	—	12	—

注:计算截面积所用的厚度为底板厚度。

②铝及铝合金波纹板宽度及波型偏差应符合表 10-12 的规定。

表 10-12　　　　　　铝及铝合金波纹板宽度及波型偏差

波型代号	宽度及允许偏差		波高及允许偏差		波距及允许偏差	
	宽度/mm	允许偏差/mm	波高/mm	允许偏差/mm	波距/mm	允许偏差/mm
波 20-106	1115	+25 −10	20	±2	106	±2
波 33-131	1008	+25 −10	25	±2.5	131	±3

注:波高和波距偏差为 5 个波的平均尺寸与其公称尺寸的差。

③铝箔力学性能。

a. 铝箔的力学性能一般不做检验,但应保证符合表 10-13 的规定,需方要求检验力学性能时,应在合同中注明"检验力学性能"字样。铝及铝合金箔的室温拉伸试验结果应符合表 10-13 的规定。

表 10-13　　　　　　　　　　　铝箔的力学性能

牌　号	状　态	厚度/mm	拉伸试验结果	
			抗拉强度 $R_m/(N/mm^2)$	伸长率 $A(\%)$ 不小于
1100 1200	O	0.006～0.009	40～105	0.5
		0.010～0.024	40～105	1
		0.025～0.040	50～105	3
		0.041～0.089	55～105	6
		0.090～0.139	60～115	10
		0.140～0.200	60～115	14
	H22	0.006～0.009	—	—
		0.010～0.024	—	—
		0.025～0.040	90～135	2
		0.041～0.089	90～135	3
		0.090～0.139	90～135	4
		0.140～0.200	90～135	6
	H24	0.006～0.009	—	—
		0.010～0.024	—	—
		0.025～0.040	110～160	2
		0.041～0.089	110～160	3
		0.090～0.139	110～160	4
		0.140～0.200	110～160	5
	H26	0.006～0.009	—	—
		0.010～0.024	—	—
		0.025～0.040	125～180	1
		0.041～0.089	125～180	1
		0.090～0.139	125～180	2
		0.140～0.200	125～180	2
	H18	0.006～0.200	≥140	—
	H19	0.006～0.200	≥150	—

牌　　号	状　　态	厚度/mm	拉伸试验结果	
			抗拉强度 $R_m/(\text{N}/\text{mm}^2)$	伸长率 $A(\%)$ 不小于
其他 1×××系	O	0.006～0.009	35～100	0.5
		0.010～0.024	40～100	1
		0.025～0.040	45～100	2
		0.041～0.089	45～100	4
		0.090～0.139	50～100	6
		0.140～0.200	50～100	10
	H18	0.006～0.200	≥135	—
2A11	O	0.030～0.049	≤195	1.5
		0.050～0.200	≤195	3
	H18	0.030～0.049	≥205	
		0.050～0.200	≥215	
2024 2A12	O	0.030～0.049	≤195	1.5
		0.050～0.200	≤205	3.0
	H18	0.030～0.049	≥225	—
		0.050～0.200	≥245	—
3003	O	0.030～0.099	100～140	10
		0.100～0.200	100～140	15
	H14/24	0.050～0.200	140～170	1
	H16/26	0.100～0.200	≥180	—
	H18	0.020～0.200	≥185	—
5A02	O	0.030～0.049	≤195	—
		0.050～0.200	≤195	4
	H16/26	0.100～0.200	≥255	
	H18	0.020～0.200	≥265	
5052	O	0.030～0.200	175～225	4
	H14/24	0.050～0.200	250～300	
	H16/26	0.100～0.200	≥270	
	H18	0.050～0.200	≥275	

(续二)

牌 号	状 态	厚度/mm	拉伸试验结果	
			抗拉强度 $R_m/(N/mm^2)$	伸长率 $A(\%)$ 不小于
8011 8011A 8079	O	0.006～0.009	45～100	0.5
		0.010～0.024	50～105	1
		0.025～0.040	55～110	4
		0.041～0.089	60～110	8
		0.090～0.139	60～110	13
		0.140～0.200	60～110	16
	H22	0.035～0.040	90～150	2
		0.041～0.089	90～150	4
		0.090～0.139	90～150	5
		0.140～0.200	90～150	6
	H24	0.035～0.040	120～170	2
		0.041～0.089	120～170	3
		0.090～0.139	120～170	4
		0.140～0.200	120～170	5
	H26	0.035～0.040	140～190	1
		0.041～0.089	140～190	1
		0.090～0.139	140～190	2
		0.140～0.200	140～190	2
	H18	0.035～0.200	≥160	—
	H19	0.035～0.200	≥170	—
8006	O	0.006～0.009	80～135	1
		0.010～0.024	85～140	2
		0.025～0.040	85～140	6
		0.041～0.089	90～140	10
		0.090～0.139	90～140	15
		0.140～0.200	90～140	15
	H18	0.006～0.200	≥170	—

注：1.4A13、5082、5083力学性能由供需双方协商决定，并在合同中注明。
2.1×××、8×××的H14、H16的力学性能由供需双方协商。

b. 电缆用铝箔的纵向室温力学性能应符合表 10-14 的规定。

表 10-14　　　　　　　电缆用铝箔的纵向室温力学性能

牌　　号	状　　态	厚度/mm	拉伸试验结果	
			抗拉强度 R_m/(N/mm²)	伸长率 A(%) 不小于
1145、1235、1060、1050A、1200、1100	O	0.100～0.150	60～95	15
		>0.150～0.200	70～110	20
8011	O	>0.150～0.200	80～100	23

(2)不锈钢制品:不锈钢是在钢材中加入铬、镍等合金元素,生成一层与钢材基体牢固结合的致密氧化膜层,使钢材不致锈蚀的合金钢。

1)不锈钢热轧钢板和钢带。

①钢板和钢带的公称尺寸范围见表 10-15。经双方协商可供其他尺寸的产品。

表 10-15　　　　　　　　公称尺寸范围　　　　　　　　　mm

形　　态	公称厚度	公称宽度
厚钢板	>3.0～≤200	≥600～≤2500
宽钢带、卷切钢板、纵剪宽钢带	≥2.0～≤13.0	≥600～≤2500
窄钢带、卷切钢带	≥2.0～≤13.0	<600

②厚度允许偏差。

a. 厚钢板厚度允许偏差应符合表 10-16 普通精度的规定,如需方要求并在合同中注明可执行较高精度(PT)。

表 10-16　　　　　　　　厚钢板厚度允许偏差　　　　　　　　mm

公称厚度	公称宽度							
	≤1000		>1000～≤1500		>1500～≤2000		>2000～≤2500	
	普通精度	较高精度	普通精度	较高精度	普通精度	较高精度	普通精度	较高精度
>3.0～≤4.0	±0.28	±0.25	±0.31	±0.28	±0.33	±0.31	±0.36	±0.32
>4.0～≤5.0	±0.31	±0.28	±0.33	±0.30	±0.36	±0.34	±0.41	±0.36
>5.0～≤6.0	±0.34	±0.31	±0.36	±0.33	±0.37	±0.45	±0.45	±0.40
>6.0～≤8.0	±0.38	±0.35	±0.40	±0.36	±0.44	±0.40	±0.50	±0.45
>8.0～≤10.0	±0.42	±0.39	±0.44	±0.40	±0.48	±0.43	±0.55	±0.50

(续)

公称厚度	公　称　宽　度							
	≤1000		>1000～≤1500		>1500～≤2000		>2000～≤2500	
	普通精度	较高精度	普通精度	较高精度	普通精度	较高精度	普通精度	较高精度
>10.0～≤13.0	±0.45	±0.42	±0.48	±0.44	±0.52	±0.47	±0.60	±0.55
>13.0～≤25.0	±0.50	±0.45	±0.53	±0.48	±0.57	±0.52	±0.65	±0.60
>25.0～≤30.0	±0.53	±0.48	±0.56	±0.51	±0.60	±0.55	±0.70	±0.65
>30.0～≤34.0	±0.55	±0.50	±0.60	±0.55	±0.65	±0.60	±0.75	±0.70
>34.0～≤40.0	±0.65	±0.60	±0.70	±0.65	±0.70	±0.65	±0.85	±0.80
>40.0～≤50.0	±0.75	±0.70	±0.80	±0.75	±0.85	±0.80	±1.0	±0.95
>50.0～≤60.0	±0.90	±0.85	±0.95	±0.90	±1.0	±0.95	±1.1	±1.05
>60.0～≤80.0	±0.90	±0.85	±0.95	±0.90	±1.3	±1.25	±1.4	±1.35
>80.0～≤100.0	±1.0	±0.95	±1.0	±0.95	±1.5	±1.45	±1.6	±1.55
>100.0～≤150.0	±1.1	±1.05	±1.1	±1.05	±1.7	±1.65	±1.8	±1.75
>150.0～≤200.0	±1.2	±1.15	±1.2	±1.15	±2.0	±1.95	±2.1	±2.05

b. 钢带、卷切钢板和卷切钢带厚度允许偏差应符合表 10-17 的规定。

表 10-17　　　　　钢带、卷切钢板和卷切钢带的厚度允许偏差　　　　　mm

公称厚度	公　称　宽　度							
	≤1200		>1200～≤1500		>1500～≤1800		>1800～≤2500	
	普通精度	较高精度	普通精度	较高精度	普通精度	较高精度	普通精度	较高精度
>2.0～≤2.5	±0.22	±0.20	±0.25	±0.23	±0.29	±0.27		
>2.5～≤3.0	±0.25	±0.23	±0.28	±0.26	±0.31	±0.28	±0.33	±0.31
>3.0～≤4.0	±0.28	±0.26	±0.31	±0.28	±0.33	±0.31	±0.35	±0.32
>4.0～≤5.0	±0.31	±0.28	±0.33	±0.30	±0.36	±0.33	±0.38	±0.35
>5.0～≤6.0	±0.33	±0.31	±0.36	±0.33	±0.38	±0.35	±0.40	±0.37
>6.0～≤8.0	±0.38	±0.35	±0.39	±0.36	±0.40	±0.37	±0.46	±0.43
>8.0～≤10.0	±0.42	±0.69	±0.43	±0.40	±0.45	±0.41	±0.53	±0.49

2) 不锈钢冷轧钢板和钢带。

①宽钢带及卷切钢板、纵剪宽钢带及卷切钢带Ⅰ、窄钢带及卷切钢带Ⅱ的公称尺寸范围见表 10-18。如需方要求并经双方协商可供应其他尺寸的产品。

表10-18	公称尺寸范围	mm
形　态	公称厚度	公称宽度
宽钢带、卷切钢板	≥0.10～≤8.00	≥600～<2100
纵剪宽钢带、卷切钢带Ⅰ	≥0.10～≤8.00	<600
窄钢带、卷切钢带Ⅱ	≥0.01～≤3.00	<600

②厚度允许偏差。

a. 宽钢带及卷切钢板、纵剪宽钢带及卷切钢带Ⅰ的厚度允许偏差应符合表10-19普通精度的规定，如需方要求并在合同中注明时，可执行表10-19中较高精度(PT)的规定。

表10-19　宽钢带及卷切钢板、纵剪宽钢带及卷切钢带Ⅰ的厚度允许偏差　　mm

公称厚度	厚度允许偏差					
	宽度≤1000		1000<宽度≤1300		1300<宽度≤2100	
	普通精度	较高精度	普通精度	较高精度	普通精度	较高精度
≥0.10～<0.20	±0.025	±0.015	—	—	—	—
≥0.20～<0.30	±0.030	±0.020	—	—	—	—
≥0.30～<0.50	±0.040	±0.025	±0.045	±0.030	—	—
≥0.50～<0.60	±0.045	±0.030	±0.05	±0.035	—	—
≥0.60～<0.80	±0.05	±0.035	±0.055	±0.040	—	—
≥0.80～<1.00	±0.055	±0.040	±0.06	±0.045	±0.065	±0.050
≥1.00～<1.20	±0.06	±0.045	±0.07	±0.050	±0.075	±0.055
≥1.20～<1.50	±0.07	±0.050	±0.08	±0.055	±0.09	±0.060
≥1.50～<2.00	±0.08	±0.055	±0.09	±0.060	±0.10	±0.070
≥2.00～<2.50	±0.09	—	±0.10	—	±0.11	—
≥2.50～<3.00	±0.11	—	±0.12	—	±0.12	—
≥3.00～<4.00	±0.13	—	±0.14	—	±0.14	—
≥4.00～<5.00	±0.14	—	±0.15	—	±0.15	—
≥5.00～<6.50	±0.15	—	±0.16	—	±0.16	—
≥6.50～<8.00	±0.16	—	±0.17	—	±0.17	—

b. 宽钢带头尾不正常部分(总长度不大于25000mm)的厚度偏差值允许比正常部分增加50%。

c. 窄钢带及卷切钢带Ⅱ的厚度允许偏差应符合表 10-20 中普通精度的规定，如需方要求并在合同中注明时，可执行表 10-20 中较高精度(PT)的规定。

表 10-20　　　　　　窄钢带及卷切钢带Ⅱ的厚度允许偏差　　　　　　　mm

公称厚度	厚度允许偏差					
	宽度<125		125≤宽度<250		250≤宽度<600	
	普通精度	较高精度	普通精度	较高精度	普通精度	较高精度
≥0.05～<0.10	±0.10t	±0.06t	±0.12t	±0.10t	±0.15t	±0.10t
≥0.10～<0.20	±0.010	±0.008	±0.015	±0.012	±0.020	±0.015
≥0.20～<0.30	±0.015	±0.012	±0.020	±0.015	±0.025	±0.020
≥0.30～<0.40	±0.020	±0.015	±0.025	±0.020	±0.030	±0.025
≥0.40～<0.60	±0.025	±0.020	±0.030	±0.025	±0.035	±0.030
≥0.60～<1.00	±0.030	±0.025	±0.035	±0.030	±0.040	±0.035
≥1.00～<1.50	±0.035	±0.030	±0.040	±0.035	±0.045	±0.040
≥1.50～<2.00	±0.040	±0.035	±0.050	±0.040	±0.060	±0.050
≥2.00～<2.50	±0.050	±0.040	±0.060	±0.050	±0.070	±0.060
≥2.50～≤3.00	±0.060	±0.050	±0.070	±0.060	±0.080	±0.070

注：t 为公称厚度。

2. 石膏装饰板

石膏板是以建筑石膏为主要原料经制浆、浇注、凝固、切断、烘干而制成的一种轻质板材。其辅助材料有发泡剂、促凝剂、缓凝剂、纤维类物质等。具有质量轻、强度高、防火、防潮、吸声、隔热、不老化等特点。

(1)分类。

1)纸面石膏板。纸面石膏板按功能的不同分为普通纸面石膏板、耐水纸面石膏板、耐火纸面石膏板以及耐水耐火纸面石膏板四种。

①普通纸面石膏板(代号 P)。以建筑石膏为主要原料，掺入适量纤维增强材料和外加剂等，在与水搅拌后，浇注于护面纸的面纸与背纸之间，并与护面纸牢固地粘结在一起的建筑板材。

②耐水纸面石膏板(代号 S)。以建筑石膏为主要原料，掺入适量纤维增强材料和耐水外加剂等，在与水搅拌后，浇注于耐水护面纸的面纸与背纸之间，并与耐水护面纸牢固地粘结在一起，旨在改善防水性能的建筑板材。

③耐火纸面石膏板(代号 H)。以建筑石膏为主要原料，掺入无机耐火纤维增强材料和外加剂等，在与水搅拌后，浇注于护面纸的面纸与背纸之间，并与护面纸牢固地粘结在一起，旨在提高防火性能的建筑板材。

④耐水耐火纸面石膏板(代号 SH)。以建筑石膏为主要原料,掺入耐水外加剂和无机耐火纤维增强材料等,在与水搅拌后,浇注于耐水护面纸的面纸与背纸之间,并与耐水护面纸牢固地粘结在一起,旨在改善防水性能和提高防火性能的建筑板材。

2)装饰石膏板。装饰石膏板是以建筑石膏为主要原料,掺入适量纤维增强材料和外加剂,与水一起搅拌成均匀的料浆,经浇注成型、干燥而成的不带护面纸的装饰板材。

根据板材正面形状和防潮性能的不同可以分为普通板和防潮板。装饰石膏板为正方形,其棱边断面形式有直角型和倒角型两种。

3)石膏空心条板。石膏空心条板是以建筑石膏为基材,掺以无机轻集料、无机纤维增强材料而制成的空心条板。

(2)规格。

1)纸面石膏板规格尺寸。

①板材的公称长度为 1500mm、1800mm、2100mm、2400mm、2440mm、2700mm、3000mm、3300mm、3600mm 和 3660mm。

②板材的公称宽度为 600mm、900mm、1200mm 和 1220mm。

③板材的公称厚度为 9.5mm、12.0mm、15.0mm、18.0mm、21.0mm 和 25.0mm。

2)装饰石膏板规格为两种:500mm×500mm×9mm,600mm×600mm×11mm。其他形状和规格的板材,由供需双方商定。

3)石膏空心条板规格尺寸:

①长度为 2400~3000mm;

②宽度为 600mm;

③厚度为 60mm。

其他规格由供需双方商定。

(3)技术要求。

1)纸面石膏板。

①外观质量。纸面石膏板板面平整,不应有影响使用的波纹、沟槽、亏料、漏料和划伤、破损、污痕等缺陷。

②尺寸偏差。板材的尺寸偏差应符合表 10-21 的规定。

表 10-21   尺寸偏差   mm

项　　目	长　　度	宽　　度	厚　　度	
			9.5	≥12.0
尺寸偏差	-6~0	-5~0	±0.5	±0.6

　　③对角线长度差。板材应切割成矩形,两对角线长度差应不大于 5mm。

　　④楔形棱边断面尺寸。对于棱边形状为楔形的板材,楔形棱边宽度应为 30~80mm,楔形棱边深度应为 0.6~1.9mm。

　　⑤面密度。板材的面密度应不大于表 10-22 的规定。

表 10-22　　　　　　　　　　　　面密度

板材厚度/mm	面密度/(kg/m²)
9.5	9.5
12.0	12.0
15.0	15.0
18.0	18.0
21.0	21.0
25.0	25.0

　　⑥断裂荷载。板材的断裂荷载应不小于表 10-23 的规定。

表 10-23　　　　　　　　　　　　断裂荷载

板材厚度/mm	断裂荷载/N			
	纵　向		横　向	
	平均值	最小值	平均值	最小值
9.5	100	360	160	140
12.0	520	460	200	180
15.0	650	580	250	220
18.0	770	700	300	270
21.0	900	810	350	320
25.0	1100	970	420	380

　　2)装饰石膏板。

　　①外观质量。装饰石膏板正面不应有影响装饰效果的气孔、污痕、裂纹、缺角、色彩不均匀和图案不完整等缺陷。

　　②板材尺寸允许偏差、不平度和直角偏离度。板材尺寸允许偏差、不平度和直角偏离度应不大于表 10-24 的规定。

表 10-24　　　　　板材尺寸允许偏差、不平度和直角偏离度　　　　　　mm

项　目	指　标
边长	+3 -2
厚度	±1.0
不平度	2.0
直角偏离度	2

③物理力学性能。物理力学性能应符合表 10-25 的要求。

表 10-25　　　　　　　　　　物理力学性能

序号	项　目		P,K,FP,FK			D,FD		
			平均值	最大值	最小值	平均值	最大值	最小值
1	单位面积质量/ (kg/m²) ≤	厚度 9mm	10.0	11.0	—	13.0	14.0	—
		厚度 11mm	12.0	13.0	—	—	—	—
2	含水率(%) ≥		2.5	3.0	—	2.5	3.0	—
3	吸水率(%) ≤		8.0	9.0	—	8.0	9.0	—
4	断裂荷载/N ≥		147	—	132	167	—	150
5	受潮挠度/mm ≤		10	12	—	10	12	—

注:D 和 FD 的厚度系指棱边厚度。

3)石膏空心条板。

①石膏空心条板的外观质量应符合表 10-26 规定。

表 10-26　　　　　　　　　　外观质量

项　目	指标
缺棱掉角,深度×宽度×长宽 5mm×10mm×25mm～10mm×20mm×30mm	不多于 2 处
板面裂纹,长度 10～30mm,宽度 0～1mm	
气孔,小于 10mm,大于 5mm	
外露纤维、贯通裂缝、飞边毛刺	不许有

②石膏空心条板的尺寸偏差应符合表 10-27 规定。

表 10-27　　　　　　　　　　　尺寸偏差

序　号	项　　　目	允许偏差
1	长度 L	± 5
2	宽度 B	± 2
3	厚度 T	± 1
4	每 2m 板面平整度	2
5	对角线差	10
6	侧向弯曲	$L/1000$
7	接缝槽宽 a	$+2$
8	接缝槽深 b	0
9	榫头宽 c	0
10	榫头高 e	-2
11	榫槽宽 d	$+2$
12	榫槽深 f	0

第二节　建　筑　石　材

一、天然大理石建筑板材

1. 分类及等级

(1)分类。按形状分成如下类别：

1)普型板(PX)；

2)圆弧板(HM)——装饰面轮廓线的曲率半径处处相同的饰面板材。

(2)等级

1)普型板按规格尺寸偏差、平面度公差、角度公差及外观质量将板材分为优等品(A)、一等品(B)、合格品(C)三个等级。

2)圆弧板按规格尺寸偏差、直线度公差、线轮廓度公差及外观质量将板材分为优等品(A)、一等品(B)、合格品(C)三个等级。

2. 主要技术要求

(1)规格尺寸允许偏差

1)普型板规格尺寸允许偏差见表 10-28。

表 10-28　　　　　　　　　　普型板规格尺寸允许偏差　　　　　　　　　　mm

项　目		允许偏差		
		优等品	一等品	合格品
长度、宽度		0 −1.0		0 −1.5
厚度	≤12	±0.5	±0.8	±1.0
	>12	±1.0	±1.5	±2.0
干挂板材厚度		+2.0 0		+3.0 0

　　2)圆弧板壁厚最小值应不小于 20mm,规格尺寸允许偏差见表 10-29。圆弧板各部位名称如图 10-1 所示。

表 10-29　　　　　　　　　　圆弧板规格尺寸允许偏差　　　　　　　　　　mm

项　目	允许偏差		
	优等品	一等品	合格品
弦长	0 −1.0		0 −1.5
高度	0 −1.0		0 −1.5

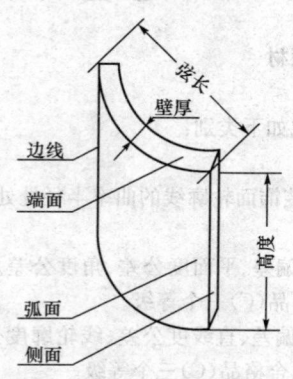

图 10-1　圆弧板部位名称

(2)平面度允许公差

1)普型板平面度允许公差见表 10-30。

表 10-30　　　　　　普型板平面度允许公差　　　　　　　mm

板材长度	允许公差		
	优等品	一等品	合格品
≤400	0.2	0.3	0.5
>400～≤800	0.5	0.6	0.8
>800	0.7	0.8	1.0

2)圆弧板直线度与线轮廓度允许公差见表 10-31。

表 10-31　　　　圆弧板直线度与线轮廓度允许公差　　　　mm

项　目		允许公差		
		优等品	一等品	合格品
直线度 (按板材高度)	≤800	0.6	0.8	1.0
	>800	0.8	1.0	1.2
线轮廓度		0.8	1.0	1.2

（3）角度允许公差。

1)普型板角度允许公差见表 10-32。

表 10-32　　　　　　　普型板角度允许公差　　　　　　　mm

板材长度	允许公差		
	优等品	一等品	合格品
≤400	0.3	0.4	0.5
>400	0.4	0.5	0.7

2)圆弧板端面角度允许公差:优等品为 0.4mm,一等品为 0.6mm,合格品为 0.8mm。

3)普型板拼缝板材正面与侧面的夹角不得大于 90°。

4)圆弧板侧面角 α 应不小于 90°。

（4）外观质量。

1)同一批板材的色调应基本调和,花纹应基本一致。

2)板材正面的外观缺陷的质量要求应符合表 10-33 规定。

表 10-33　　　　　　　　　　　板材正面外观缺陷质量要求

名称	规 定 内 容	优等品	一等品	合格品
裂纹	长度超过 10mm 的不允许条数(条)		0	
缺棱	长度不超过 8mm,宽度不超过 1.5mm(长度≤4mm,宽度≤1mm 不计),每米长允许个数(个)			
缺角	沿板材边长顺延方向,长度≤3mm,宽度≤3mm(长度≤2mm,宽度≤2mm 不计),每块板允许个数(个)	0	1	2
色斑	面积不超过 6cm²(面积小于 2cm² 不计),每块板允许个数(个)			
砂眼	直径在 2mm 以下		不明显	有,不影响装饰效果

3)板材允许粘结和修补。粘结和修补后应不影响板材的装饰效果和物理性能。

(5)物理性能

1)镜面板材的镜向光泽值应不低于 70 光泽单位,若有特殊要求,由供需双方协商确定。

2)板材的其他物理性能指标应符合表 10-34 的规定。

表 10-34　　　　　　　　　　　板材其他物理性能指标

项　　目		指　　标
体积密度/(g/cm³)	≥	2.30
吸水率/%	≤	0.50
干燥压缩强度/MPa	≥	50.0
干燥	弯曲强度/MPa　≥	7.0
水饱和		
耐磨度①/(1/cm³)	≥	10

注:①为了颜色和设计效果,以两块或多块大理石组合拼接时,耐磨度差异应不大于 5,
建议适用于经受严重踩踏的阶梯、地面和月台使用的石材耐磨最小为 12。

二、天然花岗石建筑板材

1. 分类与等级

(1)分类

1)按形状分为:

①毛光板(MG);

②普型板(PX);

③圆弧板（HM）；

④异型板（YX）。

2)按表面加工程度分为：

①镜面板（JM）；

②细面板（YG）；

③粗面板（CM）。

3)按用途分为：

①一般用途：用于一般性装饰用途；

②功能用途：用于结构性承载用途或特殊功能要求。

(2)等级。按加工质量和外观质量分为：

1)毛光板按厚度偏差、平面度公差、外观质量等将板材分为优等品（A）、一等品（B）、合格品（C）三个等级；

2)普型板按规格尺寸偏差、平面度公差、角度公差、外观质量等将板材分为优等品（A）、一等品（B）、合格品（C）三个等级；

3)圆弧板按规格尺寸偏差、直线度公差、线轮廓度公差、外观质量等将板材分为优等品（A）、一等品（B）、合格品（C）三个等级。

2. 主要技术要求

(1)一般要求。

1)天然花岗石建筑板材的岩矿结构应符合商业花岗石的定义范畴。

2)规格板的尺寸系列见表 10-35,圆弧板、异型板和特殊要求的普型板规格尺寸由供需双方协商确定。

表 10-35　　　　　　　　　　规格板的尺寸系列　　　　　　　　　　mm

边长系列	300①、305①、400、500、600①、800、900、1000、1200、1500、1800
厚度系列	10①、12、15、18、20①、26、30、35、40、50

注：①常用规格。

(2)加工质量。

1)毛光板的平面度公差和厚度偏差应符合表 10-36 的规定。

表 10-36　　　　　　　　毛光板的平面度公差和厚度偏差　　　　　　　　mm

项　　目		技术指标					
		镜面和细面板材			粗面板材		
		优等品	一等品	合格品	优等品	一等品	合格品
平面度		0.80	1.00	1.50	1.50	2.00	3.00
厚度	≤12	±0.5	±1.0	+1.0 −1.5	—		
	>12	±1.0	±1.5	±2.0	+1.0 −2.0	±2.0	+2.0 −3.0

2）普型板规格尺寸允许偏差应符合表 10-37 的规定。

表 10-37　　　　　　　　　**普型板规格尺寸允许偏差**　　　　　　　　mm

项　　目		技术指标					
		镜面和细面板材			粗面板材		
		优等品	一等品	合格品	优等品	一等品	合格品
长度、宽度		0 −1.0		0 −1.5	0 −1.0		0 −1.5
厚度	≤12	±0.5	±1.0	+1.0 −1.5	—		
	>12	±1.0	±1.5	±2.0	+1.0 −2.0	±2.0	+2.0 −3.0

3）圆弧板壁厚最小值应不小于 18mm，规格尺寸允许偏差应符合表 10-38 的规定。圆弧板各部位名称及尺寸标注如图 10-1 所示。

表 10-38　　　　　　　　　**圆弧板规格尺寸允许偏差**　　　　　　　　mm

项目	技术指标					
	镜面和细面板材			粗面板材		
	优等品	一等品	合格品	优等品	一等品	合格品
弦长	0		0	0 −1.5	0 −2.0	0 −2.0
高度	−1.0		−1.5	0 −1.0	0 −1.0	0 −1.5

4）普型板平面度允许公差应符合表 10-39 规定。

表 10-39　　　　　　　　　**普型板平面度允许公差**　　　　　　　　mm

板材长度（L）	技术指标					
	镜面和细面板材			粗面板材		
	优等品	一等品	合格品	优等品	一等品	合格品
L≤400	0.20	0.35	0.50	0.60	0.80	1.00
400<L≤800	0.50	0.65	0.80	1.20	1.50	1.80
L>800	0.70	0.85	1.00	1.50	1.80	2.00

5）圆弧板直线度与线轮廓度允许公差应符合表 10-40 规定。

表 10-40　　　　　　圆弧板直线度与线轮廓度允许公差　　　　　　mm

项目		技术指标					
		镜面和细面板材			粗面板材		
		优等品	一等品	合格品	优等品	一等品	合格品
直线度（按板材高度）	≤800	0.80	1.00	1.20	1.00	1.20	1.50
	>800	1.00	1.20	1.50	1.50	1.50	2.00
线轮廓度		0.80	1.00	1.20	1.00	1.50	2.00

6）普型板角度允许公差应符合表 10-41 的规定。

表 10-41　　　　　　普型板角度允许公差　　　　　　mm

板材长度(L)	技术指标		
	优等品	一等品	合格品
L≤400	0.30	0.50	0.80
L>400	0.40	0.60	1.00

7）圆弧板端面角度允许公差：优等品为 0.40mm，一等品为 0.60mm，合格品为 0.80mm。

8）普型板拼缝板材正面与侧面的夹角不应大于 90°。

9）圆弧板侧面角 α 应不小于 90°。

10）镜面板材的镜向光泽度应不低于 80 光泽单位，特殊需要和圆弧板由供需双方协商确定。

（3）外观质量。

1）同一批板材的色调应基本调和，花纹应基本一致。

2）板材正面的外观缺陷应符合表 10-42 规定，毛光板外观缺陷不包括缺棱和缺角。

表 10-42　　　　　　板材正面外观缺陷

缺陷名称	规定内容	技术指标		
		优等品	一等品	合格品
缺棱	长度≤10mm，宽度≤1.3mm（长度<5mm，宽度<1.0mm 不计），周边每米长允许个数（个）	0	1	2

（续）

缺陷名称	规定内容	技术指标		
		优等品	一等品	合格品
缺角	沿板材边长，长度≤3mm，宽度≤3mm（长度≤2mm，宽度≤2mm不计），每块板允许个数（个）	0	1	2
裂纹	长度不超过两端顺延至板边总长度的1/10（长度＜20mm不计），每块板允许条数（条）			
色斑	面积≤15mm×30mm（面积＜10mm×10mm不计），每块板允许个数（个）		2	3
色线	长度不超过两端顺延至板边总长度的1/10（长度＜40mm不计），每块板允许条数（条）			

注：干挂板材不允许有裂纹存在。

（4）物理性能。天然花岗石建筑板材的物理性能应符合表10-43的规定；工程对石材物理性能项目及指标有特殊要求的，按工程要求执行。

表10-43　　　　　　　　　　　　　物理性能

项　　目		技术指标	
		一般用途	功能用途
体积密度/(g/cm³)，≥		2.56	2.56
吸水率(%)，≤		0.60	0.40
压缩强度/MPa，≥	干燥	100	131
	水饱和		
弯曲强度/MPa，≥	干燥	8.0	8.3
	水饱和		
耐磨性①(1/cm³)，≥		25	25

注：①使用在地面、楼梯踏步、台面等严重踩踏或磨损部位的花岗石石材应检验此项。

三、建筑水磨石制品

1. 分类、等级、标记

建筑水磨石制品的分类、等级与标记应符合表10-44的规定。

表 10-44　　　　　　　　　　　　　**分类、等级与标记**

项　目	内　　容
分　类	(1)按制品在建筑物中的使用部位分为墙面和柱面用水磨石(Q)；地面和楼面用水磨石(D)；踢脚板、立板和三角板类水磨石(T)；隔断板、窗台板和台面板类水磨石(G)。 (2)按制品表面加工程度分为磨面水磨石(M)和抛光水磨石(P)
等　级	水磨石按其外观质量、尺寸偏差和物理力学性能分为优等品(A)、一等品(B)和合格品(C)
标　记	(1)标记方法。产品标记由牌号(商标)、类别、等级、规格和标准号组成。 (2)标记示例。规格为 400mm×400mm×25mm 的钻石牌一等品地面用抛光水磨石标记为： 　　钻石牌水磨石 DPB 400×400×25　JC 507

2. 主要技术要求

(1)规格。水磨石的常用规格尺寸为 300mm×300mm、305mm×305mm、400mm×400mm、500mm×500mm。其他规格尺寸由供需双方商定。

(2)外观要求。

1)水磨石面层的外观缺陷规定见表 10-45。

表 10-45　　　　　　　　　　　**外　观　缺　陷**　　　　　　　　　　mm

缺陷名称	优等品	一等品	合格品
返浆、杂质	不允许		长×宽≤10×10 的不超过 2 处
色差、划痕、杂石、漏砂、气孔	不允许		不　明　显
缺口	不允许		长×宽>5×3 的缺口不应有 长×宽≤5×3 的缺口周边上不超过 4 处,但同一条棱上不得超过 2 处

注：一个缺角应计为相邻两棱边各有缺口 1 处。

2)水磨石磨光面有图案时,其越线和图案偏差见表 10-46。

表 10-46		越线和图案偏差	mm

缺陷名称	优等品	一等品	合格品
图案偏差	≤2	≤3	≤4
越 线	不允许	越线距离≤2 长度≤10 允许 2 处	越线距离≤3 长度≤20 允许 2 处

3)同批水磨石磨光面上的石碴级配和颜色应基本一致。

(3)尺寸偏差。

1)水磨石的规格尺寸允许偏差及平面度、角度允许极限公差见表 10-47。

表 10-47		尺寸允许偏差及平面度、角度允许极限公差			mm
类 别	项目 等级	长度、宽度	厚 度	平面度(°)	角 度(°)
Q	优等品	0 −1	±1	0.6	0.6
	一等品	0 −1	+1 −2	0.8	0.8
	合格品	0 −2	+1 −3	1.0	1.0
D	优等品	0 −1	+1 −2	0.6	0.6
	一等品	0 −1	±2	0.8	0.8
	合格品	0 −2	±3	1.0	1.0
T	优等品	±1	+1 −2	1.0	0.8
	一等品	±2	±2	1.5	1.0
	合格品	±3	±3	2.0	1.5
G	优等品	±2	+1 −2	1.5	1.0
	一等品	±3	±2	2.0	1.5
	合格品	±4	±3	3.0	2.0

2)厚度小于或等于 15mm 的单面磨光水磨石,同块水磨石的厚度极差不得大于 1mm;厚度大于 15mm 的单面磨光水磨石,同块水磨石上的厚度极差不得大于 2mm。

3)侧面不磨光的拼缝水磨石,正面与侧面的夹角不得大于 90°。

(4)物理力学性能及出石率见表 10-48。

表 10-48　　　　　　　　　　物理力学性能及出石率

项　目	内　容
物理力学性能	(1)抛光水磨石的光泽度,优等品不得低于 45.0 光泽单位;一等品不得低于 35.0 光泽单位;合格品不得低于 25.0 光泽单位。 (2)水磨石的吸水率不得大于 8.0%。 (3)水磨石的抗折强度平均值不得低于 5.0MPa,单块最小值不得低于 4.0MPa
出石率	磨光面的石碴分布应均匀。石碴粒径大于或等于 3mm 的水磨石,出石率应不小于 55%

第三节　建　筑　木　材

一、木材的基本性质

1. 木材的含水率及表示方法

木材的含水率及表示方法见表 10-49。

表 10-49　　　　　　　　　　木材含水率及表示方法

项　目	内　容
概述	木材中水分的多少,对于木材的密度、强度、干缩、湿胀、耐久性、燃烧值、液力渗透性、热和电的传导性等关系很大,在木材利用上须特别注意。木材的含水状态分为以下三种:自由水(存在于细胞间隙中的毛细管中的水分);吸附水(包含在细胞壁中的吸着水);化合水(构成细胞的化学成分的水)。木材中的水分主要是自由水和吸附水,化合水的含量非常少。 木材的含水率是指木材所含水的质量与木材质量之比,用百分率(%)表示。其表示方法有四种:绝对含水率、相对含水率、平衡含水率、纤维饱和点含水量

（续一）

项　目	内　容
绝对含水率	绝对含水率是指木材所含水的质量与木材的干燥（恒重）质量之比。即： $$W_j = \frac{G_q - G_h}{G_h} \times 100\%$$ 式中　W_j——木材绝对含水率； 　　　　G_q——木材的湿质量（g）； 　　　　G_h——木材的干燥（恒重）质量（g）
相对含水率	相对含水率是指木材所含水的质量与木材湿质量之比。即： $$W_x = \frac{G_q - G_h}{G_q} \times 100\%$$ 式中　W_x——木材相对含水率； 　　　　G_q——木材的湿质量（g）； 　　　　G_h——木材的干燥（恒重）质量（g）
平衡含水率	潮湿的木材，会在干燥的空气中失去水分，木材蒸发水分的现象称为解湿，干燥的木材也会在空气中吸收水分，木材自外界吸收水分的现象称为吸湿。 　　当木材的含水率与空气的相对湿度已达到平衡而不再变化时，既不吸收水分，也不散去水分，此时木材的含水率称为平衡含水率。木材平衡含水率随着各地区、各个季节温度和相对湿度的变化而变化。木材平衡含水率与空气的相对湿度关系，见图 10-2 所示。我国平衡含水率平均为 15%（北方为 12%，南方为 18%） 图 10-2　木材的平衡含水率

（续二）

项　　目	内　　容
纤维饱和点含水量	潮湿木材的干燥过程中，首先蒸发的是自由水，当自由水蒸发完毕而吸附水尚处于饱和状态时，或干材吸收水分后细胞壁中的吸附水达到饱和状态，这种吸附水的饱和状态，称为纤维饱和点，此时的含水量，称为纤维饱和点含水量（即吸附水的最大值）。由于木材品种不同，纤维饱和点含水量一般为23%～33%。木材纤维饱和点是所有木材材性变化的转折点。若木材含水量在纤维饱和点以上，即使含水量改变，也不会影响木材的强度，因为当含水量超过纤维饱和点，细胞腔内水分的变化与细胞壁无关。当含水量在纤维饱和点以下，其强度随含水量减少而增加，这主要是由于水分减少、细胞壁物质变干而紧密，因而强度提高。反之，细胞壁物质软化、膨胀而松散，因而强度降低

2. 木材的干缩与湿胀

木材的干缩与湿胀性能见表 10-50。

表 10-50　　　　　　　　　　　　　　木材的干缩与湿胀

项　　目	内　　容
木材干缩与湿胀的概念	木材干燥时，其尺寸、体积缩小，叫干缩；木材吸收水分时，其尺寸、体积增大，叫湿胀。木材的干缩与湿胀并不是在任何条件下都会产生，而是在纤维饱和点以下，水分的减少，木材逐渐收缩，一直到木材中的水分为零时，才不再收缩，这时木材体积最小；相反，木材吸收水分的增加，体积逐渐增大，一直到纤维饱和点才不再膨胀，这时木材体积最大，过了纤维饱和点，即使水分再增加，木材尺寸体积也不再变大，只能引起木材质量的增加
木材干缩与湿胀的特性	木材的干缩和湿胀，不但因材种不同而异，即是一块木材也有纵向和横向的区别。横向又有径向和弦向之分。木材的纵向干缩最小（约为 0.1%），可以忽略不计；弦向干缩大（约为 6%～12%）；径向干缩小（约为 3%～6%）。一般径向干缩为弦向干缩的 1/3～1/2。 　　木材干缩的差异，主要是因为木材是由许多细长的细胞组成。当细胞干缩时，其长度的缩短远不如截面的变细影响大。 　　木材的湿胀同干缩一样，纵向湿胀最小，弦向最大，径向次之。在水中纵向湿胀为 0.1%～0.8%，径向为 3%～5%，弦向为 6%～13%

3. 木材的密度及堆积密度

木材的密度及堆积密度见表 10-51。

表 10-51　　　　　　　　　　　　木材的密度及堆积密度

项　　目	内　　容
木材的密度及堆积密度	木材密度是指木材在绝对干燥状态下,单位体积的质量;木材堆积密度是指木材在自然状态下单位体积的质量。 　　木材的密度和堆积密度,因树种不同差异较大,但以一般的针叶树和阔叶树计算,约为 1.499～1.564g/cm³,平均值为 1.54g/cm³,堆积密度约为 500kg/m³。堆积密度的大小与木材的种类和含水率有关,确定木材的堆积密度时,要在标准含水率情况下进行。当木材含水率为 15％时,称为标准含水率。现场简易测定木材堆积密度的方法:将预测的木材制成 10mm×10mm×90mm 或 45mm×45mm×250mm 正长方形木条试件,在长的方向上分刻成相等的 10 等分及其以下的划分,木材周围涂以薄层石蜡。测定时将此木条投入适量的盛水的量筒内,使木材条能自然在水中浮漂而不触及筒壁,木材在水面的刻度数字,就是木材的堆积密度

4. 木材的抗拉、抗压、剪切、抗弯强度

木材的抗拉、抗压、剪切、抗弯强度见表 10-52。

表 10-52　　　　　　　　　　　　木材的强度

项　　目	内　　容
抗拉强度	木材的抗拉强度可分为顺纹抗拉强度和横纹抗拉强度。 　　(1)顺纹抗拉强度在木材的诸强度中最大,即作用方向与材料纤维方向平行时的抗拉强度。当受拉破坏时,木材纤维往往未拉断,而只能产生纤维的撕裂和连接的破坏。 　　木材顺纹抗拉强度(当含水率为 W％时)按下式计算。精确至 0.1MPa。 $$\sigma_W = \frac{P}{ab}$$ 　式中　P——试样最大荷载(N); 　　　　a——试样厚度(mm); 　　　　b——试样宽度(mm)。 　　木材顺纹抗拉强度(σ_W),按下式换算为含水率 15％时的抗拉强度(σ_{15}),精确至 0.1MPa。 $$\sigma_{15} = \sigma_W[1+0.015(W-15)]$$ 　　(2)横纹抗拉强度即拉力方向与木材纤维方向垂直时的强度。横纹拉力的破坏,主要是木材纤维细胞连接的破坏。横纹抗拉强度为顺纹抗拉强度的 2％～5％,因此使用时应尽量避免木材横纹受拉

（续一）

项　目	内　　　　容
抗压强度	木材的抗压强度可分为顺纹抗压强度和横纹抗压强度。 （1）顺纹抗压强度：即作用力（压力）的方向与木材纤维方向垂直时的抗压强度[图 10-3(a)]。木材顺纹抗压强度是木材各种力学性质中的基本指标。这类受力在工程中使用最广，如柱、桩、桁架中的承重杆等。试样含水率为 $W\%$，木材顺纹抗压强度（σ_W）按下式计算，精确至 0.1MPa。 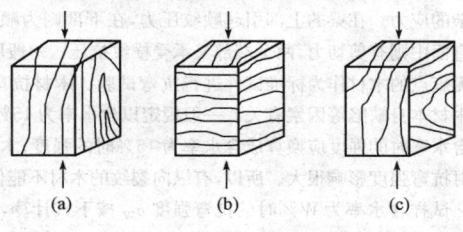 **图 10-3　木材受压示意图** (a)顺纹受压；(b)横纹径向受压；(c)横纹弦向受压 $$\sigma_W=\frac{P}{ab}$$ 式中　P——试样最大荷载(N)； 　　　a——试样厚度(mm)； 　　　b——试样宽度(mm)。 木材顺纹抗压强度（σ_W），按下式换算为含水率 15% 时的强度 σ_{15}，精确至 0.1MPa。 $$\sigma_{15}=\sigma_W[1+0.015(W-15)]$$ （2）横纹抗压强度：即作用力与木材纤维方向垂直时的抗压强度。横纹抗压强度可分为弦向与径向两种[图 10-3(b)和(c)]。当作用力与年轮相切时，为弦向横纹抗压。当作用力与年轮垂直时，则为径向横纹抗压。顺纹抗压强度比横纹抗压强度大，而横纹中径向抗压强度最小
木材剪切强度	木材的剪切强度分为顺纹剪切强度、横纹剪切强度和横纹切断强度三种（图 10-4）。 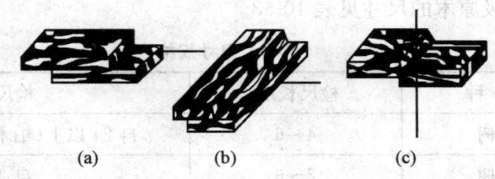 **图 10-4　木材的剪切** (a)顺纹剪切；(b)纵纹剪切；(c)横纹剪切

(续二)

项　目	内　容
木材剪切强度	顺纹剪切即剪切方向与纤维方向垂直，而剪切面与纤维方向平行。横纹剪切即剪切方向与纤维方向垂直，其剪切面与纤维方向也垂直。纵纹剪切即剪切方向与纤维方向平行，而剪切面也与纤维方向平行
木材抗弯强度	在建筑工程中木材常用于受弯构件，如梁、板、桁架等。木材受弯曲时产生复杂的应力。在梁的上部引起顺纹压力，在下部则为顺纹拉力，而在水平面和垂直面中则有剪切力，两个端部又承受横纹抗压。一般用 20mm×20mm×300mm 无疵点的木材作为标准试件进行抗弯试验。木材抗弯强度的大小与含水率及木材本身缺陷等因素有关。一般规定以含水率为 15％时的强度作为标准，其他含水率时的强度应换算成含水率为 15％时的强度；木材中的木节、斜纹等疵点对抗弯强度影响很大。所以，有纵向裂纹的木材不能作梁使用。 试样含水率为 $W\%$ 时的抗弯强度 σ_W 按下式计算，精确至 0.1MPa。 $$\sigma_W = \frac{P \cdot L}{b \cdot h^2}$$ 式中　P——最大荷载(N)； 　　　l——支座间跨距(mm)； 　　　b——试样宽度(mm)； 　　　h——试样高度(mm)。 木材抗弯强度 σ_W，按下式换算为含水率 15％时的强度 σ_{15}，精确至 0.1MPa $$\sigma_{15} = \sigma_W[1 + 0.04(W-15)]$$

二、特级原木

1. 种类

红松、云杉、沙松、樟子松、华山松、柏木、杉木、落叶松、马尾松、水曲柳、核桃楸、檫木、黄樟、香椿、楠木、榉木、槭木、麻栎、柞木、青冈、荷木、红锥、榆木、椴木、枫桦、西南桦、白桦等。

2. 主要技术要求

(1)特级原木的尺寸见表 10-53。

表 10-53　　　　　　　　　　　尺寸规格

树　　种	检尺长/m	检尺径/cm
针叶树	4～6	自 24 以上(柏木、杉木自 20 以上)
阔叶树	2～6	自 24 以上

注：1. 检尺长按 0.2m 进级；长级公差：0～+6cm。

　　2. 检尺径按 2cm 进级。

(2)特级原木的材质指标见表 10-54。

表 10-54　　　　　　　　　　　　　　材质指标

缺陷名称	允　许　限　度	
	针叶树	阔叶树
活节、死节	任意 1m 材长范围内，节子直径不超过检尺径 15%的允许	
	2 个	1 个
树包(隐生节)	全材长范围内凸出原木表面高度不超过 30mm 的允许:1 个	
心材腐朽	腐朽直径不得超过检尺径的: 　小头　不允许 　大头　10%	
边材腐朽	距大头端面 1m 范围内，大头边腐厚度不得超过检尺径的 5%，边材腐朽弧长不得超过该断面圆周的 1/4，其他部位不允许	
裂　纹	纵裂长度不得超过检尺长的: 　杉木　　　15% 　其他树种　10% 贯通断面开裂不允许 断面弧裂拱高或环裂半径不得超过检尺径的:20% 断面的环裂、弧裂的裂缝在 25cm² 的正方形中允许有 2 条(裂纹没有起点限制)	
劈　裂	大头及小头劈裂脱落厚度不得超过同方向直径的:5%	
弯　曲	最大拱高与该段内弯曲水平长相比不得超过:	
	1%	1.5%
扭转纹	小头 1m 长范围内，倾斜高度不得超过检尺径的:10%	
偏　心	小头断面中心与髓心之间距离不得超过检尺径的:10%	
外　伤	径向深度不得超过检尺径的:10%	
外夹皮	距大头端面 1m 范围内，长度不得超过检尺长的:10% 其他部位不允许	
抽　心	小头断面不允许 大头抽心直径不得超过检尺径的:10%	
虫　眼	全材长范围内及端面自 3mm 以上的均不允许	

注:除本表所列缺陷外，如漏节、树瘤、偏枯、风折木、双心，在全材长范围内均不允许，其他未列入缺陷不计。

三、针叶树锯材

1. 尺寸

(1)长度:1~8m。

(2)长度进级:自 2m 以上按 0.2m 进级,不足 2m 的按 0.1m 进级。

(3)板材、方材规格:板材、方材规格尺寸见表 10-55。

表 10-55　　　　　　　　　板材、方材规格尺寸　　　　　　　　　　mm

分类	厚　　度	宽度	
		尺寸范围	进级
薄板 中板 厚板	12,15,18,21 25,30,35 40,45,50,60	30~300	10
方材	25×20,25×25,30×30,40×30,60×40,60×50,100×55,100×60		

注:表中未列规格尺寸由供需双方协议商定。

(4)尺寸偏差:尺寸允许偏差见表 10-56。

表 10-56　　　　　　　　　　尺寸允许偏差

种　　类	尺寸范围	偏　差
长度	不足 2.0m	+3cm -1cm
	自 2.0m 以上	+6cm -2cm
宽度、厚度	不足 30mm	±1mm
	自 30mm 以上	±2mm

2. 材质指标

针叶树锯材分为特等、一等、二等和三等四个等级,各等级材质指标见表 10-57。长度不足 1m 的锯材不分等级,其缺陷允许限度不低于三等材。

表 10-57　　　　　　　　　　材质指标

检查缺陷名称	检量与计算方法	允许限度			
		特等	一等	二等	三等
活节及死节	最大尺寸不得超过板宽的	15%	30%	40%	不限
	任意材长 1m 范围内个数不得超过	4	8	12	
腐朽	面积不得超过所在材面面积的	不允许	2%	10%	30%

(续)

检查缺陷名称	检量与计算方法	允许限度			
		特等	一等	二等	三等
裂纹夹皮	长度不得超过材长的	5%	10%	30%	不限
虫眼	任意材长 1m 范围内个数不得超过	1	4	15	不限
钝棱	最严重缺角尺寸不得超过材宽的	5%	10%	30%	40%
弯曲	横弯最大拱高不得超过内曲水平长的	0.3%	0.5%	2%	3%
	顺弯最大拱高不得超过内曲水平长的	1%	2%	3%	不限
斜纹	斜纹倾斜程度不得超过	5%	10%	20%	不限

四、阔叶树锯材

1. 尺寸

(1)长度：1~6m。

(2)长度进级：自 2m 以上按 0.2m 进级，不足 2m 的按 0.1m 进级。

(3)板材、方材规格。板材、方材规格尺寸见表 10-55。

(4)尺寸偏差。尺寸允许偏差见表 10-56。

2. 材质指标

阔叶树锯材分为特等、一等、二等和三等四个等级，各等级材质指标见表 10-58。

表 10-58　　　　　　　　　　材质指标

缺陷名称	检量与计算方法	允许限度			
		特等	一等	二等	三等
死节	最大尺寸不得超过板宽的	15%	30%	40%	不限
	任意材长 1m 范围内个数不得超过	3	6	8	
腐朽	面积不得超过所在材面面积的	不允许	2%	10%	30%
裂纹夹皮	长度不得超过材长的	10%	15%	40%	不限
虫眼	任意材长 1m 范围内个数不得超过	1	2	8	不限
钝棱	最严重缺角尺寸不得超过材宽的	5%	10%	30%	40%
弯曲	横弯最大拱高不得超过内曲水平长的	0.5%	1%	2%	4%
	顺弯最大拱高不得超过内曲水平长的	1%	2%	3%	不限
斜纹	斜纹倾斜程度不得超过	5%	10%	20%	不限

注：长度不足 1m 的锯材不分等级，其缺陷允许限度不低于三等材。

五、刨切单板

1. 分类

刨切单板的分类见表 10-59。

表 10-59　　　　　　　　　　分　类

项　目	内　容
按木材纹理	径向单板、弦向单板
按板边加工状况	毛边单板、齐边单板
按加工方式	横向刨切单板、纵向刨切单板

2. 主要技术要求

(1)刨切单板的公称尺寸和允许公差见表 10-60。

表 10-60　　　　　　公称尺寸、允许公差　　　　　　mm

名　称	基本尺寸	偏　差
厚　度	<0.20	±0.02
	0.20~0.50	±0.03
	0.51~1.00	±0.04
	1.01~2.00	±0.06
	>2.00	±0.08
宽　度	自 60 起	+5 0
长　度	1930 2235 2540	±10

注:经供需双方商定可以生产其他规格的产品。

(2)外观要求。刨切单板的外观要求见表 10-61。

表 10-61　　　　　　刨切单板外观质量

检量项目		各等级允许缺陷		
		优等品	一等品	合格品
装饰性	美　感	材色和花纹美观		
	花纹一致性(仅限于有要求时)	花纹排列一致或基本一致		

(续)

检量项目			各等级允许缺陷		
			优等品	一等品	合格品
活节	阔叶树材	最大单个长径/mm	10	20	不限
	针叶树材		5	10	20
死节、孔洞、夹皮、树脂道等	死节、孔洞、夹皮、树脂道等	每米长板面上总个数 板宽≤120mm	0	1	2
		每米长板面上总个数 板宽>120mm	0	2	3
	半活节	最大单个长径/mm	不允许	10(小于5不计)	20(小于5不计)
	死节、虫孔、孔洞	最大单个长径/mm	不允许	不允许	4(小于2不计)
	夹皮	最大单个长度/mm	不允许	不允许	20(小于10不计)
	树胶道、树脂道	最大单个长度/mm	不允许	15(小于5不计)	30(小于10不计)
材色不匀、变色、褪色		色差	不易分辨	不明显	明显
腐朽		观察,程度	不允许	不允许	不允许
裂缝		最大单个宽度/mm	闭合 / 开口	闭合 / 0.2以下	闭合 / 0.5以下
		长度不超过板长的百分比(%)	5 / 不允许	10 / 5	15 / 10
毛刺沟痕、刀痕、划痕		目测、手感,程度	不允许	不明显	轻微
边、角缺损			不允许有尺寸公差范围以内的缺损		

注:1. 装饰面的材色色差,服从贸易双方的确认,需要仲裁时应使用测色仪器检测,"不易分辨"为总色差小于 1.5;"不明显"为总色差 1.5~3.0;"明显"为总色差 3.0~6.0。

2. 经供需双方商定,可以允许表 10-61 规定以外的缺陷存在。

3. 包装、标志、贮存及运输

(1)由同一木方刨切的单板按等级、规格、顺序分别打成捆,包扎要牢固平整,避免单板破损。单板捆按树种、等级、厚度包装成大包,包装时应根据贮存和运输需要及单板含水率的高低,采取相应的防潮、防霉及防腐措施。大包的上部和下部用带楞的夹板(锯材或人造板等硬质包装材料)夹住,然后用钢带或塑料带等打包,包装要牢固,避免破损。包装夹板的含水率不得超过 20%。短距离汽车运输时,可采用简易包装。特殊要求的单板可用木箱包装。

(2)标志。每捆单板表面应有树种名称、木方编号、规格、单板种类、等级和单板数量等标志内容,标志必须清晰。每个大包上应有标牌,写明生产厂名称和商标、树种名称、单板种类、等级和厚度、单板数量及产品标准号等内容。大包上应有运输和防潮标记。

(3)运输和贮存。要用清洁、干燥、带篷的运输工具运输刨切单板,防止各种损伤,运输和贮存中不得受潮。

六、普通胶合板

1. 板的结构

(1)通常相邻两层单板的木纹应互相垂直。

(2)中心层两侧对称层的单板应为同一厚度,同一树种或物理性能相似的树种,同一生产方法(即都是旋切或是刨切的),而且木纹配置方向也应相同。

(3)木纹方向平行的两层单板允许合为一层作中心层。测试胶合强度时,该两层单板看作一层。

(4)同一层表板应为同一树种,表板应紧面朝外。

(5)无孔胶纸带不得用于胶合板内部。如用其拼接优等品和一等品面板或修补一等品面板的裂缝,除不修饰外,事后应除去胶纸带且不留有明显胶纸痕。

(6)在正常的干燥条件下,阔叶树材胶合板表板厚度不得大于 3.5mm,内层单板厚度不得大于 5mm;针叶树材胶合板的内层和表层单板的厚度均不得大于 6.5mm。所有表板厚度均不得小于 0.55mm。

(7)胶合板的各层单板不允许采用未经斜面胶接或指形拼接的端接。

(8)胶合板中不得留有影响使用的夹杂物,即不影响板面平整,不影响饰面处理及不影响胶合质量。

2. 含水率

胶合板出厂时的含水率应符合表 10-62 的规定。

表 10-62   **胶合板的含水率值**   %

胶合板材种	Ⅰ、Ⅱ类	Ⅲ类
阔叶树材(含热带阔叶树材)	6～14	6～16
针叶树材		

3. 胶合强度

各类胶合板的胶合强度指标值应符合表 10-63 的规定。

表 10-63 胶合强度指标值 MPa

树种名称或木材名称或国外商品材名称	类 别	
	Ⅰ、Ⅱ类	Ⅲ类
椴木、杨木、拟赤杨、泡桐、橡胶木、柳安、奥克榄、白梧桐、异翅香、海棠木	≥0.70	
水曲柳、荷木、枫香、槭木、榆木、柞木、阿必东、克隆、山樟	≥0.80	≥0.70
桦木	≥1.00	
马尾松、云南松、落叶松、云杉、辐射松	≥0.80	

4. 甲醛释放量

室内用胶合板的甲醛释放量应符合表 10-64 的规定。

表 10-64 胶合板的甲醛释放限量 mg/r

级 别 标 志	限 量 值	备 注
E_0	≤0.5	可直接用于室内
E_1	≤1.5	可直接用于室内
E_2	≤5.0	必须饰面处理后可允许用于室内

七、浸渍胶膜纸饰面人造板

浸渍胶膜纸饰面人造板是以刨花板、纤维板等人造板为基材,以浸渍胶膜纸为饰面材料的装饰板材。

1. 分类

(1)根据人造板基材分:

1)浸渍胶膜纸饰面刨花板;

2)浸渍胶膜纸饰面纤维板。

(2)根据装饰面分:

1)浸渍胶膜纸单饰面人造板;

2)浸渍胶膜纸双饰面人造板。

(3)根据表面状态分:

1)平面浸渍胶膜纸饰面人造板;

2)浮雕浸渍胶膜纸饰面人造板。

2. 分等

根据外观质量分优等品、一等品、合格品。

3. 主要技术要求

(1)外观质量。浸渍胶膜纸双饰面人造板外观质量应符合表 10-65 要求。浸渍胶膜纸单饰面人造板的装饰面外观质量应符合表 10-65 中正面要求,其背面不应有影响使用的缺陷。

表 10-65　　　　　　　　　　浸渍胶膜纸饰面人造板外观质量要求

缺陷名称	优等品		一等品		合格品	
	正面	背面	正面	背面	正面	背面
干花	不允许		不允许	总面积不超过板面的 3%,允许	距板边 5mm 内,允许	总面积不超过板面的 5%,允许
湿花						
污斑			任意 1m² 板面内 ≤3mm² 允许 1 处	任意 1m² 板面内 3~30mm² 允许 1 处	任意 1m² 板面内 5~30mm² 允许 3 处	
表面划痕	不允许			任 1m² 板面内长度≤100mm 允许 2 处;影响装饰层的不允许	任意 1m² 板面内长度≤200mm 允许 4 处;影响装饰层的不允许	
表面压痕	不允许				任意 1m² 板面内 20~50mm² 允许 1 处	
透底	明显的不允许					
纸板错位	不允许		宽度不得超过 10mm,只允许一边有			
表面孔隙			表面孔隙总面积不超过板面的 3%允许			
颜色不匹配	明显的不允许					
光泽不均	明显的不允许					
鼓泡	不允许				任意 1m² 内≤10mm² 的允许 1 个	
纸张撕裂	不允许		≤100mm,允许 1 处/张			
局部缺陷	不允许				≤10mm²,允许 1 处/张	
崩边					≤3mm	

注:表中未列入影响使用和装饰效果的严重缺陷,如表面龟裂、分层、边角缺损(在基本尺寸内)等,各等级产品均不允许。

(2)规格尺寸及偏差。

1)幅面尺寸及偏差。幅面尺寸及其偏差应符合表 10-66 规定,经供需双方协议可生产其他幅面尺寸的产品。

表 10-66　　　　　　　　浸渍胶膜纸饰面人造板幅面尺寸及其偏差

长度/mm	宽度/mm	允许偏差/(mm/m)
2440	1220	
2440	1525	
2440	1830	±2.0
2610	2070	
2700	2070	

2)厚度偏差。厚度偏差不得超过±0.3mm。

3)垂直度偏差。垂直度偏差不得超过 1mm/m。

4)边缘直度偏差。边缘直度偏差不得超过 1mm/m。

5)翘曲度。厚度为 6～12mm 的翘曲度不得超过 0.5%；厚度大于 12mm 的翘曲度不得超过 0.3%。

（3）理化性能。

1)浸渍胶膜纸饰面纤维板。浸渍胶膜纸饰面纤维板的理化性能应符合表 10-67 的规定。

表 10-67　　　　　　　　浸渍胶膜纸饰面纤维板理化性能表

检验项目		单位	密度 0.6～0.8g/cm³				密度大于 0.8g/cm³
			基本厚度/mm				
			≤13.0	>13.0～20.0	>20.0～25.0	>25.0	
静曲强度		MPa	≥22.0	≥20.0	≥18.0	≥17.0	≥30.0
内结合强度		MPa	≥0.55	≥0.45	≥0.45	≥0.45	≥0.8
含水率		%	3.0～10.0				
吸水厚度膨胀率		%	≤8.0				
握螺钉力	板面	N	≥1000				
	板边	N	≥700				
表面胶合强度		MPa	≥0.60				≥1.00
表面耐冷热循环		—	无裂缝、无鼓泡				
表面耐划痕		—	≥1.5 N 表面无整圈连续划痕				
尺寸稳定性		%	≤0.30				≤0.60
表面耐磨	磨耗值	mg/100r	≤80				
	表面情况	图案纹	—	磨 100r 后应保留 50%以上花纹			
		素色	—	磨 350r 以后应无露底现象			

(续)

检验项目	单位	密度 0.6~0.8g/cm³				密度大于 0.8g/cm³
		基本厚度/mm				
		≤13.0	>13.0~ 20.0	>20.0~ 25.0	>25.0	
表面耐香烟灼烧	—	黑斑、裂纹、鼓泡不允许				
表面耐干热	—	无龟裂、无鼓泡				
表面耐污染腐蚀	—	无污染、无腐蚀				
表面耐龟裂	—	0~1 级				
表面耐水蒸气	—	不允许有凸起、变色和龟裂				
耐光色牢度(灰色样卡)	级	≥4				

注:1. 两类不同密度的浸渍胶膜纸双饰面纤维板的表面性能两面均应符合本表指标要求。

2. 经供需双方协议,可生产其他耐光色牢度级别的产品。

2)浸渍胶膜纸饰面刨花板。浸渍胶膜纸饰面刨花板的理化性能应符合表10-68 规定。

表 10-68   浸渍胶膜纸饰面刨花板理化性能表

检验项目		单位	基本厚度/mm				
			≤13.0	>13.0~20.0	>20.0~25.0	>25.0~32.0	>32.0
静曲强度		MPa	≥16.0	≥15.0	≥14.0	≥12.0	≥10.0
内结合强度		MPa	≥0.40	≥0.35	≥0.30	≥0.25	≥0.20
含水率		%	3.0~13.0				
密度		g/cm³	0.60~0.90				
吸水厚度膨胀率		%	≤8.0				
握螺钉力	板面	N	≥1100				
	板边	N	≥700				
表面胶合强度		MPa	≥0.60				
表面耐冷热循环		—	无裂缝、无鼓泡				
表面耐划痕		—	≥1.5N 表面无整圈连续划痕				
尺寸稳定性		%	≤0.60				

(续)

检验项目			单位	基本厚度/mm				
				≤13.0	>13.0~20.0	>20.0~25.0	>25.0~32.0	>32.0
表面耐磨	磨耗值		mg/100r	≤80				
	表面情况	图案	—	磨100r后应保留50%以上花纹				
		素色	—	磨350r以后应无露底现象				
表面耐香烟灼烧			—	黑斑、裂纹、鼓泡不允许				
表面耐干热			—	无龟裂、无鼓泡				
表面耐污染腐蚀			—	无污染、无腐蚀				
表面耐龟裂			—	0~1级				
表面耐水蒸气			—	不允许有凸起、变色和龟裂				
耐光色牢度(灰色样卡)			级	≥4				

注：1. 浸渍胶膜纸双饰面刨花板的表面性能两面均应符合指标要求。

2. 经供需双方协议，可生产其他耐光色牢度级别的产品。

4. 标志、包装、运输和贮存

(1)标记。加盖表明产品名称、生产日期和检验员代号的标记。

(2)包装。产品包装应按不同类别、规格、等级分别包装。每个包装应挂有注明生产厂名称、通讯地址、产品名称、执行标准、商标、规格、等级、甲醛释放限量、张数、防潮、防晒以及盖有合格的标签。

(3)运输。产品运输方式由供需双方商定。运输中应避免表面划伤或磕碰，且防雨、防潮和防晒。

(4)贮存。产品的存放基础必须平整，码放必须整齐，板面不得与地面接触，并按不同类别、规格、等级堆放，每垛应有相应的标记。贮存地点应防雨、防潮、防晒且远离火源。

八、实木地板

1. 分类

(1)按形状分类：

1)榫接实木地板；

2)平接实木地板；

3)仿古实木地板。

(2)按表面有无涂饰分类：

1)涂饰实木地板；

2)未涂饰实木地板。

(3)按表面涂饰类型分类：

1)漆饰实木地板；

2)油饰实木地板。

2. 主要技术要求

(1)分等。根据产品的外观质量、物理性能分为优等品、一等品和合格品。

(2)规格尺寸与偏差。

1)实木地板的尺寸应符合表 10-69 要求。

表 10-69　　　　　　　　　　　　实木地板的尺寸　　　　　　　　　　　　mm

长　度	宽　度	厚　度	榫舌宽度
≥250	≥40	≥8	≥3.0

其他尺寸的产品可按供需双方协议执行。

2)实木地板的尺寸偏差应符合表 10-70 要求。

表 10-70　　　　　　　　　　　实木地板尺寸偏差　　　　　　　　　　　mm

名　称	偏　　　　　差
长度	公称长度与每个测量值之差绝对值≤1
宽度	公称宽度与平均宽度之差绝对值≤0.30,宽度最大值与最小值之差≤0.30
厚度	公称厚度与平均厚度之差绝对值≤0.30,厚度最大值与最小值之差≤0.40
槽最大高度和榫最大厚度之差	0.1~0.4

实木地板长度和宽度是指不包括榫舌的长度和宽度。

3)实木地板的形状位置偏差应符合表 10-71 要求。

表 10-71　　　　　　　　　　　实木地板的形状位置偏差

名　称	偏　　　　　差
翘曲度	宽度方向凸翘曲度≤0.20%,宽度方向凹翘曲度≤0.15%
	长度方向凸翘曲度≤1.00%,长度方向凹翘曲度≤0.50%
拼装离缝	最大值≤0.4mm
拼装高度差	最大值≤0.3mm

(3)外观质量。实木地板的外观质量应符合表 10-72 要求。

表 10-72　　　　　　　　　　实木地板的外观质量

名称	表　面			背　面
	优等品	一等品	合格品	
活节	直径≤10mm 地板长度≤500mm,≤5 个; 地板长度>500mm,≤10 个	10mm<直径≤25mm 地板长度≤500mm,≤5 个; 地板长度>500mm,≤10 个	直径≤5mm 个数不限	直径≤20mm 个数不限
死节	不许有	直径≤3mm 地板长度≤500mm,≤3 个; 地板长度>500mm,≤5 个	直径≤5mm 个数不限	直径≤20mm 个数不限
蛀孔	不许有	直径≤0.5mm ≤5 个	直径≤2mm ≤5 个	不限
树脂囊	不许有		长度≤5mm 宽度≤1mm ≤2 条	不限
髓斑	不许有	不限		不限
腐朽	不许有			初腐且面积 ≤20%, 不剥落,也不 能捻成粉末
缺棱	不许有			长度≤地板 长度的 30%, 宽度≤地板 宽度的 20%
裂纹	不许有	宽度≤0.15mm,长度≤地板长度的 2%		不限
加工 波纹	不许有	不明显		不限
榫舌 残缺	不许有	残榫长度≤地板长度的 15%,且残榫宽度≥榫舌宽 度的 2/3		
漆膜 划痕	不许有	不明显		—

（续）

名称	表　　面			背　　面
	优等品	一等品	合格品	
漆膜鼓泡		不许有		—
漏漆		不许有		—
漆膜上针孔	不许有	直径≤0.5mm，≤3 个		—
漆膜皱皮		不许有		—
漆膜粒子	地板长度≤600，≤2 个；地板长度＞500mm，≤4 个，倒角上漆膜粒子不计		地板长度≤500mm，≤4 个；地板长度＞500mm，≤6 个	—

注：1. 不明显——正常视力在自然光下，距地板 0.4m，肉眼观察不易辨别。

　　2. 榫舌残榫长度是指榫舌累计残榫长度。

（4）物理性能指标。实木地板的物理性能指标应符合表 10-73 要求。

表 10-73　　　　　　　　　　实木地板的外观质量

名称	单位	优等品	一等品	合格品
含水率	％	7.0≤含水率≤我国各使用地区的木材平衡含水率		
		同批地板度样间平均含水率最大值与最小值之差不得超过 4.0，且同一板内含水率最大值与最小值之差不得超过 4.0		
漆膜表面耐磨	g/100r	≤0.08	≤0.10	≤0.15
		且漆膜未磨透		
漆膜附着力	级	≤1	≤2	≤3
漆膜硬度	—	≥2H		≥H

九、实木复合地板

1. 分类

实木复合地板的分类见表 10-74。

表 10-74　　　　　　　　　分　类

项　目	内　　容
按面层材料	(1)实木拼板作为面层的实木复合地板。 (2)单板作为面层的实木复合地板
按结构	(1)三层结构实木复合地板。 (2)以胶合板为基材的实木复合地板
按表面有无涂饰	(1)涂饰实木复合地板。 (2)未涂饰实木复合地板
按甲醛释放量	(1)A 类实木复合地板(甲醛释放量≤9mg/100g)。 (2)B 类实木复合地板(甲醛释放量为 9～40mg/100g)

2. 主要技术要求

(1)幅面尺寸。

1)三层结构实木复合地板的幅面尺寸见表 10-75。

表 10-75　　　　三层结构实木复合地板的幅面尺寸　　　　mm

长　度	宽　　　度		
2100	180	189	205
2200	180	189	205

2)以胶合板为基材的实木复合地板的幅面尺寸见表 10-76。

表 10-76　　　以胶合板为基材的实木复合地板的幅面尺寸　　　mm

长　度	宽　　　度		
2200	—	189	225	—
1818	180	—	225	303

(2)尺寸偏差。实木复合地板的尺寸偏差见表 10-77。

表 10-77　　　　　　　尺　寸　偏　差

项　目	要　　求
厚度偏差	公称厚度 t_n 与平均厚度 t_a 之差的绝对值≤0.5mm 厚度最大值 t_{max} 与最小值 t_{min} 之差≤0.5mm
面层净长偏差	公称长度 l_n≤1500mm 时,l_n 与每个测量值 l_m 之差的绝对值≤1.0mm 公称长度 l_n>1500mm 时,l_n 与每个测量值 l_m 之差的绝对值≤2.0mm

（续）

项　　目	要　　求
面层净宽偏差	公称宽度 w_n 与平均宽度 w_a 之差的绝对值≤0.1mm 宽度最大值 w_{max} 与最小值 w_{min} 之差≤0.2mm
直角度	q_{max}≤0.2mm
边缘不直度	s_{max}≤0.3mm/m
翘曲度	宽度方向凸翘曲度 f_w≤0.20%；宽度方向凹翘曲度 f_w≤0.15% 长度方向凸翘曲度 f_l≤1.00%；长度方向凹翘曲度 f_l≤0.50%
拼装离缝	拼装离缝平均值 o_a≤0.15mm 拼装离缝最大值 o_{max}≤0.20mm
拼装高度差	拼装高度差平均值 h_a≤0.10mm 拼装高度差最大值 h_{max}≤0.15mm

（3）外观要求。实木复合地板的外观质量应符合表 10-78 的要求。

表 10-78　　　　　　　　　　　　外 观 要 求

名　称		项　目	表　　　面			背面
			优等品	一等品	合格品	
死　节		最大单个长径/mm	不允许	2	4	50
孔洞(含虫孔)		最大单个长径/mm	不允许		2(需修补)	15
浅色夹皮		最大单个长度/mm	不允许	20	30	不限
		最大单个宽度/mm		2	4	
深色夹皮		最大单个长度/mm	不允许		15	不限
		最大单个宽度/mm			2	
树脂囊和树脂道		最大单个长度/mm	不允许		5(且最大单个宽度小于1)	不限
腐　朽		—	不允许			*
变　色		不超过板面积(%)	不允许	5(板面色泽要协调)	20(板面色泽要大致协调)	不限
裂　缝		—	不允许			不限
拼接离缝	横拼	最大单个宽度/mm	0.1	0.2	0.5	不限
		最大单个长度不超过板长(%)	5	10	20	
	纵拼	最大单个宽度/mm	0.1	0.2	0.5	

（续）

名　称	项　目	表　面			背面
		优等品	一等品	合格品	
叠　层	—	不允许			不限
鼓泡、分层	—	不允许			
凹陷、压痕、鼓包	—	不允许	不明显	不明显	不限
补条、补片	—	不允许			不限
毛刺沟痕	—	不允许			不限
透胶、板面污染	不超过板面积（%）	不允许		1	不限
砂　透	—	不允许			不限
波　纹	—	不允许		不明显	—
刀痕、划痕	—	不允许			不限
边、角缺损	—	不允许			＊＊
漆膜鼓泡	$\phi \leqslant 0.5mm$	不允许	每块板不超过 3 个		—
针　孔	$\phi \leqslant 0.5mm$	不允许	每块板不超过 3 个		—
皱　皮	不超过板面积（%）	不允许		5	—
粒　子	—	不允许		不明显	—
漏　漆	—	不允许			—

注：凡在外观质量检验环境条件下，不能清晰地观察到的缺陷即为不明显。

　　＊允许有初腐，但不剥落，也不能捻成粉末。

　　＊＊长边缺损不超过板长的 30%，宽不超过 5mm；端边缺损不超过板宽的 20%，且宽不超过 5mm。

（4）理化性能。实木复合地板的理化性能见表 10-79。

表 10-79　　　　　　　　　理　化　性　能

检验项目	单　位	优等品	一等品	合格品
浸渍剥离	—	每一边任一胶层开胶的累计长度 不超过该胶层长度的 1/3（3mm 以下不计）		
静曲强度	MPa	≥30		
弹性模量	MPa	≥4000		
含水率	%	5~14		
漆膜附着力	—	割痕及割痕交叉处允许有少量断续剥落		
表面耐磨	g/100r	≤0.08，且漆膜未磨透		≤0.15，且漆膜未磨透
表面耐污染	—	无污染痕迹		
甲醛释放量	mm/100g	A 类：≤9；B 类：9~40		

第四节　建　筑　玻　璃

一、平板玻璃

1. 分类

(1)按颜色属性分为无色透明平板玻璃和本体着色平板玻璃。

(2)按外观质量分为合格品、一等品和优等品。

(3)按公称厚度分为：2mm、3mm、4mm、5mm、6mm、8mm、10mm、12mm、15mm、19mm、22mm、25mm。

2. 主要技术要求

(1)尺寸偏差。平板玻璃应切裁成矩形,其长度和宽度的尺寸偏差应不超过表10-80规定。

表10-80　　　　　　　　　　　**尺　寸　偏　差**　　　　　　　　　　　　mm

公　称　厚　度	尺　寸　偏　差	
	尺寸≤3000	尺寸＞3000
2~6	±2	±3
8~10	+2,-3	+3,-4
12~15	±3	±4
19~25	±5	±5

(2)对角线差。平板玻璃对角线差应不大于其平均长度的0.2%。

(3)厚度偏差和厚薄差。平板玻璃的厚度偏差和厚薄差应不超过表10-81规定。

表10-81　　　　　　　　　　　**厚度偏差和厚薄差**　　　　　　　　　　　　mm

公称厚度	厚度偏差	厚薄差
2~6	±0.2	0.2
8~12	±0.3	0.3
15	±0.5	0.5
19	±0.7	0.7
22~25	±1.0	1.0

(4)外观质量。

1)平板玻璃合格品外观质量应符合表10-82的规定。

表 10-82　　　　　　　　　　　平板玻璃合格品外观质量

缺陷种类	质 量 要 求		
点状缺陷*	尺寸(L)/mm	允许个数限度	
	0.5≤L≤1.0	2×S	
	1.0<L≤2.0	1×S	
	2.0<L≤3.0	0.5×S	
	L>3.0	0	
点状缺陷密集度	尺寸≥0.5mm 的点状缺陷最小间距不小于 300mm；直径 100mm 圆内尺寸≥0.3mm 的点状缺陷不超过 3 个		
线道	不允许		
裂纹	不允许		
划伤	允许范围	允许条数限度	
	宽≤0.5mm，长≤60mm	3×S	
光学变形	公称厚度	无色透明平板玻璃	本体着色平板玻璃
	2mm	≥40°	≥40°
	3mm	≥45°	≥40°
	≥4mm	≥50°	≥45°
断面缺陷	公称厚度不超过 8mm 时，不超过玻璃板的厚度；8mm 以上时，不超过 8mm		

注：S 是以平方米为单位的玻璃板面积数值，按《数值修约规则与极限数值的表示和判定》(GB/T 8170—2008)修约，保留小数点后两位。点状缺陷的允许个数限度及划伤的允许条数限度为各系数与 S 相乘所得的数值，按《数值修约规则与极限数值的表示和判定》(GB/T 8170—2008)修约至整数。

* 光畸变点视为 0.5~1.0mm 的点状缺陷。

2)平板玻璃一等品外观质量应符合表 10-83 的规定。

表 10-83　　　　　　　　　　　平板玻璃一等品外观质量

缺陷种类	质 量 要 求	
点状缺陷*	尺寸(L)/mm	允许个数限度
	0.3≤L≤0.5	2×S
	0.5<L≤1.0	0.5×S
	1.0<L≤1.5	0.2×S
	L>1.5	0

(续)

缺陷种类	质量要求	
点状缺陷密集度	尺寸≥0.3mm 的点状缺陷最小间距不小于 300mm;直径 100mm 圆内尺寸≥0.2mm 的点状缺陷不超过 3 个	
线道	不允许	
裂纹	不允许	
划伤	允许范围	允许条数限度
	宽≤0.2mm,长≤40mm	2×S

光学变形	公称厚度	无色透明平板玻璃	本体着色平板玻璃
	2mm	≥50°	≥45°
	3mm	≥55°	≥50°
	4~12mm	≥60°	≥55°
	≥15mm	≥55°	≥50°

断面缺陷	公称厚度不超过 8mm 时,不超过玻璃板的厚度;8mm 以上时,不超过 8mm

注:S 是以平方米为单位的玻璃板面积数值,按《数值修约规则与极限数值的表示和判定》(GB/T 8170—2008)修约,保留小数点后两位。点状缺陷的允许个数限度及划伤的允许条数限度为各系数与 S 相乘所得的数值,按《数值修约规则与极限数值的表示和判定》(GB/T 8170—2008)修约至整数。

* 点状缺陷中不允许有光畸变点。

3)平板玻璃优等品外观质量应符合表 10-84 的规定。

表 10-84　　　　　　　　　　**平板玻璃优等品外观质量**

缺陷种类	质量要求	
	尺寸(L)/mm	允许个数限度
点状缺陷*	0.3≤L≤0.5	1×S
	0.5<L≤1.0	0.2×S
	L>1.0	0
点状缺陷密集度	尺寸≥0.3mm 的点状缺陷最小间距不小于 300mm;直径 100mm 圆内尺寸≥0.1mm 的点状缺陷不超过 3 个	
线道	不允许	
裂纹	不允许	

（续）

缺陷种类	质量要求		
划伤	允许范围	允许条数限度	
	宽≤0.1mm，长≤30mm	2×S	
光学变形	公称厚度	无色透明平板玻璃	本体着色平板玻璃
	2mm	≥50°	≥50°
	3mm	≥55°	≥50°
	4～12mm	≥60°	≥55°
	≥15mm	≥55°	≥50°
断面缺陷	公称厚度不超过8mm时，不超过玻璃板的厚度；8mm以上时，不超过8mm		

注：S 是以平方米为单位的玻璃板面积数值，按《数值修约规则与极限数值的表示和判定》（GB/T 8170—2008）修约，保留小数点后两位。点状缺陷的允许个数限度及划伤的允许条数限度为各系数与 S 相乘所得的数值，按《数值修约规则与极限数值的表示和判定》（GB/T 8170—2008）修约至整数。

＊点状缺陷中不允许有光畸变点。

（5）弯曲度。平板玻璃弯曲度应不超过 0.2%。

（6）光学特性。

1）无色透明平板玻璃可见光透射比应不小于表 10-85 的规定。

表 10-85　　　　　　　　　无色透明平板玻璃可见光透射比最小值

公称厚度/mm	可见光透射比最小值（%）
2	89
3	88
4	87
5	86
6	85
8	83
10	81
12	79
15	76
19	72
22	69
25	67

2)本体着色平板玻璃可见光透射比、太阳光直接透射比、太阳能总透射比偏差应不超过表 10-86 的规定。

表 10-86　　　　　　本体着色平板玻璃透射比偏差

种　类	偏差(%)
可见光(380～780nm)透射比	2.0
太阳光(300～2500nm)直接透射比	3.0
太阳能(300～2500nm)总透射比	4.0

3)本体着色平板玻璃颜色均匀性,同一批产品色差应符合 $\Delta E_{ab}^* \leqslant 2.5$。

(7)特殊厚度或其他要求。特殊厚度或其他要求由供需双方协商。

二、中空玻璃

中空玻璃是由两片或多片玻璃以有效支撑均匀隔开并周边粘接密封,使玻璃层间形成有干燥气体空间的制品。

1. 规格

常用中空玻璃形状和最大尺寸见表 10-87。

表 10-87　　　　　常用中空玻璃形状和最大尺寸　　　　　mm

玻璃厚度	间隔厚度	长边最大尺寸	短边最大尺寸(正方形除外)	最大面积/m²	正方形边长最大尺寸
3	6	2110	1270	2.4	1270
	9～12	2110	1270	2.4	1270
4	6	2420	1300	2.86	1300
	9～10	2440	1300	3.17	1300
	12～20	2440	1300	3.17	1300
5	6	3000	1750	4.00	1750
	9～10	3000	1750	4.80	2100
	12～20	3000	1815	5.10	2100
6	6	4550	1980	5.88	2000
	9～10	4550	2280	8.54	2440
	12～20	4550	2440	9.00	2440
10	6	4270	2000	8.54	2440
	9～10	5000	3000	15.00	3000
	12～20	5000	3180	15.90	3250
12	12～20	5000	3180	15.90	3250

2. 主要技术要求

(1)中空玻璃的长度及宽度允许偏差见表 10-88。

表 10-88 中空玻璃长度及宽度允许偏差 mm

长（宽）度 L	允许偏差
L<1000	±2
1000≤L<2000	+2，−3
L≥2000	±3

（2）中空玻璃厚度允许偏差见表 10-89。

表 10-89 中空玻璃厚度允许偏差 mm

公称厚度 t	允许偏差
t<17	±1.0
17≤t<22	±1.5
t≥22	±2.0

注：中空玻璃的公称厚度为玻璃原片的玻璃厚度与间隔层厚度之和。

（3）中空玻璃两对角线之差。正方形和矩形中空玻璃对角线之差应不大于对角线平均长度的 0.2%。

（4）中空玻璃的胶层厚度。单道密封胶层厚度为（10±2）mm，双道外层密封胶层厚度为 5～7mm（图 10-5），胶条密封胶层厚度为（8±2）mm（图 10-7），特殊规格或有特殊要求的产品由供需双方商定。

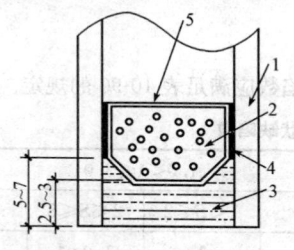

图 10-5 密封胶厚度
1—玻璃；2—干燥剂；3—外层密封胶；
4—内层密封胶；5—内隔框

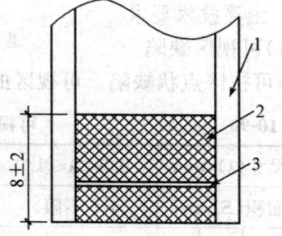

图 10-6 胶条厚度
1—玻璃；2—胶条；3—铝带

（5）其他规格和类型的尺寸偏差由供需双方协商决定。

（6）外观。中空玻璃不得有妨碍透视的污迹、夹杂物及密封胶飞溅现象。

（7）密封性能。20 块 4mm+12mm+4mm 试样全部满足以下两条规定为合格：

1）在试验压力低于环境气压（10±0.5）kPa 下，初始偏差必须≥0.8mm；

2）在该气压下保持 2.5h 后，厚度偏差的减少应不超过初始偏差的 15%。

20 块 5mm+9mm+5mm 试样全部满足以下两条规定为合格：

1）在试验压力低于环境气压（10±0.5）kPa 下，初始偏差必须≥0.5mm；

2）在该气压下保持 2.5h 后，厚度偏差的减少应不超过初始偏差的 15%。

其他厚度的样品供需双方商定。

(8)露点。20 块试样露点均≪－40℃为合格。

(9)耐紫外线辐射性能。2 块试样紫外线照射 168h,试样内表面上均无结雾或污染的痕迹、玻璃原片无明显错位和产生胶条蠕变为合格。如果有 1 块或 2 块试样不合格,可另取 2 块备用试样重新试验,2 块试样均满足要求为合格。

(10)气候循环耐久性能。试样经循环试验后进行露点测试。4 块试样露点≪－40℃为合格。

(11)高温高湿耐久性能。试样经循环试验后进行露点测试。8 块试样露点≪－40℃为合格。

三、夹层玻璃

1. 分类

(1)按形状分为:

1)平面夹层玻璃;

2)曲面夹层玻璃。

(2)按霰弹袋冲击性能分为:

1)Ⅰ类夹层玻璃;

2)Ⅱ-1 类夹层玻璃;

3)Ⅱ-2 类夹层玻璃;

4)Ⅲ类夹层玻璃。

2. 主要技术要求

(1)可视区缺陷。

1)可视区点状缺陷。可视区的点状缺陷数应满足表 10-90 的规定。

表 10-90　　　　　　　　　可视区允许点状缺陷数

缺陷尺寸(λ)/mm		0.5<λ≤1.0	1.0<λ≤3.0			
玻璃面积(S)/m³		S 不限	S≤1	1<S≤2	2<S≤8	8<S
允许缺陷数/个	玻璃层数 2	不得密集存在	1		1.0m³	1.2m³
	3		2	3	1.5m³	1.8m³
	4		3	4	2.0m³	2.4m³
	≥5		4	5	2.5m³	3.0m³

注:1. 不大于 0.5mm 的缺陷不考虑,不允许出现大于 3mm 的缺陷。

2. 当出现下列情况之一时,视为密集存在:

(1)两层玻璃时,出现 4 个或 4 个以上,且彼此相距<200mm 缺陷;

(2)三层玻璃时,出现 4 个或 4 个以上的缺陷,且彼此相距<180mm;

(3)四层玻璃时,出现 4 个或 4 个以上的缺陷,且彼此相距<150mm;

(4)五层以上玻璃时,出现 4 个或 4 个以上的缺陷,且彼此相距<100mm。

3. 单层中间层单层厚度大于 2mm 时,上表允许缺陷数总数增加 1。

2)可视区线状缺陷,可视区的线状缺陷数应满足表 10-91 的规定。

表 10-91　　　　　　　　　可视区允许的线状缺陷数

缺陷尺寸(长度 L,宽度 B)/mm	L≤30 且 B≤0.2	L>30 或 B>0.2		
玻璃面积(S)/m²	S 不限	S≤5	5<S≤8	8<S
允许缺陷数/个	允许存在	不允许	1	2

(2)周边区缺陷。使用时装有边框的夹层玻璃周边区域,允许直径不超过 5mm 的点状缺陷存在;如点状缺陷是气泡,气泡面积之和不应超过边缘区面积的 5%。

使用时不带边框夹层玻璃的周边区缺陷,由供需双方商定。

(3)裂口。不允许存在。

(4)爆边。长度或宽度不得超过玻璃的厚度。

(5)脱胶。不允许存在。

(6)皱痕和条纹。不允许存在。

(7)尺寸允许偏差。

1)长度和宽度允许偏差。夹层玻璃最终产品的长度和宽度允许偏差应符合表 10-92 的规定。

表 10-92　　　　　　　　　长度和宽度允许偏差

公称尺寸（边长 L）	公称厚度≤8	公称厚度>8	
		每块玻璃公称厚度<10	至少一块玻璃公称厚度≥10
L≤1100	+2.0 −2.0	+2.5 −2.0	+2.5 −2.5
1100<L≤1500	+3.0 −2.0	+3.5 −2.0	+4.5 −3.0
1500<L≤2000	+2.0 −2.0	+3.5 −2.0	+5.0 −3.5
2000<L≤2500	+4.5 −2.5	+5.0 −3.0	+6.0 −4.0
L>2500	+5.0 −2.0	+5.5 −3.5	+5.5 −4.5

2)叠差。叠差如图 10-7 所示,夹层玻璃的最大允许叠差见表 10-93。

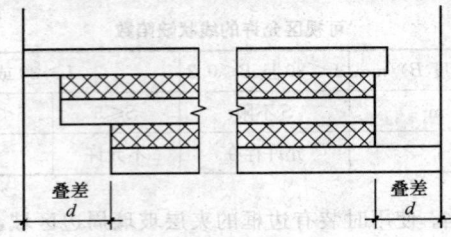

图 10-7　叠差

表 10-93　　　　　　　　　　　**夹层玻璃的最大允许叠差**　　　　　　　　　　　　mm

长度或宽度 L	最大允许叠差
L≤1000	2.0
1000＜L≤2000	3.0
2000＜L≤4000	4.0
L＞4000	6.0

3)厚度。对于三层原片以上(含三层)制品、原片材料总厚度超过 24mm 及使用钢化玻璃作为原片时,其厚度允许偏差由供需双方商定。

①干法夹层玻璃厚度偏差。干法夹层玻璃的厚度偏差,不能超过构成夹层玻璃的原片厚度允许偏差和中间层材料厚度允许偏差总和。中间层的总厚度＜2mm 时,不考虑中间层的厚度偏差,中间层总厚度≥2mm 时,其厚度允许偏差为±0.2mm。

②湿法夹层玻璃厚度偏差。湿法夹层玻璃的厚度偏差,不能超过构成夹层玻璃的原片厚度允许偏差和中间层材料厚度允许偏差总和。湿法中间层厚度允许偏差应符合表 10-94 的规定。

表 10-94　　　　　　　　　**湿法夹层玻璃中间层厚度允许偏差**　　　　　　　　mm

湿法中间层厚度 d	允许偏差 δ
d＜1	±0.4
1≤d＜2	±0.5
2≤d＜3	±0.6
d≥3	±0.7

4)对角线差。矩形夹层玻璃制品,长边长度不大于 2400mm 时,对角线差不

得大于 4mm；长边长度大于 2400mm 时，对角线差由供需双方商定。

(8)技术性能。

1)弯曲度。平面夹层玻璃的弯曲度，弓形时应不超过 0.3%，波形时应不超过 0.2%。原片材料使用有非无机玻璃时，弯曲度由供需双方商定。

2)可见光透射比。夹层玻璃的可见光透射比由供需双方商定。

3)可见光反射比。夹层玻璃的可见光反射比由供需双方商定。

4)抗风压性能。应由供需双方商定是否有必要进行本项试验，以便合理选择给定风载条件下适宜的夹层玻璃的材料、结构和规格尺寸等，或验证所选定夹层玻璃的材料、结构和规格尺寸等能否满足设计风压值的要求。

5)耐热性。试验后允许试样存在裂口，超出边部或裂口 13mm 部分不能产生气泡或其他缺陷。

6)耐湿性。试验后试样超出原始边 15mm、切割边 25mm、裂口 10mm 部分不能产生气泡或其他缺陷。

7)耐辐射性。试验后试样不可产生显著变色、气泡及浑浊现象，且试验前后试样的可见光透射比相对变化率 ΔT 应不大于 3%。

8)落球冲击剥离性能。试验后中间层不得断裂、不得因碎片剥离而暴露。

9)霰弹袋冲击性能。在每一冲击高度试验后试样均应未破坏或安全破坏。破坏时试样同时符合下列要求为安全破坏：

①破坏时允许出现裂缝或开口，但是不允许出现使直径为 76mm 的球在 25N 力作用下通过的裂缝或开口。

②冲击后试样出现碎片剥离时，称量冲击后 3min 内从试样上剥离下的碎片。碎片总质量不得超过相当于 100cm² 试样的质量，最大剥离碎片质量应小于 44cm² 面积试样的质量。

Ⅱ-1 类夹层玻璃：3 组试样在冲击高度分别为 300mm、750mm 和 1200mm 时冲击后，全部试样未破坏和/或安全破坏。

Ⅱ-2 类夹层玻璃：2 组试样在冲击高度分别为 300mm 和 750mm 时冲击后，试样未破坏和/或安全破坏；但另 1 组试样在冲击高度为 1200mm 时，任何试样非安全破坏。

Ⅲ类夹层玻璃：1 组试样在冲击高度为 300mm 时冲击后，试样未破坏和/或安全破坏，但另 1 组试样在冲击高度为 750mm 时，任何试样非安全破坏。

Ⅰ类夹层玻璃：对霰弹袋冲击性能不做要求。

四、钢化玻璃

钢化玻璃是经热处理工艺之后的玻璃。其特点是在玻璃表面形成压应力层，机械强度和耐热冲击强度得到提高，并具有特殊的碎片状态。

1. 分类

(1)钢化玻璃按生产工艺分类，可分为：

1）垂直法钢化玻璃：在钢化过程中采取夹钳吊挂的方式生产出来的钢化玻璃。

2）水平法钢化玻璃：在钢化过程中采取水平辊支撑的方式生产出来的钢化玻璃。

（2）钢化玻璃按形状分类，分为平面钢化玻璃和曲面钢化玻璃。

2. 主要技术要求

（1）尺寸及其允许偏差

1）长方形平面钢化玻璃边长允许偏差。长方形平面钢化玻璃边长的允许偏差应符合表 10-95 的规定。

表 10-95　　　　　　　　长方形平面钢化玻璃边长允许偏差　　　　　　　　mm

厚度	边长 L 允许偏差			
	L≤1000	1000<L≤2000	2000<L≤3000	L>3000
3、4、5、6	+1 −2	±3	±4	±5
8、10、12	+2 −3			
15	±4	±4		
19	±5	±5	±6	±7
>19	供需双方商定			

2）长方形平面钢化玻璃的对角线差。长方形平面钢化玻璃的对角线差应符合表 10-96 的规定。

表 10-96　　　　　　　　长方形平面钢化玻璃对角线差允许值　　　　　　　　mm

玻璃公称厚度	对角线差允许值		
	边长≤2000	2000<边长≤3000	边长>3000
3、4、5、6	±3.0	±4.0	±5.0
8、10、12	±4.0	±5.0	±6.0
15、19	±5.0	±6.0	±7.0
>19	供需双方商定		

3）圆孔。只适用于公称厚度不小于 4mm 的钢化玻璃。圆孔的边部加工质量由供需双方商定。孔径一般不小于玻璃的公称厚度，孔径的允许偏差应符合表 10-97 的规定。小于玻璃的公称厚度的孔的孔径允许偏差由供需双方商定。

表 10-97　　　　　　　　　孔径及其允许偏差　　　　　　　　　　mm

公称孔径(D)	允许偏差
4≤D≤50	±1.0
50<D≤100	±2.0
D>100	供需双方商定

(2)厚度及其允许偏差。钢化玻璃的厚度的允许偏差应符合表 10-98 的规定。

表 10-98　　　　　　　　　厚度及其允许偏差　　　　　　　　　　mm

公称厚度	厚度允许偏差
3、4、5、6	±0.2
8、10	±0.3
12	±0.4
15	±0.6
19	±1.0
>19	供需双方商定

(3)外观质量。钢化玻璃的外观质量应满足表 10-99 的要求。

表 10-99　　　　　　　　　钢化玻璃的外观质量

缺陷名称	说　明	允许缺陷数
爆边	每片玻璃每米边长上允许有长度不超过10mm,自玻璃边部向玻璃板表面延伸深度不超过2mm,自板面向玻璃厚度延伸深度不超过厚度1/3的爆边个数	1处
划伤	宽度在 0.1mm 以下的轻微划伤,每平方米面积内允许存在条数	长度≤100mm 时 4 条
	宽度大于 0.1mm 的划伤,每平方米面积内允许存在条数	宽度 0.1～1mm,长度≤100mm 时,4 条
夹钳印	夹钳印与玻璃边缘的距离≤20mm,边部变形量≤2mm	
裂纹、缺角	不允许存在	

(4)技术性能。

1)弯曲率。平面钢化玻璃的弯曲度,弓形时应不超过 0.3‰,波形时应不超过 0.2%。

2)抗冲击性。取 6 块钢化玻璃进行试验,试样破坏数不超过 1 块为合格,多于或等于 3 块为不合格。破坏数为 2 块时,再另取 6 块进行试验,6 块必须全部不被破坏为合格。

3)碎片状态。取 4 块钢化玻璃进行试验,每块试样在任何 50mm×50mm 区域内的最少碎片数必须 10-100 的要求。且允许有少量长条形碎片,其长度不超过 75mm。其端部不是刀刃状,延伸至玻璃边缘的长条形碎片与边缘形成的角不大于 45°。

表 10-100　　　　　　　　　　　　最少允许碎片数

玻璃品种	公称厚度/mm	最少碎片数/片
平面钢化玻璃	3	30
	4~12	40
	≥15	30
曲面钢化玻璃	≥4	30

4)霰弹袋冲击性能:取 4 块平型玻璃试样进行试验,应符合下列要求中任意一条的规定。

①玻璃破碎时,每块试样的最大 10 块碎片质量的总和不得超过相当于试样 65cm² 面积的质量。

②弹袋下落高度为 1200mm 时,试样不破坏。

5)表面应力。钢化玻璃的表面应力不应小于 90MPa。以制品为试样,取 3 块试样进行试验,当全部符合规定为合格,2 块试样不符合则为不合格。当 2 块试样符合时,再追加 3 块试样,如果 3 块全部符合规定则为合格。

6)耐热冲击性能。钢化玻璃应耐 200℃温差不破坏。取 4 块试样进行试验,当 4 块试样全部符合规定时认为该项性能合格。当有 2 块以上不符合时,则认为不合格。当有 1 块不符合时,重新追加 1 块试样,如果它符合规定,则认为该项性能合格。当有 2 块不符合时,则重新追加 4 块试样,全部符合规定时则为合格。

五、半钢化玻璃

半钢化玻璃是通过控制加热和冷却过程,在玻璃表面引入永久压应力层,使玻璃的机械强度和耐热冲击性能提高,并具有特定的碎片状态的玻璃制品。

1. 分类

半钢化玻璃按生产工艺分类,分为:垂直法半钢化玻璃、水平法半钢化玻璃。

2. 主要技术要求

(1)尺寸及允许偏差

1)边长允许偏差。矩形制品的边长允许偏差应符合表 10-101 的规定。

表 10-101　　　　　　　　　　边长允许偏差　　　　　　　　　　mm

厚　　度	边长 L			
	$L\leqslant1000$	$1000<L\leqslant2000$	$2000<L\leqslant3000$	$L>3000$
3、4、5、6	$+1.0$ -2.0	±3.0		±4.0
8、10、12	$+2.0$ -3.0	—		

2）对角线差。矩形制品的对角线差应符合表 10-102 的规定。

表 10-102　　　　　　　　　对角线差允许值　　　　　　　　　mm

玻璃公称厚度	边长 L			
	$L\leqslant1000$	$1000<L\leqslant2000$	$2000<L\leqslant3000$	$L>3000$
3、4、5、6	2.0	3.0	4.0	5.0
8、10、12	3.0	4.0	5.0	6.0

3）圆孔。只适用于公称厚度不小于 4mm 的制品。圆孔的边部加工质量由供需双方商定。孔径一般不小于玻璃的公称厚度,孔径的允许偏差应符合表 10-97 的规定。小于玻璃的公称厚度的孔的孔径允许偏差由供需双方商定。

（2）外观质量。半钢化玻璃的外观质量应满足表 10-103 的要求。

表 10-103　　　　　　　　　　外观质量

缺陷名称	说　　明	允许缺陷数
爆边	每米边长上允许有长度不超过 10mm,自玻璃边部向玻璃板表面延伸深度不超过 2mm,自板面向玻璃厚度延伸深度不超过厚度 1/3 的爆边个数	1 处
划伤	宽度≤0.1mm,长度≤100mm 每平方米面积内允许存在条数	4 条
	0.1<宽度≤0.5mm,长度≤100mm 每平方米面积内允许存在条数	3 条

（续）

缺陷名称	说　明	允许缺陷数
夹钳印	夹钳印与玻璃边缘的距离≤20mm，边部变形量≤2mm	
裂纹、缺角	不允许存在	

（3）弯曲度。水平法生产的平型制品的弯曲度应满足表 10-104 的规定。垂直法生产的平型制品的弯曲度由供需双方商定。

表 10-104　　　　　　　　　弯曲度

缺陷名称	弯曲度	
	浮法玻璃	其他
弓形/(mm/mm)	0.3%	0.4%
波形/(mm/300mm)	0.3	0.5

（4）弯曲强度。以 95% 的置信区间，5% 的破损概率弯曲强度应满足表10-105 的要求。

表 10-105　　　　　　　　　弯曲强度

原片玻璃种类	弯曲强度值/MPa
浮法玻璃、镀膜玻璃	≥70
压花玻璃	≥55

（5）表面应力。表面应力值应满足表 10-106 的要求。

表 10-106　　　　　　　　　表面应力值

原片玻璃种类	表面应力
浮法玻璃、镀膜玻璃	24MPa≤表面应力值≤60MPa
压花玻璃	—

（6）碎片状态。

1）碎片状态要求。

①碎片至少有一边延伸到非检查区域。

②当有碎片的任何一边不能延伸到非检查区域时，此类碎片归类为"小岛"碎片和"颗粒"碎片。上述碎片应满足如下要求：

a. 不应有两个及两个以上小岛碎片；

b. 不应有面积大于 10cm² 的小岛碎片；

c. 所有"颗粒"碎片的面积之和不应超过 50cm²。

2)碎片状态放行条款。

①碎片至少有一边延伸到非检查区域。

②当有碎片的任何一边不能延伸到非检查区域时,此类碎片归类为"小岛"碎片和"颗粒"碎片。上述碎片应满足如下要求:

a. 不应有 3 个及 3 个以上"小岛"碎片。

b. 所有"小岛"碎片和"颗粒"碎片,总面积之和不应超过 500cm^2。

六、防火玻璃

1. 分类和标记

(1)分类。

1)防火玻璃按结构分类。

①复合防火玻璃(FFB):由两层或两层以上玻璃复合而成或由一层玻璃和有机材料复合而成,并满足相应耐火等级要求的特种玻璃。

②单片防火玻璃(DFB):由单层玻璃构成,并满足相应耐火等级要求的特种玻璃。

2)防火玻璃按耐火性能分 A、B、C 三类:

A 类防火玻璃:同时满足耐火完整性、耐火隔热性要求的防火玻璃。

B 类防火玻璃:同时满足耐火完整性、热辐射强度要求的防火玻璃。

C 类防火玻璃:满足耐火完整性要求的防火玻璃。

以上三类防火玻璃按耐火等级分别分为Ⅰ级、Ⅱ级、Ⅲ级、Ⅳ级。

(2)标记示例。

1)一块公称厚度为 15mm,耐火性能为 A 类,耐火等级为Ⅰ级的复合防火玻璃的标记如下:FFB—15—AⅠ。

2)一块公称厚度为 12mm,耐火性能为 C 类,耐火等级为Ⅱ级的单片防火玻璃的标记如下:DFB—12—CⅡ。

2. 主要技术要求

(1)尺寸、厚度及允许偏差。

1)复合防火玻璃的尺寸和厚度允许偏差应符合表 10-107 的规定。

表 10-107　　　　　复合防火玻璃的尺寸和厚度允许偏差　　　　　mm

玻璃的总厚度 d	长度或宽度(L)允许偏差		厚度允许偏差
	$L \leqslant 1200$	$1200 < L < 2400$	
$5 \leqslant d < 11$	±2	±3	±1.0
$11 \leqslant d < 17$	±3	±4	±1.0
$17 \leqslant d \leqslant 24$	±4	±5	±1.3
$d > 24$	±5	±6	±1.5

注:当长度 L 大于 2400mm 时,尺寸允许偏差由供需双方商定。

2)单片防火玻璃尺寸和厚度允许偏差应符合表 10-108 的规定。

表 10-108　　　　　　　单片防火玻璃尺寸和厚度允许偏差　　　　　　　mm

玻璃厚度	长度或宽度(L)允许偏差			厚度允许偏差
	L≤1000	1000<L≤2000	L>2000	
5	+1 −2	±3	±4	±0.2
6				
8	+2 −3			±0.3
10				
12				±0.4
15	±4	±4		±0.6
19	±5	±5	±6	±1.0

(2)外观质量。

1)复合防火玻璃的外观质量应符合表 10-109 的规定,周边 15mm 范围内的气泡、胶合层杂质不作规定。

表 10-109　　　　　　　复合防火玻璃的外观质量要求

缺陷名称	要　　　求
气泡	直径 300mm 圆内允许长 0.5～1.0mm 的气泡 1 个
胶合层杂质	直径 500mm 圆内允许长 2.0mm 以下的杂质 2 个
裂痕	不允许存在
爆边	每米边长允许有长度不超过 20mm、自边部向玻璃表面延伸深度不超过厚度一半的爆边 4 个
叠差	
磨伤	由供需双方商定
脱胶	

2)单片防火玻璃的外观质量应符合表 10-110 的规定。

表 10-110　　　　　　　单片防火玻璃的外观质量

缺陷名称	要　　　求
爆边	不允许存在
划伤	宽度≤0.1mm,长度≤50mm 的轻微划伤,每平方米面积内不超过 4 条
	0.1mm<宽度<0.5mm,长度≤50mm 的轻微划伤,每平方米面积内不超过 1 条
结石、裂纹、缺角	不允许存在
波筋、气泡	不低于《平板玻璃》(GB 11614—2009)建筑级的规定

(3)耐火性能。

1)A类防火玻璃的耐火性能应符合表 10-111 的规定。

表 10-111　　　　A 类防火玻璃的耐火性能(耐火完整性、耐火隔热性)

耐火等级	Ⅰ级	Ⅱ级	Ⅲ级	Ⅳ级
耐火时间/min,≥	90	60	45	30

2)B类防火玻璃的耐火性能应符合表 10-112 的规定。

表 10-112　　　　B 类防火玻璃的耐火性能(耐火完整性、热辐射强度)

耐火等级	Ⅰ级	Ⅱ级	Ⅲ级	Ⅳ级
耐火时间/min,≥	90	60	45	30

3)C类防火玻璃的耐火性能应符合表 10-113 的规定。

表 10-113　　　　C 类防火玻璃的耐火性能(耐火完整性)

耐火等级	Ⅰ级	Ⅱ级	Ⅲ级	Ⅳ级
耐火时间/min,≥	90	60	45	30

(4)弯曲度。复合防火玻璃和单片防火玻璃的弯曲度,弓形和波形时均不应超过 0.3%。

(5)透光度。

1)复合防火玻璃的透光度应符合表 10-114 的规定。

表 10-114　　　　复合防火玻璃的透光度

玻璃的总厚度(d)	透光度(%)
5≤d<11	≥75
11≤d<17	≥70
17≤d≤24	≥65
d>24	≥60

2)单片防火玻璃的透光度由供需双方商定。

(6)力学性能。

1)复合防火玻璃的抗冲击性能。进行抗冲击性能试验,试验后玻璃应满足下述①②中的任意一条。

①玻璃没有破坏。

②如果玻璃破坏,钢球不得穿透试样。

2)单片防火玻璃的抗冲击性能。进行抗冲击性能试验,试验后玻璃不得破碎。

3)单片防火玻璃碎片状态。每块样品在 50mm×50mm 区域内的碎片数应超过 40 块,横跨区域边界的碎片以半块计。允许有少量长条形碎片存在,但其长度不得超过 75mm,且端部不是刀刃状;延伸至玻璃边缘的长条形碎片与玻璃边缘形成的夹角不得小于 45°。

3. 包装、运输和贮存

(1)包装

1)用木箱或其他包装箱包装,玻璃应垂直立放在箱内,每块玻璃应用塑料布或纸包裹,玻璃与包装箱之间应使用不易引起玻璃划伤等外观缺陷的轻软材料填实。

2)包装箱应有合格证和装箱单。

(2)运输。运输时不得平放,长度应与车辆运动方向相同,应有防雨措施。

(3)贮存。垂直存放在干燥的室内。

第五节　建筑门窗

一、建筑木门、木窗

1. 分类与代号

(1)木门的分类与代号。

1)按构造分为:夹板门(JM);模压门(MM);镶板门(XM);拼板门(PM);实拼门(AM);玻璃门(LM);格栅门(GM);连窗门(CM);百叶门(YM);镶玻璃门(BM);带纱扇门(SM)等。

2)按开启方式分为:平开门(PM);弹簧门(HM);推拉门(TM);折叠门(ZM);转门(XM);固定门(GM)等。

(2)木窗的分类与代号。

1)按构造分为:单层窗(DC);双层窗(SC);双玻窗(BC);组合窗(HC);百叶窗(YC);带纱扇窗(AC);落地窗(LC)等。

2)按开启方式分为:平开窗(PC);推拉窗(TC);上悬窗(SC);中悬窗(CC);下悬窗(XC);立转窗(LC);固定窗(GC)等。

2. 等级、规格

(1)等级。按产品的用途和质量分为 3 个等级:

1)Ⅰ(高)级:用材及产品质量应符合高级木门窗的要求。

2)Ⅱ(中)级:用材及产品质量应符合中级木门窗的要求。

3)Ⅲ(普)级:用材及产品质量应符合普通级木门窗的要求。

(2)规格。

1)门框、窗框的厚度分为 70mm;90mm;105mm;125mm。

2)门扇、窗扇的厚度分为 35mm;40mm;50mm。

3. 主要技术要求

(1)各类门窗的零部件所使用的木材,其材质应符合表 10-115 的规定。

表 10-115　木门窗用木材的材质要求　　mm

缺陷名称	允许限度	门窗框 门框、边框 上框、边框(立边及冒头) I(高)	II(中)	III(普)	木板门扇(纱门窗) 门芯板 I(高)	II(中)	III(普)	门窗扇(纱窗扇)亮窗扇 上框、中框、下框、边框 I(高)	II(中)	III(普)	夹板门及模 压门内衬零件 I(高)	II(中)	III(普)	横芯、竖芯、斜撑等小零件 I(高)	II(中)	III(普)
节 死节 不计算的节子尺寸过材宽的		1/4	1/3	2/5	1/3	1/3	1/3	10mm	15mm	30mm	1/3	1/3	1/3	1/4	1/4	1/3
计算的节子尺寸不超过材宽的		1/4	2/5	2/5	1/5	1/4	1/4	15mm	30mm	—	1/4	1/3	1/2	1/3	1/3	2/5
计算的节子最大直径不超过,mm		40	—	—	35	30	40	25	30	45	1/4	—	—	1/3	1/3	1/3
活节 计算的节子最大直径不超过,mm		2/5	1/2	1/2	(2/5)	(2/5)	(1/2)	5mm	15mm	30mm	(1/4)	(2/5)	(1/2)	1/3	1/2	不限
材宽的		1/3	2/5	2/5	(2/5)	(1/2)	(1/2)	10mm	15mm	30mm	1/4	1/3	1/3	1/4	1/3	2/5
大 在大面的直径通的条状节		1/4	1/3	1/3	1/5	1/4	1/3	5mm	15mm	30mm	1/5	1/3	1/2	1/3	1/4	1/3
小 小面表面直径通的节		1/4	2/5	1/3	(40)	—	—	20	25	40	1/4	1/3	1/3	1/4	1/3	1/3
裂 贯通		35	—	—	30	—	—	不许有	不许有	不许有	不许有	1/4	1/3	不许有	5mm	7mm
大 大面贯通至小面不超过		1/3	2/5	1/3	1/4	1/5	1/4	5mm	15mm	30mm	1/5	1/5	1/4	1/5	1/4	1/3
小面贯通的个数(门芯板为)		(40)	(35)	(30)	(25)	(30)	(45)	1/4	1/3	1/2	1/3	1/3	1/3	1/3	1/3	1/3
允许个数 每米长的个数(门芯板为)		1/3	2/5	2/5	1/3	2/5	2/5	1/4	1/3	1/2	1/3	1/3	1/3	不许有	不许有	不许有
每平方米个数		6	7	8	4	6	7	5	6	7	4	6	7	4	5	6

（续）

缺陷名称	允许限度	门窗框 上框、边框（立边及冒头）			木板门扇（纱门窗） 门芯板 上框、中梃、下框、边框			窗扇（纱窗扇）亮窗扇 上框、中梃、下框、边框 压口内部零件			夹板门及框 横芯、竖芯、斜撑等小零件		
		I（高）级	II（中）级	III（普）级	I（高）级	II（中）级	III（普）级	I（高）级	II（中）级	III（普）级	I（高）级	II（中）级	III（普）级
裂纹	贯通裂缝长度不超过，mm	60	80	100	不许有	不许有	不许有	不许有	不许有	不许有	不许有	不许有	不许有
	未贯通的长度不超过材长的	1/5	1/3	1/3	1/6	1/5	1/4	1/7	1/5	1/4	1/8	1/6	1/4
	未贯通的深度不超过材厚的	1/4	1/3	1/2	1/5	1/3	2/5	1/4	1/3	2/5	1/4	1/3	1/3
斜纹	不超过材长的，%	20	25	25	15	20	20	15	20	20	不限	不限	不限
变色	不超过材面的，%	25	不限	不限	20	25	不限	20	25	不限	不限	不限	不限
夹皮	长度不超过	50	不限	不限	不许有	25	不限	不许有	50	不限	不限	不限	不限
	每米长度的条数不超过	1	不限	不限	1	不限	不限	1	不限	不限	不限	不限	不限
腐朽	正面不许有，背面允许有面积不大于材面20%腐朽，其深度不得超过材厚的	1/10	1/5	1/4	不许有	不许有	不许有	不许有	不许有	不许有	不许有	不许有	不许有
树脂囊（油眼）		同死节	同死节	同死节	同死节	同死节	同死节	同死节	同死节	同死节	同死节	同死节	同死节
髓心		不露出表面的允许	不露出表面的允许	不露出表面的允许	不露出表面的允许	不露出表面的允许	不露出表面的允许	不露出表面的允许	不露出表面的允许	不露出表面的允许	胶接面不许有，其余不限	允许	允许
虫眼	直径3mm以下，深度不超过5mm者不计；直径在3.1~8mm之间的（包括长度在35mm以下者），每100cm²内的允许数：I级3个，II级4个，III级5个；直径8.1mm以上的	不露出表面的允许	不露出表面的允许	不露出表面的允许	不露出表面的允许	不露出表面的允许	不露出表面的允许	不露出表面的允许	不露出表面的允许	不露出表面的允许	25	10	15

注：1. 表内未列入的全部允许缺陷均按外露面的部位控制。
2. 在开榫、打眼和装五金件的部位，计算的节子与虫眼不计有。
3. 计算节子间距时距不得小于50mm。
4. 门窗框的上框及边框，如不裁灰口，其小面允许有不超过10mm的钝棱。
5. 表内括号中的数字为修补后补块尺寸的允许值。

(2)木门窗产品的尺寸允许偏差见表10-116。

表 10-116　　　　　木门窗成品的尺寸允许偏差　　　　mm

成品名称	Ⅰ(高)级			Ⅱ(中)级、Ⅲ(普)级			备　注
	高	宽	厚	高	宽	厚	
木门窗框	±2	+2 −1	±1	±2	±2	±1	以里口尺寸计算
木门扇(含装木围条的夹板门扇)	+2 −1	+2 −1	±1	±2	±2 −1	±1	以外口尺寸计算
木窗扇、亮窗扇	+2 −1	+2 −1	±1	±2	+2 −1	±1	以外口尺寸计算
用于人造板门的木门框及人造板门框	+2 0	+1 0	±1	+2 0	+1 0	±1	以里口尺寸计算
人造板门扇	0 −1	0 −1	0 −1	0 −1	0 −1	0 −1	以外口尺寸计算

注：1. 表中的人造板门仅指用薄木、浸渍纸、PVC薄膜等装饰材料封边的夹板门及模压门。

　　2. 高度超过2500mm的厂房木门扇，高、宽允许偏差可放宽至±5mm。

(3)木门窗用木材的含水率见表10-117。

表 10-117　　　　　木门窗用材的含水率　　　　%

零部件名称		Ⅰ(高)级	Ⅱ(中)级	Ⅲ(普)级
门窗框	针叶材	≤14	≤14	≤14
	阔叶材	≤12	≤14	≤14
拼接零件		≤10	≤10	≤10
门扇及其余零部件		≤10	≤12	≤12

注：南方高湿地区含水率的允许值可比表内规定加大1%。

(4)木门窗成品的形位公差见表10-118。

表 10-118　　　　　木门窗成品的形位公差

项　目	门窗框		门扇		窗扇		落叶松 门窗框	落叶松 门窗扇
	Ⅰ(高)级	Ⅱ(中)级 Ⅲ(普)级	Ⅰ(高)级	Ⅱ(中)级 Ⅲ(普)级	Ⅰ(高)级	Ⅱ(中)级 Ⅲ(普)级	Ⅱ(中)级 Ⅲ(普)级	Ⅱ(中)级 Ⅲ(普)级
顺弯(‰)	≤1.0	≤1.5	≤1.5	≤2.0	≤1.5	≤1.5	≤2.0	≤3.0
扭曲(皮楞)/mm	≤2.0	≤3.0	≤2.5	≤2.5	≤2.0	≤2.0	≤5.0	≤3.0
对角线差/mm	≤2.0	≤2.0	≤1.5	≤2.0	≤1.5	≤2.0	≤2.5	≤2.0

注：门框与窗框连接在一起的应分别计算形位公差。

二、建筑钢门窗

1. 定义

(1)钢门。用钢质型材或板材制作门框、门扇或门扇骨架结构的门。

(2)钢窗。用钢质型材、板材(或以钢质型材、板材为主)制作框、扇结构的窗。

2. 代号与标记

(1)门窗代号。门窗代号按表 10-119 规定。

表 10-119　　　　　　　　　　　　　门窗代号

门	窗	门窗组合
M	C	MC

(2)分类代号。

1)开启形式代号。门窗的开启形式与代号按表 10-120 规定。

表 10-120　　　　　　　　　　　开启形式与代号

开启形式		固定	上悬	中悬	下悬	立转	平开	推拉	弹簧	提拉
代号	门	G	—	—	—	—	P	T	H	—
	窗	G	S	C	X	L	P	T		TL

注:1. 百叶门、百叶窗符号为 Y,纱扇符号为 A。

　　2. 固定门、固定窗与其他各种可开启形式门、窗组合时,以开启形式代号表示。

2)材质代号。门窗的材质与代号按表 10-121 规定。

表 10-121　　　　　　　　　　　材质与代号

材　质	代　号	材　质	代　号
热轧型钢	SG	彩色涂层钢板	CG
冷轧普通碳素钢	KG	不锈钢	BG
冷轧镀锌钢板	ZG	其他复合材料	FG

(3)性能代号。门窗的性能与代号按表 10-122 规定。

表 10-122　　　　　　　　　　　　性能与代号

性　能	代　号	性　能	代　号
抗风压性能	P_3	空气声隔声性能	R_w
水密性能	ΔP	采光性能	T_r
气密性能	q_1、q_2	防盗性能	H
保温性能	K	防火性能	F

(4)规格型号。钢门窗的规定型号用洞口尺寸表示。门窗的沿口尺寸应符合《建筑门窗洞口尺寸系列》(GB/T 5824—2008)的规定。

(5)标记。

1)标记组成。钢门窗的标记由:开启形式代号、材质代号、门窗代号、规格型号、性能代号及纱扇标记 A 等组成。

2)标记示例。

示例 1:

P(ZG)M1020—K2.5—R_w30—FA0.50 表示:

使用冷轧镀锌钢板制作的平开钢门,规格 1020,保温性能 2.5W/(m²·K),隔声性能 30dB,防火性能为 A0.50 级。抗风压、气密、水密、采光等性能无要求,无纱扇。

示例 2:

彩板平开下悬窗,规格 1518,抗风压性能为 2.0kPa,水密性能 150Pa,气密性能 1.5m³/(m·h),保温性能 3.5W/(m²·K),隔声性能 30dB,采光性能 0.40,带纱扇。标注为:

PX(CG)C1518—$P_3$2.0—ΔP150—$q_1$1.5—K3.5—R_w30—T_r0.40—A

3. 材料

(1)一般规定。各种门窗用材料应符合现行国家标准、行业标准的有关规定。

(2)型材、板材。

1)钢门窗型材应符合以下规定:

①彩色涂层钢板门窗型材应符合《彩色涂层钢板及钢带》(GB/T 12754—2006)和《彩色涂层钢板门窗型材》(JG/T 115—1999)的规定。

②使用碳素结构钢冷轧钢带制作的钢门窗型材,材质应符合《碳素结构钢冷轧钢带》(GB/T 716—1991)的规定,型材壁厚不应小于 1.2mm。

③使用镀锌钢带制作的钢门窗型材,材质应符合《连续热镀锌钢板及钢带》(GB/T 2518—2008)的规定,型材壁厚不应小于 1.2mm。

④不锈钢门窗型材应符合《不锈钢建筑型材》(JG/T 73—1999)的规定。

2)使用板材制作的门,门框板材厚度不应小于 1.5mm,门扇面板厚度不应小于 0.6mm,具有防盗、防火等要求的应符合相关标准的规定。

(3)玻璃。根据功能要求选用玻璃。玻璃的厚度、面积等应经计算确定,计算方法按《建筑玻璃应用技术规程》(JGJ 113—2009)的规定。

(4)密封材料。密封材料应按功能选用,并应符合《建筑门窗用密封胶条》(JG/T 187—2006)及相关标准的规定。

(5)五金件、附件、紧固件。门窗的启闭五金件、连接插接件、紧固件、加强板等配件,应按功能要求选用。配件的材料性能应与门窗的要求相适应。

4. 要求

(1)外观要求。

1)使用碳钢材料制作的门窗,应根据功能要求选用适当的表面涂料,采用涂漆、烤漆、喷涂等工艺对门窗的表面进行处理。

2)门窗的表面(含不锈钢门窗)不应有明显色差。

3)涂层应牢固、耐用。附着力不低于 2 级,耐冲击试验落锤高度不应低于 50cm。

4)装饰表面不应有明显擦伤、划伤等质量缺陷。擦划伤应符合表 10-123 的规定。

表 10-123　　　　　　　　　　擦划伤要求

项　目	要　求	备　注
擦伤、划伤深度	<涂层厚度	缺陷应修补
擦伤总面积	≤500mm²/樘	
每处擦伤面积	≤100mm²/樘	
划伤总长度	≤100mm/樘	

5)门窗表面应清洁、光滑、平整,不得有毛刺、焊渣、锤迹、波纹等质量缺陷。

6)密封胶条应接并没有严密、表面平整、无咬边现象。密封胶胶线应平直、均匀。

(2)结构、尺寸要求。

1)框、扇组装。

①门窗的框、扇尺寸允许偏差应符合表 10-124 的规定。

表 10-124　　　　　　　　　　　　尺寸允许偏差　　　　　　　　　　　　　　mm

项　目	尺寸范围	允许偏差
门框及门扇的宽度、高度尺寸偏差	≤2000	±2.0
	>2000	±3.0
窗框宽度、高度尺寸偏差	≤1500	±1.5
	>1500	±2.0
门框及门扇两对边尺寸之差	≤2000	≤2.0
	>2000	≤3.0
窗框两对边尺寸之差	≤1500	≤2.0
	>1500	≤3.0
门框及门扇两对角线尺寸差	≤3000	≤3.0
	>3000	≤4.0
窗框两对角线尺寸之差	≤2000	≤2.5
	>2000	≤3.5
分格尺寸	—	±2.0
相邻分格尺寸之差	—	≤1.0
门扇扭曲度	—	<4.0
门扇宽、高方向弯曲度	1000	≤2.0
同一平面高低差	—	≤0.4
装配间隙	—	≤0.4

②以螺接、铆接方式组装的框、扇应牢固，不应有松动现象。宜采取在型材内部设置加强件等措施提高组装强度及可靠性。

③以点焊或满焊方式组装的框、扇应牢固，不应有假焊、虚焊等质量缺陷。

④框扇的螺接、铆接组装缝隙及焊接组装的非焊接缝隙应严密。宜在框扇组角部位内部填充密封膏、插接垫板。

2)框扇配合。

①扇周边与框的搭接量(或间隙)应均匀,相邻扇无明显的高低差;门窗扇启闭灵活,无阻滞;框与扇搭接处宜安装密封条。

②平开门窗的框扇配合尺寸。无密闭结构的门窗应符合表 10-125 的规定,无下槛的平开门,门扇与地面的间隙不应大于 8mm。有密闭结构的门窗,框扇贴合应严密,无透光缝隙。

表 10-125　　　　　　　无密闭结构平开门窗框扇配合尺寸　　　　　　mm

项　　目	尺寸要求	
	门	窗
框扇搭接量 b	$\geqslant 6$	$\geqslant 4$
合页面贴合间隙 C_1	$\leqslant 2$	$\leqslant 1.5$
其他面贴合间隙 C_2	$\leqslant 3$	$\leqslant 1.0$

③弹簧门的门框与门扇间、门扇与门扇间、门扇与地面的间隙,应根据所选用的密封装置设计。无密封装置的弹簧门,门扇与地面的间隙设计尺寸不应大于8mm;其余间隙不应大于4mm。

④推拉门窗框扇搭接量不应小于6mm。门窗扇应有防脱落装置、水平调节装置,宜安装门窗扇互锁及门窗扇关闭锁紧装置。

(3)五金配件安装。门窗的五金件配置齐全,安装位置正确、牢固。五金件应具有足够的强度、启闭灵活、无噪声,满足功能要求。随反复运动的附件、五金件应便于更换。

(4)玻璃装配。

1)玻璃装配应符合《建筑玻璃应用技术规程》(JGJ 113—2009)的规定。

2)玻璃的安装方式应便于更换,宜使用玻璃压条固定玻璃。

3)玻璃与型材及玻璃固定件不应直接接触。前部、后部余隙应采用密封剂或成型弹性材料、塑性填料密封。宜在玻璃的下边安装支承块,在玻璃的左右上三边安装定位块。

(5)防腐处理。

1)使用普通碳钢材料制作的门窗及五金配件应进行防腐处理。镀锌或涂防锈漆前应除油、除锈,宜按照《钢铁工件涂装前磷化处理技术条件》(GB/T 6807—2001)的要求进行磷化处理。

2)彩板门窗下料后,型材切口宜涂漆(或胶)。

(6)性能。

1)钢门窗性能及指标的确定。门窗的性能应根据建筑物所在地区的地理、气候和周围环境以及建筑物的高度、体型、重要性等确定,并符合设计要求。

2)抗风压性能。门窗的主要受力杆件应经试验或计算确定,玻璃的抗风压性能应符合《建筑玻璃应用技术规程》(JGJ 113—2009)的规定。抗风压性能分级指标值按表10-126的规定。

表 10-126　　　　　　　　　　　　　抗风压性能分级　　　　　　　　　　　　kPa

分　级	1	2	3	4	5
指标值 P_3	$1.0{\leqslant}P_3{<}1.5$	$1.5{\leqslant}P_3{<}2.0$	$2.0{\leqslant}P_3{<}2.5$	$2.5{\leqslant}P_3{<}3.0$	$3.0{\leqslant}P_3{<}3.5$
分　级	6	7	8	× · ×	—
指标值 P_3	$3.5{\leqslant}P_3{<}4.0$	$4.0{\leqslant}P_3{<}4.5$	$4.5{\leqslant}P_3{<}5.0$	$P_3{\geqslant}5.0$	—

注：× · ×表示用≥5.0kPa 的具体值，取代分级代号。

3）水密性能。外窗、外门的水密性能分级指标值按表 10-127 规定。

表 10-127　　　　　　　　　　　　　水密性能分级　　　　　　　　　　　　Pa

分　级	1	2	3
指标值 ΔP	$100{\leqslant}\Delta P{<}150$	$150{\leqslant}\Delta P{<}250$	$250{\leqslant}\Delta P{<}350$
分　级	4	5	××××
指标值 ΔP	$350{\leqslant}\Delta P{<}500$	$500{\leqslant}\Delta P{<}700$	$\Delta P{\geqslant}700$

注：××××表示用≥700Pa 的具体值取代分级代号，适用于受热带风暴和台风袭击地
　　区的建筑。

4）气密性能。气密性能分级指标值按表 10-128 的规定。

表 10-128　　　　　　　　　　　　　气密性能分级

分　级	1	2	3	4	5
单位缝长指标值 q_1 /[m³/(m·h)]	$6.0{\geqslant}q_1{>}4.0$	$4.0{\geqslant}q_1{>}2.5$	$2.5{\geqslant}q_1{>}1.5$	$1.5{\geqslant}q_1{>}0.5$	$q_1{\leqslant}0.5$
单位面积指标值 q_2 /[m³/(m²·h)]	$18{\geqslant}q_2{>}12$	$12{\geqslant}q_2{>}7.5$	$7.5{\geqslant}q_2{>}4.5$	$4.5{\geqslant}q_2{>}1.5$	$q_2{\leqslant}1.5$

5）保温性能。保温性能的分级指标值按表 10-129 规定。

表 10-129　　　　　　　　　　　　　保温性能分级　　　　　　　W/(cm²·K)

分　级	5	6	7
指标值 K	$4.0{>}K{\geqslant}3.5$	$3.5{>}K{\geqslant}3.0$	$3.0{>}K{\geqslant}2.5$
分　级	8	9	10
指标值 K	$2.5{>}K{\geqslant}2.0$	$2.0{>}K{\geqslant}1.5$	$K{<}1.5$

6)空气声隔声性能。钢门窗的空气声隔声分级指标值按表 10-130 的规定。

表 10-130　　　　　　　　　　　空气声隔声性能分级　　　　　　　　　　　　dB

分　级	1	2	3
指标值 R_W	$20{\leqslant}R_W{<}25$	$25{\leqslant}R_W{<}30$	$30{\leqslant}R_W{<}35$
分　级	4	5	6
指标值 R_W	$35{\leqslant}R_W{<}40$	$40{\leqslant}R_W{<}45$	$R_W{\geqslant}45$

注:$R_W{\geqslant}45$dB 时,应给出具体数值。

7)采光性能。采光性能分级指标值按表 10-131 规定。

表 10-131　　　　　　　　　　　　　采光性能分级

分　级	1	2	3	4	5
批标值 T_r	$0.20{\leqslant}T_r{<}0.30$	$0.30{\leqslant}T_r{<}0.40$	$0.40{\leqslant}T_r{<}0.50$	$0.50{\leqslant}T_r{<}0.60$	$T_r{\geqslant}0.60$

注:当 $T_r{\geqslant}0.60$ 时,应给出具体数值。

8)防盗性能。有防盗性能要求的钢门,其防盗性能应符合《防盗安全门通用技术条件》(GB 17565—2007)的规定。

9)防火性能。有防火性能要求的钢门窗,其防火性能应符合《防火门》(GB 12955—2008)的规定。

10)软物冲击性能。钢门软物冲击性能试验后应能达到下列要求:

①门扇不应产生大于 5mm 的凹变形,框、扇连接处无松动、开裂等现象。

②插销、锁具、合页等五金件完整无损,启闭正常。

③玻璃无破损。

11)悬端吊重。在 500N 力的作用下,平开门、弹簧门残余变形不应大于 2mm;试件不损坏,启闭正常。

12)启闭力。启闭力不大于 50N。

13)反复启闭性能。钢窗反复启闭不应少于 1 万次,钢门反复启闭不应少于 10 万次,启闭无异常,使用无障碍。

三、铝合金门窗

1. 分类与代号

(1)分类。

1)门、窗按外围和内围护用,划分为两类:

①外墙用,代号为 W;

②内墙用,代号为 N。

2)门、窗按使用功能划分的类型和代号及其相应性能项目分别见表 10-132、

表 10-133。

表 10-132　　　　　　　　　　门的功能类型和代号

性能项目	种类	普通型		隔声型		保温型		遮阳型
	代号	PT		GS		BW		ZY
		外门	内门	外门	内门	外门	内门	外门
抗风压性能(P_3)		◎		◎		◎		◎
水密性能(ΔP)		◎		◎		◎		◎
气密性能($q_1;q_2$)		◎	○	◎	○	◎	○	◎
空气声隔声性能 ($R_w+C_{tr};R_w+C$)				◎		◎		
保温性能(K)							◎	◎
遮阳性能(SC)								
启闭力		◎	◎	◎	◎	◎	◎	◎
反复启闭性能		◎	◎	◎	◎	◎	◎	◎
耐撞击性能		◎	◎	◎	◎	◎	◎	◎
抗垂直荷载性能		◎	◎	◎	◎	◎	◎	◎
抗静扭曲性能		◎	◎	◎	◎	◎	◎	◎

注：1. ◎为必需性能；○为选择性能。

2. 地弹簧门不要求气密、水密、抗风压、隔声、保温性能。

3. 耐撞击、抗垂直荷载和抗静扭曲性能为平开旋转类门必需性能。

表 10-133　　　　　　　　　　窗的功能类别和代号

性能项目	种类	普通型		隔声型		保温型		遮阳型
	代号	PT		GS		BW		ZY
		外窗	内窗	外窗	内窗	外窗	内窗	外窗
抗风压性能(P_3)		◎		◎		◎		◎
水密性能(ΔP)		◎		◎		◎		◎
气密性能(q_1/q_2)		◎		◎		◎		◎
空气声隔声性能 $[R_w+C_{tr}/(R_w+C)]$				◎	◎			

(续)

性能项目	种类	普通型		隔声型		保温型		遮阳型
	代号	PT		GS		BW		ZY
		外窗	内窗	外窗	内窗	外窗	内窗	外窗
保温性能(K)						◎	◎	
遮阳性能(SC)								◎
采光性能(T_r)		○		○		○		○
启闭力		◎	◎	◎	◎	◎	◎	◎
反复启闭性能		◎	◎	◎	◎	◎	◎	◎

注:◎为必需性能;○为选择性能。

(2)品种按开启形式划分门、窗品种与代号,并分别符合表 10-134、表 10-135的要求。

表 10-134　　　　　　　　　　门的开启形式品种与代号

	平开旋转类			推拉平移类			折叠类	
开启形式	(合页)平开	地弹簧平开	平开下悬	(水平)推拉	提升推拉	推拉下悬	折叠平开	折叠推拉
代号	P	DHP	PX	T	ST	TX	ZP	ZT

表 10-135　　　　　　　　　　窗的开启形式品种与代号

开启类别	平开旋转类							
开启形式	(合页)平开	滑轴平开	上悬	下悬	中悬	滑轴上悬	平开下悬	立转
代号	P	HZP	SX	XX	ZX	HSX	PX	LZ

开启类别	推拉平移类					折叠类
开启形式	(水平)推拉	提升推拉	平开推拉	推拉下悬	提拉	折叠推拉
代号	T	ST	PT	TX	TL	ZT

(3)系列。

1)以门、窗框在洞口深度方向的设计尺寸——门、窗框厚度构造尺寸(代号为C_2,单位为毫米)划分。

2)门、窗框厚度构造尺寸符合 1/10M(10mm)的建筑分模数数列值的为基本系列;基本系列中按 5mm 进级插入的数值为辅助系列。

3)门、窗框厚度构造尺寸小于某一基本系列或辅助系列值时，按小于该系列值前一级标示其产品系列（如门、窗框厚度构造尺寸为72mm时，其产品系列为70系列；门、窗框厚度构造尺寸为69mm时，其产品系列为65系列）

（4）规格。以门窗宽、高的设计尺寸——门、窗的宽度构造尺寸（B_2）和高度构造尺寸（A_2）的千、百、十位数字，前后顺序排列的六位数字符表示。例如，门窗的B_2、A_2分别为1150mm和1450mm时，其尺寸规格型号为115145。

2. 主要技术要求

（1）外观。

1)表面不应有铝屑、毛刺、油污或其他污迹；密封胶缝应连续、平滑，连接处不应有外溢的胶粘剂；密封胶条应安装到位，四角应镶嵌可靠，不应有脱开的现象。

2)门窗框扇铝合金型材表面没有明显的色差、凹凸不平、划伤、擦伤、碰伤等缺陷。在一个玻璃分格内，铝合金型材表面擦伤、划伤应符合表10-136的规定。

表10-136　　　门窗框扇铝合金型材表面擦伤、划伤要求

项目	要求	
	室外侧	室内侧
擦伤、划伤深度	不大于表面处理层厚度	
擦伤总面积/mm²	≤500	≤300
划伤总长度/mm	≤150	≤100
擦伤和划伤处数	≤4	≤3

3)铝合金型材表面在许可范围内的擦伤和划伤，可采用相应的方法进行修补，修补后应与原涂层的颜色和光泽基本一致。

4)玻璃表面应无明显色差、划痕和擦伤。

（2）尺寸。

1)规格。

①单樘门窗。单樘门、窗的宽、高尺寸规格，应根据门、窗洞口宽、高标志尺寸或构造尺寸，按照实际应用的门、窗洞口装饰面材料厚度、附框和安装缝隙尺寸确定。应优先设计采用基本门窗。

②组合门窗由两樘或两樘以上的单樘门、窗采用拼樘框连接组合的门、窗，其宽、高构造尺寸应与《建筑门窗洞口尺寸系列》（GB/T 5824—2008）规定的洞口宽、高标志尺寸相协调。

2)门窗及装配尺寸。

①门窗及框樘装配尺寸偏差。门窗尺寸及形式允许偏差和框扇组装尺寸偏差应符合表10-137的规定。

表 10-137　　　　　　　　**门窗及装配尺寸偏差**　　　　　　　　　mm

项目	尺寸范围	允许偏差	
		门	窗
门窗宽度、高度构造内侧尺寸	<2000	±1.5	
	≥2000＜3500	±2.0	
	≥3500	±2.5	
门窗宽度、高度构造内侧尺寸 对边尺寸之差	<2000	≤2.0	
	≥2000　＜3500	≤3.0	
	≥3500	≤4.0	
门窗框与扇搭接宽度		±2.0	±.0
框、扇杆件接缝高低差	相同截面型材	≤0.3	
	不同截面型材	≤0.5	
框、扇杆件装配间隙		≤0.3	

②玻璃镶嵌构造尺寸门窗框、扇玻璃镶嵌构造尺寸应符合《建筑玻璃应用技术规程》(JGJ 113—2009)规定的玻璃最小安装尺寸要求。

③隐框窗玻璃结构粘接装配尺寸。隐框窗扇框与硅酮结构密封胶的黏结宽度、厚度应符合设计要求。每个开启窗扇下框处宜设置两个承受玻璃重力的铝合金或不锈钢托条,其厚度不应小于 2mm,长度不应小于 50mm。

(3)性能。

1)抗风压性能。

①性能分级。外门窗的抗风压性能分级及指标值 P_3 应符合表 10-138 的规定。

表 10-138　　　　　　　　**外门窗抗风压性能分级**　　　　　　　　　kPa

分级	1	2	3	4	5	6	7	8	9
分级指标值 P_3	$1.0{\leqslant}P_3$ <1.5	$1.5{\leqslant}P_3$ <2.0	$2.0{\leqslant}P_3$ <2.5	$2.5{\leqslant}P_3$ <3.0	$3.0{\leqslant}P_3$ <3.5	$3.5{\leqslant}P_3$ <4.0	$4.0{\leqslant}P_3$ <4.5	$4.5{\leqslant}P_3$ <5.0	P_3 ${\geqslant}5.0$

注:第 9 级应在分级后同时注明具体检测压力差值。

②性能要求。外门窗在各性能分级指标值风压作用下,主要受力杆件相对(面法线)挠度应符合表 10-139 的规定;风压作用后,门窗不应出现使用功能障碍和损坏。

表 10-139　门窗主要受力杆件相对面法线挠度要求　mm

支承玻璃种类	单屋玻璃、夹层玻璃	中空玻璃
相对挠度	$L/100$	$L/150$
相对挠度最大值	20	

注:L 为主要受力杆件的支承跨距。

2)水密性能。

①性能分级。外门窗的水密性能分级及指标值应符合表 10-140 的规定。

表 10-140　外门窗水密性能分级　Pa

分级	1	2	3	4	5	6
分级指标值 ΔP	$100 \leqslant \Delta P < 150$	$150 \leqslant \Delta P < 250$	$250 \leqslant \Delta P < 350$	$350 \leqslant \Delta P < 500$	$500 \leqslant \Delta P < 700$	$\Delta P \geqslant 700$

注:第 6 级应分级后同时注明具体检测压力差值。

②性能要求。外门窗试件在各性能分级指标值作用下,不应发生水从试件室外侧持续或反复渗入试件室内侧、发生喷溅或流出试件界面的严重渗漏现象。

3)气密性能。

①性能分级。门窗的气密性能分级及指标绝对值应符合表 10-141 的规定。

表 10-141　门窗气密性能分级

分级	1	2	3	4	5	6	7	8
单位开启缝长分级指标值 q_1 /[m³/(m·h)]	$4.0 \geqslant q_1 > 3.5$	$3.5 \geqslant q_1 > 3.0$	$3.0 \geqslant q_1 > 2.5$	$2.5 \geqslant q_1 > 2.0$	$2.0 \geqslant q_1 > 1.5$	$1.5 \geqslant q_1 > 1.0$	$1.0 \geqslant q_1 > 0.5$	$q_1 \leqslant 0.5$
单位面积分级指标值 q_2 /[m³/(m²·h)]	$12.0 \geqslant q_2 > 10.5$	$10.5 \geqslant q_2 > 9.0$	$9.0 \geqslant q_2 > 7.5$	$7.5 \geqslant q_2 > 6.0$	$6.0 \geqslant q_2 > 4.5$	$4.5 \geqslant q_2 > 3.0$	$3.0 \geqslant q_2 > 1.5$	$q_2 \leqslant 1.5$

注:门窗的气密性能指标即单位开启缝长或单位面积空气渗透量可分为正压和负压下测量的正值和负值。

②性能要求。门窗试件在标准状态下,压力差为 10Pa 时的单位开启缝长空气渗透量 q_1 和单位面积空气渗透量 q_2 不应超过表 10-141 中各分级相应的指标值。

4)空气声隔声性能。

①性能指标。外门、外窗以"计权隔声量和交通噪声频谱修正量之和($R_w + C_{tr}$)"作为分级指标;内门、内窗以"计权隔声量和粉红噪声频谱修正量之和($R_w +$

C)"作为分级指标。

②性能分级。门、窗的空气隔声性能分级及指标值应符合表 10-142 的规定。

表 10-142　　　　　　　　门窗的空气志隔声性能分级　　　　　　　　dB

分级	外门、外窗的分级指标值	内门、内窗的分级指标值
1	$20{\leqslant}R_w+C_{tr}{<}25$	$20{\leqslant}R_w+C{<}25$
2	$25{\leqslant}R_w+C_{tr}{<}30$	$25{\leqslant}R_w+C{<}30$
3	$30{\leqslant}R_w+C_{tr}{<}35$	$30{\leqslant}R_w+C{<}35$
4	$35{\leqslant}R_w+C_{tr}{<}40$	$35{\leqslant}R_w+C{<}40$
5	$40{\leqslant}R_w+C_{tr}{<}45$	$40{\leqslant}R_w+C{<}45$
6	$R_w+C_{tr}{\geqslant}45$	$R_w+C{\geqslant}45$

注：用于对建筑内机器、设备噪声源隔声的建筑内门窗，对中低频噪声宜用外门窗的指标值进行分级；对中高频噪声仍可采用内门窗的指标值进行分级。

5)保温性能。

①性能指标。门、窗保温性能指标以门、窗传热系数 K 值[W/(m²·K)]表示。

②性能分级。门、窗保温性能分级及指标值分别应符合表 10-143 的规定。

表 10-143　　　　　　　　门窗保温性能分级　　　　　　　　W/(m²·K)

分级	1	2	3	4	5
分级指标值	$K{\geqslant}5.0$	$5.0{>}K{\geqslant}4.0$	$4.0{>}K{\geqslant}3.5$	$3.5{>}K{\geqslant}3.0$	$3.0{>}K{\geqslant}2.5$
分级	6	7	8	9	10
分级指标值	$2.5{>}K{\geqslant}2.0$	$2.0{>}K{\geqslant}1.6$	$1.6{>}K{\geqslant}1.3$	$1.3{>}K{\geqslant}1.1$	$K{<}1.1$

6)遮阳性能。

①性能指标。门窗遮阳性能指标——遮阳系数 SC 为采用《建筑门窗玻璃幕墙热工计算规程》(JCJ/T 151—2006)规定的夏季标准计算条件，并按该规程计算所得值。

②性能分级。门窗遮阳性能分级及指标值 SC 应符合表 10-144 的规定。

表 10-144　　　　　　　　门窗遮阳性能分级

分级	1	2	3	4	5	6	7
分级指标值 SC	$0.8{\geqslant}SC{>}0.7$	$0.7{\geqslant}SC{>}0.6$	$0.6{\geqslant}SC{>}0.5$	$0.5{\geqslant}SC{>}0.4$	$0.4{\geqslant}SC{>}0.3$	$0.3{\geqslant}SC{>}0.2$	$SC{\leqslant}0.2$

7)采光性能(外窗)。

①性能分级。外窗采光性能以透光折减系数 T_r 表示,其分级及指标值应符合表 10-145 的规定。

表 10-145　　　　　　　　外窗采光性能分级

分级	1	2	3	4	5
分级指标值 T_r	$0.20 \leqslant T_r$ <0.30	$0.30 \leqslant T_r$ <0.40	$0.40 \leqslant T_r$ <0.50	$0.50 \leqslant T_r$ <0.60	$T_r \geqslant 0.60$

注:T_r 值大于 0.60 是应给出具体值。

②性能要求。有天然采光要求的外窗,其透光折减系数 T_r 不应小于 0.45。同时有遮阳性能要求的外窗,应综合考虑遮阳系数的要求确定。

8)启闭力。

①门、窗应在不超过 50N 的启、闭力作用下,能灵活开启和关闭。

②带有自动关闭装置(如闭门器、地弹簧)的门和提升推拉门,以及折叠推拉窗和无提升力平衡装置的提拉窗等门窗,其启闭力性能指标由供需双方协商确定。

9)反复启闭性能。

①性能指标。门的反复启闭次数不应少于 10 万次;窗的反复启闭次数不应少于 1 万次。

带闭门器的平开门、地弹簧门以及折叠推拉、推拉下悬、提升推拉、提拉等门、窗的反复启闭次数由供需双方协商确定。

②性能要求。门、窗在反复启闭性能试验后,应启闭无异常,使用无障碍。

10)耐撞击性能(玻璃面积占门扇面积不超过 50%的平开旋转类门)30kg 砂袋 170mm 高度落下,撞击锁闭状态的门扇把(拉)手处 1 次,未出现明显变形,启闭无异常,使用无障碍,除钢化玻璃外,不允许有玻璃脱落现象。

11)抗垂直荷载性能(平开旋转类门)。门扇在开启状态下施加 500N 垂直静载 15min,卸载 3min 后残余下垂量小于 3mm,启闭无异常,使用无障碍。

12)抗静扭曲性能(平开旋转因门)。门扇在开启状态下施加 500N 水平方向静荷载 5min,卸载 3min 后未出现明显变形,启 闭无异常,使用无障碍。

四、塑料门窗

1. 未增塑聚氯乙烯(PVC-U)塑料门

(1)分类、规格和型号。

1)分类。开启形式与代号按表 10-146 规定。

表 10-146　　　　　　　　　　　　开启形式与代号

开启形式	平开	平开下悬	推拉	推拉下悬	折叠	地弹簧
代号	P	PX	T	TX	Z	DH

注:1. 固定部分与上述各类门组合时,均归入该类门。

　　2. 纱扇代号为 S。

2)规格和型号

①门洞口尺寸系列宜符合《建筑门窗洞口尺寸系列》(GB/T 5824—2008)的规定。

②门的构造尺寸应由以下原则确定:

a. 型材断面结构尺寸;

b. 主要受力杆件的强度和挠度,开启扇自重、五金配件承载能力和五金配件与门框、门扇的连接强度;

c. 洞口尺寸和墙体饰面层厚度及门框与洞口间隙的安装要求,并应符合《塑料门窗工程技术规程》(JGJ 103—2008)的规定。

3)门框厚度尺寸门。框厚度基本尺寸按门框型材无拼接组合时的最大厚度公称尺寸确定。

(2)技术要求。

1)外观质量。门构件可视面应平滑,颜色基本均匀一致,无裂纹、气泡,不得有严重影响外观的擦、划伤等缺陷。焊缝清理后,刀痕应均匀、光滑、平整。

2)门框、门扇外形尺寸的允许偏差见表 10-147。

表 10-147　　　　　　　　　门外形尺寸允许偏差　　　　　　　　　　mm

项目	尺寸范围	偏差值
宽度和高度	≤2000	±2.0
	>2000	±3.0

3)力学性能。平开门、平开下悬门、推拉下悬门、折叠门、地弹簧门的力学性能应符合表 10-148 的要求,推拉门的力学性能应符合表 10-149 的要求。

表 10-148　　平开门、平开下悬门、推拉下悬门、折叠门、地弹簧门的力学性能

项目	技术要求
锁紧器(执手)的开关力	不大于 100N(力矩不大于 10N·m)
开关力	不大于 80N
悬端吊重	在 500N 力作用下,残余变形不大于 2mm,试件不损坏,仍保持使用功能

(续)

项目	技术要求
翘曲	在 300N 作用力下,允许有不影响使用的残余变形,试件不损坏,仍保持使用功能
开关疲劳	经不少于 100000 次的开关试验,试件及五金配件不损坏,其固定处及玻璃压条不松脱,仍保持使用功能
大力关闭	经模拟 7 级风连续开关 10 次,试件不损坏,仍保持开关功能
焊接角破坏力	门框焊接角的最小破坏力的计算值不应小于 3000N,门扇焊接角的最小破坏力的计算值不应小于 6000N,且实测值均应大于计算值
垂直荷载强度	对门扇施加 30kg 荷载,门扇卸荷后的下垂量不应大于 2mm
软物撞击	无破损、开关功能正常
硬物撞击	无破损

注:1. 垂直荷载强度适用于平开门、地弹簧门。
　　2. 全玻门不检测软、硬物撞击性能。

表 10-149　　　　　　　　**推拉门的力学性能**

项目	技术要求
开关力	不大于 100N
弯曲	在 300N 力作用下,允许有不影响使用的残余变形,试件不损坏,仍保持使用功能
扭曲	在 200N 作用下,试件不损坏,允许有不影响使用的残余变形
开关疲劳	经不少于 100000 次的开关试验,试件及五金件不损坏,其固定处及玻璃压条不松脱
焊接角破坏力	门框焊接角最小破坏力的计算值不应小于 3000N,门扇焊接角最小破坏力的计算值不应小于 4000N,且实测值均应大于计算值
软物撞击	无破损,开关功能正常
硬物撞击	无破损

注:1. 无凸出把手的推拉门不做扭曲试验。
　　2. 全玻门不检测软、硬物撞击性能。

4)物理性能。

①抗风压性能。以安全检测压力值 P_3 进行分级,其分级指标值 P_3 按表

10-150规定。

表 10-150　　　　　　　　抗风压性能分级　　　　　　　　kPa

分级代号	1	2	3	4	5	6	7	8	×·×
分级指标值 P_3	$1.0\leqslant$ $P_3<1.5$	$1.5\leqslant$ $P_3<2.0$	$2.0\leqslant$ $P_3<2.5$	$2.5\leqslant$ $P_3<3.0$	$3.0\leqslant$ $P_3<3.5$	$3.5\leqslant$ $P_3<4.0$	$4.0\leqslant$ $P_3<4.5$	$4.5\leqslant$ $P_3<5.0$	$P_3\geqslant$ 5.0

注:表中×·×表示用≥5.0kPa 的具体值,取代分级代号。

②气密性能。单位缝长空气渗透最 q_1 和单位面积空气渗透量 q_2 分级指标值按表 10-151 规定。

表 10-151　　　　　　　　气密性能分级

分级	3	4	5
单位缝长分级指标值 q_1 /[m³/(m·h)]	$2.5\geqslant q_1>1.5$	$1.5\geqslant q_1>0.5$	$q_1\leqslant0.5$
单位面积分级指标值 q_1 /[m³/(m²·h)]	$7.5\geqslant q_1>4.5$	$4.5\geqslant q_1>1.5$	$q_1\leqslant1.5$

③水密性能。分级指标值 ΔP 按表 10-152 规定。

表 10-152　　　　　　　　水密性能分级　　　　　　　　Pa

分级	1	2	3	4	5	××××
分级指标值 ΔP	$100\leqslant\Delta P$ <150	$150\leqslant\Delta P$ <250	$250\leqslant\Delta P$ <350	$350\leqslant\Delta P$ <500	$500\leqslant\Delta P$ <700	$\Delta P\geqslant700$

注:表 ×××× 表示用≥700Pa 的具体值取代分级代号。

④保温性能。分级指标值 K 按表 10-153 规定。

表 10-153　　　　　　　　保温性能分级　　　　　　　　W/(m²·K)

分级	7	8	9	10
分级指标值	$3.0>K\geqslant2.5$	$2.5>K\geqslant2.0$	$2.0>K\geqslant1.5$	$K<1.5$

⑤空气声隔声性能分级指标值 R_w 按表 10-154 规定。

表 10-154　　　　　　　　空气声隔声性能分级　　　　　　　　dB

分级	2	3	4	5	6
分级指标	$25\leqslant R_w<30$	$30\leqslant R_w<35$	$35\leqslant R_w<40$	$40\leqslant R_w<45$	$R_w\geqslant45$

（3）标志、包装、运输与贮存。

1）标志。

①在产品的明显部位应注明产品标志，标志内容包括：

a. 制造厂名称；

b. 产品标记；

c. 产品执行标准；

d. 制造日期。

②产品检验合格后应用合格证。合格证应符合《工业产品保证文件　总则》（GB/T 14436—1993)的规定。

2）包装。

①产品表面应有保护措施，宜用无腐蚀性的软质材料包装。

②包装应牢固，并有防潮措施。

③产品出厂时应附有清单及产品检验合格证。

3）运输。

①装运产品的运输工具，应有防雨措施并保持清洁。

②在运输、装卸时，应保证产品不变形、不损伤、表面完好。

4）贮存。

①产品应放置在通风、防雨、干燥、清洁、平整的地方，严禁与腐蚀性物质接触。

②产品贮存环境温度应低于 50℃，距离热源不应小于 1m。

③产品不应直接接触地面，底部应垫高不小于 100mm，产品应立放，立放角不应小于 70°，并有倾防措施。

2. 未增塑聚氯乙烯（PVC-U）塑料窗

（1）分类、规格和型号。

1）分类。开启形式与代号按表 10-155 规定。

表 10-155　　　　　　　　　　　　　　开启形式与代号

开启形式	开平	推拉	上下推拉	平开下悬	上悬	中悬	下悬	固定
代号	P	T	ST	PX	S	C	X	G

注：①固定窗与上述各类窗组合时，均归入该类窗。

　　②纱扇窗代号为 A。

2）规格和型号。

①窗洞口尺寸系列宜符合《建筑门窗洞口尺寸系列》(GB/T 5824—2008)的规定。

②窗的构造尺寸应由以下原则确定：

a. 型材断面结构尺寸；

b. 主要受力杆件的强度和挠度，开启扇自重、五金配件承载能力和五金配件与窗框、窗扇的连接强度；

c. 洞口尺寸和墙体饰面层厚度及窗框与洞口间隙、附框尺寸的安装要求，并应符合《塑料门窗工程技术规程》(JGJ 103—2008)的规定。

　　3)窗框厚度尺寸。窗框厚度基本尺寸按窗框型材无拼装组合时的最大厚度公称尺寸确定。

　　(2)技术要求。

　　1)外观质量。窗构件可视面应平滑,颜色基本均匀一致,无裂纹、气泡,不得有严重影响外观的擦、划伤等缺陷。焊缝清理后,刀痕应均匀、光滑、平整。

　　2)窗框、窗扇外形尺寸的允许偏差见表 10-156。

表 10-156　　　　　　　　　　　窗外形尺寸允许偏差　　　　　　　　　　　　mm

项　　目	尺寸范围	偏差值
宽度和高度	≤1500	±2.0
	>1500	±3.0

　　3)力学性能。平开窗、平开下悬窗、上悬窗、中悬窗、下悬窗的力学性能应符合表 10-157 的要求,推拉窗的力学性能应符合表 10-158 的要求。

表 10-157　　　平开窗、平开下悬窗、上悬窗、中悬窗、下悬窗的力学性能

项　　目	技　术　要　求		
锁紧器(执手)的开关力	不大于 80N(力矩不大于 10N·m)		
开关力	平合页	不大于 80N	摩擦铰链
悬端吊重	在 500N 力作用下,残余变形不大于 2mm,试件不损坏,仍保持使用功能		
翘曲	在 300N 作用力下,允许有不影响使用的残余变形,试件不损坏,仍保持使用功能		
开关疲劳	经不少于 10000 次的开关试验,试件及五金配件不损坏,其固定处及玻璃压条不松脱,仍保持使用功能		
大力关闭	经模拟 7 级风连续开关 10 次,试件不损坏,仍保持开关功能		
焊接角破坏力	窗框焊接角最小破坏力的计算值不应小于 2000N,窗扇焊接角最小破坏力的计算值不应小于 2500N,且实测值均应大于计算值		
窗撑试验	在 200N 力作用下,不允许位移,联接处型材不破裂		
开启限位装置(制动器)受力	在 10N 力作用下,开启 10 次,试件不损坏		

注:大力关闭只检测平开窗和上悬窗。

表 10-158　　　　　　　　　　　　　推拉窗的力学性能

项目	技　术　要　求			
开关力	推拉窗	不大于 100N	上下推拉窗	不大于 135N
弯曲	在 300N 力作用下,允许有不影响使用的残余变形,试件不损坏,仍保持使用功能			
扭曲	在 200N 力作用下,试件不损坏,允许有不影响使用的残余变形			
开关疲劳	经不少于 10000 次的开关试验,试件及五金配件不损坏,其固定处及玻璃压条不松脱			
焊接角破坏力	窗框焊接角最小破坏力的计算值不应小于 2500N,窗扇焊接角最小破坏力的计算值不应小于 1400N,且实测值均应大于计算值			

注:没有凸出把手的推拉窗不做扭曲试验。

4)物理性能。

①抗风压性能。以安全检测压力值(P_3)进行分级,其分级指标值 P_3 按表 10-159 规定。

表 10-159　　　　　　　　　　　　抗风压性能分级　　　　　　　　　　　　kPa

分级代号	1	2	3	4	5	6	7	8	×·×
分级指标值	$1.0 \leqslant$ $P_3 < 1.5$	$1.5 \leqslant$ $P_3 < 2.0$	$2.0 \leqslant$ $P_3 < 2.5$	$2.5 \leqslant$ $P_3 < 3.0$	$3.0 \leqslant$ $P_3 < 3.5$	$3.5 \leqslant$ $P_3 < 4.0$	$4.0 \leqslant$ $P_3 < 4.5$	$4.5 \leqslant$ $P_3 < 5.0$	$P_3 \geqslant$ 5.0

注:表中×·×表示用≥5.0kPa 的具体值,取代分级代号。

②气密性能。单位缝长空气渗透量 q_1 和单位面积空气渗透量 q_2 分级指标值按表 10-160 规定。

表 10-160　　　　　　　　　　　　气密性能分级

分　　级	3	4	5
单位缝长分级指标值 /[m³/(m·h)]	$2.5 \geqslant q_1 > 1.5$	$1.5 \geqslant q_1 > 0.5$	$q_1 \leqslant 0.5$
单位面积分级指标值 /[m³/(m²·h)]	$7.5 \geqslant q_2 > 4.5$	$4.5 \geqslant q_2 > 1.5$	$q_2 \leqslant 1.5$

③水密性能。分级指标值 Δp 按表 10-161 规定。

表 10-161   水密性能分级   Pa

分　级	1	2	3	4	5	×××
分级指标值	$100{\leqslant}\Delta p{<}150$	$150{\leqslant}\Delta p{<}250$	$250{\leqslant}\Delta p{<}350$	$350{\leqslant}\Delta p{<}500$	$500{\leqslant}\Delta p{<}700$	$\Delta p{\geqslant}700$

注：×××表示用≥700Pa 的具体值取代分级代号。

④保温性能。分级指标值 K 按表 10-162 规定。

表 10-162   保温性能分级   W/(m² · K)

分　级	7	8	9	10
分级指标值	$3.0{>}K{\geqslant}2.5$	$2.5{>}K{\geqslant}2.0$	$2.0{>}K{\geqslant}1.5$	$K{<}1.5$

⑤空气声隔声性能分级指标值 R_w 按表 10-163 规定。

表 10-163   空气声隔声性能分级   dB

分　级	2	3	4	5	6
分级指标值	$25{\leqslant}R_w{<}30$	$30{\leqslant}R_w{<}35$	$35{\leqslant}R_w{<}40$	$40{\leqslant}R_w{<}45$	$45{\leqslant}R_w$

⑥采光性能分级指标值 T_r 按表 10-164 规定。

表 10-164   采光性能分级

分　级	1	2	3	4	5
分级指标值	$0.20{\leqslant}T_r{<}0.30$	$0.30{\leqslant}T_r{<}0.40$	$0.40{\leqslant}T_r{<}0.50$	$0.50{\leqslant}T_r{<}0.60$	$T_r{\geqslant}0.60$

(3)标志、包装、运输与贮存。

1)标志。

①在产品的明显部位应注明产品标志,标志内容包括:

a. 制造厂名称;

b. 产品标记;

c. 产品执行标准;

d. 制造日期。

②产品检验合格后应有合格证。合格证应符合《工业产品保证文件　总则》(GB/T 14436—1993)的规定。

2)包装。

①产品表面应有保护措施,宜用无腐蚀性的软质材料包装。

②包装应牢固,并有防潮措施。

③产品出厂时应附有产品清单及产品检验合格证。

3)运输。

①装运产品的运输工具,应有防雨措施并保持清洁。

②在运输、装卸时,应保证产品不变形、不损伤、表面完好。

4)贮存。

①产品应放置在通风、防雨、干燥、清洁、平整的地方。严禁与腐蚀性物质接触。

②产品贮存环境温度应低于 50℃,距离热源不应小于 1m。

③产品不应直接接触地面,底部应垫高不小于 100mm。产品应立放,立放角不应小于 70°,并有防倾倒措施。

第十一章 建 筑 塑 料

第一节 建筑塑料制品

一、建筑排水用硬聚氯乙烯(PVC-U)管件

1. 规格

(1)管件基本类型。

1)直通。

2)异径。

3)弯头:公称角可以从 22.5°、45°和 90°中选择。其他角度应由供需双方商定,并在产品上作相应的标记。

4)多通和异径多通:公称角可以从 45°和 90°中选择。其他角度应由供需双方商定,并在产品上作相应的标记。允许其他设计的管件类型,但尺寸要符合有关规定。

(2)管件的安装长度(z-长度)。管件安装长度(z-长度)仅用于设计模具。z-长度应由生产商给定,推荐使用表 11-1 至表 11-6 所规定的尺寸。

1)弯头。弯头的 z-长度见图 11-1 和表 11-1。

表 11-1 弯头 mm

公称外径 d_n	45°弯头	45°带插口弯头		90°弯头	90°带插口弯头	
	$z_{1,min}$ 和 $z_{2,min}$	$z_{1,min}$	$z_{2,min}$	$z_{1,min}$ 和 $z_{2,min}$	$z_{1,min}$	$z_{2,min}$
32	8	8	12	23	19	23
40	10	10	14	27	23	27
50	12	12	16	40	28	32
75	17	17	22	50	41	45
90	22	22	27	52	50	55
110	25	25	31	70	60	66
125	29	29	35	72	67	73
160	36	36	44	90	86	93
200	45	45	55	116	107	116
250	57	57	68	145	134	145
315	72	72	86	183	168	183

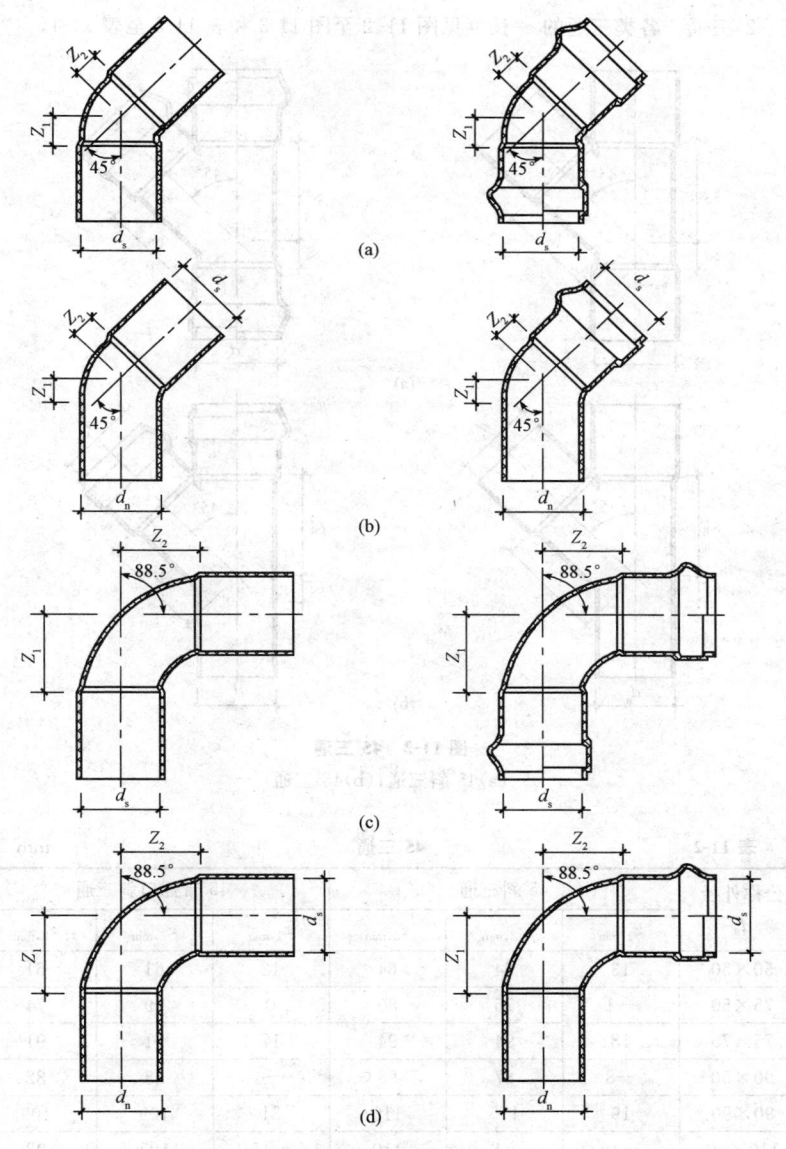

图 11-1 弯头

(a)45°弯头；(b)45°带插口弯头；(c)90°弯头；(d)90°带插口弯头

2)三通。各类三通的 z-长度见图 11-2 至图 11-3 和表 11-2 至表 11-4。

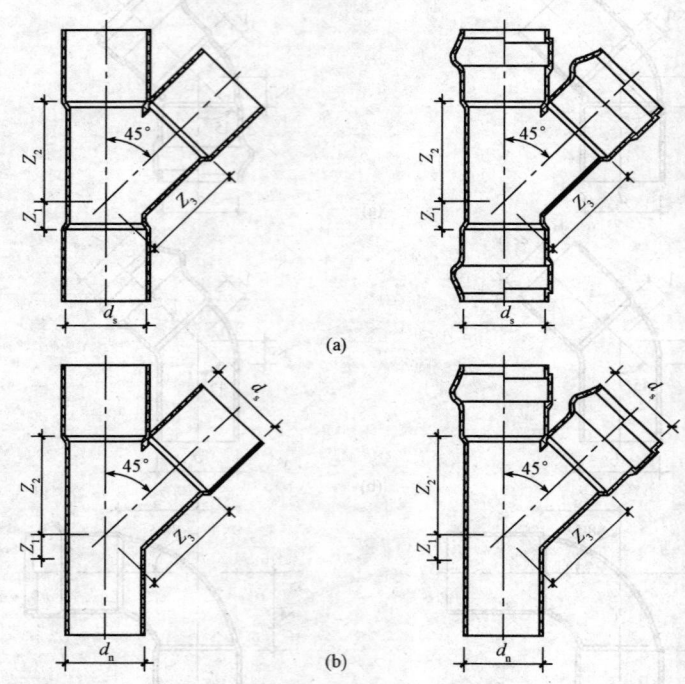

图 11-2　45°三通

(a)45°斜三通;(b)45°三通

表 11-2			45°三通			mm
公称外径 d_a	45°斜三通			45°带插口斜三通		
	$z_{1,min}$	$z_{2,min}$	$z_{3,min}$	$z_{1,min}$	$z_{2,min}$	$z_{3,min}$
50×50	13	64	64	12	61	61
75×50	−1	75	80	0	79	74
75×75	18	94	94	17	91	91
90×50	−8	87	95	−6	88	82
90×90	19	115	115	21	109	109
110×50	−16	94	110	−15	102	92
110×75	−1	113	121	2	115	110
110×110	25	138	138	25	133	133

(续一)

公称外径 d_a	45°斜三通			45°带插口斜三通		
	$z_{1,min}$	$z_{2,min}$	$z_{3,min}$	$z_{1,min}$	$z_{2,min}$	$z_{3,min}$
125×50	−26	104	120	−23	113	100
125×75	−9	122	132	−6	125	117
125×110	16	147	150	18	144	141
125×125	27	157	157	29	151	151
160×75	−26	140	158	−21	149	135
160×90	−16	151	165	−12	157	145
160×110	−1	165	175	2	167	159
160×125	9	176	183	13	175	169
160×160	34	199	199	36	193	193
200×75	−34	176	156	−39	176	156
200×95	−25	184	166	−30	184	166
200×110	−11	194	179	−16	194	179
200×125	0	202	190	−5	202	190
200×160	24	220	214	18	220	214
200×200	51	241	241	45	241	241
250×75	−55	210	182	−61	210	182
250×90	−46	218	192	−52	218	192
250×110	−32	228	206	−38	228	206
250×125	−21	235	216	−27	235	216
250×160	2	253	240	−4	253	240
250×200	29	274	267	23	274	267
250×250	63	300	300	57	300	300
315×75	−84	253	216	−90	253	216
315×90	−74	261	226	−81	261	226
315×110	−60	272	239	−67	272	239
315×125	−50	279	250	−56	279	250
315×160	−26	297	274	−33	297	274
315×200	1	318	301	−6	318	301
315×250	35	344	334	28	344	334
315×315	78	378	378	72	378	378

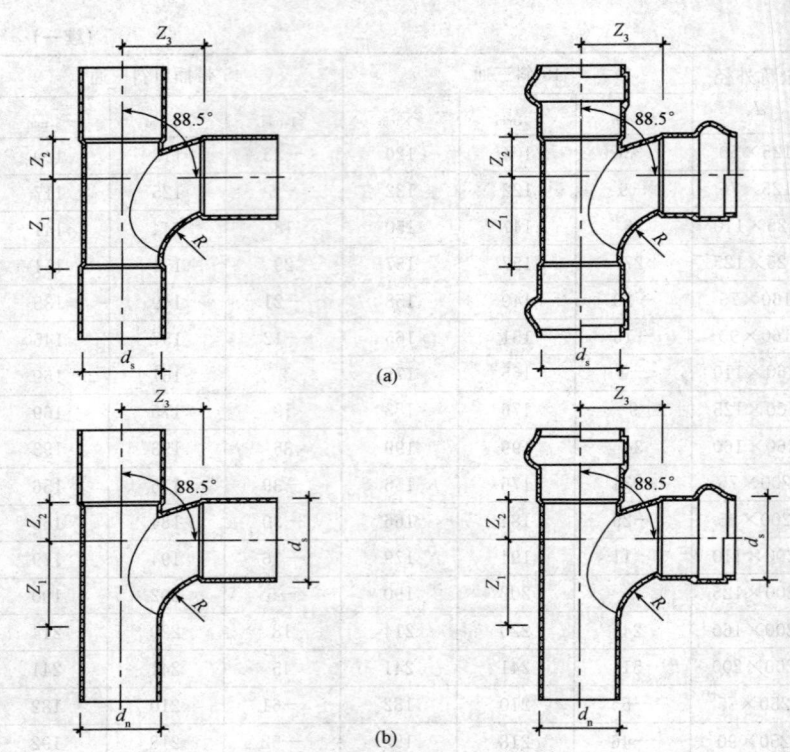

图 11-3　90°三通

(a)90°顺水三通；(b)90°带插口顺水三通

表 11-3　　　　　　　　　　　胶粘剂连接型 90°三通　　　　　　　　　　　mm

公称外径	90°顺水三通				90°带插口顺水三通			
d_n	$z_{1,min}$	$z_{2,min}$	$z_{3,min}$	R_{min}	$z_{1,min}$	$z_{2,min}$	$z_{3,min}$	R_{min}
32×32	20	17	23	25	21	17	23	25
40×40	26	21	29	30	26	21	29	30
50×50	30	26	35	31	33	26	35	35
75×75	47	39	54	49	49	39	52	48
90×90	56	47	64	59	58	46	63	56
110×110	68	55	77	63	70	57	76	62
125×125	77	65	88	72	79	64	86	68
160×160	97	83	110	82	99	82	110	81
200×200	119	103	138	92	121	103	138	92
250×250	144	129	173	104	147	129	173	104
315×315	177	162	217	118	181	162	217	118

表 11-4 弹性密封圈连接型 90°三通 mm

公称外径 d_n	90°顺水三通				90°带插口顺水三通			
	$z_{1,min}$	$z_{2,min}$	$z_{3,min}$	R_{min}	$z_{1,min}$	$z_{2,min}$	$z_{3,min}$	R_{min}
32×32	23	23	17	34	24	23	17	34
40×40	28	29	21	37	29	29	21	37
50×50	34	35	26	40	35	35	26	40
75×75	49	52	39	51	50	52	39	51
90×90	58	63	46	59	59	63	46	59
110×110	70	76	57	68	72	76	57	68
125×125	80	86	64	75	81	86	64	75
160×160	101	110	82	93	103	110	82	93
200×200	126	138	103	114	128	138	103	114
250×250	161	173	129	152	163	173	129	152
315×315	196	217	162	172	200	217	162	172

3)四通。四通的 z-长度(图 11-4 和图 11-5)与同类型三通的 z-长度(表 11-2~表 11-4)相同。

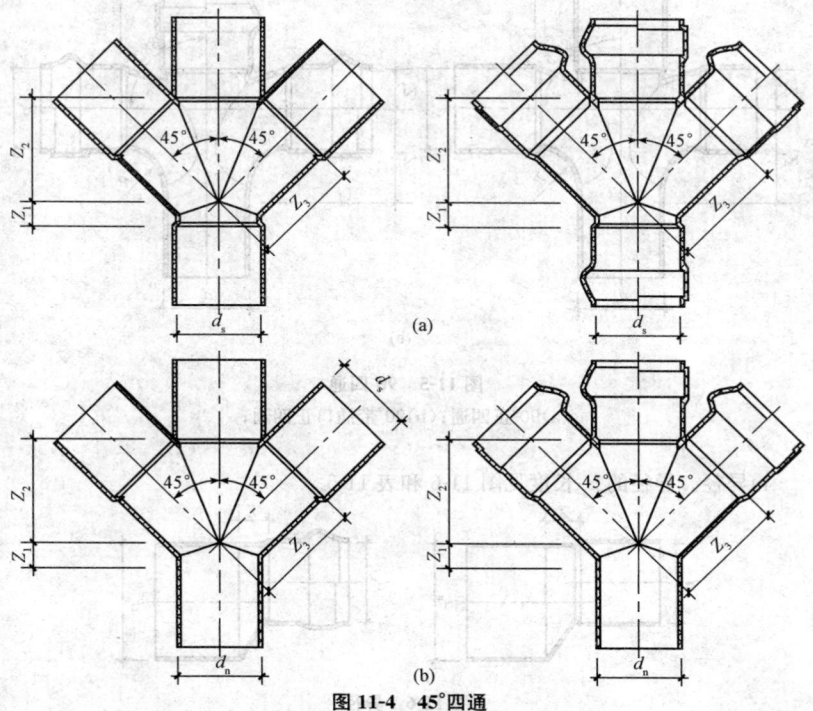

图 11-4 45°四通

(a)45°斜四通;(b)45°带插口斜四通;

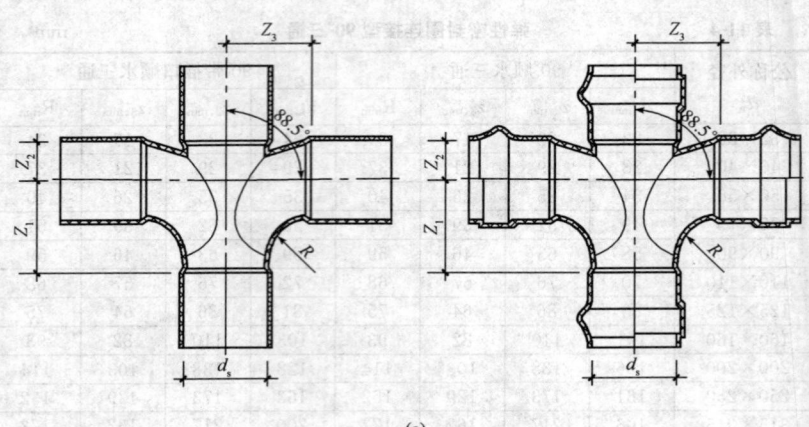

(a)

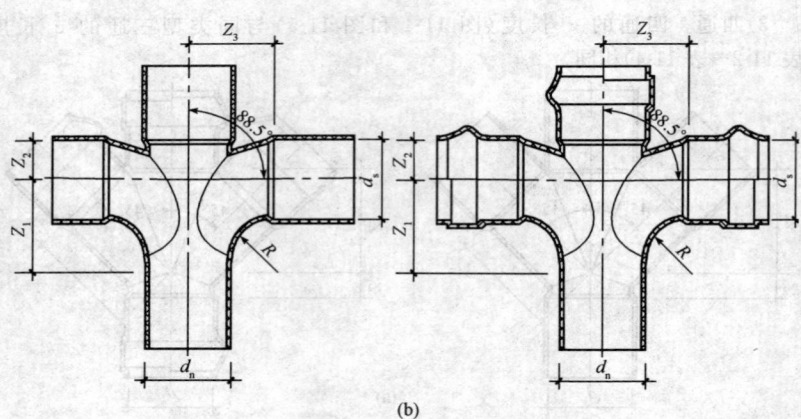

(b)

图 11-5　90°四通

(a)90°正四通；(b)90°带插口正四通；

4)异径。异径的 z-长度见图 11-6 和表 11-5。

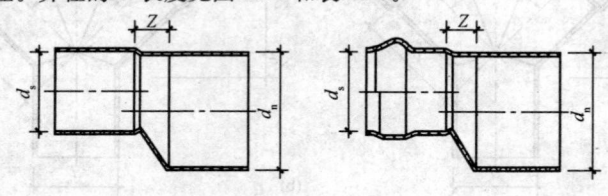

图 11-6　异径

表 11-5　　　　　　　　　　　　　　　　异径　　　　　　　　　　　　　　　　mm

公称外径 d_n	z_{min}	公称外径 d_n	z_{min}
75×50	20	200×110	58
90×50	28	200×125	49
90×75	14	200×160	32
110×50	39	250×50	116
110×75	25	250×75	103
110×90	19	250×90	96
125×50	48	250×110	85
125×75	34	250×125	77
125×90	28	250×160	59
125×110	17	250×200	39
160×50	67	315×50	152
160×75	53	315×75	139
160×90	47	315×90	132
160×110	36	315×110	121
160×125	27	315×125	112
200×50	89	315×160	95
200×75	75	315×200	74
200×90	69	315×250	49

5)直通。直通的 z-长度见图 11-7 和表 11-6。

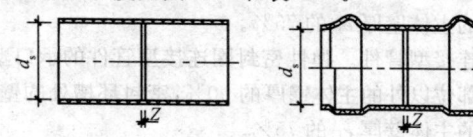

图 11-7　直通

表 11-6　　　　　　　　　　　　　　　　直通　　　　　　　　　　　　　　　　mm

公称外径 d_n	z_{min}	公称外径 d_n	z_{min}
32	2	125	3
40	2	160	4
50	2	200	5
75	2	250	6
90	3	315	8
110	3		

2. 技术要求

(1)颜色。管件一般为灰色和白色,其他颜色可由供需双方商定。

(2)外观。管件内外壁应光滑,不允许有气泡、裂口和明显的痕纹、凹陷、色泽不均及分解变色线。管件应完整无缺损,浇口及溢边应修除平整。

(3)规格尺寸

1)壁厚。管件承口部位以外的主体壁厚 e_1(图 11-8、图 11-9)不应小于同规格管材的壁厚。

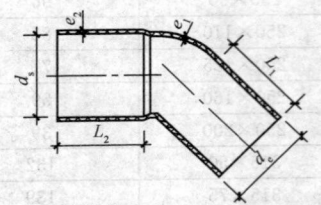　　　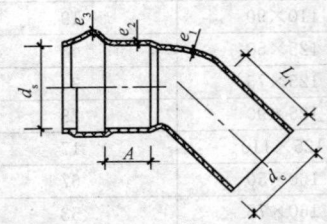

图 11-8　胶粘剂连接型承口和插口　　　图 11-9　弹性密封圈连接型承口和插口

　　允许异径管件过渡部分的壁厚从一个尺寸渐变到另一个尺寸,但其余部分的壁厚应符合相应的规定。

　　型芯偏移的情况下,允许管件最薄处壁厚比相应的规定值减少 5%,但同一截面上两个相对壁厚的平均值应不小于相应的规定值。

　　①胶粘剂连接型管件。胶粘剂连接型管件的承口壁厚 e_2(图 11-8)应不小于管件承口部位以外的主体壁厚 e_1 的 75%。

　　②弹性密封圈连接型管件。弹性密封圈连接型管件的承口壁厚 e_2(图11-9)应不小于管件承口部位以外的主体壁厚的 90%,密封环槽处的壁厚 e_3 应不小于管件承口部位以外的主体壁厚 e_1 的 75%。

　　2)管件的承口和插口的直径和长度。

　　①胶粘剂连接型管件。胶粘剂连接型管件承口和插口的直径和长度(图 11-8)应符合表 11-7 的规定。

表 11-7　　　　胶粘剂连接型管件承口和插口的直径和长度　　　　　　mm

公称外径	插口的平均外径		承口中部平均内径		承口深度和插口长度
d_n	$d_{em,min}$	$d_{em,max}$	$d_{sm,min}$	$d_{sm,max}$	$L_{1,min}$ 和 $L_{2,min}$
32	32.0	32.2	32.1	32.4	22
40	40.0	40.2	40.1	40.4	25
50	50.0	50.2	50.1	50.4	25

（续）

公称外径	插口的平均外径		承口中部平均内径		承口深度和插口长度
d_n	$d_{em,min}$	$d_{em,max}$	$d_{sm,min}$	$d_{sm,max}$	$L_{1,min}$和$L_{2,min}$
75	75.0	75.3	75.2	75.5	40
90	90.0	90.3	90.2	90.5	46
110	110.0	110.3	110.2	110.6	48
125	125.0	125.3	125.2	125.7	51
160	160.0	160.4	160.3	160.8	58
200	200.0	200.5	200.4	200.9	60
250	250.0	250.5	250.4	250.9	60
315	315.0	315.6	315.5	316.0	60

注：沿承口深度方向允许有不大于30′脱模所必需的锥度。

②弹性密封圈连接型管件。弹性密封圈连接型管件承口和插口的直径和长度（图11-9）应符合表11-8的规定。

表11-8　　　　　弹性密封圈连接型管件承口和插口的直径和长度　　　　　　mm

公称外径	插口的平均外径		承口端部平均内径	承口配合深度和插口长度	
d_n	$d_{em,min}$	$d_{em,max}$	$d_{sm,min}$	A_{min}	$L_{2,min}$
32	32.0	32.2	32.3	16	42
40	40.0	40.2	40.3	18	44
50	50.0	50.2	50.3	20	46
75	75.0	75.3	75.4	25	51
90	90.0	90.3	90.4	28	56
110	110.0	110.3	110.4	32	60
125	125.0	125.3	125.4	35	67
160	160.0	160.4	160.5	42	81
200	200.0	200.5	200.6	50	99
250	250.0	250.5	250.8	55	125
315	315.0	315.6	316.0	62	132

（4）物理力学性能。管件的物理力学性能应符合表11-9的规定。

表 11-9　　　　　　　　　　　　物理力学性能

项　目	要　求
密度/(kg/m³)	1350～1550
维卡软化温度/℃	≥74
烘箱试验	符合《注射成型硬质聚氯乙烯(PVC-U)、氯化聚氯乙烯(PVC-C)、丙烯腈-丁二烯-苯乙烯三元共聚物(ABS)和丙烯腈-苯乙烯-丙烯酸盐三元共聚物(ASA)管件　热烘箱试验方法》(GB/T 8803—2001)的规定
坠落试验	无破裂

二、建筑排水用硬聚氯乙烯(PVC-U)管材

1. 规格

(1)管材平均尺寸、壁厚。管材平均外径、壁厚应符合表 11-10 的规定。

表 11-10　　　　　　　　　　管材平均外径、壁厚　　　　　　　　　　　mm

公称外径 d_n	平均外径		壁　厚	
	最小平均外径 $d_{em,min}$	最大平均外径 $d_{em,max}$	最小壁厚 e_{min}	最大壁厚 e_{max}
32	32.0	32.2	2.0	2.4
40	40.0	40.2	2.0	2.4
50	50.0	50.2	2.0	2.4
75	75.0	75.3	2.3	2.7
90	90.0	90.3	3.0	3.5
110	110.0	110.3	3.2	3.8
125	125.0	125.3	3.2	3.8
160	160.0	160.4	4.0	4.6
200	200.0	200.5	4.9	5.6
250	250.0	250.5	6.2	7.0
315	315.0	315.6	7.8	8.6

(2)管材长度。管材长度 L 一般为 4m 或 6m,其他长度由供需双方协商确定,管材长度不允许有负偏差。管材长度 L、有效长度 L_1 见图 11-10。

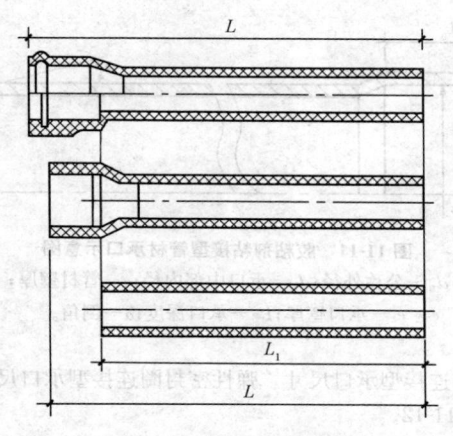

图 11-10　管材长度示意图

（3）不圆度。管材不圆度应不大于 $0.024d_n$。不圆度的测定应在管材出厂前进行。

（4）弯曲度。管材弯曲度应不大于 0.50%。

（5）管材承口尺寸。

1）胶粘剂连接型管材承口尺寸。胶粘剂粘接型管材承口尺寸应符合表 11-11 规定，示意图见图 11-11。

表 11-11　　　　　　　胶粘剂粘接型管材承口尺寸　　　　　　　mm

公称外径	承口中部平均内径		承口深度
d_n	$d_{sm,min}$	$d_{sm,max}$	$L_{0,min}$
32	32.1	32.4	22
40	40.1	40.4	25
50	50.1	50.4	25
75	75.2	75.5	40
90	90.2	90.5	46
110	110.2	110.6	48
125	125.2	125.7	51
160	160.3	160.8	58
200	200.4	200.9	60
250	250.4	250.9	60
315	315.5	316.0	60

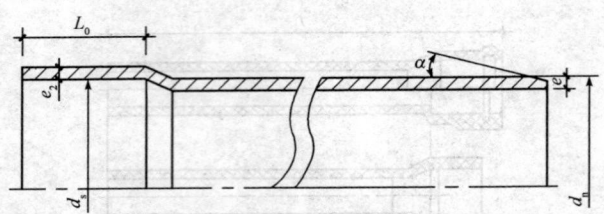

图 11-11   胶粘剂粘接型管材承口示意图

d_n—公称外径；d_s—承口中部内径；e—管材壁厚；

e_z—承口壁厚；L_2—承口深度；α—倒角。

2)弹性密封圈连接型承口尺寸。弹性密封圈连接型承口尺寸应符合表 11-12 规定，示意图见图 11-12。

表 11-12   弹性密封圈连接型管材承口尺寸   mm

公称外径 d_n	承口端部平均内径 $d_{sm,min}$	承口配合深度 A_{min}
32	32.3	16
40	40.3	18
50	50.3	20
75	75.4	25
90	90.4	28
110	110.4	32
125	125.4	35
160	160.5	42
200	200.6	50
250	250.8	55
315	316.0	62

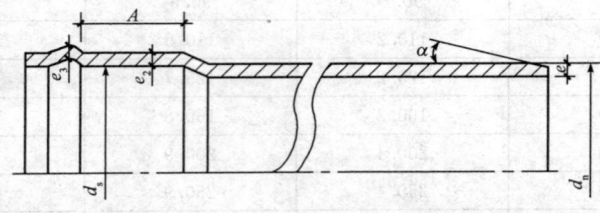

图 11-12   弹性密封圈连接型管材承口示意图

2. 主要技术要求

(1)外观。管材同外壁应光滑,不允许有气泡、裂口和明显的痕纹、凹陷、色泽不均及分解变色线。管材两端面应切割平整并与轴线垂直。

(2)颜色。管材一般为灰色或白色,其他颜色可由供需双方协商确定。

(3)管材物理力学性能。管材的物理力学性能应符合表 11-13 的规定。

表 11-13　　　　　　　　　　管材物理力学性能

项　目	要求
密度/(kg/m^3)	1350~1550
维卡软化温度(VST)/℃	≥79
纵向回缩率(%)	≤5
二氯甲烷浸渍试验	表面变化不劣于 4L
拉伸屈服强度/MPa	≥40
落锤冲击试验 TIR	TIR≤10%

三、给水用硬聚氯乙烯(PVC-U)管材

1. 分类及规格

(1)产品按连接方式不同分为弹性密封圈式和溶剂粘接式。

(2)公称压力等级和规格尺寸见表 11-14 和表 11-15。

表 11-14　　　　　　　　　　公称压力等级和规格尺寸　　　　　　　　mm

公称外径 d_n	管材 S 系列 SDR 系列和公称压力						
	S16 SDR33 PN0.63	S12.5 SDR26 PN0.8	S10 SDR21 PN1.0	S8 SDR17 PN1.25	S6.3 SDR13.6 PN1.6	S5 SDR11 PN2.0	S4 SDR9 PN2.5
	公称壁厚 e_n						
20	—	—	—	—	—	2.0	2.3
25	—	—	—	—	2.0	2.3	2.8
32	—	—	—	2.0	2.4	2.9	3.6
40	—	—	2.0	2.4	3.0	3.7	4.5
50	—	2.0	2.4	3.0	3.7	4.6	5.6
63	2.0	2.5	3.0	3.8	4.7	5.8	7.1
75	2.3	2.9	3.6	4.5	5.6	6.9	8.4
90	2.8	3.5	4.3	5.4	6.7	8.2	10.1

注:公称壁厚(e_n)根据设计应力(σ_s)10MPa 确定,最小壁厚不小于 2.0mm。

表 11-15 公称压力等级和规格尺寸 mm

公称外径 d_n	管材 S 系列 SDR 系列和公称压力						
	S20 SDR41 PN0.63	S16 SDR33 PN0.8	S12.5 SDR26 PN1.0	S10 SDR21 PN1.25	S8 SDR17 PN1.6	S6.3 SDR13.6 PN2.0	S5 SDR11 PN2.5
	公称壁厚 e_n						
110	2.7	3.4	4.2	5.3	6.6	8.1	10.0
125	3.1	3.9	4.8	6.0	7.4	9.2	11.4
140	3.5	4.3	5.4	6.7	8.3	10.3	12.7
160	4.0	4.9	6.2	7.7	9.5	11.8	14.6
180	4.4	5.5	6.9	8.6	10.7	13.3	16.4
200	4.9	6.2	7.7	9.6	11.9	14.7	18.2
225	5.5	6.9	8.6	10.8	13.4	16.6	—
250	6.2	7.7	9.6	11.9	14.8	18.4	—
280	6.9	8.6	10.7	13.4	16.6	20.6	—
315	7.7	9.7	12.1	15.0	18.7	23.2	—
355	8.7	10.9	13.6	16.9	21.1	26.1	—
400	9.8	12.3	15.3	19.1	23.7	29.4	—
450	11.0	13.8	17.2	21.5	26.7	33.1	—
500	12.3	15.3	19.1	23.9	29.7	36.8	—
560	13.7	17.2	21.4	26.7	—	—	—
630	15.4	19.3	24.1	30.0	—	—	—
710	17.4	21.8	27.2	—	—	—	—
800	19.6	24.5	30.6	—	—	—	—
900	22.0	27.6	—	—	—	—	—
1000	24.5	30.6	—	—	—	—	—

注:公称壁厚(e_n)根据设计应力(σ_s)12.5MPa确定。

(3)壁厚。

1)管材任意点壁厚及偏差应符合表 11-14~表 11-16 的规定。

表 11-16 壁厚及偏差 mm

壁厚 e_y	允许偏差	壁厚 e_y	允许偏差
$e \leqslant 2.0$	$+0.4$ 0	$3.0 < e \leqslant 4.0$	$+0.6$ 0
$2.0 < e \leqslant 3.0$	$+0.5$ 0	$4.0 < e \leqslant 4.6$	$+0.7$ 0

（二料）

壁厚 e_y	允许偏差	壁厚 e_y	允许偏差
$4.6<e\leqslant5.3$	+0.8 0	$16.6<e\leqslant17.3$	+2.6 0
$5.3<e\leqslant6.0$	+0.9 0	$17.3<e\leqslant18.0$	+2.7 0
$6.0<e\leqslant6.6$	+1.0 0	$18.0<e\leqslant18.6$	+2.8 0
$6.6<e\leqslant7.3$	+1.1 0	$18.6<e\leqslant19.3$	+2.9 0
$7.3<e\leqslant8.0$	+1.2 0	$19.3<e\leqslant20.0$	+3.0 0
$8.0<e\leqslant8.6$	+1.3 0	$20.0<e\leqslant20.6$	+3.1 0
$8.6<e\leqslant9.3$	+1.4 0	$20.6<e\leqslant21.3$	+3.2 0
$9.3<e\leqslant10.0$	+1.5 0	$21.3<e\leqslant22.0$	+3.3 0
$10.0<e\leqslant10.6$	+1.6 0	$22.0<e\leqslant22.6$	+3.4 0
$10.6<e\leqslant11.3$	+1.7 0	$22.6<e\leqslant23.3$	+3.5 0
$11.3<e\leqslant12.0$	+1.8 0	$23.3<e\leqslant24.0$	+3.6 0
$12.0<e\leqslant12.6$	+1.9 0	$24.0<e\leqslant24.6$	+3.7 0
$12.6<e\leqslant13.3$	+2.0 0	$24.6<e\leqslant25.3$	+3.8 0
$13.3<e\leqslant14.0$	+2.1 0	$25.3<e\leqslant26.0$	+3.9 0
$14.0<e\leqslant14.6$	+2.2 0	$26.0<e\leqslant26.6$	+4.0 0
$14.6<e\leqslant15.3$	+2.3 0	$26.6<e\leqslant27.3$	+4.1 0
$15.3<e\leqslant16.0$	+2.4 0	$27.3<e\leqslant28.0$	+4.2 0
$16.0<e\leqslant16.6$	+2.5 0	$28.0<e\leqslant28.6$	+4.3 0

（续二）

壁厚 e_y	允许偏差	壁厚 e_y	允许偏差
$28.6 < e \leqslant 29.3$	$+4.4$ 0	$34.0 < e \leqslant 34.6$	$+5.2$ 0
$29.3 < e \leqslant 30.0$	$+4.5$ 0	$34.6 < e \leqslant 35.3$	$+5.3$ 0
$30.0 < e \leqslant 30.6$	$+4.6$ 0	$35.3 < e \leqslant 36.0$	$+5.4$ 0
$30.6 < e \leqslant 31.3$	$+4.7$ 0	$36.0 < e \leqslant 36.6$	$+5.5$ 0
$31.3 < e \leqslant 32.0$	$+4.8$ 0	$36.6 < e \leqslant 37.3$	$+5.6$ 0
$32.0 < e \leqslant 32.6$	$+4.9$ 0	$37.3 < e \leqslant 38.0$	$+5.7$ 0
$32.6 < e \leqslant 33.3$	$+5.0$ 0	$38.0 < e \leqslant 38.6$	$+5.8$ 0
$33.3 < e \leqslant 34.0$	$+5.1$ 0	—	—

2）管材平均壁厚及允许偏差应符合表 11-17 规定。

表 11-17　　　　　　　　　　平均壁厚及允许偏差　　　　　　　　　　mm

平均壁厚 e_m	允许偏差	平均壁厚 e_m	允许偏差
$\leqslant 2.0$	$+0.4$ 0	$9.0 < e \leqslant 10.0$	$+1.2$ 0
$2.0 < e \leqslant 3.0$	$+0.5$ 0	$10.0 < e \leqslant 11.0$	$+1.3$ 0
$3.0 < e \leqslant 4.0$	$+0.6$ 0	$11.0 < e \leqslant 12.0$	$+1.4$ 0
$4.0 < e \leqslant 5.0$	$+0.7$ 0	$12.0 < e \leqslant 13.0$	$+1.5$ 0
$5.0 < e \leqslant 6.0$	$+0.8$ 0	$13.0 < e \leqslant 14.0$	$+1.6$ 0
$6.0 < e \leqslant 7.0$	$+0.9$ 0	$14.0 < e \leqslant 15.0$	$+1.7$ 0
$7.0 < e \leqslant 8.0$	$+1.0$ 0	$15.0 < e \leqslant 16.0$	$+1.8$ 0
$8.0 < e \leqslant 9.0$	$+1.1$ 0	$16.0 < e \leqslant 17.0$	$+1.9$ 0

（续）

平均壁厚 e_m	允许偏差	平均壁厚 e_m	允许偏差
$17.0 < e \leqslant 18.0$	$^{+2.0}_{\ 0}$	$28.0 < e \leqslant 29.0$	$^{+3.1}_{\ 0}$
$18.0 < e \leqslant 19.0$	$^{+2.1}_{\ 0}$	$29.0 < e \leqslant 30.0$	$^{+3.2}_{\ 0}$
$19.0 < e \leqslant 20.0$	$^{+2.2}_{\ 0}$	$30.0 < e \leqslant 31.0$	$^{+3.3}_{\ 0}$
$20.0 < e \leqslant 21.0$	$^{+2.3}_{\ 0}$	$31.0 < e \leqslant 32.0$	$^{+3.4}_{\ 0}$
$21.0 < e \leqslant 22.0$	$^{+2.4}_{\ 0}$	$32.0 < e \leqslant 33.0$	$^{+3.5}_{\ 0}$
$22.0 < e \leqslant 23.0$	$^{+2.5}_{\ 0}$	$33.0 < e \leqslant 34.0$	$^{+3.6}_{\ 0}$
$23.0 < e \leqslant 24.0$	$^{+2.6}_{\ 0}$	$34.0 < e \leqslant 35.0$	$^{+3.7}_{\ 0}$
$24.0 < e \leqslant 25.0$	$^{+2.7}_{\ 0}$	$35.0 < e \leqslant 36.0$	$^{+3.8}_{\ 0}$
$25.0 < e \leqslant 26.0$	$^{+2.8}_{\ 0}$	$36.0 < e \leqslant 37.0$	$^{+3.9}_{\ 0}$
$26.0 < e \leqslant 27.0$	$^{+2.9}_{\ 0}$	$37.0 < e \leqslant 38.0$	$^{+4.0}_{\ 0}$
$27.0 < e \leqslant 28.0$	$^{+3.0}_{\ 0}$	$38.0 < e \leqslant 39.0$	$^{+4.1}_{\ 0}$

（4）承口。

1）弹性密封圈式承口最小深度应符合表 11-18 规定，示意图见图 11-13。弹性密封圈式承口的密封环槽处的壁厚应不小于相连管材公称壁厚的 0.8 倍。

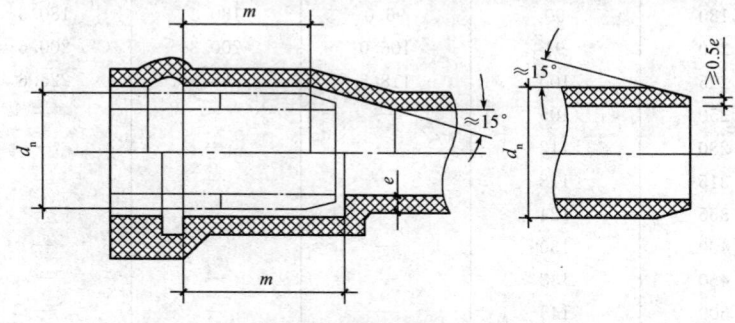

图 11-13　弹性密封圈式承插口

2)溶剂粘接式承口的最小深度、承口中部内径尺寸应符合表 11-18 规定,示意图见图 11-14。溶剂粘接式承口壁厚应不小于相连管材公称壁厚的 0.75 倍。

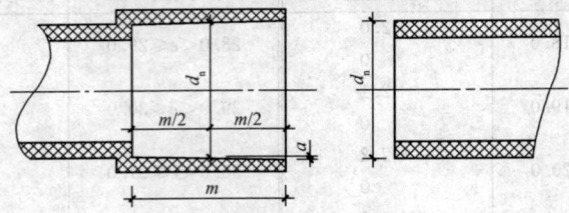

图 11-14　溶剂粘接式承插口

表 11-18　　　　　　　　　　　　　　承口尺寸　　　　　　　　　　　　　　mm

公称外径 d_n	弹性密封圈承口最小配合深度 m_{min}	溶剂粘接承口最小深度 m_{min}	溶剂粘接承口中部平均内径 d_{sm}	
			$d_{sm,min}$	$d_{sm,max}$
20	—	16.0	20.1	20.3
25	—	18.5	25.1	25.3
32	—	22.0	32.1	32.3
40	—	26.0	40.1	40.3
50	—	31.0	50.1	50.3
63	64	37.5	63.1	63.3
75	67	43.5	75.1	75.3
90	70	51.0	90.1	90.3
110	75	61.0	110.1	110.4
125	78	68.5	125.1	125.4
140	81	76.0	140.2	140.5
160	86	86.0	160.2	160.5
180	90	96.0	180.3	180.6
200	94	106.0	200.3	200.6
225	100	118.5	225.3	225.6
250	105	—	—	—
280	112	—	—	—
315	118	—	—	—
355	124	—	—	—
400	130	—	—	—
450	138	—	—	—
500	145	—	—	—

（续）

公称外径 d_n	弹性密封圈承口最小配合深度 m_{min}	溶剂粘接承口最小深度 m_{min}	溶剂粘接承口中部平均内径 d_{sm}	
			$d_{sm,min}$	$d_{sm,max}$
560	154	—	—	—
630	165	—	—	—
710	177	—	—	—
800	190	—	—	—
1000	220	—	—	—

注:1. 承口中部的平均内径是指在承口深度 1/2 处所测定的相互垂直的两直径的算术平均值。承口的最大锥度(α)不超过 $0°30'$。

　　2. 当管材长度大于 12m 时,密封圈式承口深度 m_{min} 需另行设计。

(5)插口。弹性密封圈式管材的插口端应按图 11-13 加工倒角。

2. 主要技术要求

(1)外观。管材内外表面应光滑,无明显划痕、凹陷、可见杂质和其他影响达到本部分要求的表面缺陷。管材端面应切割平整并与轴线垂直。

(2)颜色。管材颜色由供需双方协商确定,色泽应均匀一致。

(3)不透光性。管材应不透光。

(4)管材尺寸。

1)长度。管材长度一般为 4m、6m,也可由供需双方协商确定。管材长度(L)、有效长度(L_1)见图 11-15 所示。长度不允许负偏差。

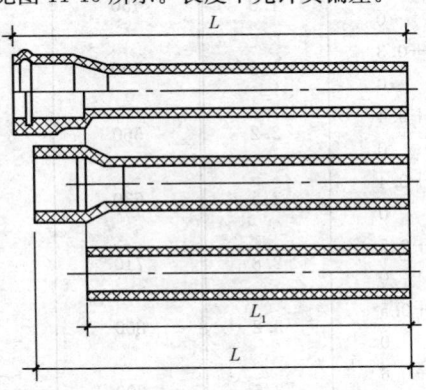

图 11-15　管材长度示意图

2)弯曲度。管材弯曲度应符合表 11-19 规定。

表 11-19　　　　　　　　　　　　管材弯曲度

公称外径 d_n/mm	≤32	40～200	≥225
弯曲度(%)	不规定	≤1.0	≤0.5

3)平均外径及偏差和不圆度。平均外径及偏差和不圆度应符合表 11-20 规定,PN0.63、PN0.8 的管材不要求不圆度。不圆度的测量应在出厂前进行。

表 11-20　　　　　　　　　平均外径及偏差和不圆度　　　　　　　　　　mm

平均外径 d_{em}		不圆度	平均外径 d_{em}		不圆度
公称外径 d_n	允许偏差		公称外径 d_n	允许偏差	
20	+0.3 0	1.2	225	+0.7 0	4.5
25	+0.3 0	1.2	250	+0.8 0	5.0
32	+0.3 0	1.3	280	+0.9 0	6.8
40	+0.3 0	1.4	315	+1.0 0	7.6
50	+0.3 0	1.4	335	+1.1 0	8.6
63	+0.3 0	1.5	400	+1.2 0	9.6
75	+0.3 0	1.6	450	+1.4 0	10.8
90	+0.3 0	1.8	500	+1.5 0	12.0
110	+0.4 0	2.2	560	+1.7 0	13.5
125	+0.4 0	2.5	630	+1.9 0	15.2
140	+0.5 0	2.8	710	+2.0 0	17.1
160	+0.5 0	3.2	800	+2.0 0	19.2
180	+0.6 0	3.6	900	+2.0 0	21.6
200	+0.6 0	4.0	1000	+2.0 0	24.0

(5)物理性能。物理性能应符合表 11-21 规定。

表 11-21 物理性能

项　目	技术指标
密度/(kg/m^3)	1350～1460
维卡软化温度/℃	≥80
纵向回缩率(%)	≤5
二氯甲烷浸渍试验(15℃,15min)	表面变化不劣于 4N

(6)力学性能。力学性能应符合表 11-22 规定。

表 11-22 力学性能

项　目	技术指标
落锤冲击试验(0℃)TIR(%)	≤5
液压试验	无破裂,无渗漏

四、工业管道系统用氯化聚氯乙烯管材

1. 产品分类及规格

(1)按尺寸分为 S10、S6.3、S5、S4 四个管系列。

管材规格用管系列、公称外径 d_n×公称壁厚 e_n 表示。例:S5　d_n50×e_n5.6。

(2)管系列 S、标准尺寸比 SDR 及管材规格尺寸,见表 11-23。

表 11-23 管材规格尺寸 mm

公称外径 d_n	公称壁厚 e_n			
	管系列 S			
	S10	S6.3	S5	S4
	标准尺寸比 SDR			
	SDR21	SDR13.6	SDR11	SDR9
20	2.0(0.96)*	2.0(1.5)*	2.0(1.9)*	2.3
25	2.0(1.2)*	2.0(1.9)*	2.3	2.8
32	2.0(1.6)*	2.4	2.9	3.6
40	2.0(1.9)*	3.0	3.7	4.5
50	2.4	3.7	4.6	5.6
63	3.0	4.7	5.8	7.1

(续)

公称外径 d_n	公称壁厚 e_n			
	管系列 S			
	S10	S6.3	S5	S4
	标准尺寸比 SDR			
	SDR21	SDR13.6	SDR11	SDR9
75	3.6	5.6	6.8	8.4
90	4.3	6.7	8.2	10.1
110	5.3	8.1	10.0	12.3
125	6.0	9.2	11.4	14.0
140	6.7	10.3	12.7	15.7
160	7.7	11.8	14.6	17.9
180	8.6	13.3	—	—
200	9.6	14.7	—	—
225	10.8	16.6	—	—

注:考虑到刚度的要求,带"﹡"号规格的管材壁厚增加到 2.0mm,进行液压试验时用括号内的壁厚计算试验压力。

2. 主要技术要求

(1)外观。管材的内外表面应光滑、平整、清洁,不允许有气泡、划伤、凹陷、明显的杂质及颜色不均等缺陷。管端应切割平整,并与管轴线垂直。

(2)不透光性。管材应不透光。

(3)管材尺寸。

1)管材的长度一般为 4m 或 6m,也可根据用户要求由供需双方协商确定。长度允许偏差值为长度的 0~+0.4%。

2)管材的平均外径 d_{em} 及偏差和不圆度的最大值应符合表 11-24 的规定。

表 11-24　　　　　　　平均外径及偏差和不圆度的最大值　　　　　　　mm

平均外径 d_{em}		不圆度的最大值	平均外径 d_{em}		不圆度的最大值
公称外径 d_n	允许偏差		公称外径 d_n	允许偏差	
20	+0.2,0	0.5	40	+0.2,0	0.6
25	+0.2,0	0.5	50	+0.2,0	0.6
32	+0.2,0	0.5	63	+0.3,0	0.8

（续）

平均外径 d_{em}		不圆度的最大值	平均外径 d_{em}		不圆度的最大值
公称外径 d_n	允许偏差		公称外径 d_n	允许偏差	
75	+0.3,0	0.9	160	+0.5,0	2.0
90	+0.3,0	1.1	180	+0.6,0	2.2
110	+0.4,0	1.4	200	+0.6,0	2.4
125	+0.4,0	1.5	225	+0.7,0	2.7
140	+0.5,0	1.7	—	—	—

3)管材的壁厚应符合表 11-23 的规定,管材任意一点的壁厚偏差应符合表 11-25 的规定。

表 11-25　　　　　　　　　壁厚偏差　　　　　　　　　　mm

公称壁厚 e_n	允许偏差	公称壁厚 e_n	允许偏差
2.0	+0.4,0	$4.0<e_n\leqslant5.0$	+0.7,0
$2.0<e_n\leqslant3.0$	+0.5,0	$5.0<e_n\leqslant6.0$	+0.8,0
$3.0<e_n\leqslant4.0$	+0.6,0	$6.0<e_n\leqslant7.0$	+0.9,0
$7.0<e_n\leqslant8.0$	+1.0,0	$13.0<e_n\leqslant14.0$	+1.6,0
$8.0<e_n\leqslant9.0$	+1.1,0	$14.0<e_n\leqslant15.0$	+1.7,0
$9.0<e_n\leqslant10.0$	+1.2,0	$15.0<e_n\leqslant16.0$	+1.8,0
$10.0<e_n\leqslant11.0$	+1.3,0	$16.0<e_n\leqslant17.0$	+1.9,0
$11.0<e_n\leqslant12.0$	+1.4,0	$17.0<e_n\leqslant18.0$	+2.0,0
$12.0<e_n\leqslant13.0$	+1.5,0		

（4)物理性能。管材的物理性能应符合表 11-26 的规定。

表 11-26　　　　　　　　　物理性能

项　目	要　求	项　目	要　求
密度/(kg/m³)	1450～1650	纵向回缩率(%)	≤5
维卡软化温度/℃	≥110	氯含量(质量百分比)(%)	≥60

（5)力学性能。管材的力学性能应符合表 11-27 的规定。

表 11-27　　　　　　　　　　　　　　　　力学性能

项　目	试验参数			要　　求
	温度/℃	静液压应力/MPa	时间/h	
静液压试验	20	43	≥1	无破裂，无渗漏
	95	5.6	≥165	
	95	4.6	≥1000	
静液压状态下的热稳定性试验	95	3.6	≥8760	
落锤冲击试验	试验温度(0±1)℃ 落锤质量与高度见有关规定			TIR≤10%

第二节　泡沫塑料

一、绝热用模塑聚苯乙烯泡沫塑料

1. 分类

(1)绝热用模塑聚苯乙烯泡沫塑料按密度分为Ⅰ、Ⅱ、Ⅲ、Ⅳ、Ⅴ、Ⅵ类，其密度范围见表 11-28。

表 11-28　　　　　　绝热用模塑聚苯乙烯泡沫塑料密度范围　　　　　　kg/m³

类　别	密度范围	类　别	密度范围
Ⅰ	≥15，<20	Ⅳ	≥40，<50
Ⅱ	≥20，<30	Ⅴ	≥50，<60
Ⅲ	≥30，<40	Ⅵ	≥60

(2)绝热用模塑聚苯乙烯泡沫塑料分为阻燃型和普通型。

2. 主要技术要求

(1)规格尺寸和允许偏差。规格尺寸由供需双方商定，允许偏差应符合表 11-29 的规定。

表 11-29　　　　　　　　　　　规格尺寸和允许偏差　　　　　　　　　　mm

长度、宽度尺寸	允许偏差	厚度尺寸	允许偏差	对角线尺寸	对角线差
<1000	±5	<50	±2	<1000	5
1000~2000	±8	50~75	±3	1000~2000	7

（续）

长度、宽度尺寸	允许偏差	厚度尺寸	允许偏差	对角线尺寸	对角线差
2000～4000	±10	75～100	±4	2000～4000	13
＞4000	正偏差不限，－10	＞100	供需双方商定	＞4000	15

（2）外观要求。

1）色泽：均匀，阻燃型应掺入有颜色的颗粒，以示区别。

2）外形：表面平整，无明显收缩变形和膨胀变形。

3）熔结：熔结良好。

4）杂质：无明显油渍和杂质。

（3）物理机械性能。物理机械性能应符合表 11-30 的要求。

表 11-30　　　　　　　　　　　物理机械性能

项目		单位	性能指标					
			Ⅰ	Ⅱ	Ⅲ	Ⅳ	Ⅴ	Ⅵ
表观密度	不小于	kg/m³	15.0	20.0	30.0	40.0	50.0	60.0
压缩强度	不小于	kPa	60	100	150	200	300	400
导热系数	不大于	W/(m·K)	0.041		0.039			
尺寸稳定性	不大于	%	4	3	2	2	2	1
水蒸气透过系数	不大于	ng/(Pa·m·s)	6	4.5	4.5	4	3	2
吸水率（体积分数）	不大于	%	6	4	2			
熔结性[1]	断裂弯曲负荷 不小于	N	15	25	35	60	90	120
	弯曲变形 不小于	mm	20				—	
燃烧性能[2]	氧指数 不小于	%	30					
	燃烧分级		达到 B₂ 级					

注：1 断裂弯曲负荷或弯曲变形有一项能符合指标要求即为合格。

　　2 普通型聚苯乙烯泡沫塑料板材不要求。

二、绝热用挤塑聚苯乙烯泡沫塑料（XPS）

1. 分类

（1）按制品压缩强度 p 和表皮分为以下十类：

1)X150-p≥150kPa,带表皮。

2)X200-p≥200kPa,带表皮。

3)X250-p≥250kPa,带表皮。

4)X300-p≥300kPa,带表皮。

5)X350-p≥350kPa,带表皮。

6)X400-p≥400kPa,带表皮。

7)X450-p≥450kPa,带表皮。

8)X500-p≥500kPa,带表皮。

9)W200-p≥200kPa,不带表皮。

10)W300-p≥300kPa,不带表皮。

注:其他表面结构的产品由供需双方商定。

(2)按制品边缘结构分为以下四种:

1)SS 平头型产品。

2)SL 型产品(搭接)。

3)TG 型产品(榫槽)。

4)RC 型产品(雨槽)。

2. 产品标记

(1)标记方法。

1)标记顺序。产品名称-类别-边缘结构形式-长度×宽度×厚度-标准号。

2)边缘结构形式表示方法。SS 表示四边平头;SL 表示两长边搭接;TG 表示两长边为榫槽型;RC 表示两长边为雨槽型。若需四边搭接、四边榫槽或四边雨槽型需特殊说明。

(2)标记示例。类别为 X250、边缘结构为两长边搭接,长度 1200mm、宽度 600mm、厚度 50mm 的挤出聚苯乙烯板标记为:

XPS-X250-SL-1200×600×50-GB/T 10801. 2

3. 技术要求

(1)规格尺寸及允许偏差。产品主要规格尺寸见表 11-31,其他规格由供需双方商定,但允许偏差应符合表 11-32 的规定。

表 11-31　　　　　　　　　　　规格尺寸　　　　　　　　　　　　　　　mm

长　度	宽　度	厚　度
L		h
1200,1250,2450,2500	600,900,1200	20,25,30,40,50,75,100

表 11-32　　　　　　　　　　　　　　　允许偏差　　　　　　　　　　　　　　　　　mm

长度和宽度		厚　度		对角线差	
尺寸 L	允许偏差	尺寸 h	允许偏差	尺寸 T	对角线差
$L<1000$	±5			$T<1000$	5
$1000 \leqslant L < 2000$	±7.5	$h<50$	±2	$1000 \leqslant T < 2000$	7
$L \geqslant 2000$	±10	$h \geqslant 50$	±3	$T \geqslant 2000$	13

　　(2)外观质量。产品表面平整,无夹杂物,颜色均匀。不应有影响使用的可见缺陷,如起泡、裂口、变形等。

　　(3)物理机械性能。产品的物理机械性能应符合表 11-33 的规定。

表 11-33　　　　　　　　　　　　　　物理机械性能

项目		单位	性能指标									
			带表皮								不带表皮	
			X150	X200	X250	X300	X350	X400	X450	X500	W200	W300
压缩强度		kPa	≥150	≥200	≥250	≥300	≥350	≥400	≥450	≥500	≥200	≥300
吸水率 (浸水 96h)		%(体积分数)	≤1.5		≤1.0						≤2.0	≤1.5
透湿系数 (23℃± 1℃,RH 50%±5%)		ng (m·s·Pa)	≤3.5		≤3.0				≤2.0		≤3.5	≤3.0
绝热性能	热阻 (厚度 25mm 时平均 温度) 10℃ 25℃	(m²·K) /W			≥0.89 ≥0.83				≥0.93 ≥0.86		≥0.76 ≥0.71	≥0.83 ≥0.78
	导热 系数 (平均 温度) 10℃ 25℃	W/ (m·K)			≤0.028 ≤0.030				≤0.027 ≤0.029		≤0.033 ≤0.035	≤0.030 ≤0.032
尺寸稳定性 (70℃± 2℃下,48h)		%	≤2.0		≤1.5			≤1.0			≤2.0	≤1.5

三、通用软质聚醚型聚氨酯泡沫塑料

1. 分类、适用类型及应用领域

(1)按 25%压陷硬度分 8 个等级，为 245N,190N,151N,120N,93N,67N,40N,22N。

(2)按恒定负荷反复压陷疲劳性能分为 AP、BP、CP、DP 四类，其适用类型和应用见表 11-34。

表 11-34　　　　　　　　　类别、适用类型和应用领域

类　别	适用类型	应用领域
AP	非常严峻	运输机械坐椅
BP	严峻	垫子、床垫
CP	一般	手扶椅、靠背
DP	轻微	其他的缓冲物

2. 主要技术要求

(1)长度、宽度偏差应符合表 11-35 要求。

表 11-35　　　　　　　　　长度、宽度极限偏差　　　　　　　　　mm

长度、宽度	极限偏差
<250	+5 / 0
>250～500	+10 / 0
>500～1000	+20 / 0
>1000～2000	+30 / 0
>2000～3000	+40 / 0
>3000～4000	+50 / 0
>4000	+70 / 0

(2)厚度偏差应符合表 11-36 要求。

表 11-36　　　　　　　　　　　　　　厚度极限偏差　　　　　　　　　　　　　　mm

厚度	极限偏差
<25	±1.5
>25~75	+3.0 -1.5
>75~125	+4.5 -1.5
>125	+4.5 -3.0

（3）感官要求应符合表 11-37 要求。

表 11-37　　　　　　　　　　　　　　　感官要求

项目	要　　　　求
色泽	颜色应均匀，允许轻微杂色、黄芯
气孔	不允许有长度大于 6mm 的对穿孔和长度大于 10mm 的气孔
裂缝	每平方米内弥合裂缝总长小于 100mm，最大裂缝小于 30mm
两侧表皮	片材两侧斜表皮宽度不超过厚度的一倍，并且最大不得超过 40mm
污染	不允许严重污染
气味	无刺激性气味

（4）物理力学性能应符合表 11-38 要求。

表 11-38　　　　　　　　　　　　　　物理力学性能

项　　目	性　能　指　标							
等级/N	245	196	151	120	93	67	40	22
25%压陷硬度/N	245±18	196±18	151±14	120±14	93±12	67±12	40±8	22±8
65%/25%压陷比	≥1.8							
75% 压缩永久变形(%)	≤8							
回弹率(%)	≥35							
拉抻强度/kPa	≥100			≥90			≥80	
伸长率(%)	≥100			≥130			≥150	

(续)

项　目	性　能　指　标		
撕裂强度/(N/cm)	≥1.8	≥2.0	≥2.5
干热老化后拉伸强度/kPa	≥55		
干热老化后拉伸强度变化率(%)	±30		
湿热老化后拉伸强度/kPa	≥55		
湿热老化后拉伸强度变化率(%)	±30		

（5）恒定负荷反复压陷疲劳性能应符合表 11-39 要求。

表 11-39　　　　　　　恒定负荷反复压陷疲劳性能　　　　　　　%

类　别	恒定负荷反复压陷疲劳后 40%压陷硬度损失值
AP	≤20
BP	≤30
CP	≤35
DP	≤40

四、软质阻燃聚氨酯泡沫塑料

1. 分类

（1）根据生产原料的不同分为聚醚型软质阻燃聚氨酯泡沫塑料［JM(Z)］和聚酯型软质阻燃聚氨酯泡沫塑料［JZ(Z)］两大类型。

（2）根据使用领域的不同分为建筑等领域用软质阻燃聚氨酯泡沫塑料、铁道客车用软质阻燃聚氨酯泡沫塑料、汽车用软质阻燃聚氨酯泡沫塑料。

2. 主要技术要求

（1）外观质量。应符合表 11-40 的规定。

（2）尺寸偏差。应符合表 11-41 的规定。

（3）物理力学性能。应符合表 11-42 的规定。

（4）燃烧性能。根据软质阻燃聚氨酯泡沫塑料使用领域的不同，其燃烧性能应分别符合表 11-43～表 11-45 的规定。

表 11-40　　外观质量

项　目	要　求
色　泽	允许有杂色、黄芯
气　孔	不允许有尺寸大于 $\phi6$ 的对穿孔和大于 $\phi10$ 的气孔
裂　缝	每平方米内弥合裂缝总长小于 200mm
两侧表面	片材两侧的斜表皮宽度不超过 40mm
污　染	不允许严重污染

表 11-41　尺寸允许偏差　　mm

长度、宽度		厚　度	
基本尺寸	偏差	基本尺寸	偏差
≤1000	±30	10～19	±2.0
1001～2000	±40	20～29	±3.0
2001～3000	±50	30～49	±4.0
3001～4000	±60	50～79	±6.0
>4000	±70	80～149	±8.0

表 11-42　　物理力学性能

性　能		类别 JM(Z)	JZ(Z)
拉伸强度/kPa		≥80	≥160
伸长度(%)		≥120	≥250
75%压缩永久变形(%)		≤10.0	≤10.0
回弹率(%)		≥20	≥15
撕裂强度/(N/cm)		≥1.5	≥4.0
压陷性能	压陷 25%时的硬度/N	≥50	—
	压陷 65%时的硬质/N	≥90	—
	65%/25%压陷比	≥1.4	—
吸潮率(%)		≤20	

表 11-43　建筑等领域用软质阻燃聚氨酯泡沫塑料燃烧性能及其分级

燃烧性能		级　别 B₁ 级	B₂ 级
氧指数(%)		≥32	≥26
垂直燃烧试验	平均燃烧时间/s	≤30	—
	平均燃烧高度/mm	≤250	—
水平燃烧试验	平均燃烧时间/s	—	≤90
	平均燃烧范围/mm	—	≤50
烟密度等级 SDR		≤75	—

表 11-44　　　　　铁道客车用软质阻燃聚氨酯泡沫塑料燃烧性能

燃烧性能	T 级
氧指数(%)	≥25
45°角燃烧试验	难燃级

表 11-45　　　　汽车用软质阻燃聚氨酯泡沫塑料燃烧性能及分级

燃烧性能		级　　　别		
		Q₁ 级	Q₂ 级	
			Q₂(A)	Q₂(B)
水平燃烧试验	平均燃烧速度/(mm/min)	0	≤100	—
	平均燃烧距离/mm	—	—	≤50
	平均自熄时间/ s	—	—	≤60

五、自熄性软质聚氨酯泡沫塑料

1. 尺寸及公差

(1)产品长度不小于 2000mm,宽度不小于 1200mm。

(2)产品厚度及公差应符合表 11-46 的规定。

2. 外观要求

(1)孔径:均匀。

(2)色泽:白色、允许有轻度黄芯。

(3)条纹:允许有轻度条纹。

(4)刀纹:允许有轻微刀纹。

(5)裂缝:不允许有裂缝。

(6)气孔:每平方米内直径为 2～4mm 的气孔总数不多于 10 个;4～6mm 的气孔不多于 4 个;不允许有 6mm 以上的气孔及 3mm 以上的对穿孔。

(7)两侧表皮:不允许存在。

表 11-46　　　　　　　　　　厚度及公差　　　　　　　　　　　　mm

厚　　度	厚度公差	厚　　度	厚度公差
3～5	+0.8 -0.4	>40,≤60	±4.0
		>60,≤120	±5.0
>5,≤15	±1.0	>120,≤200	±7.0
>15,≤40	±2.0	>200,≤300	±10

注:1. 距两端 80mm 以内,厚度公差可不要求。

　　2. 表中未规定的其他规格尺寸,由供需双方协商确定。

3. 性能要求

自熄性软质聚氨酯泡沫塑料的性能要求见表 11-47。

表 11-47　　　　　　　　　　　　性能要求

项　目	内　容
密　度	不大于 0.042g/cm³
拉伸强度	不小于 68.6kPa(0.7kg/cm²)
耐燃烧性	符合自熄 SE-2 级
导热系数	20℃时,不大于 0.042W/(m·K)
吸声系数	(1)音频 500Hz 厚 15mm 不小于 25%。 (2)音频 500Hz 厚 30mm 不小于 50%
烟密度	(1)燃烧条件下不大于 170。 (2)热辐射条件下不大于 215
毒性	中等

第十二章　绝热吸声材料

第一节　绝热材料

一、膨胀珍珠岩绝热制品

1. 分类

(1)类别

1)膨胀珍珠岩绝热制品按密度分为 200 号、250 号、350 号。

2)膨胀珍珠岩绝热制品按有无憎水性分为普通型和憎水型(用 Z 表示)。

3)膨胀珍珠岩绝热制品按用途分为建筑物用膨胀珍珠岩绝热制品(用 J 表示);设备及管道、工业炉窑用膨胀珍珠岩绝热制品(用 S 表示)。

(2)形状。膨胀珍珠岩绝热制品按外形分为平板(用 P 表示)、弧形板(用 H 表示)和管壳(用 G 表示)。

(3)等级。膨胀珍珠岩绝热制品按质量分为优等品(用 A 表示)和合格品(用 B 表示)。

2. 主要技术要求

(1)尺寸、尺寸偏差及外观质量。

1)尺寸

①平板:长度 400～600mm;宽度 200～400mm;厚度 40～100mm。

②弧形板:长度 400～600mm;内径＞1000mm;厚度 40～100mm。

③管壳:长度 400～600mm;内径 57～1000mm;厚度 40～100mm。

④特殊规格的产品可按供需双方的合同执行,但尺寸偏差及外观质量应符合表 12-1 中的规定。

2)膨胀珍珠岩绝热制品的尺寸偏差及外观质量应符合表 12-1 的要求。

表 12-1　　尺寸偏差及外观质量

项　目		指　标			
		平板		弧形板、管壳	
		优等品	合格品	优等品	合格品
尺寸允许偏差	长度/mm	±3	±5	±3	±5
	宽度/mm	±3	±5	—	—
	内径/mm	—	—	+3 +1	+5 +1
	厚度/mm	+3 -1	+5 -2	+3 -1	+5 -2

(续)

项 目		指 标			
		平板		弧形板、管壳	
		优等品	合格品	优等品	合格品
外观质量	垂直度偏差/mm	≤2	≤5	≤5	≤8
	合缝间隙/mm	—	—	≤2	≤5
	裂纹	不允许			
	缺棱掉角	优等品:不允许。 合格品:1. 三个方向投影尺寸的最小值不得大于10mm,最大值不得大于投影方向边长的1/3。 　　　　2. 三个方向投影尺寸的最小值不大于10mm,最大值不大于投影方向边长1/3的缺棱掉角总数不得超过4个 注:三个方向投影尺寸的最小值不大于3mm的棱损伤不作为缺棱,最小值不大于4mm的角损伤不作为掉角			
	弯曲度/mm	优等品:≤3,合格品:≤5			

(2)膨胀珍珠岩绝热制品的物理性能指标应符合表 12-2 的要求。

表 12-2　　　　　　　　　　物理性能要求

项 目		指 标				
		200 号		250 号		350 号
		优等品	合格品	优等品	合格品	合格品
密度/(kg/m³)		≤200		≤250		≤350
导热系数/[W/(m·K)]	298K+2K	≤0.060	≤0.068	≤0.068	≤0.072	≤0.087
	623K±2K (S类要求此项)	≤0.10	≤0.11	≤0.11	≤0.12	≤0.12
抗压强度/MPa		≥0.40	≥0.30	≥0.50	≥0.40	≥0.40
抗折强度/MPa		≥0.20		≥0.25		
质量含水率(%)		≤2	≤5	≤2	≤5	≤10

(3)S类产品 923K(650℃)时的匀温灼烧线收缩率应不大于 2%,且灼烧后无裂纹。

(4)憎水型产品的憎水率应不小于 98%。

(5)当膨胀珍珠岩绝热制品用于奥氏体不锈钢材料表面绝热时,其浸出液的氯离子、氟离子、硅酸根离子、钠离子含量应符合《覆盖奥氏体不锈钢用绝热材料规范》(GB/T 17393—2008)的要求。

(6)掺有可燃性材料的产品,用户有不燃性要求时,其燃烧性能级别应达到《建筑材料及制品燃烧性能分级》(GB 8624—2006)中规定的 A 级(不燃材料)。

二、绝热用玻璃棉及其制品

1. 分类与标记

(1)分类。

1)玻璃棉按纤维平均直径分为两个种类,见表 12-3。

表 12-3　　　　　　　　　　　　　玻璃棉种类

玻璃棉种类	纤维平均直径
1 号	≤5.0
2 号	≤8.0

2)玻璃棉制品按其形态分为玻璃棉、玻璃棉板、玻璃棉带、玻璃棉毯、玻璃棉毡和玻璃棉管壳(以下简称为棉、板、带、毯、毡和管壳)。

3)产品按工艺分成两类,a:火焰法;b:离心法。

(2)标记。标记由三部分组成:产品名称、产品技术特性、标准编号。

技术特性由以下几部分组成:

1)用数字 1 或 2 表示玻璃棉种类;

2)用小写英文字母 a 或 b 表示生产工艺,后空一格;

3)表示制品密度的数字,单位为 kg/m³,后接"—";

4)表示制品尺寸的数字,板、毡、毯、带以"长度×宽度×厚度"表示,管壳以"内径×长度×厚度"表示,单位为 mm;

5)制造商标记,包括热阻 R 值、贴面等,彼此用逗号分开,放于圆括号内。

示例 1:密度为 48kg/m³,长度×宽度×厚度为 1200mm×600mm×50mm,制造商标称热阻 R 值为 1.4m²·K/W,外覆铅箔,纤维平均直径不大于 8.0μm 以离心法生产的玻璃棉板,标记为:

玻璃棉板　2b 48—1200×600×50(R1.4,铝箔)(GB/T 13350—2008)

示例 2:密度为 64kg/m,内径×长度×壁厚为 φ89mm×1000mm×50mm,纤维直径不大于 5.0μm 以火焰法生产的玻璃棉管壳,标记为:

玻璃棉管壳　1a 64—φ89×1000×50　GB/T 13350　2008。

2. 主要技术要求

(1)基本要求。

1)棉及制品的纤维平均直径,应符合表 12-3 的规定。

2)棉及制品的渣球含量,应符合表 12-4 的规定。

表 12-4　　　　　　　　　　　　　棉的渣球含量　　　　　　　　　　　　　　　%

玻璃棉种类		渣球含量(粒径>0.25mm)
火焰法	1a	≤1.0
	2a	≤4.0
离心法	1b、2b	≤0.3

3)制品的含水率不大于 1.0%。

(2)棉。棉的物理性能,应符合表 12-5 规定。

表 12-5　　　　　　　　　　　　棉的物理性能指标

玻璃棉种类	导热系数(平均温度 70±5℃)/ [W/(m·K)]	热荷重收缩温度/℃
1 号	≤0.041	≥400
2 号	≤0.042	

(3)板。

1)外观。表面应平整,不得有妨碍使用的伤痕、污迹、破损,树脂分布基本均匀,外覆层与基材的黏结平整牢固。

2)尺寸及允许偏差。应符合表 12-6 规定。其他尺寸可由供需双方协商决定,其允许偏差仍按表 12-6 规定。

表 12-6　　　　　　　　　　　　板的尺寸及允许偏差

种类	密度	厚度	允许偏差	宽度	允许偏差	长度	允许偏差
	kg/m²	mm		mm		mm	
2 号	24	25,30,40	+5 0	600	+10 -3	1200	+10 -3
		50,75	+8 0				
		100	+10 0				
	32,40	25, 30, 40, 50, 75,100	+3 -2				
	48,64	15,20,25,30,40,50					
	80,96, 120	12,15,20,25,30,40	±2				

3)物理性能。应符合表 12-7 的规定。其他规格可由供需双方协商决定,其导热系数指标按标称密度以内插法确定。

(4)带。

1)外观。表面应平整,不得有妨碍使用的伤痕、污迹、破损,树脂分布基本均匀,板条黏结整齐,无脱落。

2)尺寸及允许偏差。应符合表 12-8 的规定。其他尺寸可由供需双方商定,其允许偏差仍按表 12-8 规定。

表 12-7　　　　　　　　　　　板的物理性能指标

种类	密度/(kg/m³)	密度单值允许偏差/(kg/m²)	导热系数(平均温度 70^{+5}_{-2}℃)/[W/(m·K)]	燃烧性能	热荷重收缩温度/℃
2 号	24	±2	≤0.049	不燃	≥250
	32	±4	≤0.046		≥300
	40	+4	≤0.044		≥350
	48	−3	≤0.043		
	64	±6	≤0.042		
	80	±7			
	96	+9 −8			≥400
	120	±12			

表 12-8　　　　　　　　　　带的尺寸及允许偏差　　　　　　　　　　mm

种类	长度	长度允许偏差	宽度	宽度允许偏差	厚度	厚度允许偏差
2 号	1820	±20	605	±15	25	+4 −2

3)物理性能。应符合表 12-9 的规定。

表 12-9　　　　　　　　　　带的物理性能指标

种类	密度/(kg/m³)	密度单值允许偏差/(%)	导热系数(平均温度 70^{+5}_{-2}℃)/[W/(m·K)]	燃烧性能	热荷重收缩温度/℃
2 号	32	±15	≤0.052	不燃	≥300
	40				≥350
	48				≥350
	64				≥400
	80				
	96				≥400
	120				

(5)毯。

1)外观。表面应平整,边缘整齐,不得有妨碍使用的伤痕、污迹、破损。

2)尺寸及允许偏差。应符合表 12-10 的规定。其他尺寸可由供需双方商定,其允许偏差仍按表 12-10 规定。

表 12-10　　　　　　毯的尺寸及允许偏差　　　　　　mm

种类	长度	长度允许偏差	宽度	宽度允许偏差	厚度	厚度允许偏差
1 号	2500	不允许负偏差	600	不允许负偏差	25 30 40 50 75	不允许负偏差
2 号	1000 1200	+10 −3	600	+10 −3	25 40 50 75 100	不允许负偏差
	5000	不允许负偏差				

3)物理性能。应符合表 12-11 的规定。

表 12-11　　　　　　毯的物理性能指标

种类	密度/ (kg/m³)	密度单值允许偏差 (%)	导热系数(平均温度 70$^{+5}_{-2}$℃)/ [W/(m・K)]	热荷重收缩温度/ ℃
1 号	≥24	+15 −10	≤0.047	≥350
2 号	24～40		≤0.048	≥350
	41～120		≤0.043	≥400

(6)毡。

1)外观。表面应平整,不得有妨碍使用的伤痕、污迹、破损,覆面与基材的粘贴平整、牢固。

2)尺寸及允许偏差。应符合表 12-12 的规定。其他尺寸可由供需双方商定,其允许偏差仍按表 12-12 规定。

表 12-12   毡的尺寸及允许偏差   mm

种类	长度	长度允许偏差	宽度	宽度允许偏差	厚度	厚度允许偏差
2 号	1000 1200 2800	+10 −3	600 1200 1800	+10 −3	25 30 40 50 75 100	不允许负偏差
	5500 11000 20000	不允许负偏差				

3)物理性能。应符合表 12-13 的规定。其他规格可由供需双方协商决定,其导热系数指标按标称密度以内插法确定。

表 12-13   毡的物理性能指标

种类	密度/ (kg/m³)	密度单值允许偏差 (%)	导热系数(平均温度 70±$\frac{5}{2}$℃)/ [W/(m・K)]	燃烧性能	热荷重收缩 温度/ ℃
2 号	10	+20 −10	≤0.062	不燃	≥250
	12 16		≤0.058		
	20		≤0.053		
	24				≥300
	32 40		≤0.048		≥350
	48		≤0.043		≥400

(7)管壳。

1)外观。表面应平整,纤维分布均匀,不得有妨碍使用的伤痕、污迹、破损,轴向无翘曲且与端面垂直。

2)尺寸及允许偏差。应符合表 12-14 的规定。其他尺寸可由供需双方商定,其允许偏差仍按表 12-14 规定。

表 12-14　　　　　　　　　　管壳尺寸及允许偏差　　　　　　　　　　mm

长度	长度允许偏差	厚度	厚度允许偏差	内径	内径允许偏差
1000	+5 −3	20 25 30	+3 −2	22,38 45,57,89	+3 −1
		40 50	+5 −2	108,133 159,194	+4 −1
				219,245 273,325	+5 −1

3)物理性能。应符合表 12-15 的规定。管壳的偏心度应不大于 10%。

表 12-15　　　　　　　　　管壳物理性能指标

密度/ (kg/m³)	密度单值允许偏差 (%)	导热系数(平均温度 70±$^5_5$℃)/ [W/(m·K)]	燃性性能	热荷重收缩温度/ ℃
45~90	+15 −0	≤0.043	不燃	≥350

（8）特定要求。

1)标记中有热阻 R 值时,其热阻 R 值(平均温度 25℃±5℃)应大于或等于生产商标称值的 95%。

2)腐蚀性。

①用于覆盖铝、铜、钢材时,采用 90% 置信度与秩和检验法,对照样的秩和应不小于 21。

②用于覆盖奥氏体不锈钢时,应符合《覆盖奥氏体不锈钢用绝热材料规范》(GB/T 17393—2008)的要求。

3)有防水要求时,其质量吸湿率应不大于 5.0%,憎水率应不小于 98.0%,吸水性能指标由供需双方协商决定。

4)对有机物含量有要求时,其指标由供需双方商定。

5)有要求时,应进行最高使用温度的评估。试验给定的热面温度应为生产厂对最高使用温度的声称值,在该热面温度下,任何时刻试样内部温度不应超过热面温度,且试验后,试样总的质量、密度和热阻的变化应不大于±5.0%,外观除颜色外应无显著变化。

第二节　复合保温吸声材料

一、建筑用金属面绝热夹芯板

1. 分类与标记

(1)分类。

1)产品按芯材分为:聚苯乙烯夹芯板,硬质聚氨酯夹芯板,岩棉、矿渣棉夹芯板,玻璃棉夹芯板四类。

2)按用途分为:墙板、屋面板二类。

(2)标记与示例。按以下方式进行标记:

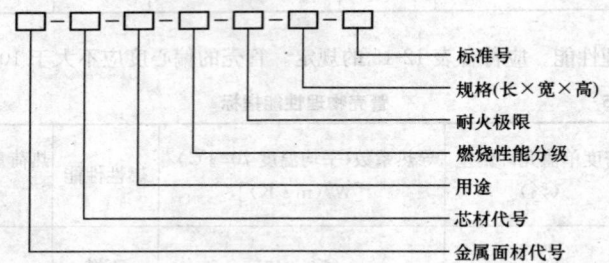

其中:

　　 S——彩色涂层钢板;

　EPS——模塑聚苯乙烯泡沫塑料;

　XPS——挤塑聚苯乙烯泡沫塑料;

　　PU——硬质聚氨醋泡沫塑料;

　　RW——岩棉;

　　SW——矿渣棉;

　　GW——玻璃棉;

　　 W——墙板;

　　 R——屋面板。

　　长度、宽度和厚度以 mm 为单位,其中夹芯板的厚度以最薄处为准。耐火极限以 min 为单位。

　　示例:长度为 4000mm、宽度为 1000mm、厚度为 50mm,燃烧性能分级为 A2 级,耐火极限为 60min 的用作墙板的岩棉夹芯板可标出记为:

S-RW-W-A2-60-4000×1000×50-GB/T 23932—2009

2. 主要技术要求

(1)外观质量。应符合表 12-16 规定。

表 12-16　　　　　　　　外观质量

项目	要　　求
板面	板面平整、无明显凹凸、翘曲、变形；表面清洁、色泽均匀；无胶痕、油污；无明显划痕、磕碰、伤痕等
切口	切口平直、切面整齐、无毛刺、面材与芯材之间黏结牢固、芯材密实
芯板	芯板切面应整齐，无大块剥落，块与块之间接缝无明显间隙

(2)规格尺寸和允许偏差。

1)规格尺寸。主要规格尺寸见表 12-17。

表 12-17　　　　　　　　规格尺寸　　　　　　　　　　mm

项目	聚苯乙烯夹芯板		硬质聚氨酯夹芯板	岩棉、矿渣棉夹芯板	玻璃棉夹芯板
	EPS	XPS			
厚度	50	50	50	50	50
	75	75	75	80	80
	100	100	100	100	100
	150	—	—	120	120
	200	—	—	150	150
宽度	900~1200				
长度	≤12000				

注：其他规格由供需双方商定。

2)尺寸允许偏差。应符合表 12-18 的规定。

表 12-18　　　　　　　　尺寸允许值

项　目		尺寸/mm	允许偏差
厚度		≤100	±2mm
		>100	±2%
宽度		900~1200	±2mm
长度		≤3000	±5mm
		>3000	±10mm
对角线差	长度	≤3000	≤4mm
	长度	>3000	≤6mm

(3)物理性能。

1)传热系数。应符合表 12-19 的规定。

表 12-19　　　　　　　　　　传热系数

名　称		标称厚度/mm	传热系数 $U/[\mathrm{W}/(\mathrm{m}^2 \cdot \mathrm{K})]$ ≤
聚苯乙烯夹芯板	EPS	50	0.68
		75	0.47
		100	0.36
		150	0.24
		200	0.18
	XPS	50	0.63
		75	0.44
		100	0.33
硬质聚氨酯夹芯板	PU	50	0.45
		75	0.30
		100	0.23
岩棉、矿渣棉夹芯板	RW/SW	50	0.85
		80	0.56
		100	0.46
		120	0.38
		150	0.31
玻璃棉夹芯板	GW	50	0.90
		80	0.59
		100	0.48
		120	0.41
		150	0.33

注:其他规格可由供需双方商定,其传热系数指标按标称厚度以内差法确定。

2)粘结性能。

①粘结强度。应符合表 12-20 规定。

表 12-20　　　　　　　　　　　　粘结强度　　　　　　　　　　　　　　MPa

类别	聚苯乙烯夹芯板		硬质聚氨酯夹芯板	岩棉、矿渣棉夹芯板	玻璃棉夹芯板
	EPS	XPS			
粘结强度 ≥	0.10	0.10	0.10	0.06	0.03

②剥离性能。粘结在金属面材上的芯材应均匀分布，并且每个剥离面的黏结面积应不小于 85%。

3)抗弯承载力。夹芯板为屋面板时，夹芯板挠度为 $L_0/200$(L_0 为 3500mm)时，均布荷载应不小于 0.5kN/m²；

夹芯板为墙板时，夹芯板挠度为 $L_0/150$(L_0 为 3500mm)时，均布荷载应不小于 0.5kN/m²。

当有下列情况之一者时，应符合相关结构设计规范的规定：

①L_0 大于 3500mm；

②屋面坡度小于 1/20；

③夹芯板作为承重结构件使用时。

(4)防火性能。

1)燃烧性能。燃烧性能按照《建筑材料及制品燃烧性能分级》(GB 8624—2006)分级。

2)耐火极限。岩棉、矿渣棉夹芯板，当夹芯板厚度小于等于 80mm 时，耐火极限应大于等于 30min，当夹芯板厚度大于 80mm 时，耐火极限应大于等于 60min。

二、吸声板用粒状棉

1. 分类

产品按粒度分布状态分为 A、B 两类。

2. 主要技术要求

(1)外观。白色或灰白色絮棉状，色泽均匀，不含杂质，无未分散的油性物质。

(2)理化性能。粒状棉的理化性能应满足表 12-21 的要求。

表 12-21　　　　　　　　　　　理化性能

项　　目		指　　标
包重允差(%)		±3
体积密度/(kg/m³)	不大于	240
纤维平均直径/μm	不大于	5.0

(续)

项　目			指　标		
粒度分布 （％）	A 类	＞12mm	≥20.0		
	B 类	12～25mm	≥60.0		
		≤6mm	≤10.0		
含水率（％）		不大于	0.20		
有机物含量（％）		不大于	0.30		
纤维强度（WT 值）/mm		不小于	50.0		
渣球	渣球总量（％）	不大于	优等品	一等品	合格品
			20.0	25.0	30.0
	渣球含量（粒径＞0.5mm）	不大于	1.0	2.0	
酸度系数		不小于	优等品	一等品	合格品
			1.20	1.10	

三、玻璃纤维增强水泥（GRC）外墙内保温板

1. 类型及代号

玻璃纤维增强水泥外墙内保温板按板的类型分为普通板、门口板和窗口板，其代号见表 12-22。

表 12-22　　　　　　　　　　　　　类型及代号

类　型	代　号	类　型	代　号
普通板	PB	窗口板	CB
门口板	MB		

2. 规格

玻璃纤维增强水泥外墙内保温板的普通板为条板型式，规格尺寸见表 12-23，其外形及断面示意图分别见图 12-1、图 12-2。

表 12-23　　　　　　　　　　　　　规格尺寸　　　　　　　　　　　　　　mm

类　型	公称尺寸		
	长度 L	宽度 B	厚度 T
普通板	2500～3000	600	60、70、80、90

注：其他规格由供需双方商定。

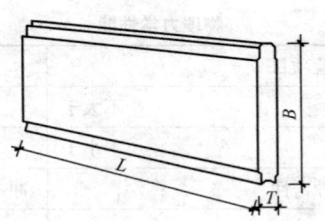

图 12-1　玻璃纤维增强水泥外墙内保温板外形示意图

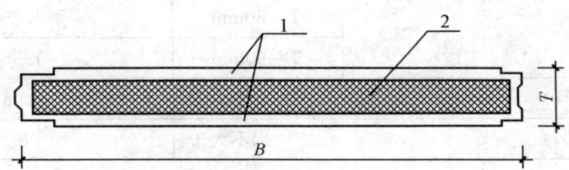

图 12-2　玻璃纤维增强水泥外墙内保温板断面示意图
1—面板；2—芯层绝热材料

3. 主要技术要求
（1）外观质量见表 12-24。

表 12-24　　　　　　　　　　　　　　外观质量

项　目	允许范围
板面外露纤维、贯通裂纹	无
板面裂纹	长度≤30mm 的,不多于 2 处
蜂窝气孔	长径≤5mm,深度≤2mm 的,不多于 10 处
缺棱掉角	深度≤10mm,宽度≤20mm,长度≤30mm 的,不多于 2 处

（2）尺寸允许偏差见表 12-25。

表 12-25　　　　　　　　　　　　　尺寸允许偏差　　　　　　　　　　　mm

项　目	长　度	宽　度	厚　度	板面平整度	对角线差
允许偏差	±5	±2	±1.5	≤2	≤10

（3）物理力学性能见表 12-26。

表 12-26　　　　　　　　　　　　　　物理力学性能

检验项目		指　标
气干面密度/(kg/m³)	不大于	50
抗折荷载/N	不小于	1400
抗冲击性		冲击 3 次,无开裂等破坏现象
主断面热阻/[(m² · K)/W]　不小于	$T=60$mm	0.90
	$T=70$mm	1.10
	$T=80$mm	1.35
	$T=90$mm	1.35
面板干缩率(%)	不大于	0.08
热桥面积率(%)	不大于	8

第十三章 耐火、防腐材料

第一节 耐火材料

一、一般常用耐火材料的分类、特性及用途

常用耐火材料的分类、特性及用途见表 13-1。

表 13-1　　　　　　　　常用耐火材料的分类、特性及用途

类别	名称	说明	特性	适用范围
硅酸铝质耐火材料	黏土质耐火砖	系由耐火黏土和熟料(煅烧和粉碎后的黏土)经成型、干燥、煅烧而成。呈黄棕色,属于中性耐火材料	抵抗温度急变性能优良,对酸、碱性渣的作用均较稳定。荷重软化温度(1250～1450℃)远较耐火度低	可用于蒸汽锅炉、煤气发生炉、高炉、各种热处理炉和加热炉等,是耐火材料中用途最广的品种
	黏土质隔热耐火砖	系由耐火黏土和熟料配制的砖料中加入木屑、焦炭或泡沫剂加工而成。呈棕黄色	组织结构均匀、耐压强度高、导热系数低、节能效果显著。缺点是在高温下,体积固定性、温度急变抵抗性、抗渣性、耐压强度都非常差	砌筑炉子设备,但不能用作直接与火焰或熔渣接触的炉材
	高铝质耐火砖(高铝砖)	由天然或人造高铝原料(硅线石、水铝石、刚玉等)制成	耐火度、荷重软化温度均较黏土砖高,抗渣性、耐压强度较大,但价格较贵	砌筑炼钢炉、盛钢桶、电阻炉等
	高铝质隔热耐火砖		同黏土质隔热耐火砖	砌筑工业炉窑
硅质耐火材料	硅质耐火砖(硅砖)	系由石英岩加入石灰或其他结合剂制成。呈黄色,并带有棕色斑点	荷重软化温度较高,在冶金方面使用很广;为典型的酸性耐火材料,对于酸性渣有良好的抗渣性。不能耐碱性渣、金属氧化物和燃料灰烬的侵蚀;温度急变抵抗性很小,高温下体积固定性很差,加热时体积膨胀	砌筑炼钢炉。多用于砌筑平炉、电炉炉顶及炼焦炉室

类别	名　称	说　明	特　性	适用范围
耐火混凝土	水硬性耐火混凝土	系以硅酸盐水泥或矾土水泥或耐火水泥为胶结材料,以烧焦宝石或矾土为骨料制成的混凝土	水泥来源丰富,掺合料及骨料均可就地取材,施工简便,使用寿命长,维修方便 预制块常温压强低,外形尺寸不够稳定等	见表13-2
	火硬性耐火混凝土	系以磷酸为胶结材料,以烧焦宝石或矾土为骨料制成的混凝土		见表13-8
	气硬性耐火混凝土	系以水玻璃为胶结材料,以烧焦宝石或矾土为骨料制成的混凝土		见表13-5
不定形耐火材料	黏土质耐火泥浆	其分类和理化指标应符合《黏土质耐火泥浆》(GB/T 14982—2008)标准规定	—	适用于砌筑黏土质耐火砖
	高铝质耐火泥浆	其分类和理化指标应符合《高铝质耐火泥浆》(GB/T 2994—2008)标准规定	—	适用于砌筑高铝质耐火砖和刚玉砖
	硅质耐火泥浆	其分类和理化指标应符合《硅质耐火泥浆》(YB 384—1991)标准规定	—	适用砌筑各种工业炉硅砖
	镁质耐火泥	其分类和理化指标应符合《镁质耐火泥》(YB/T 5009—1993)标准规定	—	适用于砌筑镁砖和贴补平炉前后墙
	捣打料	系以机械或人工气锤施工	耐蚀、耐磨	适用于高炉出铁主沟、渣沟、铁水沟、倾注沟及主沟铁线的修补
	浇注料	包括有黏土结合浇注料、耐火浇注料、低水泥浇注料、超低水泥浇注料、特种耐火浇注料、轻质浇注料	根据不同品种而分别具有耐磨、耐蚀、耐剥落及高强性能	适用于均热炉、加热炉、点火炉、石灰窑、高炉主沟罩盖、保温炉、点火炉水冷箱、均热炉转换箱等

续表

类别	名 称	说 明	特 性	适用范围
不定形耐火材料	耐火可塑料	采用人工用气锤打击施工	气硬性,耐剥落、耐蚀	适用于加热炉、均热炉及修补脱硫喷枪、钢包
	耐火喷涂料	施工时以喷涂机喷射到耐火砌体上	耐蚀	适用于高炉出铁沟、混铁车补修
	耐火涂抹料	可以人工手投或以泥瓦刀涂抹	具有耐磨性、耐蚀性或黏结性或高强度	用于出铁沟、铸铁机沟、炉衬、烧嘴等的补修
硅藻土耐火保温材料	硅藻土耐火保温砖、板、管	系用天然硅藻土加工制成	具有气孔率高、耐高温及保温性能好、体积密度小等特点	
	泡沫硅藻土耐火保温砖	采用优良硅藻土加工制成	具有体积密度小、隔热效率很高等特点	—
	硅藻土粉和硅藻土泥	系用天然硅藻土加工制成	具有耐高温、保温绝热性能等特点	
	硅藻土石棉粉(即鸡毛灰)	系用硅藻土及石棉纤维加工而成	具有导热系数低、保温效力高、耐高温等特点	适用于 900℃以下各种热体表面保温之用

二、不定形耐火材料

1. 耐火混凝土

耐火混凝土是一种新型耐火材料。同耐火砖相比,具有工艺简单、使用方便、成本低廉等优点,而且具有可塑性和整体性,便于复杂制品的成型,其使用寿命有的与耐火砖相近,有的比耐火砖长。

根据所用胶结料的不同,耐火混凝土可分为水硬性耐火混凝土、气硬性耐火混凝土、火硬性耐火混凝土。根据混凝土表观密度的不同,又可分为普通耐火混凝土和轻质耐火混凝土。根据混凝土骨料性质的不同又可分为铝质耐火混凝土、硅质耐火混凝土、镁质耐火混凝土、铝铬质耐火混凝土等。

(1)水硬性耐火混凝土(硅酸盐水泥、高铝水泥、低钙铝酸盐水泥耐火混凝土)。水硬性耐火混凝土的用料配合比和性能等见表 13-2～表 13-4。

表 13-2　　　　　　　水硬性耐火混凝土的用料配合比及适用范围

项目		质量配合比(%)						
		水—1	水—2	水—3	水—4	水—5	水—6	水—7
胶结材料	硅酸盐水泥					15		
	高铝水泥	12~20	12					
	低钙铝酸盐水泥			12~15				15
	铝—60水泥				15.5		15	
掺合料	耐火粘砖粉(即2♯粉)					15		
	高铝矾土熟料粉	0~15		5~15	8.5			
	铝铬渣粉		12					
	2级矾土粉						15	15
骨料	高铝矾土熟料砂(粒径0.15~5mm)	30~35	76	30~35	46			
	铝硌渣							
	烧焦宝石(粒径<6mm)					30		
	烧焦宝石(粒径<15mm)					40		
	2级矾土(粒径<15mm)						40	40
	2级矾土(粒径<6mm)						30	30
	高铝矾土熟料块(粒径5~20mm)	35~40		35~40	30			
水灰比=水/(水泥+掺合料)		0.35~0.45	0.3	0.32~0.38	0.7			
最高使用温度(℃)		1300~1400	1600	1400~1500	1300~1500	1200	1500	1500

特点及适用范围	硅酸盐耐火混凝土:适用于加热炉的预热段、罩式退火炉底座、均热炉烟道、煤气发生炉炉顶、隧道窑预热带内衬等 矾土水泥耐火混凝土:强度高,有良好的热稳定性。适用于加热炉炉墙、炉顶、退火炉炉门、炉墙、炉顶、淬火包子,平炉出钢槽等部位 低钙铝酸盐水泥耐火混凝土:有良好的热稳定性。适用于加热炉、热处理炉、均热炉、轧辊反射炉、流渣嘴及围墙、电炉出钢槽、隧道窑烧成带内衬等

注:铝—60水泥即早强耐火水泥,其中 Al_2O_3 含量为 60%~65%。

表 13-3　　　　　　　　　　水硬性耐火混凝土原料的技术要求

原料名称	质量规格要求	原料名称	质量规格要求
水泥	各种水泥均应符合国家标准规定或企业标准规定,其等级不得低于 32.5 级	矾土粉	耐火度应＞175℃。Al_2O_3的含量:一级矾土粉应＞80%,二级矾土粉应＞60%
高铝矾土熟料	可选用 1、2、3 等高铝矾土熟料作掺合料和骨料。各种熟料的化学成分和物理性能指标,应符合相应耐火材料原料标准规定。用高铝砖作骨料时,表面应清除熔渣及杂质	耐火砖块	耐火度不应低于 1670℃。耐压强度不得低于 10.0MPa。溶渣及铁质应清除干净。硫酸盐含量(按 SO_3 计算)大于 0.3%的已使用过的酸化耐火黏土制品不得使用
铝铬渣	铝铬渣的化学成分:Al_2O_3 80%～85%;Cr_2O_3 9%～10%。耐火度 1900℃。粗细骨料的级配:5～10mm 者 55%,1.2～5mm 者 18%,小于 1.2mm 者 27%。铝铬渣掺合料的粒度＜0.088mm 者,小于 80%	烧焦宝石	耐火度不低于 1750℃。$Al_2O_3 \geqslant 44\%$,$Fe_2O_3 < 3\%$。吸水率＜6%

表 13-4　　　　　　　　　　水硬性耐火混凝土的技术性能指标

项　　目		技术性能指标						
		水－1	水－2	水－3	水－4	水－5	水－6	水－7
荷重软化点/℃	开始点	1300～1320	1430	1300～1340	1330	1230	1270	1270
	－4%变形	1380～1420	1640	1400～1440	1420	1290	1380	1380
残余线变形(%)		0.2～0.5 (1350℃)	－0.08 (1000℃) ＋0.64 (1400℃)	0.6～0.9 (1400℃)	－1.0 (1450℃)	－0.21 (1100℃)	－0.36 (1400℃)	－0.36 (1400℃)
线膨胀系数 ($\alpha \times 10^{-6}$)		4.5～6 (1200℃)	10.15 (20～1200℃)	4.5～6 (1200℃)	—	—	—	—
耐火度/℃		1710～1750	＞1820	1750～1790	＞1770	1480	1730～1750	1730～1750

（续）

项　目		技术性能指标						
		水—1	水—2	水—3	水—4	水—5	水—6	水—7
导热系数/[W/(m·K)]		0.930～1.628（常温）	0.779（常温）1.465（53～317℃）	0.930～1.628（常温）	—	—	—	—
耐急冷急热性（800℃水冷却次数）		＞25	—	＞25	8（1300℃水冷）	＞50（850℃）	＞50（850℃）	＞50（850℃）
高温耐压强度/MPa	900℃	20.0～25.0		15.0～20.0				
	1300℃	10.0～12.0		10.0～15.0				
混凝土	强度等级	C40～C50	—	C30～C40	C30～C40	＞C20	＞C10	＞C10

注：本表表头中的水—1～7为用料配合比的编号，见表13-2。

（2）气硬性耐火混凝土（水玻璃铝质耐火混凝土）。气硬性耐火混凝土的用料配合比和技术指标等见表13-5～表13-7。

表 13-5　　　　　　　　水玻璃铝质耐火混凝土的用料配合比及适用范围

项　目			质量配合比（kg或%）				
			玻—1	玻—2	玻—3	玻—4	玻—5
胶结料	水玻璃	模数	—	3.0	3.0	2.6	3.0
		相对密度	—	1.38	1.38	1.38	1.38
		外加用量[①]	15～20	15～20	15～20	15～20	11
	氟硅酸钠	外加用量（水玻璃的%）	10	10～12	10～12	10～12	10
掺合料	废黏土砖：矾土熟料粉＝2:1		30	—	—	—	—
	石英石粉		—	20～25	—	—	—
	耐火砖粉		—	—	20～25	20～25	—
	镁砂粉		—	—	—	—	30

（续）

项　目		质量配合比（kg 或%）				
		玻—1	玻—2	玻—3	玻—4	玻—5
细骨料	焦宝石	30	—	—	—	—
	耐火砖	—	30~35	30~35	—	—
	镁砂	—	—	—	—	40
	高铝砖	—	—	—	75~80	—
粗骨料	焦宝石	40	—	—	—	—
	耐火砖	—	40~45	40~45	—	—
	镁砂	—	—	—	—	30
最高使用温度/℃		—	600	900	900	1200
特点及适用范围		用于硅钢片退火炉台等	用于受酸液（除氢氟酸外）或酸性气体侵蚀的结构，但不得使用于经常有水及水蒸气作用的部位	同左，且适用于受热时温度波动范围大而急剧的部位	同左，且适用于受热时同时又有严重的摩擦、冲刷作用的部位	

注：①占粗细骨料之重量。

表 13-6　　　　　　　水玻璃铝质耐火混凝土原料的技术要求

原料	质量规格要求	原料	质量规格要求
水玻璃	水玻璃的模数（SiO_2/Na_2O）应为 2.4~3.0，相对密度应为 1.36~1.38	掺合料	各种掺合料粒度 < 0.088mm 者不应小于 70%
氟硅酸钠	用工业氟硅酸钠作促凝剂，其纯度不得低于 90%，含水率不超过 1.0%，细度要求全部通过 1600 孔/cm^2 的筛子	骨料	骨料的质量规格要求参照表 13-2

表 13-7　　　　　　　　　　水玻璃铝质耐火混凝土的技术指标

项　目		技术指标				
		玻—1	玻—2	玻—3	玻—4	玻—5
荷重软化点 /℃	开始点	1250	1180	1120	950	1150
	−4%变形	—	1260	1240	1000	—
加热后耐压强度 /MPa	700℃	—	30.0	30.0	—	—
	800℃	—	—	—	40.0	—
	900℃	—	35.0	40.0	—	28.6
常温耐压强度 /MPa	800℃	—	—	—	25.0	—
	900℃	—	30.0	30.0	—	6.0
残余线变形 （%）	800℃	—	+0.48	+0.23	+0.05	−0.14
	1200℃	—	—	—	—	—
线膨胀系数($\alpha \times 10^{-6}$)		—	4.95 (900℃)	4.85 (900℃)	5.5 (900℃)	14.5 (1200℃)
耐火度/℃		1690	1430	1580	>1600	>1770
导热系数/[W/(m·K)]		—	—	0.465～ 0.930 (300℃)	0.930～ 1.047	—
混凝土强度等级		—	C30	C30	C35	—
耐急热急冷 15 次空冷后 耐压强度/MPa		—	29.0	33.0	29.0 (25 次后)	—

（3）火硬性耐火混凝土（磷酸铝质耐火混凝土）。火硬性耐火混凝土的用料配合比和技术指标等见表 13-8～表 13-10。

表 13-8　　　　　　　磷酸铝质耐火混凝土的用料配合比及适用范围

项　目		质量配合比（%）				
		磷—1	磷—2	磷—3	磷—4	磷—5
胶结剂 （外加 用量）	磷酸（%）	6.5～12(浓 度 60%)	6.5～18(浓度 40%～60%)	—	10～12(波 美度 45)	12～14(波 美度 32～ 35)
	磷酸铝（%）	—	—	6.5～14(浓度 40%)	—	—
促凝剂	高铝水泥（%）	—	—	—	2	2～3

（续）

项　目		质量配合比(%)				
		磷—1	磷—2	磷—3	磷—4	磷—5
掺合料和骨料（%）	锆英石 <0.3mm	50	—	—	—	—
	锆英石 <0.088mm(占70%以上)	50	—	—	—	—
	矾土熟料 10~15mm	—	—	—	45	40
	矾土熟料 5~1.2mm	—	30~40	30~40	共25	30
	矾土熟料 <1.2mm	—	35~40	35~40		30
	矾土熟料 <0.088mm(占70%以上)	—	25~30	25~30	28	
最高使用温度/℃		1600~1700	1400~1500	1400~1500	1400~1500	1600
特点及适用范围		用于温度要求较高及强度要求高的部位。具有抗渣性能	用于温度变化频繁和要求耐磨冲刷的部位,如加热炉基墙、旋风分离器、均热炉烧嘴围墙、炉墙凸出带、单侧上嘴均热炉异向砖等	同磷—2	适用于均热炉炉膛	适用于均热炉炉膛

表 13-9　　　　　　　　　磷酸铝质耐火混凝土原料的技术要求

原料	质量规格要求	原料	质量规格要求
磷酸和磷酸铝溶液	磷酸应用工业磷酸(浓度为80%~85%)加水稀释至所需浓度。磷酸铝溶液应用40%浓度的工业磷酸溶液与工业氢氧化铝按重量比7∶1调制而成	矾土熟料和高铝砖	化学成分要求：Al_2O_3>60%；SiO_2<2%；Fe_2O_3<3%颗粒粒径及掺合料的细度要求见表13-2
锆英石	化学成分要求 ZrO_3 含量>64%，SiO_2 含量<32%	一级黏土熟料粉	粒度：<0.088mm 的大于80%；表观密度：1050~1150kg/m³；化学成分：$Al_2O_3$40%~45%；Fe_2O_3 不超过2%；耐火度：>1730℃

表 13-10　　　　　　　　　　　　**磷酸铝质耐火混凝土的技术指标**

项　目		技术指标				
		磷—1	磷—2	磷—3	磷—4	磷—5
荷重软化点 /℃	开始点	1440～1460	1300～1350	1300～1350	1460	1410
	−4%变形	1550～1620	1400～1530	1400～1500	1620	1510
加热后耐压 强度/MPa	1200℃	30.0～40.0	30.0～40.0	40.0～50.0	—	—
	1400℃	40.0～50.0	30.0～40.0	40.0～43.0	—	25.7
高温耐压 强度/MPa	1200℃	＞20.0	6.0～13.0	—	—	—
	1350℃	—	10.0～13.0	5.0～7.0	—	—
线膨胀系数($\alpha \times 10^{-6}$)		3.9～4.1	5.0～6.8	—	—	—
耐火度/℃		＞1800	＞1800	—	＞1770	1730～1790
耐急冷急热性 (1000℃水冷却次数)		＞20	50～80	＞20	—	＞ 50(850℃)
残余线变形(%)(1400℃时)		+0.2～0.4	−0.1～+1.0	—	—	—
混凝土强度等级		C40～C50	C30～C40	C40～50	—	＞C20

注:1. 本表表头中的磷—1～5 系用料配合比编号,见表 13-8。
　　2. 磷—1、2、3 的混凝土强度等级系加热至 500℃后再行冷却至常温时的强度。

(4)轻质耐火混凝土。轻质耐火混凝土的用料及技术指标等见表 13-11 和表 13-12。

表 13-11　　　　　　　　　　　**轻质耐火混凝土的用料及其配合比**

编号	质量配合比(%)			水灰比	材料组成		
	胶结料	掺合料	骨料		胶结料	掺合料	骨料
1	40～45	30～35	20～30	—	水玻璃 (加促凝剂)	耐火黏土砖粉或 耐火黏土熟料粉	膨胀蛭石
2	15～20	15～20	60～65	0.45～0.55	硅酸盐水泥	耐火黏土砖粉或 耐火黏土熟料粉	陶粒
3	123.3(kg/m³) 41.2(kg/m³) 33.0(kg/m³)	—	165 (kg/m³)		磷酸铝溶液 硫酸铝溶液 纸浆废液	—	膨胀珍珠岩

（续）

编号	质量配合比（%）			水灰比	材料组成		
	胶结料	掺合料	骨料		胶结料	掺合料	骨料
4	21	21	28.7（细）29.3（粗）	0.787	火山灰水泥	耐火砖粉	轻质黏土砖（细）陶粒（粗）
5	27～28	8～9	37～38	0.7～0.8	高铝水泥	耐火黏土砖粉或耐火黏土熟料粉	轻质黏土砖

注：1. 原材料的技术要求：

(1)火山灰水泥应符合《通用硅酸盐水泥》(GB 175—2007)的要求，其他胶结料的要求与上述几种耐火混凝土相同；

(2)掺合料不应含其他杂质，粒度<0.088mm者，不应少于70%；

(3)膨胀蛭石的表观密度，不宜大于250kg/m³；

(4)陶粒的表观密度，宜选用≤550kg/m³者；

(5)磷酸铝溶液的配制：50%磷酸和工业氢氧化铝按7：1配制；

(6)硫酸铝溶液的配制：用工业硫酸铝溶于水中配成50%的浓度；

(7)纸浆废液的主要化学成分为亚硫酸钠，相对密度应为1.2～1.22；

(8)膨胀珍珠岩要求粒径>0.6mm，表观密度不大于60kg/m³。

2. 混凝土配合比：应视具体性能要求选配，增大骨料颗粒可减小表观密度；增加水泥用量，混凝土表观密度虽增加，但强度可提高。用膨胀蛭石作骨料，混凝土残余变形较大。

表 13-12　　　　　　　　轻质耐火混凝土的技术指标

项　　目		技术指标				
		1	2	3	4	5
荷重软化点/℃	开始点	850～900	1000～1050	—	—	1190
	4%	900～950	1050～1090	—	—	1280
耐压强度/MPa		8.0～8.5	12.0～15.0	—	6.9	16.0
加热冷却后的耐压强度/MPa	700℃	5.0～6.0	4.0～5.0	—		
	800℃	6.0～6.5	—	—		
	900℃	—	4.0～5.0	—		7.8
	1000℃	—	—	3.2		
	1300℃	—	—	—		12.3

（续）

项　目		技术指标				
		1	2	3	4	5
残余线变形	700℃	+0.25~ +0.30	-0.10~ -0.12	—	+0.36	—
	800℃	+0.11~ +0.12	—	—	—	—
	900℃	—	-0.20~ -0.25	—	—	-0.15
	1300℃	—	—	—	—	-0.45
导热系数 /[W/(m·K)]		—	—	0.042 （常温）	0.182~0.346	0.6030 (28~275℃) 0.6104 (30~357℃)
烘干表观密度 /(kg/m³)		950~1000	1200~1250	212(450℃) 210 (1000℃)	1227	1465

注：本表表头中的 1~5 为用料配合比编号。

（5）其他耐火浇注料。其他耐火浇注料的理化指标等见表 13-13 和表 13-14。

表 13-13　　　　　　　黏土质和高铝质致密耐火浇注料理化指标

分　类			黏土结合 耐火浇注料			水泥结合耐火浇注料				低水泥结合 耐火浇注料		磷酸盐结合 耐火浇注料			水玻璃 耐火结合 火浇 注料
牌　号			NL-70	NL-60	NN-45	GL-85	GL-70	GL-60	GN-50	GN-42	DL-80	DL-60	LL-75	LL-60	LL-45	BN-40
指标	Al₂O₃（%）不小于		70	60	45	85	70	60	50	42	80	60	75	60	45	40
	CaO（%）不大于		—	—	—	—	—	—	—	—	2.5	2.5	—	—	—	—
	耐火度（℃）不低于		1760	1720	1700	1780	1720	1700	1660	1640	1780	1740	1780	1740	1700	—
	烧后线变化率不大 于±1%的试验温 度(保温 3h)/℃		1450	1400	1350	1500	1450	1400	1350	1500	1500	1500	1450	1350	1000	
	105±5 ℃ 烘干后	耐压强度 (MPa) 不小于	10	9	8	35	35	30	30	25	40	30	0	25	0	20
		抗折强度 (MPa) 不小于	2	1.5	1	5	5	4	4	3.5	5	5	5	4	3.5	
最高使用温度/℃			1450	1400	1350	1600	1450	1400	1350	1300	1500	1450	1600	1500	1400	1000

注：本表适合于轻质耐火浇注料。

表 13-14 其他耐火浇注料的名称、性能

名 称	牌 号	主要技术性能			耐火度 /℃
		最高使用温度/℃	烧后线变化率 (%)	耐压强度 /MPa	
高炉出铁沟浇注料	SJT—AClK	—	±1.0 (1450℃ 2h)	≥5.0(110℃ 24h) ≥15.0(1450℃ 2h)	—
	SJT—AC3K	—	±1.0 (1450℃ 2h)	≥6.0(110℃ 24h) ≥10.0(1450℃ 2h)	—
	SJT—MS1R	—	—	≥2(110℃ 24h) ≥3.5(1450℃ 2h)	—
	SJT—MC3S	—	—	≥2.0(110℃ 24h) ≥5.0(1450℃ 2h)	—
	SJT—KAL	—	±1.0 (1450℃ 2h)	—	—
黏土结合浇注料	SJN—CT170	1700	+1.5～-1.0 (1500℃ 3h)	≥3.93(110℃ 24h) ≥20(1500℃ 3h)	≥1820
	SJN—CT150	1500	+1.5～-1.0 (1500℃ 3h)	≥3.93(110℃ 24h) ≥15(1500℃ 3h)	≥1770
	SJN—CT150H	1500	±1.0 (1400℃)	≥10(110℃ 24h) ≥30(1400℃ 3h)	≥1770
	SJN—CT150C	1500	±1.0 (1400℃)	≥3.92(110℃ 24h) ≥15(1400℃ 3h)	≥1770
	SJN—1AZ	1600	0～±1.5 (1500℃ 3h)	≥20(110℃ 24h) ≥40(1500℃ 3h)	≥1770
	SJN—9AZ	1650	0～+1.5 (1500℃ 3h)	≥25(110℃ 24h) ≥40(1500℃ 3h)	≥1790
	SJN—L55	1400	±1.0 (1350℃ 3h)	≥1.96(110℃ 24h)	≥1650
耐火浇注料	SJG—BPC1	1800	±0.5 (1500℃ 3h)	≥40(110℃ 24h) ≥30(1500℃ 3h)	≥1850
	SJG—H170S	1700	±1.0 (1500℃ 3h)	≥9.805(110℃ 24h) ≥20(1500℃ 3h)	≥1820
	SJG—H160TC	1600	±1.0 (1500℃ 3h)	≥25(110℃ 24h) ≥30(1500℃ 3h)	≥1770
	SJG—H160	1600	±1.0 (1500℃ 3h)	≥15(110℃ 24h) ≥30(1500℃ 3h)	≥1730
	SJG—BPC5	1500	±0.5 (1400℃ 3h)	—	≥1630
	SJG—N150S	1500	±1.0 (1400℃ 3h)	≥25(110℃ 24h) ≥20(1400℃ 3h)	≥1670
	SJG—N140F	1400	±1.0 (1300℃ 3h)	≥5.98(110℃ 24h) ≥10(1300℃ 3h)	≥1610
	SJG—NSBP	1500	±0.6 (1400℃ 3h)	≥31.4(110℃ 24h) ≥15.7(1300℃ 3h)	≥1630

（续一）

名　称	牌　号	最高使用温度/℃	主要技术性能		
			烧后线变化率（%）	耐压强度/MPa	耐火度/℃
低水泥浇注料	SJD—170	1700	±1.0 (1500℃ 3h)	≥40(110℃ 24h) ≥50(1500℃ 3h)	≥1790
	SJD—160	1600	±1.0 (1500℃ 3h)	≥50(110℃ 24h) ≥60(1500℃ 3h)	≥1770
	SJD—160A	1600	±1.0 (1500℃ 3h)	≥35(110℃ 24h) ≥50(1500℃ 3h)	≥1770
	SJD—150	1500	±1.0 (1400℃ 3h)	≥35(110℃ 24h) ≥50(1400℃ 3h)	—
	SJD—150H	1500	±0.5 (1370℃ 3h)	≥55(110℃ 24h) ≥60(1100℃ 3h)	—
	SJD—150A	1500	±0.5 (1370℃ 3h)	≥40(110℃ 24h) ≥44(1100℃ 3h)	—
	SJD—140	1400	±1.0 (1300℃ 3h)	≥30(110℃ 24h) ≥40(1300℃ 3h)	—
	SJD—140A	1400	±0.5 (1260℃ 3h)	≥35(110℃ 24h) ≥25(1100℃ 3h)	—
	SJD—130	1300	±1.0 (1300℃ 3h)	≥30(110℃ 24h) ≥40(1300℃ 3h)	—
超低水泥浇注料	SJC—TP7	1800	±1.0 (1500℃ 3h)	≥25(110℃ 24h) ≥50(1500℃ 3h)	≥1790
	SJC—170	1700	±1.0 (1500℃ 3h)	≥25(110℃ 24h) ≥50(1500℃ 3h)	≥1790
	SJC—160A	1600	±1.0 (1500℃ 3h)	≥25(110℃ 24h) ≥50(1500℃ 3h)	≥1770
	SJC—160	1600	±1.0 (1500℃ 3h)	≥25(110℃ 24h) ≥50(1500℃ 3h)	≥1790
	SJC—150	1500	±1.0 (1400℃ 3h)	≥25(110℃ 24h) ≥50(1400℃ 3h)	—
	SJC—140	1400	±1.0 (1400℃ 3h)	≥25(110℃ 24h) ≥40(1400℃ 3h)	—
特种耐火浇注料	SJG—TG75	1550	±1.0 (1000℃ 3h)	—	—
	SLM—60	1600	0～—0.5 (110℃ 24h)	≥25(110℃ 24h)	—
	SLM—65	1600	0～—0.5	≥25(110℃ 24h)	—
	SLM—70	1600	0～—0.5	≥30(110℃ 24h)	—

（续二）

名　称	牌　号	主要技术性能			
		最高使用温度/℃	烧后线变化率（%）	耐压强度/MPa	耐火度/℃
轻质浇注料	SJQ－0.5	1000	±0.5 (110℃　24h)	≥0.3(110℃　24h) ≥0.18(900℃　3h)	—
	SJQ－0.8	800	±0.5(110℃　24h) ±1.0(800℃　3h)	≥2.5(110℃　24h) ≥2.0(800℃　3h)	—
	SJQ－1.0	900	±0.5(110℃　24h) ±1.0(800℃　3h)	≥3.0(110℃　24h) ≥2.5(900℃　3h)	—
	SJQ－1.2	1000	±0.5(110℃　24h) ±1.0(800℃　3h)	≥4.0(110℃　24h) ≥3.0(800℃　3h)	—
	SJQ－1.5	1350	±0.5(110℃　24h) ±1.0(1250℃　3h)	≥8.0(110℃　24h)	—
	SJQ－1.8	1400	±1.0 (1300℃　3h)	≥10.0(110℃　24h) (1300℃　3h)	—
	SJQ－18H	1500	+1～-1.50 (1400℃　3h)	≥10(110℃　24h) ≥30(1400℃　3h)	—
黏土耐火浇注料	—	1450 1350 1300	—	2.94	1730 1710 1690
水泥耐火浇注料	—	—	—	24.5 19.6 9.8	
无机耐火浇注料	—	—	—	14.7 19.6	1770 1730 1710
HQ－E轻质耐火浇注料	E₁	900	—	—	1580
	E₂	1000			1580
	E₃	1100			1690
	E₄	1200			1690
	E₅	1300			1690
	E₆	1400			1790
	E₇	1500			1790
黏土结合浇注料	LZ－70 NZ－45	—	—	—	—
一般耐火浇注料	FSR－125 GL G₁ N₂ NL₁、NL₂	—	—	—	—

(6)镁质水泥耐火混凝土。镁质水泥耐火混凝土的组成和性能指标等见表13-15和表13-16。

表13-15　　　　　　　镁质水泥耐火混凝土的组成及其性能指标

项　目			质量配合比(%)及性能指标			
			镁1	镁2	镁3	镁4
材料组成	方镁石水泥		25	25	25	40
	硫酸镁溶液		8.5 相对密度1.20	9.0 相对密度1.20	12.0 相对密度1.20	7~8 相对密度1.24
	骨料	制砖镁砂或一级冶金镁砂 20~10mm	26	18	—	—
		10~5mm	19	12	30	—
		<5mm	30	45	45	—
		电熔镁砂 3~2mm	—	—	—	30
		2~1mm	—	—	—	30
性能指标	加热至右列温度后的抗压强度/MPa	800℃	26.0	16.8	17.2	—
		1000℃	9.0	5.8	3.3	—
		1200℃	8.6	5.9	3.7	—
	荷重软化温度/℃	开始 4%变形	1445	1530	1430	1480
			1580	1630	1570	1880
	最高使用温度/℃		1800	1800	1800	1600
特点及适用范围			该混凝土硬化快,烘干强度高,使用温度高,抗碱性渣侵蚀能力强,材料易得,施工比较简便。耐急冷急热性差,在1000~1200℃温度下强度较低,使用中易产生剥落现象。适用于有碱性侵蚀、温度变化不很剧烈的工程部位			

表13-16　　　　　　　镁质水泥耐火混凝土原料的技术要求

原　料	技术要求
硫酸镁溶液或氯化镁溶液	应用工业硫酸镁或卤水加水调制而成,比重为1.20~1.24。混凝土须用调制好的硫酸镁溶液或氯化镁溶液拌合,不要再另加水
方镁石水泥	由电溶镁砂或制砖镁砂磨细而成,细度应为4900孔/cm³筛的通过量不少于85%,氧化钙含量不大于5%,并且不得混入杂质

(续)

原　料	技术要求
骨　料	制砖镁砂、冶金镁砂应符合《烧结镁砂》(GB 2273—2007)要求。如使用废镁砖或镁铝砖时，应将砖表面的溶液清理干净。根据使用工程部位的不同，骨料最大粒径可选用 20mm、10mm 或 5mm

2. 捣打料

捣打料的产品名称、性能见表 13-17。

表 13-17　　　　　　　　　　捣打料的产品名称、性能

名　称	牌　号	主要技术性能		
		化学成分 （%）	烧后线变化率 （%）	抗拉强度 /MPa
高炉出铁沟捣打料	SD—AN1A	$Al_2O_3 \geqslant 55$ $SiC \geqslant 20$	±0.5 (1450℃　2h)	≥2.45(110℃　24h) ≥2.94(1450℃　2h)
	SD—AN1	$Al_2O_3 \geqslant 45$ $SiC \geqslant 20$	±0.5 (1450℃　2h)	≥1.96(110℃　24h) ≥2.45(1450℃　2h)
	SD—AN2A	$Al_2O_3 \geqslant 75$ $SiC \geqslant 3$	±0.5 (1450℃　2h)	≥3.43(110℃　24h) ≥2.94(1450℃　2h)
	SD—AN2	$Al_2O_3 \geqslant 70$ $SiC \geqslant 3$	±0.5 (1450℃　2h)	≥2.94(110℃　24h) ≥2.45(1450℃　2h)
	SD—SN	$Al_2O_3 \geqslant 45$ $SiC \geqslant 10$	±0.5 (1400℃　2h)	≥1.765(110℃　24h) ≥2.745(1400℃　2h)
	SD—RG10	$Al_2O_3 \geqslant 58$ $SiC \geqslant 12$	±0.5 (1450℃　2h)	≥1.96(110℃　24h) ≥2.94(1450℃　2h)
含锆铝碳捣打料	SD—LGT	$Al_2O_3 \geqslant 55$ $ZrO_2 \geqslant 3$	±0.45 (800℃　2h)	耐压 ≥14.5(800℃　2h)

3. 耐火涂抹料、喷涂料

耐火涂抹料、喷涂料的产品名称、性能见表 13-18。

表 13-18　　　　　　　　　　耐火涂抹料、喷涂料的产品牌号、性能

名称	牌号	主要技术性能			
		化学成分（%）	烧后线变化率（%）	耐压强度/MPa	耐火度/℃
耐火涂抹料	ST－R40	$Al_2O_3 \geqslant 25$ $SiC \geqslant 8$ $F.C \geqslant 5$	—	—	—
	ST－TPC100	$Al_2O_3 \geqslant 70$ $SiC \geqslant 10$	—	—	—
	ST－TC	$Al_2O_3 \geqslant 25$ $F.C \geqslant 4$	—	—	—
	ST－515	$Al_2O_3 \geqslant 78$	$0 \sim -1.60$ （350℃　3h）	—	1850
	ST－P90	$Al_2O_3 \geqslant 85$	± 1.0 （1500℃　3h）	$\geqslant 15$（110℃　24h） $\geqslant 30$（1500℃　3h）	—
	ST－P70	$Al_2O_3 \geqslant 65$	± 1.0 （1400℃　3h）	$\geqslant 15$（110℃　24h） $\geqslant 30$（1400℃　3h）	
	ST－G70	$Al_2O_3 \geqslant 65$	—	—	—
	ST－LM	$Al_2O_3 \geqslant 60$ $MgO \geqslant 10$	± 1.0 （1300℃　3h）	$\geqslant 5.0$（110℃　24h）	
耐火喷涂料	SP－H160G2	$Al_2O_3 \geqslant 50$	± 1.0 （1500℃　3h）	$\geqslant 9.805$（110℃　24h） $\geqslant 25$（1500℃　3h）	1730
	SP－RG20	$Al_2O_3 \geqslant 55$ $SiC \geqslant 12$			
	SP－GL1	$Al_2O_3 \geqslant 50$ $SiC \geqslant 8$			

4. 耐火泥

(1)硅质耐火泥浆。硅质耐火泥浆按所砌窑炉的特征和泥浆的理化指标分为四类,共七个牌号。

1)热风炉用硅质耐火泥浆:RGN-94。

2)焦炉用硅质耐火泥浆:JGN-92、JGN-85。

3)玻璃窑用硅质耐水泥浆:BGN-96、BGN-94。

4)硅质隔热泥浆：GGN-94、GGN-92。

硅质耐火泥浆的理化指标应符合表 13-19～表 13-22 的要求。

表 13-19　　　　　　　　　　热风炉用硅质耐火泥浆

项　　目		指　　标
		RGN-94
耐火度、锥号 CN		170
冷态抗折粘结强度/MPa		
110℃干燥后	不小于	1.0
1400℃×3h 烧后	不小于	3.0
粘结时间/min		1～2
粒度组成(%)		
+0.5mm	不大于	1
-0.074mm	不小于	60
化学成分(%)		
SiO_2	不小于	94
Fe_2O_3	不大于	1.0

表 13-20　　　　　　　　　　焦炉用硅质耐火泥浆

项　　目		指　　标	
		JGN-92	JGN-85
耐火度、锥号 CN		166	158
冷态抗折粘结强度/MPa			
110℃干燥后	不小于	1.0	1.0
1400℃×3h 烧后	不小于	3.0	3.0
粘结时间/min		1～2	1～2
粒度组成(%)			
+1mm	不大于	3	3
0.074mm	不小于	50	50
化学成分(%)			
SiO_2	不小于	92	85
0.2MPa 荷重软化开始温度/℃	不低于	1500	1420

表 13-21　　　　　　　　　　　　　**玻璃窑用硅质耐火泥浆**

项　　目		指　　标	
		BGN-96	BGN-94
耐火度、锥号 CN		172	170
冷态抗折粘结强度/MPa			
110℃干燥后	不小于	0.8	0.8
1400℃×3h 烧后	不小于	0.5	2.0
粘结时间/min		2～3	2～3
粒度组成(%)			
+0.5mm	不大于	2	2
−0.074mm	不小于	60	60
化学成分(%)			
SiO_2	不小于	96	94
Al_2O_2	不大于	0.6	1.0
Fe_2O_3	不大于	0.7	1.0
0.2MPa 荷重软化开始温度/℃	不低于	1620	1600

表 13-22　　　　　　　　　　　　　**硅质隔热耐火泥浆**

项　　目		指　　标	
		GGN-94	GGN-92
耐火度、锥号 CN		170	166
冷态抗折粘结强度/MPa			
110℃干燥后	不小于	0.5	0.5
1400℃×3h 烧后	不小于	1.5	1.5
粘结时间/min		1～2	1～2
粒度组成(%)			
−0.5mm	不大于	3	3
−0.074mm	不小于	50	50
化学成分(%)			
SiO_2	不小于	94	92

(2)高铝质耐火泥浆。高铝质耐火泥浆按 Al_2O_3 含量分为如下 3 类 7 个牌号：

1)普通高铝质耐火泥浆：LN-55、LN-65、LN-75；

2)磷酸盐结合高铝质耐火泥浆：LN-65P、LN-75P；

3)磷酸盐结合刚玉质耐火泥浆：GN-85P、GN-90P。

L，N，G 分别为铝、泥、刚(玉)的汉语拼音首字母，其后的数字代表主要成分的质量分数，P 代表磷酸盐结合耐火泥浆。

高铝质耐火泥浆的理化指标应符合表 13-23 的要求。

表 13-23　　　　　　　　　　高铝质耐火泥浆理化指标

项　　目		指　　标						
		LN-55	LN-65	LN-75	LN-65P	LN-75P	GN-85P	GN-90P
$\omega(Al_2O_3)(\%)$　不小于		55	65	75	65	75	85	90
耐火度/℃　不低于		1760	1780	1780	1780	1780	1780	1800
常温抗折粘结强度/MPa 不小于	110℃ 干燥后	1.0	1.0	1.0	2.0	2.0	2.0	2.0
	1400℃×3h 烧后	4.0	4.0	4.0	6.0	6.0	—	
	1500℃×3h 烧后	—					6.0	6.0
0.2MPa 荷重软化温度 T_2/℃　不低于		—			1400		1600	1650
加热永久线变化率(%)	1400℃×3h 烧后	−5～+1						
	1500℃×3h 烧后	—					−5～+1	
粘结时间/min		1～3						
粒度(%)	<1.0mm	100						
	>0.5mm,不大于	2						
	<0.075mm,不大于	50					40	

注：如有特殊要求，粘接时间由供需双方协商确定。

三、耐火纤维及高温胶粘剂

1. 高温胶粘剂及涂料

高温胶粘剂和涂料的产品性能见表 13-24。

表 13-24   高温胶粘剂和涂料的产品性能

产品名称	性能及用途	涂胶工艺
GX－2 型 高温胶粘剂	系以氧化铝、二氧化硅、磷等无机氧化物配制而成,具有吸附力强、耐高温、抗气流冲刷、使用寿命长、价格低廉等优点,适用于1200℃左右的电炉、燃煤、油、煤气炉等各种工业窑炉粘贴耐火纤维制品之用。 抗拉强度(湿态):＞12N/100×100mm²	先清除炉墙表面污物,把胶粘剂均匀地涂在纤维上,厚度为1.5mm左右。然后用木夯轻轻拍打或用木棍压紧,经自然干燥后即可使用
GX－3 型 高温胶粘剂	系以有机高分子化合物和胶体二氧化硅、高温氧化物等配制而成,具有吸附力大、化学结合性强、杂质含量低、在高温下对纤维无侵蚀作用、耐高温、抗热震、抗剥落和抗高温气流冲刷等特点。适用于各种耐火材料和金属材料结构的工业炉、电炉、烘箱等窑炉在节能改造时粘贴耐火纤维制品之用,使用温度为1350℃。抗拉强度(湿态):＞6N/100×100mm²	同 GX－2 型胶
高温胶粘剂	系以无机原料制成,可直接将硅酸铝纤维制品敷贴在设备上,使用方便,结合力强,不易脱落。还可根据温度高低选择不同耐温程度的胶粘剂	—
高温粘结剂	使用温度 1000℃ 使用温度 600℃	—
高温增强涂料	使用温度 1250℃	—
SNG 型高温胶	具有抗腐蚀、粘接牢、寿命长、不损坏炉体等特点。用于粘贴硅酸铝纤维毡	—
无机高温 粘结剂	该粘结剂有 PM－A 和 PM－B 两种。具有强度高、耐高温、粘结力强、抗腐蚀、抗冲刷等特点。适用于各种耐火制品的砌筑,各种陶瓷、纤维毡及耐火、保温制品的粘结以及盐浴炉炉堂表面、坩埚表面及其他炉衬的涂刷	—

(续)

产品名称	性能及用途	涂胶工艺
高温密封料	系一种新型粘结密封材料,常温时靠其物理变化和化学粘结力,高温时靠陶瓷烧结产生的粘结力,使两种材料粘结在一起。该料是一种糊状物,具有耐火度高,粘结力大,密封性好、高温强度大等优点。一般用来密封轧钢炉热风管接头及热风炉管道漏风处,并能把陶瓷纤维毡直接粘贴于耐火砖或钢板上长期使用而不脱落。 其中: 高温密封涂料:用于常温环境。 热贴高温密封涂料:用于高温环境。 冷用密封涂料:用于低温(−25℃以上)环境	—
高温发泡涂料	系一种散状、轻质、耐火保温材料,在施工现场加入特定的胶结剂,混炼后,即可进行施工,涂抹时,涂料自动发泡,形成一定厚度及许多微孔。 该涂料具有1700℃以上的耐火度,长期使用温度可达1400℃。它高温机械强度好,耐腐蚀性强,抗渣性好,与被涂的硅酸铝材料粘结牢固,可广泛用于冶金、化工、石油、机械、电力、轻纺等部门的各种加热炉	(1)清扫被涂体的表面 (2)在配制好的高温发泡涂料中,外加65%的磷酸铝溶液和10%的硅溶胶溶液充分搅拌,一般每次配制25kg左右为宜 (3)一般一次可涂5~10mm,需要较厚者,可重复涂抹 4.缓慢烘干即可使用
高温轻质涂料	系一种白色散状轻质浇注料,使用时根据施工要求,可加水涂抹,也可预制成各种形状,在现场装配。 该涂料耐火度高(≥1730℃),重量轻、热容小、密封性强,高温强度好,可用来喷涂各种高温炉衬或修补轻质高温炉衬	(1)轻质涂料加90%~120%的水,为了增加黏结力可加入25%磷酸铝液,然后盖上塑料布,困料24h (2)一般可涂厚2cm左右

2. 硅酸铝耐火纤维

硅酸铝耐火纤维是一种新型的特殊轻质耐火材料,它形似棉花,呈白色纤维状,具有重量轻、耐高温、热稳定性好、热传导率低、热容小、抗机械振动好、受热膨胀小、隔热性能优良等优点,目前已广泛用于冶金、电力、石油、化工、机械、陶瓷、建筑等工业部门,以硅酸铝耐火纤维制成的棉、毡、纸、砖等多用于热工仪器等设备,见表 13-25。

表 13-25　　　　　　普通硅酸铝耐火纤维毡的化学成分及物理性能

化学成分			物理性能		
成分		含量(%)	项目		指标
$Al_2O_3 + SiO_2$	不小于	96	表观密度/(kg/m³)	130 160 190 220	±15
Al_2O_3	不小于	45	渣球含量(%) (>0.25mm)　　不大于		5
Fe_2O_3	不大于	1.2	加热线收缩(%) 1150℃,保温 6h　　不大于		4
$K_2O + Na_2O$	不大于	0.5	含水量(%)		0.5

注:1. 本表适用于工作温度不大于 1000℃,中性或氧化性气氛的工业炉用普通硅酸铝耐火纤维毡。

　　2. 普通硅酸铝耐火纤维毡的牌号定为 PXZ-1000,其表示意义为:

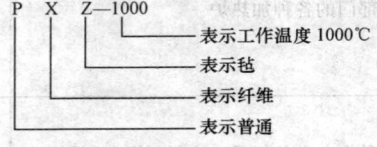

第二节　防 腐 材 料

一、常用防腐蚀涂料的主要技术性能

1. 氯化橡胶系列涂料及其配套底漆外观及质量要求

氯化橡胶系列涂料及其配套底漆外观及质量要求见表 13-26。

表 13-26　　外观及质量要求

项目 涂料名称	涂层颜色及外观	粘度/(Pa·s)	密度(g/m³)	含固量(%)	干燥时间/h 表干	实干
氯化橡胶鳞片涂料	符合色泽	0.50±0.15	1.2±0.1	50±5	≤2	≤8
氯化橡胶厚膜涂料	符合色泽各色半光	—	1.2±0.1	50±5	≤2	≤8
氯化橡胶涂料	符合色泽各色半光	—	1.25±0.15	—	≤2	≤8

2. 环氧树脂涂料及其配套底层涂料技术指标

环氧树脂涂料及其配套底层涂料技术指标见表 13-27。

表 13-27　　技术指标

项目 涂料名称	涂层颜色及外观	粘度(涂-4)/s	附着力(级)	干燥时间/h 表干	实干
铁红环氧底层涂料	铁红,色调不规定,涂膜平整	50~80	1	<4	≤36
环氧厚膜涂料	透明、无机械杂质	60~90	1	<4	24
环氧沥青涂料	黑色光亮	40~100	3	—	24

3. 聚氨酯涂料技术指标

聚氨酯涂料技术指标见表 13-28。

表 13-28　　技术指标

项目 涂料名称	涂层颜色及外观	粘度(涂-4)/s	含固量(%)	干燥时间/h 表干	实干
地面涂料	各色有光	—	—	≤4	≤24
各色聚氨酯耐油、防腐蚀面层涂料	各色有光,符合色标	15~40	—	≤6	≤22
聚氨酯防腐蚀涂料	平整光亮,符合色标	20~30	—	≤4	≤24
防水聚氨酯	符合色标	40~70	30	≤2	≤24

4. 高氯化聚乙烯涂料及其配套底层涂料技术指标

高氯化聚乙烯涂料及其配套底层涂料技术指标见表 13-29。

表 13-29　　　　　　　　　　　　　　　技术指标

项　目 涂料名称	涂层颜色及外观	粘度(涂—4)/s	细度/μm	含固量(%)	干燥时间/h	
					表干	实干
高氯化聚乙烯云铁防锈涂料	红褐色	100～130	≤100	≥40	≤2	≤24
高氯化聚乙烯铁红防锈涂料	铁红色	100～130	≤100	≥40	≤2	≤24
高氯化聚乙烯混凝土专用底层涂料	浅　色	90～120	—	≥40	≤2	≤24
高氯化聚乙烯中间层涂料	棕褐色	120～160	≤100	≥50	≤2	≤24
高氯化聚乙烯厚膜型面层涂料	符合色标	160～200	≤60	≥55	≤2	≤24
高氯化聚乙烯鳞片面层涂料	符合色标	160～200	≤100	≥45	≤2	≤24

5. 氟碳涂料技术性能

氟碳涂料技术性能见表 13-30 和表 13-31。

表 13-30　　　　　　　　　　　　氟碳涂料技术指标

项　目 涂料名称	外　观	含固量(%)	附着力(级)(划圈法)	抗冲击/cm	耐冲刷性
氟碳树脂涂料	符合色标	≥50	1 级	50	>10000 次

表 13-31　　　　　　　　　　　水性氟碳涂料技术指标

项　目 涂料名称	光　泽	颜　色	对比率	耐擦洗性	耐人工老化性
水性氟碳中层涂料	亚光	随意调配	>0.93	>10000 次	>1000h(墙外)
水性氟碳耐候墙面涂料	半光	随意调配	>0.93	>10000 次	>1000h(墙外)
水性氟碳硅超耐候外墙涂料	半光、高光	随意调配	>0.93	>10000 次	>1000h(墙外)
水性氟硅高级内墙涂料	哑光	随意调配	>0.93	>10000 次	—

6. 聚氨酯聚取代乙烯互穿网络涂料技术指标

聚氨酯聚取代乙烯互穿网络涂料技术指标见表13-32。

表 13-32　　　　　　　　　　技术指标

项目 涂料名称	涂层颜色 及外观	粘度 （涂－4）/s	含固量 （%）	干燥时间/h	
				表干	实干
聚氨酯聚取代乙烯 互穿网络涂料	符合色标	40～70	30	6	24

7. 丙烯酸树脂涂料及其配套底层涂料技术指标

丙烯酸树脂涂料及其配套底层涂料技术指标见表13-33。

表 13-33　　　　　　　　　　技术指标

项目 涂料名称	外观	干燥 时间	固含量 （%）	粘度 （涂－4） /s	附着力 （级）	柔韧性 /mm	光泽	掩盖力 /(g/m²)
丙烯酸树脂 底层涂料	符合 色标	表干 15min 实干 2h	55±2	0.5±0.05	1	2	82	80
丙烯酸树脂 面层涂料	符合 色标	表干 15min 实干 2h	53±2	0.5±0.05	1	2	84	82

8. 氯乙烯-醋酸乙烯共聚涂料及其配套底层涂料技术指标

氯乙烯-醋酸乙烯共聚涂料及其配套底层涂料技术指标见表13-34。

表 13-34　　　　　　　　　　技术指标

项目 涂料名称	涂料颜色 及外观	粘度 （涂－4）/s	密度/(g/m³)	含固量（%）	干燥时间/h	
					表干	实干
氯醋涂料底层涂料	铁红色	90±10	1.15～1.18	≥45	≤1	≤4
氯醋涂料中间层涂料	紫红色	90±10	1.20～1.22	≥40	≤1	≤4
氯醋涂料表面涂料	各　色	70±10	1.15～1.18	≥40	≤1	≤4

9. 醇酸树脂耐酸涂料及其配套底层涂料技术指标

醇酸树脂耐酸涂料及其配套底层涂料技术指标见表13-35。

表 13-35　　　　　　　　　　　　　　**技术指标**

项目／涂料名称	涂层颜色及外观	粘度（涂—4）/s	细度/μm	含固量(%)	干燥时间/h 表干	干燥时间/h 实干
醇酸底层涂料	透明、平整、光滑	40～60	—	≥45	≤6	≤15
醇酸耐候型涂料	平整光滑，符合色标	≥60	≤20	—	≤10	≤18
醇酸中间层涂料	符合色标，涂膜平整	80～150	≤6	—	—	—

10. 氯乙烯-醋酸乙烯共聚涂料及其配套底层涂料技术指标

氯乙烯-醋酸乙烯共聚涂料及其配套底层涂料技术指标见表 13-36。

表 13-36　　　　　　　　　　　　　**技术指标**

项目／涂料名称	涂层颜色及外观	粘度（涂—4）/s	附着力（级）	干燥时间/h 表干	干燥时间/h 实干
铁红过氯乙烯底层涂料	铁红，色调不规定，涂膜平整，无粗粒	60～140	≤2	—	—
各色过氯乙烯防腐蚀面层涂料	符合标准样板及色差范围，涂膜平整光亮	30～75	≤3	—	—

11. 聚氯乙烯(PVC)涂料及其配套底层涂料技术指标

聚氯乙烯(PVC)涂料及其配套底层涂料技术指标见表 13-37。

表 13-37　　　　　　　　　　　　　**技术指标**

项目／涂料名称	涂层颜色	粘度（涂—4）/s	含固量(%)	干燥时间/h 表干	干燥时间/h 实干
PVC 防腐材料	透明粘稠液体，符合色标	40～60	≥23	≤2	≤18
PVC 防腐材料	透明粘稠液体，符合色标	20～30	≥15	≤2	≤18
PVC 防腐材料	透明粘稠液体，符合色标	25～45	≥18	≤2	≤24

12. 聚苯乙烯涂料及其配套底层涂料技术指标

聚苯乙烯涂料及其配套底层涂料技术指标见表 13-38。

表 13-38　　　　　　　　　　技术指标

项目 涂料名称	涂层颜色及外观	粘度 (涂-4)/s	细度 /μm	含固量 (%)	干燥时间/h	
					表干	实干
聚苯乙烯涂料清涂料	无机械杂质溶液	60～80	—	≥24	20min	20
聚苯乙烯涂料面层涂料	符合色标平整光亮	120～140	50	≥40	40min	48
聚苯乙烯涂料底面涂料	符合色标平整光亮	70～100	50	≥35	40min	48

13. 氯磺化聚乙烯涂料技术指标

氯磺化聚乙烯涂料技术指标见表 13-39。

表 13-39　　　　　　　　　　技术指标

项目 涂料名称	涂层颜色	粘度 (涂-4)/s	细度/μm	干燥时间/h	
				表干	实干
氯磺化聚乙烯面层涂料	符合色标,平整光滑	60～100	≤65	≤1	≤24

14. 沥青涂料及其配套底层涂料技术指标

沥青涂料及其配套底层涂料技术指标见表 13-40。

表 13-40　　　　　　　　　　技术指标

项目 涂料名称	涂层颜色及外观	粘度 (涂-4)/s	附着力/级	干燥时间/h	
				表干	实干
沥青耐酸涂料	黑色,涂膜平整光滑	50～80	—	≤3	≤24

15. 玻璃鳞片涂料技术指标

玻璃鳞片涂料技术指标见表 13-41。

表 13-41　　　　玻璃鳞片系列涂料及其配套底层涂料的技术指标

项目 涂料名称	涂层颜色 及外观	粘度 /(Pa·s)	密度 /(g/cm³)	含固量(%)	干燥时间/h	
					表干	实干
二甲苯型树脂 鳞片涂料	符合色泽	0.50±0.15	1.2～1.3	60±5	≤4	≤24
环氧树脂 鳞片涂料	符合色泽	0.55±0.15	1.3±0.1	65±5	≤8	≤24

（续）

项目 涂料名称	涂层颜色及外观	粘度/(Pa·s)	密度/(g/cm³)	含固量(%)	干燥时间/h	
					表干	实干
乙烯基酯树脂鳞片涂料	符合色泽	0.55±0.15	1.2～1.3	65±5	≤4	≤24
乙烯基酯树脂鳞片涂料	符合色泽	0.55±0.15	1.2～1.3	65±5	≤8	≤24
双酚A型树脂鳞片涂料	符合色泽	0.50±0.15	1.2～1.3	65±5	≤4	≤24

注：底层涂料应根据面层涂料具体牌号选用含有同类树脂的配套产品。

16. 橡胶类鳞片涂料技术指标

橡胶类鳞片涂料技术指标见表 13-42。

表 13-42　　　　　　　　　**橡胶类鳞片涂料的技术指标**

项目 涂料名称	外观	含固量(%)	抗冲击/cm	附着力(级)(划圈法)	抗弯曲/mm	干燥时间/h	
						表干	实干
高氯化聚乙烯鳞片涂料面层涂料	符合色标	≥45	50	2	2	≤2	≤24
氯化橡胶鳞片涂料	符合色标	≥50	50	2	2	≤2	≤24

17. 有机硅涂料及其配套底层涂料技术指标

有机硅涂料及其配套底层涂料技术指标见表 13-43。

表 13-43　　　　　　　　　　　　　**技术指标**

项目 涂料名称	涂层颜色及外观	粘度(涂-4)/s	密度/(g/cm³)	含固量(%)	干燥时间/h	
					表干	实干
有机硅耐高温涂料底层涂料	灰色	15～25	—	—	≤0.1	≤1
有机硅耐高温面层涂料	符合色标	50～60	—	≥65	≤1	≤24
无机硅酸锌底层涂料	浅色	40～50	50	≥60	≤1	≤24

18. 乙烯磷化底层涂料技术指标

乙烯磷化底层涂料技术指标见表 13-44。

表 13-44 技术指标

项目		指标	性能及用途
外观	磷化底层涂料	黄色半透明黏稠液体	有良好的防锈、防腐蚀和耐候性，可在金属面上生成保护膜。用于金属结构或设备上效果较好，喷涂时施工粘度一般为 15s
	磷化液	无色至微黄色透明液体	
	涂膜	黄绿色半透明	
粘度(未加磷化液前,涂—4)/s		30～70	
干燥时间(25℃)/h 不大于		0.5	
附着力(级)		1	

19. 主要专用底层涂料技术指标

主要专用底层涂料技术指标见表 13-45。

表 13-45 技术指标

项目 涂料名称	涂层颜色及外观	干膜厚/μm	密度/(g/m³)	配合比 A	配合比 B	干燥时间/h 表干	干燥时间/h 实干
环氧富锌底层涂料	灰色无光	20(80)	2.30	91：9		≤5min	≤24
环氧铁红底层涂料	铁红色无光	36	1.15	16：6.4		≤5min	≤24
无机硅酸锌底层涂料	灰色无光	20	1.67	1：2		≤5min	≤1
环氧云铁底层涂料	银灰色	100	1.57	6：1		≤4	≤24

20. 防腐蚀耐磨洁净涂料及其配套底层涂料技术指标

防腐蚀耐磨洁净涂料及其配套底层涂料技术指标见表 13-46。

表 13-46 技术指标

项目 涂料名称	涂层颜色及外观	干膜厚/μm	密度/(g/m³)	含固量(%)	干燥时间/h 表干	干燥时间/h 实干
防腐蚀耐磨洁净涂料	平整光亮符合色标	0.40～0.80	≤60	≥75	≤2	≤24
防腐蚀耐磨洁净底层涂料	平整、无光	—	≤80	≥55	≤2	≤24

21. 防腐蚀防水防霉涂料及其配套底层涂料技术指标

防腐蚀防水防霉涂料及其配套底层涂料技术指标见表 13-47。

表 13-47　　　　　　　　　　　　　　　技术指标

涂料名称	涂层颜色及外观	防霉等级	密度 /(g/cm³)	含固量 (%)	干燥时间/h	
					表干	实干
防腐蚀防霉涂料	符合色标	0	1.30～1.40	≥45	≤2	≤2
防腐蚀防霉涂料底层涂料	符合色标	—	—	≥45	≤2	≤2

22. 防腐蚀导静电涂料及其配套底层涂料技术指标

防腐蚀导静电涂料及其配套底层涂料技术指标见表 13-48。

表 13-48　　　　　　　　　　　　　　　技术指标

涂料名称	涂层颜色及外观	粘度 /(Pa·s)	细度 /μm	含固量 (%)	干燥时间/h	
					表干	实干
防腐蚀导静电涂料	浅灰色调,平光符合色标	0.1～0.4	≤45	≥60	≤2	≤24
防静电耐磨防腐整体地面涂料	符合色标	>1	<50	>70	≤2	≤24
防腐蚀导静电底层涂料	黑色	>0.3	≤50	≥50	≤2	≤24

23. 锈面涂料技术指标

锈面涂料技术指标见表 13-49。

表 13-49　　　　　　　　　　　　　　　技术指标

涂料名称	涂料颜色及外观	粘度 (涂－4)/s	含固量 (%)	干燥时间/h	
				表干	实干
环氧稳定型锈面涂料	铁红色、半光	—	70～75	≤14	≤24
稳定型锈面涂料	红棕色	70～120	35～45	≤2	≤44
稳定型锈面涂料	红棕色、半光	50～80	40～45	≤4	≤24
转化型锈面涂料	红棕色、半光	50～80	40～50	≤4	≤24

二、树脂类防腐蚀材料

1. 环氧树脂技术指标

(1)常用环氧树脂的产品:E—44(6101)、E—42(634)和 E—51(618)等。其主要技术指标见表 13-50。

表 13-50　　　　　　　　　环氧树脂的主要技术指标

项目 涂料名称	EPO1451—310(E—44)	EPO1551—310(E—42)	EPO1441—310(E—51)
外观	淡黄色至棕黄色粘厚透明液体		
分子量	350～450	430～600	350～400
环氧当量 /(g/E_q)	210～240	230～270	184～200
有机氯 /(当量/100g)	≤0.02	≤0.001	≤0.02
无机氯 /(当量/100g)	≤0.01	≤0.001	≤0.001
挥发分(%)	≤1	≤1	≤2
软化点/℃	12～20	21～27	

(2)常用的环氧树脂固化剂为胺类、酸酐类、树脂类化合物等几个品种。其中胺类化合物最为常用,它又可以分为脂肪胺、芳香胺及改性胺等几类。由于乙二胺、间苯二胺、苯二甲胺、聚酰胺、二乙烯三胺等化合物的毒性、气味较大,因此逐步被无毒、低毒的新型固化剂(如:T31、C20 等)替代。采用这类固化剂对潮湿基层也可以固化。

常用固化剂的主要技术指标见表 13-51。

表 13-51　　　　　　　　　常用固化剂的主要技术指标

项目	名称	T31	C20	乙二胺
外观(液体)		透明棕色黏稠	透明浅棕色	无色透明
胺值/(KOHmg/g)		460～480	＞450	纯度＞90%
粘度/(Pa·s 或 s)		1.10～1.30Pa·s	120～400(涂—4)s	含水率<1%
相对密度		1.08～1.09	1.10	—
LD_{50}/(mg/kg)		7852±1122	1150	620

(3)环氧树脂稀释剂通常用非活性稀释剂,如乙醇、丙酮、环己酮、正丁醇、二甲苯等。两种非活性稀释剂可以混合使用。有时为了降低固化成品的收缩率,减少空孔隙和龟裂,也使用活性稀释剂,如环氧丙烷丁基醚、环氧丙烷苯基醚、多缩水甘油醚等。

(4)增韧剂。单纯的环氧树脂固化后较脆,抗冲击强度、抗弯强度及耐热性能较差常用"增韧剂"、"增塑剂"来增加树脂的可塑性,提高抗弯、抗冲击强度。

"增韧剂"的主要技术指标见表 13-52。

表 13-52　　　　　　　　　　主要"增韧剂"的技术指标及特性

项目＼名称	邻苯二甲酸二丁酯	芳烷基醚
外观	无色透明液体	淡黄色至棕色粘性透明液
相对密度 沸点/℃	1.05 355	1.06～1.10 (不挥发物≥93%)
熔点/℃ 活性氧含量	−35 —	10%～14%
分子量	278.35	400 左右
粘度/(Pa·s)		0.15～0.25
酸值/(KOHmg/g)		≤0.15
用量(%)	10～20	10～15

2. 不饱和聚酯树脂技术指标

(1)常用树脂品种。不饱和聚酯树脂的品种包括:双酚 A 型、间苯型、二甲苯型和邻苯型,用于树脂类防腐蚀工程的不饱和聚酯树脂的技术指标见表 13-53。

表 13-53　　　　　　　　　　不饱和聚酯树脂的技术指标

项　目	允许范围	
外　观	应无异状	
粘度(25℃)		±30%
固体含量(%)	指定值	±3.0
凝胶时间(25℃)		±30%
酸　值		±4.0
储存期	阴凉避光处　20℃以下不少于 180d,30℃以下不少于 90d	

注:一种牌号树脂的相关技术指标只允许有一个指定值。

(2)常用的引发剂和促进剂。引发剂习惯称之为固化剂或催化剂,一般为过氧化物(有机物)、氢过氧化物,由于纯粹有机过氧化物贮存的不稳定性,通常与惰性稀释剂,如:邻苯二甲酸二丁酯等混合配制,以利于贮存和运输。引发剂和促进剂的质量指标见表13-54。

表 13-54　　　　　　　　　引发剂和促进剂的质量

	名 称	指 标
引发剂	过氧化甲乙酮二甲酯溶液	(1)活性氧含量为 8.9%～9.1% (2)常温下为无色透明液体 (3)过氧化甲乙酮与邻苯二甲酯之比为 1∶1
	过氧化环己酮二丁酯糊	(1)活性氧含量为 5.5% (2)过氧化环己酮与邻苯二甲酸二丁酯之比为 1∶1 (3)常温下为白色糊状物
	过氧化二苯甲酰二丁酯糊	(1)过氧化二苯甲酰与邻苯二甲酸二甲酸二丁酯之比为 1∶1 (2)活性氧含量为 3.2%～3.3% (3)常温下为白色糊状物
促进剂	钴盐的苯乙烯液	(1)钴含量为 ≥0.6% (2)常温下为紫色液体
	N,N－二甲基苯胺苯乙烯液	(1)N,N－二甲基苯胺与苯乙烯之比为 1∶9 (2)常温下为棕色透明液体

3. 乙烯基酯树脂技术指标

(1)乙烯基酯树脂的品种包括:环氧甲基丙烯酸型、异氰酸酯改性环氧丙烯酸型、酚醛环氧甲基丙烯酸型。乙烯基酯树脂的技术指标见表13-55。

表 13-55　　　　　　　　　乙烯基酯树脂的技术指标

项 目	允许范围	
外 观	应无异状	
粘度(25℃)	指定值	±30%
固体含量(%)		±3.0
凝胶时间(25℃)		±30%
酸 值		±4.0
储存期	阴凉避光处 25℃以下不少于 90d	

注:一种牌号树脂的相关技术指标只允许有一个指定值。

(2)乙烯基酯树脂常用的引发剂和促进剂等,均同不饱不聚酯树脂。

4. 呋喃树脂技术指标

(1)呋喃树脂通常包括糠醇糠醛型、糠酮糠醛型。其外观为棕黑色,其技术指标见表13-56。

表 13-56　　　　　　　　　　常用呋喃树脂的技术指标

项　目	指　标	
	糠醇糠醛型	糠酮糠醛型
固体含量(%)		≥42
粘度(涂一4粘度计25℃,s)	20~30	50~80
储存期	常温下一年	

(2)呋喃树脂采用的是酸性固化剂,固化反应非常激烈,选用固化剂及在用量方面需严加注意。

1)糠醇糠醛型呋喃树脂采用已混入粉料内的氨基磺酸类固化剂。

2)糠酮糠醛型呋喃树脂使用苯磺酸类固化剂。

(3)呋喃树脂"增韧剂",可以采用环氧或酚醛树脂的增韧剂,即芳烷基醚、邻苯二甲酸二丁酯、酮油钙松香等,加入量约树脂重量的10%左右。

(4)呋喃树脂"稀释剂",通常用非活性稀释剂。如乙醇、丙酮、苯、甲苯、二甲苯等,以及两种非活性稀释剂的混合物。

5. 酚醛树脂技术指标

常用酚醛树脂的外观宜为浅黄色或棕红色黏稠液体。其技术指标见表13-57。

表 13-57　　　　　　　　　　酚醛树脂的技术指标

项　目	指　标	项　目	指　标
游离酚含量(%)	<10	储存期	常温下不超过1个月;当采用冷藏法或加入10%的苯甲醇时,不宜超过3个月
游离醛含量(%)	<2		
含水率(%)	<12		
粘度(落球粘度计25℃,s)	45~65		

三、块材防腐蚀材料

1. 耐酸砖性能要求

(1)耐酸砖的规格形状见表13-58。

表 13-58 砖的规格形状

砖的形状及名称	规格/mm			
	长(a)	宽(b)	厚(h)	厚(h₁)
标形砖	230	113	65 40 30	
端面楔形砖	230	113	65 65 55 65	55 45 45 35
侧面锲形砖	230	113	65 65 55 65	55 45 45 35
平板形砖	300 200 150 150 100 100 125	300 200 150 75 100 50 125	15~30 15~30 15~30 15~30 10~20 10~20 15	

注:其他规格形状的产品由供需双方协商。

(2)耐酸砖的外观质量应符合表 13-59 的要求。

表 13-59　　　　　　　　　　　　砖的外观质量　　　　　　　　　　　　　　mm

缺陷类别	要　　　求	
	优等品	合格品
裂纹	工作面:不允许 非工作面:宽不大于 0.25,长*5～15 允许 2 条	工作面:宽不大于 0.25,长 5～15 允许 1 条 非工作面:宽不大于 0.5,长 5～20 允许 2 条
开裂	不允许	不允许
磕碰损伤	工作面:深入工作面 1～2;砖厚小于 20 时,深不大于 3;砖厚 20～30 时,深不大于 5;砖厚大于 30 时,深不大于 10 的磕碰 2 处;总长不大于 35 非工作面:深 2～4,长不大于 35,允许 3 处	工作面:深入工作面 1～4;砖厚小于 20 时,深不大于 5;砖厚 20～30 时,深不大于 8;砖厚大于 30 时,深不大于 10 的磕碰 2 处;总长不大于 40 非工作面:深 2～5,长不大于 40,允许 4 处
疵点	工作面:最大尺寸 1～2,允许 3 个 非工作面:最大尺寸 1～3,每个面允许 3 个	工作面:最大尺寸 2～4,允许 3 个 非工作面:最大尺寸 3～6,每个面允许 4 个
釉裂	不允许	不允许
缺釉	总面积不大于 100mm²,每处不大于 30mm²	总面积不大于 200mm²,每处不大于 50mm²
桔釉	不允许	不超过釉面面积的 1/4
干釉	不允许	不影响使用

注:标型砖应有一个大面(230mm×113mm)达到本表对于工作面的要求。如需方订货时指定工作面,则该面应符合本表的要求。

*5 以下不考核。表中其他同样的表达方式含义相同。

(3)砖的尺寸偏差及变形应符合表 13-60 要求。

表 13-60　　　　　　　　　尺寸偏差及变形　　　　　　　　　mm

项　目		允许偏差	
		优等品	合格品
尺寸偏差	尺寸≤30	±1	±2
	30<尺寸≤150	±2	±3
	150<尺寸≤230	±3	±4
	尺寸>230	供需双方协商	
变形:翘曲大小头	尺寸≤150	≤2	≤2.5
	150<尺寸≤230	≤2.5	≤3
	尺寸>230	供需双方协商	

(4)耐酸砖的物理化学性能应符合表 13-61 的要求。

表 13-61　　　　　　　　砖的物理化学性能

项　目	要　求			
	Z-1	Z-2	Z-3	Z-4
吸水率(%)	≤0.2	≤0.5	≤2.0	≤4.0
弯曲强度/MPa	≥58.8	≥39.2	≥29.4	≥19.6
耐酸度(%)	≥99.8	≥99.8	≥99.8	≥99.7
耐急冷急热性/℃	温差 100℃	温差 100℃	温差 130℃	温差 150℃
	试验一次后,试样不得有裂纹、剥落等破损现象			

2. 耐酸耐温砖的技术性能要求

(1)耐酸耐温砖的规格形状见表 13-62。

表 13-62　　　　　　　耐酸耐温砖的规格形状　　　　　　　mm

砖的形状及名称	规　格			
	长(a)	宽(b)	厚(h)	厚(h₁)
标形砖	230	113	65 40 30	— — —

（续）

砖的形状及名称	规　　格			
	长(a)	宽(b)	厚(h)	厚(h₁)
 侧面锲形砖	230	113	65 65 55 65	55 45 45 35
 端面楔形砖	230	113	65 65 55 65	55 45 45 35
 平板形砖	150 150 100 100 125	150 75 100 50 125	15～30 15～30 10～20 10～20 15	— — — — —

（2）耐酸耐温砖的外观质量应符合表 13-63 的要求。

表 13-63　　　　　　　　　耐酸耐温砖的外观质量　　　　　　　　　mm

缺陷类别		要　　　求	
		优等品	合格品
裂纹	工作面	长 3～5,允许 3 条	长 5～10,允许 3 条
	非工作面	长 5～10,允许 3 条	长 5～15,允许 3 条
磕碰	工作面	伸入工作面 1～3,深不大于 5, 总长不大于 30	伸入工作面 1～4,深不大于 8, 总长不大于 40
	非工作面	长 5～20,允许 5 处	长 10～20,允许 5 处
开裂		不　允　许	

（续）

缺陷类别		要　　　求	
		优等品	合格品
疵点	工作面	最大尺寸1~3,允许3个	最大尺寸2~3,允许3个
	非工作面	最大尺寸2~3,每面允许3个	最大尺寸2~4,每面允许4个

注:1. 缺陷不允许集中,10cm^{2}正方形内不得多于五处。

　　2. 标形砖应有一个大面(230mm×113mm)达到本表对于工作面的要求。如订货时需方指定工作面,则该面应符合本表的要求。

（3）耐酸耐温砖的尺寸偏差及变形应符合表13-64要求。

表 13-64　　　　　　　　　耐酸耐温砖的尺寸偏差及变形　　　　　　　　　　mm

项　　目		允许偏差	
		优等品	合格品
尺寸偏差	尺寸≤30	±1	±2
	30<尺寸≤150	±2	±3
	150<尺寸≤230	±3	±4
	尺寸>230	供需双方协商	
变形:翘曲大小头	尺寸≤150	≤2	≤2.5
	150<尺寸≤230	≤2.5	≤3
	尺寸>230	供需双方协商	

（4）耐酸耐温砖的物理化学性能应符合表13-65的要求。

表 13-65　　　　　　　　　耐酸耐温砖的物理化学性能

项　　目		要　　　求	
		NSW 1	NSW 2
吸水率(%)	≤	5.0	8.0
压缩强度/MPa	≥	80	60
耐酸度(%)	≥	99.7	99.7
耐急冷急热性/℃		试验温差200℃	试验温差250℃
		试验一次后,试样不得有新生裂纹、剥落等破损现象	

3. 耐酸碱石材的技术性能要求

（1）各种耐酸碱石材的组成及性能见表13-66。

表 13-66　　　　　　　　　　各种耐酸碱石材的组成及性能

性　能		花岗岩	石英岩	石灰岩	安山岩	文　岩
组　成		长石、石英及少量云母等组成的火成岩	石英颗粒被二氧化硅胶结而成的变质岩	次生沉积岩（水成岩）	长石（斜长石）及少量石英、云母组成的火成岩	由二氧化硅等主要矿物组成
颜　色		呈灰、蓝或浅红色	呈白、淡黄或浅红色	呈灰、白、黄褐或黑褐色	呈灰、深灰色	呈灰白或肉红色
特　性		强度高、抗冻性好；热稳定性差	强高度，耐火性好，硬度大，难于加工	热稳定性好，硬度较小	热稳定性好，硬度较小，加工比较容易	构造层理呈薄片状，质软易加工
主要成分		SiO_2：70%～75%	SiO_2：90%以上	CaO：50%～60%	SiO_2：61%～65%	SiO_2：60%以上
密度/(g/cm³)		2.5～2.7	2.5～2.8	—	2.7	2.8～2.9
抗压强度/MPa		110～250	200～400	22～140	200	50～100
耐酸（常温）	硫酸(%)	耐	耐	不耐	耐	耐
	盐酸(%)	耐	耐	不耐	耐	耐
	硝酸(%)	耐	耐	不耐	耐	耐
耐碱		耐	耐	耐	较耐	不耐

（2）各种耐酸碱石材的外观要求见表 13-67。

表 13-67　　　　　　　　各种耐酸碱石材表面的外观质量要求

名　称		质量要求	用　途
豆光面	中豆光	要求边、角、面基本上平整，以便砌缝坐浆；表面凿间距在 12～15mm 左右，凹凸高低相差不超过 8mm	用于地面板的底面
	细豆光	要求凿点细密、均匀、整齐、平直，凿点间距在 6mm 左右，表面平坦度在 300mm 直尺下，低凹处不超过 3mm，从正面直观不见有凹窟，其面、边、角平直方整，不能有掉棱、缺角和扭曲	用于楼、地面板的正面和侧面
剁斧面		细剁斧加工，表面粗糙，具有规则的条状斧纹，平整度允许公差 3.0mm	用于楼、地面板的正面

（续）

名　称	质量要求	用　途
机刨面	经机械加工，表面平整，有相互平行的机械刨纹，平整度允许 3.0mm	用于楼地面板的正面

（3）规格及加工尺寸允许偏差。耐酸石材采用手工加工或机械刨光时，正面和侧面的表面，其允许偏差为不超过 3mm，背面其允许偏差为不超过 8mm。规格一般为(mm)：$600 \times 400 \times (80 \sim 100)$ 和 $400 \times 300 \times (50 \sim 60)$；采用机械切割时，其表面允许偏差为不超过 2mm，规格一般为(mm)：$300 \times 200 \times (20 \sim 30)$。

4. 铸石板的技术性能要求

（1）分类。按产品工作面分为平面铸石板（以下简称平面板）和弧面铸石板（以下简称弧面板）两大类。平面板按形状分为五个品种，类别、品种及其代号见表 13-68 规定。制品厚度系列及代号见表 13-69 规定。

表 13-68　　　　　　　　　　　　　　　分类

序　号	类　别	品种名称	品种代号
1		矩形板	J
2		直角梯形板	T(左形)，T_y(右形)
3	平面板	扇形板	S
4		圆形板	Y
5		六边形板	L
6	弧面板		H

表 13-69　　　　　　　　　　　　厚度系列代号

厚度 δ/mm	20	25	30	40	50
厚度系列代号	1	2	3	4	5

（2）铸石制品的尺寸允许偏差见表 13-70。

表 13-70　　　　　　　　　铸石板的尺寸允许偏差　　　　　　　　　mm

项　目		允许偏差
长（包括宽、对边距、直径、弦等）A	$\leqslant 250$	± 3　-4
	> 250	± 4
厚度 δ	< 25	± 4
	$\geqslant 25$	± 5

(3)铸石制品的物理化学性能见表 13-71。

表 13-71　　　　　　　　　铸石制品物理、化学性能

项　目			指　标	
			平面板	弧面板
磨耗量/(g/cm²)		≤	0.09	0.12
耐急冷急热性	水浴法：20～70℃反复一次 气浴法：室温～室温以上 175℃ 反复一次	合格试样块数/试样块数	36/50	31/50
冲击韧性/(kJ/m²)		≥	1.57	1.37
弯曲强度/MPa			63.7	58.8
压缩强度/MPa			588	
耐酸(碱)度(%)	硫酸(密度 1.84g/cm³)		99.0	
	硫酸溶液[20%(m/m)]		96.0	
	氢氧化钠溶液[20%(m/m)]		98.0	

(4)铸石板的外观质量应符合表 13-72 的要求。

表 13-72　　　　　　　　　　　外观质量　　　　　　　　　　　　mm

项　目			指　标
飞刺长度		≤	3
翘曲	A≤250		3
	A>250		5
浇注口凹凸			1/3 板厚
边角缺损	工作面		3
	浇注面		1/3 板厚
工作面气泡孔深度	δ=20		3
裂纹			不许贯穿

四、水玻璃类防腐蚀材料

1. 水玻璃技术指标

水玻璃的技术指标见表 13-73。

表 13-73　　　　　　　　　　　　　　水玻璃技术指标

项目	技术指标	
	钠水玻璃	钾水玻璃
模数	2.6~2.9	2.6~2.9
密度/(g/cm³)	1.44~1.47	1.40~1.46

注：1. 液体内不得混入油类或杂物，必要时使用前应过滤。

　　2. 水玻璃模数或密度如不符合本表要求时，应按规定的方法进行调整。

2. 氟硅酸钠技术指标

氟硅酸钠技术指标见表 13-74。

表 13-74　　　　　　　　　　　　　　氟硅酸钠的技术指标

项　　目		指　　标
纯度(%)	≥	98
含水率(%)	≤	1
细度(0.15mm 筛孔)		全部通过

注：受潮结块时，应在不高于 100℃ 的温度下烘干并研细过筛后使用。

3. 钠水玻璃材料的粉料、粗细骨料技术指标

(1)粉料。常用的为铸石粉、石英粉、安山岩粉等，其技术指标见表 13-75。

表 13-75　　　　　　　　　　　　　　粉料技术指标

项　　目		技术指标
耐酸度(%)	≥	95
含水率(%)	≤	0.5
细度	0.15mm 筛孔筛余量(%) ≤	5
	0.19mm 筛孔筛余量(%)	10~30

注：1. 石英粉因粒度过细，收缩率大，易产生裂纹，故不宜单独使用，可与等重量的铸石粉混合使用。

　　2. 现有商品供应的用于钾水玻璃的 KPI 粉料和用于钠水玻璃的 IGI 耐酸灰，耐酸性能均较好。

（2）细骨料。常用的为石英砂，其技术指标见表 13-76。

表 13-76　　　　　　　　　　　细骨料技术指标

项　　目		技术指标
耐酸度（％）	≥	95
含水率（％）	≤	1
含泥量（％）（用天然砂时）	≤	1

（3）粗骨料。常用的为石英石、花岗石，其技术指标见表 13-77。

表 13-77　　　　　　　　　　　粗骨料技术指标

项　　目		技术指标
耐酸度（％）	≥	95
含水率（％）	≤	0.5
吸水率（％）	≤	1.5
含泥量		不允许
浸酸安定性		合格

（4）细、粗骨料的颗粒级配要求。当用钠水玻璃砂浆铺砌块材时，采用细骨料的粒径不大于 1.25mm。钠水玻璃混凝土用细骨料和粗骨料颗粒级配要求见表 13-78 和表 13-79。

表 13-78　　　　　　　钠水玻璃混凝土用细骨料级配要求

筛孔/mm	5	1.25	0.315	0.16
累计筛余量（％）	0～10	20～55	70～95	95～100

表 13-79　　　　　　　钠水玻璃混凝土用粗骨料级配要求

筛孔/mm	最大粒径	1/2 最大粒径	5
累计筛余量（％）	0～5	30～60	90～100

注：粗骨料的最大粒径，应不大于结构最小尺寸的 1/4。

4. 钾水玻璃胶泥、砂浆混凝土混合料技术要求

（1）钾水玻璃胶泥混合料的含水率不大于 0.5％，细度要求 0.45mm 筛孔筛余量不大于 5％，0.16mm 筛孔筛余量宜为 30％～50％。

（2）钾水玻璃砂浆混合料的含水率不大于 0.5％，细度要求见表 13-80。

表 13-80　　　　　　　　　　钾水玻璃砂浆混合料的细度

最大粒径/mm	筛余量（%）	
	最大粒径的筛	0.16mm 的筛
1.25	0～5	60～65
2.5	0～5	63～68
5.0	0～5	67～72

（3）钾水玻璃混凝土混合料的含水率不大于 0.5％，粗骨料的最大粒径，不大于结构截面最小尺寸的 1/4，用作整体地面面层时，不大于面层厚度的 1/3。

5. 钠水玻璃制成品技术指标

钠水玻璃制成品技术指标见表 13-81 和表 13-82。

表 13-81　　　　　　　　　　钠水玻璃胶泥技术指标

项目		技术指标
凝结时间	初凝/min　　≥	45
	终凝/h　　≤	12
抗拉强度/MPa	≥	2.5
浸酸定定性		合格
吸水率（%）	≤	15
与耐酸砖粘结强度/MPa	≥	1.0

表 13-82　　　钠水玻璃砂浆、钠水玻璃混凝土、密实型钠水玻璃混凝土技术指标

项目	指标		
	钠水玻璃砂浆	钠水玻璃混凝土	密实型钠水玻璃混凝土
抗压强度/MPa　　≥	15	20	25
浸酸安定性	合格	合格	合格
抗渗强度/MPa　　≥	—	—	1.2

6. 钾水玻璃制成品技术指标

钾水玻璃制成品技术指标见表 13-83。

表 13-83　　　　　　　　　　钾水玻璃制成品的质量

项　目		密实型			普通型		
		胶泥	砂浆	混凝土	胶泥	砂浆	混凝土
初凝时间/min	≥	45	—	—	45	—	
终凝时间/h	≤	15			15		
抗压强度/MPa	≥	—	25	25	—	20	20
抗拉强度/MPa	≥	3	3	—	2.5	2.5	
与耐酸砖黏结强度/MPa	≥	1.2	1.2		1.2	1.2	
抗渗等级/MPa		1.2	1.2	1.2	—		
吸水率(%)		10					
浸酸安定性		合格			合格		
耐热极限温度/℃	100~300	—			合格		
	300~900				合格		

注：1. 表中砂浆抗拉强度和黏结强度，仅用于最大粒径 1.25mm 的钾水玻璃砂浆。

　　2. 表中耐热极限温度，仅用于有耐热要求的防腐蚀工程。

五、沥青类防腐蚀材料

1. 沥青类材料质量要求

(1)纤维状填料宜采用 6 级角闪石棉或温石棉；温石棉应符合现行国家标准《温石棉》(GB/T 8071—2008)的规定。

(2)耐酸粉料常用的为石英粉、铸石粉等。其技术指标见表 13-84。

表 13-84　　　　　　　　　　耐酸粉料技术指标

项　目		指　标
耐酸度(%)	≥	95
细　度	0.15mm 筛孔筛余(%)　≤	5
	0.088mm 筛孔筛余(%)	10~30
亲水系数	≤	1.1

(3)耐酸细骨料常用石英砂。其技术指标见表 13-85，颗粒级配见表 13-86。

表 13-85　　　　　　　　　　　耐酸细骨料技术指标

项　　目		指　　标
耐酸度(%)	≥	95
含泥量(%)	≤	1

注：宜使用平均粒径为 0.25～2.5mm 的中粗砂。

表 13-86　　　　　　　　　　　耐酸细骨料颗粒级配

筛孔/mm	5	1.25	0.315	0.16
累计筛余量	0～10	35～65	80～95	90～1000

(4)耐酸粗骨料采用石英石、花岗石等制成的碎石。其技术指标见表 13-87。

表 13-87　　　　　　　　　　　耐酸粗骨料技术指标

项　　目		指　　标
耐酸度(%)	≥	95
浸酸安定性		合格
空隙率(%)	≤	45
含泥量(%)	≤	1

注：沥青混凝土骨料粒径以不大于 25mm 为宜，碎石灌沥青的石料粒径为 30～60mm。

2. 沥青胶泥技术指标

沥青胶泥技术指标见表 13-88。

表 13-88　　　　　　　　　　　沥青胶泥技术指标

项　　目	使用部位最高温度/℃			
	≤30	31～40	41～50	51～60
耐热稳定性/℃	≥40	≥50	≥60	≥70
浸酸后重量变化率(%)	≤1			

3. 沥青砂浆和混凝土技术指标

沥青砂浆和混凝土技术指标见表 13-89。

表 13-89　　　　　　　　　　沥青砂浆和沥青混凝土技术指标

项　　目			指　　标
抗压强度/MPa	20℃时	≥	3
	50℃时	≥	1
饱和吸水率(%)以体积计		≤	1.5
浸酸安定性			合格

参 考 文 献

[1] 中国建筑工业出版社. 现行建筑材料规范大全[S]. 修订缩印本. 北京:中国建筑工业出版社,1995.

[2] 中国建筑工业出版社. 现行建筑材料规范大全[S]. 增补本. 北京:中国建筑工业出版社. 1999.

[3] 《建筑材料工程》编委会. 建筑材料工程[M]. 北京:中国建材工业出版社,2004.

[4] 洪向道. 新编常用建筑材料手册[M]. 北京:中国建材工业出版社,2006.

[5] 杨茂森,等. 建筑材料质量检测[M]. 北京:中国计划出版社,2000.

[6] 柯国君. 建筑材料质量控制监理[M]. 北京:中国建筑工业出版社,2003.

[7] 《市政材料员一本通》编委会. 市政材料员一本通[M]. 北京:中国建材工业出版社,2010.

[8] 《材料员专业与实务》编委会. 材料员专业与实务[M]. 北京:中国建筑工业出版社,2006.